KB046668

KAKAO AI REPORT

KAKAO AI REPORT

카카오 AI 리포트

인간과 인공지능을 말하다

카카오 AI 리포트 편집진 엮음

북바이북

──● 2016년 3월 이세돌 9단과 구글 딥마인드사의 알파고가 치른 다섯 번의 바둑대국. 알파고가 4승 1패를 기록했습니다. 이를 지켜보는 우리들에게 AI가 '성큼' 다가왔던 것 같습니다. 2017년에는 딥러닝, 머신러닝, supervised(non supervised) learning 등 AI를 설명하는 생소한 기술 용어들이 등장했습니다. 국내외의 크고 작은 기업들은 모두 AI 기술 개발 경쟁에 뛰어들었습니다. 앞다퉈 연구 인력을 확보하고 투자를 했죠.

AI가 단기간에 스포트라이트를 받긴 했지만, 등장부터 기술의 축적에 이르기까지의 역사는 의외로 깁니다. 1950년대부터 관심이 커지면서 본격적인 연구가 시작됐고, 그 후 다양한 기술적 학술적 결합을 통해 오늘날에 이르렀습니다.

여기서 한 가지가 궁금해집니다. "왜 지금일까?", "왜 최근 3년 들어 AI에 대한 관심과 투자가 집중되기 시작했을까?" 이유는 세 가지로 요약됩니다. Connected Everything, Computing Power, 데이터.

세상의 모든 것을 연결하는 모바일 기기 덕분에 비정형화된 데이터들이 일상 속에서 무궁무진하게 발굴되고 있습니다. 이 데이터들은 합리적인 가격과 방식으로 무한한 연산을 해낼 수 있는 컴퓨팅 파워 덕분에 머신러닝으로 분석되며 패턴화되죠. AI가 만들어갈 새로운 세상을 구현할 수 있는 상황이 펼쳐진 겁니다.

우리는 이미 매일 스마트폰을 통해 AI를 경험합니다. 얼굴 인식, 음성 명령, 그리고 상품 추천 시스템에 AI 기술이 사용되고 있습니다. 카카오미니와 같은 스마트스피커를 통해서 생활 속에 녹아들어 있기도 하고요. AI 기술은 경험과 학습을 통해 축적한 데이터로 지금 이 순간에도 끊임없이 진화하며 우리의 일상생활을 바꾸고 있습니다.

이제 사람들은 음성으로 음악을 탐색하고, 날씨를 묻고, 카카오톡을 보내고, 택시를 부릅니다. 카카오미니 같은 스마트스피커와 대화를 나누며 하루를 시작하거나 끝내는 분들도 많고요. 카카오는 전 국민이 사용하는 생활 플랫폼을 서비스합니다. 때문에 카카오에게 AI는 '본업'인 플랫폼을 진화시키는 데 필수적인 기반 기술입니다. 카카오가 모든 서비스에 AI 기술을 접목시키고 고도화시킴으로써 일상을 혁신하고자 하는 이유입니다.

각자의 경험에 따라서 AI가 만들어내는 변화의 속도는 빠르기도 더디기도 합니다. 때문에 현재를 다양한 관점에서 관찰하고 기록하고 수집하는 것은 더 나은 미래를 위해 반드시 필요한 작업이라고 생각합니다. AI 연구자나 개발자뿐만 아니라 정책과 제도를 연구하는 분들, 실제 서비스 사용자들과 AI 기술의 현재 위치, 그 흐름과 방향을 함께 공유하는 과정 역시 중요합니다.

카카오는 그 논의에 조금이나마 도움이 되고자 2017년 3월 〈KAKAO AI REPORT〉를 창간했습니다. 창간호부터 13호(2018년 5월)에 이르기까지 그동안 〈KAKAO AI REPORT〉를 통해 독자들을 만난 원고 수가 제법 됩니다. 한 권의 책으로 엮을 만큼이지요. 그래서 단행본 형태의 『KAKAO AI REPORT』를 준비했습니다.

단행본 출간을 원하셨던 〈KAKAO AI REPORT〉 독자들에게 반가운 소식이었으면 좋겠습니다. AI에 관한 여러 이슈를 점검하고, 새로운 소식과 개념을 보다 쉽게 설명하고자 했던 편집진의 염원이 단행본으로 더 많은 독자들에게 가닿을 수 있었으면 합니다. 『KAKAO AI REPORT』 인세는 전액 카카오 소셜임팩트팀을 통해 사회공헌활동에 활용됩니다.

여민수 _카카오 공동대표·〈카카오 AI 리포트〉 발행인

차례 ─────────────────────

6장 AI를 연구하는 사람들

1장

AI란
무엇인가

인공지능이란

──● "90년대와 2000년대 초 아무도 신경망Neural Network을 주제로 논문을 쓰려고 하지 않았어요. 성과가 나지 않는다는 이유였죠. 학생들에게 논문을 쓰게 하려면 손목을 비틀어야 할 지경이었습니다."[1]

2014년 겨울 캐나다 몬트리올에서 열린 지능정보처리 시스템 학회Neural Information Processing Systems, NIPS. 요슈아 벤지오Yoshua Bengio 몬트리올대 교수가 지난 시절의 고충을 털어놓았다.

인공신경망Artificial Neural Network 개념은 이미 1940년대부터 제기된 내용이었지만, 2000년대까지 AI 연구에서 큰 성과를 보여주지 못했다. 오래된 개념이고, 성과도 없다는 이유로 모든 학회나 저널에서 논문 게재를 거절하곤 했다. 1987년 이후 해마다 겨울에 NIPS 학회에 참석했던 학문 연구의 한 분야로 자리 잡게 된 것은 1956년 다트머스 AI 컨퍼런스Dartmouth Artificial Intelligence Conference[5]에서 존 매카시John McCarthy가 AI를 '기계를 인간 행동의 지식에서와 같이 행동하게 만드는 것(The science and engineering of making intelligent machines)'으로 최초로 정의하면서부터이다.

인공지능의
역사

──● AI가 처음 등장한 다트머스 AI 컨퍼런스는 복잡계이론, 언어처리, 신경망, 입력신호처리, 창의적사고 분야의 다양한 전문가들이 참여한 학술대회였다. 당시 카네기멜론 대학 소속이던 앨런 뉴웰Allen Newell과 허버트 A. 사이먼Herbert A. Simon[6]은 세계 최초의 AI 프로그램인 논리연산가Logic Theorist를 선보였다. 논리연산가는 기계가 논리적 추론Logical Reasoning을 할 수 있다는 것을 최초로 보여주었다. 당시, 논리연산가는 1903년 알프레드 노스 화이트헤드Alfred North Whitehead와 버트런드 러셀Bertrand Russell이 쓴 『수학원리Principia Mathematica』 두 번째 장에 등장한 52개의 정리Theorem 중 38개를 증명해 보였다. 논리연산가는 이후 AI 연구에 영향을 주는 중요한 개념들을 제시해주었다.[7]

세계 최초의 AI 프로그램, 논리연산가

첫째, 추론을 통한 탐색 | 논리연산가는 공리Axiom로부터 수학적 정리를 이끌어내기 위해서, 공리로부터 출발해 발생 가능한 대체, 교환, 분리의 경우들을 모두 찾아가는 방법을 사용하였다.

둘째, 경험적 방법론 Heuristics **도입** | 발생 가능한 추론들이 다양할 경우 나무의 가지가 너무 많아질 수 있어서 모든 경우를 검색하는 것은 비효율적임을 깨달았다. 여기서 경험적 방법론을 도입하여 효율성을 높여 주었다. 머신러닝에서 특징 설계Feature Engineering가 이런 역할을 해준다.

셋째, 정보처리언어IPL, Information Processing Language **개발** | 프로그램 처리를 상징적으로 표현한 언어인 IPL은 이후 존 매카시가 만든 리습Lisp 프로그래밍 언어의 기초가 되었다. 스탠퍼드와 다트머스, MIT 교수를 역임한 매카시 교수는 AI란 용어를 1955년 「지능이 있는 기계를 만들기 위한 과학과 공학」이라는 논문에서 처음 기술했다. 리습Lisp은 AI 연구에서 논리적 흐름을 상징적으로 표현하는 중요한 프로그래밍 언어로 활용되었다.

탐색과 추론의 시대

논리연산가의 탐색과 추론 방법은 초기 AI 연구에 중요한 개념들을 제시했다. 해결할 문제에 대해서 기계가 수행할 일들을 상황별로 대응하는 방식, 이게 바로 탐색(대응)과 추론(상황파악)의 알고리즘이다. 이 알고리즘은 흔히 'If then'(가령~ 하면, ~ 한다)이라고도 하는데, 예를 들면 다음과 같다.

즉, 'If-then rule'은 컴퓨터가 논리적으로 정보를 처리할 수 있도록 원칙Rule을 제공해줘서 답을 찾아가는 과정이다. 미로를 찾는 알고리즘이나, 체커게임Checkers을 하는 알고리즘을 개발하는 것 등이 'If-then rule'을 통해 해결할 수 있는 대표적인 문제들이다.

알고리즘으로 문제를 해결하는 시대의 대표적인 두 가지 방법은 '깊이우선탐색'Depth First Search과 '너비우선탐색'Breadth First Search이 있다. 깊이우선탐색이란 현재 주어진 문제에서 발생 가능한 상황들 중 한 가지를 선택해 깊이 있게 해결방법까지 분석해가는 방법이다. 다음 페이지에 있는 미로 찾기 알고리즘은 깊이우선탐색의 예이다. 이에 비해 너비우선탐색은 문제에서 발생 가능한 모든 상황을 고려하며 가능성을 넓혀나가는 것이다. 이렇게 알고리즘을 통한 AI연구의 성과는 인간 체스게임 챔피언과 컴퓨터 체스프로그램의 대결로 이어지게 된다. 1997년 IBM에서 만든 '딥 블루Deep Blue'는 당시 세계챔피언인 러시아의 카스파로프Kasparov와의 체스 경기에서 승리했다.[8]

이처럼 초기 AI기술 연구는 컴퓨터가 주어진 문제를 해결할 수 있도록 인간이 직접 룰을 지정해주는 방식으로 진행됐다. 문제 해결 방법을 논리적으로 설계하고 컴퓨터가 수행할 수 있도록 프로그래밍 하면 지능을 발전시킬 수 있을 것으로 기대했다. 하지만 다양한 데이터를 종합해서 추론하는 좀더 복잡한 문제는 '논리 설계의 어려움'으로 시도조차

하지 못하게 되었다. 이런 한계 속에 1970년 이후 AI 연구 열기가 사그라들면서, 일명 AI의 겨울이 시작됐다.[9, 10]

시간이 흘러 서서히 AI연구에 반전의 기회가 찾아오고 있었다. 1990년대 인터넷이 보급되기 시작하면서 웹상에 방대한 정보가 쏟아졌다.[11] 또한, 이렇게 생성되는 정보를 대용량으로 보관할 수 있는 하드디스크HDD의 가격이 급격하게 낮아졌다.[12] 이른바 '빅 데이터' 시대가 시작된 것이다.

머신러닝Machine Learning, 기계가 스스로 학습한다

AI 연구의 1차 붐 시대에는 'If-then rule'을 활용한 탐색과 추론을 통한 지능 향상이 목적이었다. 이후 디지털화된 지식과 정보가 빠르게 늘어나자 컴퓨터에 지식을 반영하면, 지능을 향상시킬 수 있을 것이라는 아이디어가 생겨났다. 이렇게 등장한 AI가 전문가 시스템Expert System이다. 가령, 의학 분야의 전문가인 의사들은 의학 관련 전문지식을 통해 환자를 진단하고 치료하는 결정을 한다. 전문가 시스템도 이러한 접근 방법에서 고안되었다. 전문가 시스템은 지식 기반Knowledge Base에 지식과 정보를 저장하고, 추론 엔진Inference Engine으로 답을 찾아내는, 즉 기존의 지식을 통해 새로운 지식을 추론하는 두 가지 시스템으로 구성된다. 전문가 시스템은 1970년대 처음 고안되어서 1980년대 크게 유행하게 된다. 궁금한 질문에 대해서 답을 할 수 있는 컴퓨터 시스템을 만들 수 있을까? 이 질문에 답하고자 전문가 시스템을 기반으로 개발된 IBM 왓슨Watson은 2011년 미국의 퀴즈쇼 〈제퍼디! Jeopardy!〉에 출연해 인간 챔피언들을 이기고 우승을 차지한다.

단순히 책을 보는 것과, 책의 내용을 이해하는 것은 다르다. 막 한글을 깨우친 아이에게 칸트Immanuel Kant의 책 『순수이성비판』을 읽도록 하면 어떻게 될까? 즉, 컴퓨터에게 지식을 저장하는 것과 컴퓨터가 그 지식을 이해하는 것은 완전히 다른 영역이다. 이를 해결하기 위해 등장한 것이 바로 '머신러닝'이다.

보통 인간은 어떤 문제를 해결한 경험을 토대로 그 다음에 등장하는 문제를 이전보다 개선된 방법으로 해결하려고 노력하게 된다. 머신러닝은 경험적으로 문제를 해결하는 방법을 컴퓨터에 적용한 것이다. 컴퓨터에게 특정 과제(T, Task)를 해결하면서 그 성과를 측정(P, Performance measure)하는 경험(E, Experience)을 하게 한다. 그야말로 기계를 학습시켜 과제(T) 수행에 대한 측정(P)이 개선되도록 지속적 경험(E)을 수행

하는 구조다.[13]

예를 들면, 야구 경기 승리 전략을 학습하는 머신러닝 프로그램을 가정해보자. 여기서 과제(T)는 야구 경기를 승리하는 것. 성과 측정(P)은 득점을 많이 하고 실점을 최소화하는 것. 즉, 득실 차이를 최대로 하는 것이 될 것이다. 여기서의 경험(E)은 실제 야구 경기를 수행하는 것이다. 프로그램은 경기에서 발생하는 다양한 상황인 투수의 방어율, 그날의 컨디션, 수비 능력, 타자의 타율, 주루 능력 등 수많은 조건에 따라서 경험(E)을 훈련하게 된다.

머신러닝에서 사용하는 세 가지 학습방법[14]

지도학습 Supervised Learning | 지도학습은 입력된 데이터에 대한 판단 결과가 명확히 주어진 경우 사용하는 방법이다. 아이들이 사물을 하나씩 익혀 나가는 과정을 보면, 사물을 실제 접하기 전에 그림책을 먼저 보는 경우가 많다. 한 아이가 자동차 종류에 대한 그림책을 보면서 승용차, 버스, 트럭에 대해서 알게 되었다. 이제 밖에 나가서 지나가는 차들을 보면서, "이건 승용차, 저건 버스"라고 배운 지식을 활용하게 된다. 갑자기 도로에 견인차가 지나가게 되면, 아이는 이전에 배운 트럭과는 다른 모습을 보면서 "저건 트럭인가요?" 하고 묻게 될 것이다.

비지도학습 Unsupervised Learning | 비지도학습은 입력된 데이터에 대한 판단 결과가 명확하게 주어지지 않은 경우 사용한다. 답이 정해져 있지 않기 때문에 하나의 결과를 도출할 수 없기에 주로 군집분류 Clustering에 사용하는 방법이다. 가령, 서울로 출퇴근하는 사람들의 이동 경로 데이터만

을 알고 있는 경우, 기계가 스스로 학습하면서 이들의 사는 지역, 출근 지역을 구분하게 된다. 군집분류 예제 중 하나는 아이리스Iris data set 꽃 분류 문제다.[15] 아이리스 꽃 분류 문제는 150개의 꽃 이미지를 꽃받침Sepal 의 길이와 폭, 꽃잎Petal의 길이와 폭 등 네 가지 특징을 이용해서 총 세 종류의 꽃Iris Setosa, Iris Versicolour, Iris Virginica으로 군집분류하는 것이다. (실제 데이터에는 꽃 종류 이름이 주어져서 지도학습으로도 사용되지만, 특징만 가지고 꽃의 종류를 군집분류하는 비지도학습으로 많이 사용된다.) 지도학습은 입력된 자료 A에 대해서 'A이다'라는 답Label을 주고 A가 A임을 알 수 있도록 스스로 학습하는 것이다. 이에 비해 비지도학습은 A와 B의 두 가지 입력된 자료가 있는데 이 둘이 A인지 B인지 모르고 단지 둘의 차이를 스스로 학습해서 '다르다'라고 군집분류하는 것이다.

강화학습Reinforcement Learning | 강화학습이란 주어진 문제의 답이 명확히 떨어지지는 않지만, 결과에 따라서 보상Reward과 손실Penalty이 주어진다면 이를 통해 보상을 최대화하는 방향으로 진행하도록 모델을 학습하는 방식이다.

입력된 데이터에 대한 답이 명확하게 주어지지 않는다는 점에서 비지도학습과 유사하지만, 결과를 통해 피드백을 받아 이를 학습에 반영한다는 것이 기존의 학습방식과 다르다. 강화학습은 주로 게임을 플레이하거나 전략적인 판단을 통해 방향을 설정할 때 활용되는 방식이다. 강화학습으로 해결할 수 있는 쉬운 예제를 들면 〈퐁〉 게임을 학습하는 경우를 생각할 수 있다. 〈퐁〉 게임은 양쪽의 바Bar를 상하로 움직이면서 공을 받아내는 게임이다.

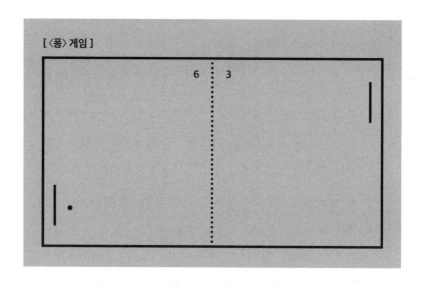

[〈퐁〉 게임]

공을 받아치지 못하면 상대방이 득점을 하게 된다. 머신러닝으로 〈퐁〉 게임을 학습하는 경우 플레이 결과에 따라서 보상Reward이 주어지게 된다. 기계학습은 이렇게 주어진 보상을 프로그램이 최대로 달성할 수 있도록 이루어지게 된다.[16]

특징 설계가 필요한 머신러닝

빅데이터 시대가 도래하고 SVMSupport Vector Machine, RBMRestricted Boltzmann Machine 같은 방법론이 발전하면서 머신러닝은 AI 연구 분야를 주도하게 된다. 하지만, 머신러닝의 발전에도 한계가 있었는데 바로 '특징 설계 Feature Engineering'의 문제다.

가령 머신러닝을 이용해 사람 얼굴 이미지 인식을 하는 경우 검은색은 머리고, 눈은 동그랗고, 얼굴의 윤곽은 이미지의 밝기 차이로 구분하는 등 각각의 특징을 통해 다른 사물과 사람 얼굴을 분류하게 된다. 일반적으로 볼 수 있는 사람들의 얼굴로 학습을 진행한 기계에 녹색으로 페이스 페인팅Face Painting을 한 사진을 입력한다면 우리는 금방 사람의 얼굴이라고 생각하지만, 기계는 사전에 분류된 얼굴색의 특징과 다르기 때문에 분류에 실패하게 된다.

머신러닝 분류 성능은 사전에 정의된 특징Feature과 특징의 중요성을 나타내는 가중치Weight를 어떻게 주느냐에 따라 좌우된다. 이렇게 특징을 사전에 정의하는 것은 학습하고자 하는 영역Domain마다 다르게 나타난다. 머신러닝 성능을 높이기 위한 이미지, 영상, 음성, 텍스트 등 각각의 도메인 별 특징 설계는 어려운 과제 중 하나였다. 리처드 코엘료Richert Coelho가 기술한 책 『Building Machine Learning Systems with Python』에서 '특징 설계'에 관한 챕터를 보면, "잘 선택된 특징으로 만든 간단한 알고리즘이 그다지 잘 선택되지 못한 특징의 최신 알고리즘보다 좋은 결과가 나온다"고 되어 있다. 결국 머신러닝 성능은 얼마나 효과적인 특징을 찾아내느냐에 달려 있다고 할 수 있다. 따라서 머신러닝으로 학습을 할 경우 데이터의 영역Domain에 따라서 데이터의 특징 설계를 할 수 있는 전문가들이 필요하다.

딥러닝Deep Learning, 인간 뇌의 정보처리 방식을 흉내 낸다

2012년 이미지넷ImageNet의 이미지 인식 경연대회에서 AI 연구 분야의 흐름을 바꾸는 일이 벌어졌다. 이미지넷은 인터넷의 각 이미지에 이름표를 달아주는 크라우드 소싱프로젝트다.

2010년부터 'Imagenet Large Scale Visual Recognition ChallengeILSVCR'[17]

라는 경연대회를 통해 전 세계의 연구 그룹들이 각자의 이미지 인식 기술을 겨루고 있다. 대회의 한 분야는 이미지 인식을 통해 1,000개의 사물을 구분하는 것이다. 참여 팀들은 알고리즘 기술을 통해 하나의 이미지에 다섯 개의 사물 명칭Label을 제시하고 이를 평가하여 정확도를 측정한다.

2012년도 대회에서 토론토대학교의 제프리 힌튼 교수팀의 'Super Vision'은 'Large, Deep Convolutional Neural Network'라는 알고리즘을 이용해 이미지를 인식했다. 딥러닝 알고리즘의 일종인 CNN을 사용한 힌튼 교수팀은 기존의 방법론을 뛰어넘는 혁신적인 성과를 보여주었다. 2011년 1위 팀과 2위 팀의 오류율은 1위 25.7%, 2위 31.0% 였는데, 2012년도 'SuperVision'은 오류율 16.4%로 26.1%를 기록한 2위 팀에 큰 차이로 우승했다.[18, 19]

인간의 뇌는 뛰어난 정보처리 시스템이다. 시각, 후각, 촉각, 청각, 미각 등 다양한 감각 기관으로 입력된 정보를 종합적으로 판단해 즉각적인 반응을 내놓게 된다. 수많은 뉴런들의 연결로 구성되어 있는 뇌의 구조를 '신경망Neural Network'이라고 한다. 하나의 뉴런은 다양한 뉴런들과 연결되어 있고, 시냅스Synapse를 통해 신호를 주고받으며 정보를 전달하게 된다. 뉴런에 임계치Threshold 이상의 신호가 입력되면, 그 뉴런은 활성화Activation되면서 시냅스를 통해 신호를 전달하고 임계치를 넘지 않은 경우 뉴런이 활성화되지 않아 신호가 전달되지 못한다.

딥러닝은 뇌의 정보 전달 방식과 유사하게 신경망 구조를 여러 층으로 깊이Deep 있게 구성하여 학습을 진행하는 것이다.

가령 여러 사진에서 고양이 이미지를 인식하는 학습을 진행한다고 가정해보자.[20] 기존 머신러닝 방법론에서는 특징 설계를 통해서 다른 동물과 고양이의 얼굴을 잘 구분할 수 있는 특징을 사전에 추출Feature Extraction하고 추출된 특징을 바탕으로 분류하며 학습을 진행한다. 하지만, 딥러닝은 정보를 구분할 수 있는 최소한의 단위, 이미지의 경우 픽셀 데이터를 입력하면, 입력된 값과 출력된 결과물의 오차가 최소화되는 방향으로 네트워크가 스스로 학습한다. 중간에 특징 추출 과정이 사라지고 입력과 출력의 데이터만 주어지면 학습을 할 수 있기 때문에 'End to EndE2E' 학습이라고도 부른다.

'인공신경망Artificial Neural Network'의 역사는 1940년대까지 거슬러 올라간다. 프랭크 로젠블라트Frank Rosenblatt 코넬대 교수는 입력신호를 연산해서 출력하는 퍼셉트론Perceptron이라는 개념을 1957년에 제시했다. 퍼셉트론은 비선형연산에 대해선 작동하지 않는 한계로 금방 잊혔지만, 1980년대 퍼셉트론을 다층구조Multi-layer로 연결하면, 비선형연산도 가능하다는 사실이 발견됐다. 그러나 다시 'AI 겨울' 동안 관련 연구에서 완전히 배제됐다. 당시에는 어쩔 수 없는 시대적 한계가 있었다.

첫째, 층을 깊이Deep 있게 쌓아야 AI의 성능이 개선되지만, 계산할 양이 많아지고 이는 당시의 컴퓨팅 능력으로 극복하기 힘든 한계였다.

둘째, 층이 깊어진다는 것은 층간의 연결 변수들이 증가한다는 것을 의미하는데 이는 학습을 통해 찾아야 할 미지수가 늘어나는 것을 의미한다. 우리는 중학교 때, 변수가 두 개(x, y)인 연립 방정식에 대해서 배운다. 즉 두 개의 변수를 찾기 위해선 두 개의 방정식이 필요한 것처럼 찾아야 할 변수가 늘어날수록 입력해야 할 데이터가 많이 필요하다.

시간이 약이 되었을까? 2000년대에 이 두 가지 문제가 해결되기 시작한다. 빅데이터 시대를 맞이하여 데이터는 넘쳐나기 시작했고, 컴퓨터 H/W의 성능 개선뿐 아니라 병렬연산, GPU연산 등의 방법이 등장하면서 연산속도가 극적으로 개선되었다. 2012년 힌튼 교수팀의 'SuperVision'이 사용한 모델은 65만 개의 뉴런과 6,000만 개의 변수, 6억3,000만 개의 네트워크 연결로 구성되었다.

딥러닝 'Deep'의 의미는?

딥러닝의 'Deep'은 다양한 측면의 의미를 가지고 있다. 대부분의 AI 연구자들에게는 인공신경망의 은닉층Hidden Layer이 2개층 이상인 경우 Deep(깊은)이라고 생각한다. 이러한 정의는 2개층 이상으로 신경망을 구성할 때, 성공적인 학습과 예측을 수행한다는 것을 의미한다. 실제 2012년 'SuperVision'에서 사용한 신경망은 7개의 은닉층을 가지고 있

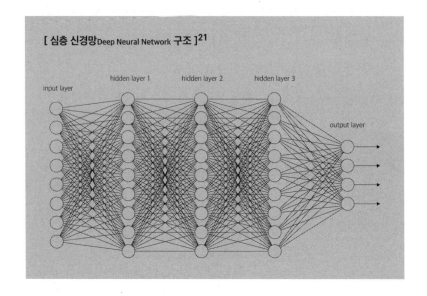

[심층 신경망Deep Neural Network 구조][21]

었다. 최근 이미지 인식 연구에서 마이크로소프트ms 연구팀 'ResNet' 모델은 무려 150개의 은닉층을 사용해서 예측 정확도를 높였다(오류율 3.57%).[22] 또 다른 의미로 딥러닝은 '심화학습'을 뜻하기도 한다. 인공신경망 학습에서는 인간이 수행하는 특징설계가 필요치 않기 때문에 기계가 스스로 입력된 데이터의 특징을 찾기 위한 학습 과정을 거친다. 이러한 과정을 심화학습이라고 표현할 수 있다. 인공신경망 연구가 AI의 겨울을 끝내고 새로운 도약의 시기를 맞이할 수 있었던 이유는 데이터, 연결, 하드웨어 개선 등 여러 가지 변수가 함께 새로운 시대를 열었기 때문이다.

인공지능 기술의
현재

—● 인간을 넘어서는 AI 시대가 오고 있다. 최근 카네기멜론대 연구 팀에서 만든 AI 프로그램은 '텍사스 홀덤 포커 게임'에서 세계챔피언을 이겼다.[23] 텍사스 홀덤 게임은 미국에서 가장 많이 즐기는 포커 게임으로 매년 수십억 원의 상금이 걸린 세계 대회가 열리고 있다. 포커는 운이 승패를 좌우하는 경향이 크다. 하지만 텍사스 홀덤 포커 대회는 여러 번의 경기를 통해 가장 많은 게임 칩을 획득한 참가자가 우승하는 방식이다. 즉, 한 번의 게임 승패보다 전체적인 게임 운영 전략이 중요한 요소로 작용한다. 이기는 게임의 베팅을 높이고 지는 게임의 베팅을 낮추는 식의 전략적 판단이 필요한 것이다. 이러한 게임에서 AI가 세계 챔피언을 이겼다는 것은 전략적 의사 결정까지도 일정 수준을 뛰어넘었다

는 의미다.

페이스북에 사진을 올려보면, 얼굴을 자동으로 인식, 이 사람이 맞는지 물어보며 자동 태그하는 기능을 경험할 수 있다. 페이스북이 2014년에 선보인 딥페이스DeepFace라는 기술로 사진에서 사람을 인식해 누구인지 알려주는 서비스다. 2015년 구글은 페이스넷FaceNet이라는 얼굴 인식 시스템을 발표했는데 연구 결과 99.96%의 인식률을 보여준다고 한다. 인간이 사진을 보고 사람을 구분하는 정확도가 평균적으로 97.53%임을 감안하면 인간보다 훨씬 높은 수준을 달성한 것이다. 특히, 인간의 경우 사진이 흐리거나, 조명이 너무 밝거나 어둡거나, 사진의 각도가 달라지게 되면서 얼굴의 일부분만 보이는 경우 오류를 범하기 쉽지만, AI는 대부분 높은 정확도로 얼굴을 인식하고 있다.[24, 25]

당뇨망막병증Diabetic Retinopathy, DR은 당뇨병의 합병증으로 발생하는 병으로 망막의 미세혈관 손상으로 실명에 이르게 되는 병이다. 전 세계적으로 발생하는 실명의 원인 중 가장 높은 비중을 차지하고 있는 질병이다. 초기에 진단된 DR은 치료를 통해서 악화를 막을 수 있다. 기존에 고도로 훈련된 안과전문의들이 망막을 스캔한 사진을 직접 관찰하면서 진단했다. 구글 연구팀은 2016년 11월 AI가 97~98% 수준으로 DR을 진단할 수 있다는 논문을 발표했다. 구글은 AI를 훈련시키기 위해서 수년간 미국 전역의 병원에서 약 12만 개의 안구 이미지를 분석했다. 이 기술은 DR의 초기 진단을 좀더 쉽고 편하게 이용할 수 있게 해주면서 많은 환자들을 치료할 수 있을 것으로 기대되고 있다.[26]

우리가 인지하지 못한 사이 이미 많은 분야에서 AI는 인간에 가깝거나 인간을 넘어서는 능력을 보이고 있다. 1997년도에 AI와 경쟁하여 체스를 이긴 마지막 인간이 러시아의 카스파로프Kasparov였다면, 바둑을 이 긴 마지막 인간은 이세돌이 될 것이다. 이미 다양한 분야에서 인간의 감 각기관 중 시각, 청각을 대체하기 위해 AI가 사용되어 인간 수준의 지각 능력을 보여주고 있다. 또한, 복잡한 계산과 전략적 추론에서조차도 인 간의 능력을 넘어서고 있다.

정수헌 _카카오브레인

주석

1. 참고 | http://www.thetalkingmachines.com/blog/?offset=1445518380000

2. 논문 | McCulloch and Walter. (1943). A logical calculus of the ideas immanent in nervous activity

3. 논문 | Sternberg, R. J. (1985). Beyond IQ: A triarchic theory of human intelligence

4. 논문 | A.M. Turing. (1950). Computing Machinery and Intelligence. Mind 49, pp. 433-460

5. 참고 | https://www.dartmouth.edu/~ai50/homepage.html

6. 참고 | 사이먼은 78년 노벨경제학상 수상가이고 뉴웰은 수학자로서 사이먼의 제자

7. 참고 | http://historycomputer.com/ModernComputer/Software/LogicTheorist.html

8. 참고 | http://stanford.edu/~cpiech/cs221/apps/deepBlue.html

9. 책 | Russell, Norvig. Artificial Intelligence a Modern Approach 3rd Edition. Prentice Hall, 2010.

10. 책 | 마쓰오 유타카. 『인공지능과 딥러닝』 동아엠앤비. 2015.

11. 책 | Abbate, Janet. Inventing the Internet. Cambridge: MIT Press, 1999.

12. 참고 | Harddisk Cost / MB - HDD 저장공간당 가격 http://www.mkomo.com/cost-per-gigabyte

13. 책 | Mitchell, T. Machine Learning. McGraw Hill, 1997.

14. 참고 | 앤드류 응 교수, 스탠퍼드 강연 https://forum.stanford.edu/events/2011/2011slides/plenary/2011plenaryNg.pdf

15. 참고 | http://www.cs.upc.edu/~bejar/apren/docum/trans/09-clusterej-eng.pdf

16. 참고 | http://karpathy.github.io/2016/05/31/rl/

17. 참고 | http://cs.stanford.edu/people/karpathy/cnnembed/cnn_embed_1k.jpg

18. 참고 | 2012년 이미지넷 결과, http://image-net.org/challenges/LSVRC/2012/analysis

19. 논문 | Krizhevsky et al. (2012). ImageNet Classification with DeepConvolutional Neural Networks. NIPS.

20. 참고 | https://static.googleusercontent.com/media/research.google.com/en//archive/unsupervised_icml2012.pdf

21. 참고 | http://stats.stackexchange.com/questions/234891/difference-between-convolution-neural-network-and-deep-learning

22. 참고 |http://kaiminghe.com/icml16tutorial/icml2016_tutorial_deep_residual_networks_kaiminghe.pdf

23. 참고 | http://www.digitaltrends.com/computing/texas-holdem-libratus-ai-defeats-humans

24. 참고 | http://www.dailymail.co.uk/sciencetech/article-3003053/Google-claims-FaceNet-perfectedrecognising-human-faces-accurate-99-96-time.html

25. 참고 | 2016년 기준 이미지 인식률, Facebook DeepFace (97.35%) 인간 (97.53%) Google (99.96%)

26. 참고 | https://research.google.com/teams/brain/healthcare

앤드류 응이
말하는 AI

━━● 1,300명이 넘는 바이두百度, Baidu의 연구 조직을 이끌어온 연구자
이자, 전 세계 10만여 명에게 오픈 플랫폼으로 머신러닝을 무상으로 강
의한 선생님.[1] 앤드류 응Andrew Ng, 吳恩達 박사는 인공지능 분야에서 이른바
'AI 사대천왕' 중 한 명으로 꼽힌다. 평소에도 많은 기업 현장과 학계에
서 러브콜을 받아왔던[2] 응 박사가 바이두를 떠나면서 그의 다음 행보에
관심이 쏠리고 있다. 응 박사가 바이두를 떠나는 소회를 밝힌 글도 세계
주요 매체들이 보도하며 화제가 됐다. 응 박사는 그 글에서 "AI는 새로
운 전기AI is the new electricity"라며 AI의 미래 가치를 강조했다. 사실, 이 말은
2017년 1월 미국 스탠퍼드대 경영대학원생을 대상으로 한 그의 특강 제
목이기도 했다.[3] 세계 AI 연구자와 기업들이 스승이자 진정한 리더로 여

기는 응 박사는 AI를 어떻게 바라보고 있을까. 그가 생각하는 AI의 가치와 AI의 발전 방향성 등을 그의 각종 인터뷰, 기고, 강연을 중심으로 살펴보았다.

AI가 단조로운 일로부터 인간을 해방시키길 기대한다

응 박사는 개인 홈페이지(http://www.andrewng.org)에 간단한 자기소개부터, 특정 연구 주제에 대한 강연 영상, 그리고 논문 목록까지 모두 공개하고 있다. 바이두를 떠난다는 결정 역시 예외는 아니었다. 2017년 3월 22일, 앤드류 응 박사는 "친애하는 친구들께"로 시작하는 770자의 글을 온라인에 올렸다.[4] 「인공지능에서 나의 새로운 장chapter을 열기」란 제목의 글에서 응 박사는 "바이두를 곧 떠난다"고 깜짝 발표를 했다. 응 박사는 바이두에서 수석 부사장이자, 수석 연구원 자리를 역임하고 있었다. 응 박사는 "AI와 관련된 임무를 발전시키는 데 최적의 장소가 바이두라고 생각한다"라며 2014년 구글에서 둥지를 바이두로 옮겼던 터라,[5] 응 박사와 바이두의 결별 소식은 모두를 놀라게 했다. 2011년 제프 딘Jeff Dean, 그렉 코라도Greg S. Corrado와 함께 구글 브레인 프로젝트Google Brain Project를 시작한 응 박사가 사회에 준 또 한 번의 충격이었던 것이다.

구글에서 바이두로 응 박사가 이적한 일은 중국이 AI를 강화하려는 움직임의 상징으로 해석됐다.[6] 그가 이끈 1,300여 명에 이르는 AI 조직 덕분에 바이두는 AI 분야에서 세계적으로 손꼽히는 기업이 됐다.[7] 바이두는 자사의 트위터 계정을 통해[8] 응 박사가 회사를 떠난다는 글을 연결한 트윗을 리트윗하며, "앤드류 응 박사는 AI를 통해 삶을 발전시키고자 하는 목표를 함께 달성하기 위해 바이두에 합류했다. 지금도, 그 목표는 남아 있다. (응 박사에) 감사하며, 행운을 빈다"는 메시지를 남겼다. 응 박사는 다음 행보에 대해 구체적으로 언급하지 않았다. 다만, 그는 "사회적 변화를 이끄는 이 중요한 일(AI 개발)을 지속하겠다"며, "우리 모두가 자율주행차, 의사소통을 할 수 있는 컴퓨터, 그리고 우리에게 고통을 주는 것이 무엇인지 파악하는 의료 로봇을 갖기를 희망한다"는 말로 자신의 미래 행보를 암시했다. 특히, 그는 "나는 AI가 운전과 같이 정신적으로 단조로운 일로부터 인류가 벗어날 수 있도록 해주기를 원한다"며 "이러한 일은 어느 한 기업 단위가 아닌 전 세계적 차원에서 수행될 수 있는 과제"라고 덧붙였다. 응 박사가 2017년 AI의 화두로 꼽은 것은 대화형 AI였다.[9] 이는 인공지능 스피커와 챗봇chat-bot에 무게를 둔 전망으로 풀이된다.

AI가 당장 할 수 있는 것과 그렇지 않은 것을 명확하게 구분해야

응 박사는 AI의 미래를 낙관하는 편이다. 그는 100여 년 선 전기에 의해 산업 혁명이 일어났듯, AI에 의해 모든 산업이 바뀔 것으로 전망하며,[10] '사악한evil AI'가 단기간 내에 출현할 가능성을 높게 보지 않는다.[11] 인간의 지능을 뛰어넘는 초지능superintelligence의 출현 가능성에 대해, 응 박사는 "사악한 초지능의 등장을 현시점에서 걱정하는 것은 화성의 인구 과잉 상태를 우려하는 것과 같다"고 말했다. AI가 그릴 미래를 낙관하지만, 산업적 도구로서 AI를 바라보는 응 박사의 관점은 현실적이다. 응 박사는 "당신의 비즈니스와 관련된 AI의 시사점을 찾고자 한다면, 과대망상hype을 경계하고 AI가 현시점에서 진정 무엇을 할 수 있는지를 주시해야 한다"고 조언했다.[12]

[기계학습이 할 수 있는 것: 지도 학습에 바탕을 둔 간단한 생각][13]		
삽입 정보	**고려 조건**	**활용 분야**
사진	인간의 얼굴이 있을까? (그렇다 혹은 아니다)	얼굴 인식
대출 신청	미래 상환 가능성 (그렇다 혹은 아니다)	대출 승인
광고의 사용자 정보	사용자의 광고 클릭 여부 (그렇다 혹은 아니다)	온라인 타깃 광고
오디오 파일	오디오 파일의 녹취	음성인식
영어 문장	프랑스 문장	언어 번역
하드 디스크 혹은 엔진의 감시 장치	결함 여부	사전 관리
자동차 내 카메라와 기타 감지 장치	다른 차의 위치	자율주행차

응 박사는 AI의 노동 대체 문제에 대해서는 마냥 낙관론을 펴지 않는다. 그보다는 AI의 노동 대체 가능성에 무게를 두고, 관련 주체들의 책임 의식을 강조한다. 응 박사는 "실질적인 문제는 (AI가) 인간의 직업을 대체하는 것"이라며 "인공지능이 사회를 개선하기 위해 기여하는 과정에서 발생되는 실업 문제는, 인공지능 개발자로서 책임을 가지고 해결해야 한다"고 강조했다.[14] 실업과 더불어, AI 연구에서 확보되어야 할 것으로 응 박사가 꼽는 것은 투명성이다. 이따금 세부적인 부분을 설명하지 않은 채 발표되는 AI 논문을 언급하며, 응 박사는 "(이 같은 행위는) 투명성의 정의에 어긋나는 행동"이며 "(연구) 자료의 발표는 지식을 공유하는 행위"라고 평가했다.[15]

AI 개발을 위한 최선의 길은 많은 논문 읽고, 스스로 검증하기[16]

응 박사는 AI 개발자들에게 "논문을 많이 읽고, 스스로 검증하라"고 당부하고 있다. 그는 스탠퍼드 대학에서 박사 과정을 밟고 있는 학생들을 살펴본 결과, 개발자들을 위한 최고의 교육 자료는 다양한 논문이라고 강조했다. 응 박사는 "읽은 논문을 토대로 똑같이 따라해서, 똑같은 결과를 스스로 확인하라"고 조언했다. 그는 "이러한 방식에 대해 많은 사람들이 과소평가하기도 하지만, (앞에서 설명한 방식은) 신입 연구원들에게는 효율적인 방법"이라고 말했다. 응 박사는 "여러 논문을 충분히 읽고, 연구하고, 이해하고, 똑같은 결과를 모사할 수 있는 단계에 이르면 자신의 아이디어를 만들 수 있을 것"이라고 덧붙였다.

김대원 _카카오

주석

1. 설명 | 앤드류 응 박사는 온라인을 통한 무료 강의에 스스로가 기여한 사실에 큰 의미를 부여한다. 응 박사는 홈페이지에서 자신에 대한 소개(http://www.andrewng.org/about/)에 현 직함 및 직책 외에 스탠퍼드대학에서 그가 온라인 공개강좌의 개발을 이끈 사실을 가장 우선적인 업적으로 기술하고 있다.

2. 참고 | 그는 주 단위로 기업들로 부터 2~3개의 기계학습 컨설팅 제안을 받고, 기계학습 전공 학생들을 스카웃하겠다는 이메일을 5~6통 받는다고 한다. 응 박사의 연구실 내 1~2명의 학생이 투입되는 연구 용역비는 한 해 단위로 8만 달러(8,980만 원)에서 20만 달러(22억4,5000만 원)에 이른다. 연구비의 원화 환산 기준 환율은 1달러에 1,122.5원이다. URL: http://www.andrewng.org/faq/, 앤드류 응 박사의 한국인 제자로는 미시간 대학의 이홍락 교수(컴퓨터 과학 및 엔지니어링 학부)가 있다. 이 교수의 홈페이지 URL: http://web.eecs.umich.edu/~honglak/

3. 참고 | URL: https://www.youtube.com/watch?v=21EiKfQYZXc, 앤드류 응 박사가 화이트 보드를 활용해 판서를 하면서 열정적으로 강연하는 모습과 학생의 질의에 대한 응 박사의 답변 내용을 보고자 하는 이들은 유튜브 동영상을 직접 보기를 권한다. 유튜브 동영상은 1시간 27분 43초 분량이다.

4. 참고 | https://medium.com/@andrewng/opening-a-new-chapter-of-my-work-in-ai-c6a4d1595d7b#.pwlongeri

5. 참고 | http://venturebeat.com/2014/07/30/andrew-ng-baidu/

6. 참고 | http://v.media.daum.net/v/20160417080009440

7. 응 박사가 지목한 분야는 음성인식, 자연어 처리, 컴퓨터 비전, 기계학습, 지식 그래프이다.

8. 참고 | https://twitter.com/Baidu_Inc/status/844404195792998401

9. 참고 | http://time.com/4631730/andrew-ng-artificial-intelligence-2017/

10. https://medium.com/@TMTpost/baidu-opens-access-to-its-speech-recognition-technology-but-dreams-elsewhere-tmtpost-17ee8637b95c#.bjpnfvttg

11. 참고 | http://www.huffingtonpost.com/quora/chief-scientist-at-baidua_b_9187572.html

12. 설명 | 앤드류 응 박사는 2016년 11월 9일 <하버드비즈니스 리뷰>에 「바로 지금, AI가 할 수 있는 것과 할 수 없는 것」이란 글을 썼다. 원문 URL: https://hbr.org/2016/11/what-artificial-intelligence-can-and-cant-do-right-now?utm_source=twitter&utm_medium=social&utm_campaign=harvardbiz#sthash.wksQXstG.dpuf

13. 참고 | 앤드류 응. 〈하버드비즈니스 리뷰〉(2016.11.9)

14. 참고 | http://www.huffingtonpost.com/quora/chief-scientist-at-baidua_b_9187572.html

15. 참고 | http://time.com/4631730/andrew-ng-artificial-intelligence-2017/

16. 설명 | 후술할 스탠퍼드대 경영대학원 강연의 질의 응답에 나온 내용이다. 뒷부분의 내용과 이질적인 특성 때문에, 관련 내용을 이곳에 서술한다.

2장

AI와
윤리

인공지능을
어떻게 바라볼 것인가

──● 2015년 2월, 네덜란드에서는 트위터 '봇Bot 계정'이 살인을 예고하는 듯한 문장을 트윗해 경찰이 조사에 나섰다. 이 봇 계정은 계정 주인이 과거에 작성한 트윗들에서 무작위로 뽑아낸 단어들로 문장을 자동 생성한 뒤 다른 봇 계정과 공유하도록 설계됐다. 경찰은 문제를 일으킨 봇 계정 소유자에게 책임이 있다고 경고한 뒤 봇 삭제를 요청하는 것으로 사건을 마무리 지었다. 이 사건은 결국 봇을 '처벌(삭제)'하는 것으로 끝났지만 '봇이 알고리즘에 따라 자동 생성한 살인 예고에 대해 누가 법적 책임을 질 것인가'란 질문은 여전히 남는다. 가까운 미래에 인공지능 기술이 더욱 발전해 로봇이 스스로 학습하고 판단하는 능력을 갖추고 '전자 인간Electronic Person'이라는 법적 지위까지 얻게 되면 로봇의 실제

범행 의도Mens Rea까지 따져봐야 할지 모른다.

AI를 어떻게 규제할 것인가?

자율적으로 학습하고 실행하는 능력을 갖춘 AI의 출현은 역으로 인간이 기계에 대한 통제권을 잃게 되는 상황을 의미한다. 인간은 알고리즘 설계를 통해 초기 통제권을 갖지만 일단 AI가 학습 능력을 획득하면 어떤 과정을 거쳐 해결책을 도출하는지 파악하기 힘들 수 있다. 최악의 경우, 인간의 고통을 최소화기 위해 설계된 AI가 '인간은 그 특성상 천국에서도 고통을 받는다'라는 사실을 학습한 뒤 인류 멸종이 인간의 고통을 없애는 최적의 솔루션이라 판단할 수 있다. 글자 그대로의 의미는 정확히 이해하지만 인간의 주관적인 의도나 그러한 의도를 해석하는 행위에 대해서는 기계가 무관심할 수 있기 때문이다.[1]

국내에서는 2016년 3월 알파고AlphaGo와 이세돌 9단의 대결이 알파고의 승리로 끝나면서 한때 'AI 공포증AI Phobia'이란 단어가 등장할 정도로 AI에 대한 두려움이 커졌다. AI 전문가들이 '알파고는 아직 AI 단계에 미치지 못한다'며 진화에 나섰지만,[2] 한편에서는 AI가 기술적 특이점인 '싱귤래리티Singularity'를 거쳐 '캄브리아 폭발기'에 비견될 만큼 비약적으로 발전할 것이란 예측도 나오고 있다.[3]

엄청난 잠재력과 파급력을 가진 AI기술에 대한 불안감과 두려움은 'AI기술을 어떻게 규제할 것인가'란 질문으로 이어진다. 자율주행차량, 드론, 헬스케어 등 지능정보화 기술을 적용한 응용 서비스 분야에서는 상업화 시점이 가까워지면서 사고시 책임 소재, 알고리즘 설계 규제, 제조물 책임법, 책임 보험, 로봇 창작물의 저작권 등 새로운 법적 이슈들이 활발하게 논의되고 있다. 반면 인간을 닮은 '강한 AI'에 대응하기 위한 논의들은 인류가 그동안 생각해보지 못했던 새로운 윤리, 철학, 존재론적 이슈들까지 포섭하며 더욱 광범위하게 확대되고 있다.

  법과 규제의 출발점은 규율 대상을 '정의'하는 데서 시작한다. 'AI를 어떻게 규제할 것인가'라는 질문 역시 규율 대상인 AI를 어떻게 정의할 것인가에서 출발한다. 현재 AI 분야에서는 모든 전문가들이 동의할 만한 정의가 존재하지 않는다. 다만 AI 분야의 교과서로 알려진 『인공지능: 현대적 접근』에서 스튜어트 러셀 교수와 피터 노빅은 인공지능을 정의하려는 시도들을 '인간처럼 사고하고, 인간처럼 행동하고, 합리적으로 사고하고, 합리적으로 행동하는' 네 가지 특징별로 분류한 뒤, '합리적으로 행동하는: 합리적인 에이전트agent 접근법'을 채택해 인공지능을 분석했다. 반면 미국 조지메이슨대 매튜 슈어러 교수는 규제 관점에서 볼 때 '특정 기능을 수행할 수 있는~' 식의 목적 지향적Goal-oriented 정의는 AI처럼 급격한 기술 변화가 예상되는 분야에서는 적절하지 않다고 설명한다. 따라서 정기적으로 기술 변화 추이를 점검하며 AI의 정의를 점진적으로 변화시켜가는 것이 규제 목적에 더욱 부합하는 대안이될 수 있다.

미국과 EU의 로봇 및 인공지능 규제 동향

AI와 관련한 정책 및 규제 이슈에는 AI의 개념, 데이터, 프라이버시, 알고리즘 편향, 일자리, 거버넌스, 법적 책임, 로봇 법인격 등 다양한 이슈들이 포함된다. 미국, 유럽연합 등 기술 선진국들은 AI 및 로봇산업의 진흥을 위해 기존의 법, 제도, 규제 체제를 새롭게 정비하거나, 폭발적인 기술 혁신에 대비한 장기 과제로 새로운 규범 및 윤리 가이드라인의 도입을 준비하고 있다. 미국과 EU는 AI가 초래할 변화에 대응할 수 있는 법적, 제도적 틀을 마련해야 한다는 필요성에는 의견을 같이하지만 구체적인 대응 방식에서는 다소 차이를 드러낸다. EU가 AI를 규율할 법제적, 윤리적 대응에 좀더 적극적으로 나서는 반면 미국은 AI기술이 가져올 안전, 공정성 문제, 장기 투자를 위한 정부의 역할 등에 우선 치중할 것을 주문하는 등 주로 공익, 공정성, 책임성 확보를 최우선 가치로 제시하고 있다. 또한 구체적인 대응 방식에 있어서도 미국은 윤리, 법제적 대응의 필요성을 인정하면서도 구체적인 법제화보다는 지속적인 모니터링을 우선 권고하고 있다.

EU의 로봇법 프로젝트

EU는 2012년부터 유럽 4개국(이탈리아, 네덜란드, 영국, 독일)의 법률, 공학, 철학 전문가들이 참여하는 컨소시엄 형태인 로봇법Robolaw 프로젝트를 통해 로봇과 관련한 법적·윤리적 이슈를 연구한 뒤 2014년 9월 결과 보고서 'D6.2 로봇규제 가이드라인D6.2 Guidelines on Regulating Robotics[4]을 도출했다. 유럽연합의 로봇법 및 규제 가이드라인은 자율주행자동차, 수술 로봇, 로봇 인공기관, 돌봄 로봇 등 상용화에 근접한 기술들을 사례별Case-by-case로 분석함으로써 구체적이고 기능적인 맥락에서 로봇 관련 규범 체계를 정립하기 위한 목적에서 추진됐다. 따라서 새로운 규제의 도입보다는 안전, 법적 책임, 지적재산권, 프라이버시, 데이터, 로봇의 계약 체결 능력 등 주요 이슈별로 기존 법률의 적용 가능성을 우선 검토하거나, 법률, 기술, 윤리, 의료 등 다양한 분야의 전문가들이 참여하는 다자간 학제적인 접근 방식을 취했다. 자율성을 가진 로봇의 예상치 못한 행동으로 초래된 법적 책임에 관한 원칙들에 관해서는 혁신 장려와 위험 규제라는 상반된 가치들을 균형 있게 조화시키며 논의할 것을 주문했다. 또한 인공지능 기술이 인간의 기본권 보호라는 대원칙을 훼손하지 않아야 하며, 인간 역량 강화라는 더 큰 목적을 달성할 수 있어야 한다고 강조했다. EU는 앞선 2007년 유럽로봇연구네트워크EURON의 ICRAIEEE International Conference on Robotics and Automation 회의를 통해서는 'EURON 로봇 윤리 로드맵'을 발표하고 로봇 윤리에 관한 실용적 접근 전략 차원의 권고안을 제시한 바 있다.

EU 회원국들이 지난 수년간 AI와 로봇 분야에서 쌓아온 연구 내용들은 2017년 1월 유럽의회 법사위원회가 작성한 결의안Draft Report with Recommendations to the Commission on Civil Law Rules on Robotics[5]에 반영됐다. 'Robolaw' 프로젝트가 유럽연합 집행위원회 주도로 이뤄졌다면 이번 결의안은 유럽의회 주도로 진행됐다. 결의안 작성을 이끈 법사위원회 부위원장 매디 델보에 따르면[6], 결의안에서 언급된 로봇이란 '센서나 주변 환경과의 상호작용을 통해 얻은 데이터를 분석해 자율성을 획득하는 능력, 자율적인 학습과 적응 능력을 갖춘 물리적인 기계'로 정의되며, 군사용을 제외한 민간용 자율주행차, 드론, 산업용 로봇, 돌봄 로봇, 엔터테인먼트 로봇 등이 이 범주에 포함된다.

유럽의회는 이 결의안에서 일상생활에서 로봇의 영향력이 점차 확대되는 가운데 로봇이 인간에게 도움을 주는 존재임을 명확히 하기 위해 EU 내 강력한 법적 프레임워크가 필요하다고 촉구했다. 특히 로봇에 '전자 인간Electronic Person'의 지위를 부여해 로봇으로 인한 피해 발생시 법적 책임 소재를 명확히 하는 법적 기틀을 마련했다. 자율주행자동차 상용화를 앞두고 사고 시 피해자가 충분히 보상을 받을 수 있도록 지원하는 책임 보험과 전용 기금의 도입도 포함됐다. 로봇 세금Robot Tax에 관해선 명확한 용어로 지칭하지는 않았지만 로봇 이용으로 발생하는 금전적인 혜택을 피해 보상 전용 기금에 할당하는 안이 제시됐다. 결의안에는 기술, 윤리, 규제 분야에서 로봇과 AI에 관한 전문성을 갖춘 전문기관의 설립을 촉구하는 내용도 담겼다. 아울러 로봇 제작자가 비상 상황에서 로봇을 즉시 멈출 수 있는 '킬 스위치Kill Switch'를 설계 시점부터 적용할 것을 제안했다. 결의안에 앞서 2016년 5월 법사위원회가 작성한 보고서Draft Report는 로봇 도입 확산에 대처하기 위해 로봇 공학자와 설계자, 생산자, 이용자들이 준수해야 할 윤리 강령Ethical Code of Conduct, 연구기관의 투명성과 책임성, 설계 라이선스 등 분야별 규범 및 규제 원칙들을 제시했다.

유럽의회는 2017년 2월 16일 의원총회를 열어 로봇세와 기본소득에 관한 내용은 부결한 채 이 결의안을 통과시켰다. EU 의회는 로봇 도입 확산으로 일자리를 잃는 노동자 재훈련과 사고 보상 목적의 기금 마련을 위한 '로봇세' 도입에는 반대했지만 로봇과 관련한 윤리적, 법적 책임성 문제를 해결하기 위한 법제화 필요성은 인정했다. 이에 따라 EU 집행위원회는 AI와 로봇, 그리고 자율주행자동차 등에 관한 법률적, 윤리적 문제 검토에 착수할 전망이다.

자율주행차 분야의 경우, EU는 2009년부터 2012년까지 볼보, 리카르도 등 유럽 7개 기업이 참여하는 SARTRESafe Road Trains For The Environment 프로젝트를 통해 자율주행 자동차 적용을 위한 각종 규제 및 규칙을 점

[유럽의회의 로봇 관련 결의안 주요 내용]

구분	주요 내용
로봇 등록제	첨단 로봇의 경우 로봇 분류 체계에 따라 등록제 도입
저작권 및 프라이버시	로봇 창작물의 저작권 보호 기준을 마련하고 정책 입안 시점부터 프라이버시 및 데이터 보호 방안을 적용
법적 책임	- 향후 10~15년 간 로봇 및 인공지능 발전으로 초래되는 법적 이슈를 다루기 위한 입법안을 마련할 것을 EU 집행위원회에 요청. - 로봇 때문에 발생한 피해라는 이유만으로 보상 가능한 손해의 종류나 정도를 제한하거나 보상의 종류를 제한할 수 없음. - 로봇이 초래한 피해에 대해선 엄격한 책임 원칙(strict liability)을 적용하고, 로봇의 행위와 손해 간 일반적인 인과관계만 입증하면 보상 요건 충족하도록 설정. - 로봇이 초래한 손해의 보상, 로봇이 자율적으로 결정한 사건 등을 다루기 위해 로봇에게 '전자 인간'의 지위를 부여.
로봇세	자율 로봇 제조사가 책임 보험에 가입하되 보험 미적용 사고의 보상을 위해 기금을 조성. 로봇이 행한 서비스의 대가로 로봇에게 지급되는 금전적 대가를 이 기금에 이전하는 안이 제시됨(*일종의 '로봇세'로 의원총회 표결 과정에서 부결됨).
윤리원칙	로봇 디자인, 개발, 연구, 이용시 적용되는 윤리강령 원칙들을 담은 로봇 헌장을 향후 입법시 고려할 것
노동시장 및 기본소득	로봇공학 및 인공지능 발전이 노동시장에 미칠 영향을 감안해 세제, 사회안전망, 기본소득 등에 대한 고려 필요 (*기본소득 내용은 의원총회 표결 과정에서 부결됨)

검했다. 이어 2012년 완전 자율주행버스 공동개발 프로젝트인 시티모빌2CityMobil2, 2014년 'AdaptIVe' 프로젝트를 통해 자율주행자동차 상용화를 위한 법적 검토를 실시했다. EU는 자율주행 관련 입법화를 적극추진하고 있지는 않지만 자율주행 자동차가 유엔의 도로교통에 관한비엔나 협약 등 EU 협약국 간 표준화된 교통 규칙에 위배되는지 여부

를 검토해왔다. 비엔나 협약은 1968년 UN에서 협약국 간 교통 법규를 표준화하기 위해 제정된 협약으로 이동 중인 차량에는 운전자가 반드시 탑승해 있어야 하고, 모든 차량은 운전자 통제하에 있어야 한다는 조건 등을 두고 있다.

미국 백악관의 인공지능 보고서

미국은 2016년 백악관에 '기계학습 및 인공지능 소위원회Subcommittee on Machine Learning and Artificial Intelligence'를 신설했다. 이 소위원회는 AI 개발 상황과 성과를 모니터링한 뒤 그 결과를 국가과학기술회의National Science and Technology Council에 보고하는 역할을 맡고 있다. 소위원회는 2016년 5월부터 7월 사이 네 차례에 걸쳐 AI가 일자리, 경제, 안전, 규제 분야에 미치는 영향을 공개적으로 토론하는 일련의 워크숍을 개최했다.

미국의 AI 전문가들은 백악관이 주도한 이 토론회를 통해 AI는 아직 개발 중이므로 섣부른 정부 개입은 오히려 안전하고 책임 있는 기계를 개발하는 데 방해 요인으로 작용할 수 있으며, 대신 프로그램이나 알고리즘을 설계하는 사람들에게 더욱 높은 도덕적, 윤리적 책임을 부과해야 한다는 의견을 제시했다. 미국 정부 역시 상용화를 앞둔 자율주행차, 드론, 암 진단 분석 시스템 등에 대해서는 규제와 감독 기능에 집중하는 반면 AI 분야에서는 섣부른 법제화나 규제 도입보다는 기존 법적 원칙들을 탄력적으로 적용하거나 공정성, 책임성, 투명성, 적법절차와 같이 정책적인 방향성을 제시하는 데 더욱 주력하고 있다.

백악관 국가과학기술위원회NSTC는 이런 활동을 바탕으로 2016년 10월 「인공지능 국가연구 개발 전략 계획」, 「인공지능의 미래를 위한 준비」보고서를 발간한 데 이어 12월 「인공지능, 자동화, 그리고 경제」 보고서를 발간하며 AI기술의 연구개발 및 정책 방향을 제시했다. 특히 AI 분야 장기 투자를 위한 연구개발 지원, AI로 인해 초래되는 사회적 안전 및 공정성 문제에 우선 대처할 것 등 공익 보호와 공정성, 책임성, 투명성 확보를 최우선 가치로 제시했다. 구체적인 대응 방법보다는 AI 발전을 지속적으로 모니터링하고 기초적이고 장기적인 인공지능 연구에 우선 순위를 설정할 것을 주문하는 등 전반적인 정책 방향성을 제시하는 데 주력하는 모양새다.

행정부와 입법부가 로봇 관련 법제화에 적극적인 유럽연합과 달리 미국에서는 산업계, 학계 등 민간 분야를 중심으로 '약한 AI' 기술의 발전과 진흥을 위한 규제 패러다임 확립 요구가 강하게 제기되고 있다. 이들은 당장 '강한 AI'의 위험을 걱정하기보다는 상용화에 근접한 '약한 AI' 기술들이 사회에 미치는 영향과 법적 공백 상태가 더욱 시급한 문제라는 인식을 갖고 있다. 나아가 빅데이터, 프라이버시, 인간의 기계 의존 문제, 일자리 이슈들에 관해 정책, 법률, 과학 등 다양한 분야의 전문가들이 참여하는 규제 패러다임 형성을 요청하고 있다. 미국 실리콘 밸리에서는 민간 주요 기업들과 인공지능 관련 기업들이 주축이 돼 싱크 탱크Think Tank를 설립하고 학계와 연계한 AI 연구를 수행하고 있다. 구글은 딥마인드DeepMind의 요청에 따라 신기술 검토를 위한 윤리위원회를 설치했고, 2014년 설립된 미국 보스턴 소재 비영리 연구단체인 '삶의 미래 연구소Future of Life Institute, FLI'는 AI의 잠재적인 위험성과 편익에 관한 연구를 지원하고 있다.

미국의 법현실주의적 접근

미국 법조계나 학계에는 기존의 사이버법Cyberlaw이나 민사법 등 전통적인 법리들을 발전시켜 인공지능 시대에 대처하려는 노력들도 존재한다. 워싱턴대 로스쿨의 라이언 칼로Lyan Calo 교수는 로봇기술이 신체화Embodiment, 창발성Emergence 사회적 유의성Social Valence을 가진다고 설명하면서, 일명 IT법을 통해 발전되어온 인터넷 또는 컴퓨터 관련 법리들을 인공지능 시대에 더욱 확장해 적용시킬 수 있다고 주장한다.[7] 칼로 교수는 「Robots in American Law」(2016)라는 논문에서 로봇과 인공지능 개념을 언급한 과거 법원 판결들을 분석한 뒤 로봇을 인간의 소유물 같은 단순 객체가 아닌 인간을 대리하거나 인간의 권리를 확장하는 법적 주체로 여기는 논의들이 과거에도 이뤄져 왔다고 설명한다. 즉, 로봇을 위해 완전히 새로운 법적, 규제적 개념을 탐구하기보다는 기존의 법적 논의들을 다시 세밀하게 분석해볼 필요가 있다는 주장이다.[8] 한편, 미국 예일대학 로스쿨의 잭 볼킨Jack Balkin 교수는 미국 법조계의 법현실주의Law Realism 흐름에 입각해 칼로의 설명은 로봇 기술의 본질을 미리 확정한 채 논의를 전개하는 한계를 가진다고 지적한 뒤 기술은 사회적으로 어떻게 활용되는지에 따라 다르게 평가할 수 있다고 설명한다. 볼킨 교수에 따르면, 로봇 및 인공지능과 인간들의 상호 작용은 우리가 자각하지 못할지라도 실제로는 '로봇 개발자들과 우리(인간들) 간'의 상호작용에 해당한다.[9]

왜 다시 로봇 윤리인가

AI가 인간 한계를 뛰어넘어 인간을 압도하는 능력을 갖게 되면 사실상 인류를 대체할 수 있다는 실존적인 위협은 AI 윤리와 같은 규범적 논의를 더욱 광범위하게 확장시킨다. 인간과 흡사한 AI가 출현할 경우 결국 자율성을 갖춘 인공지능을 제어할 수 있는 가장 보편적인 방식은 윤리나 규범이기 때문이다. 프린스턴 대학의 피터 아사로Peter Asaro 교수에 따르면 로봇은 파괴적 혁신 기술이기 때문에 기존의 법과 정책으로 규제를 하는 데는 한계가 있으며, 로봇과 AI를 위한 새로운 법률과 정책을 만들기 위해서는 우선 사회 규범을 먼저 형성해야 한다. 달리 말하자면, 사회 규범 없이 정치적 의지만으로는 법과 정책을 만들 수 없으며, 다양한 분야의 전문가들 논의를 통한 공론화가 선행해야 한다.[10]

스스로 판단할 수 있는 기계의 출현은 다양한 윤리적 문제를 발생시킬 가능성이 매우 높다. AI 규범과 관련한 법적, 윤리적, 철학적 쟁점은 크게 i) AI 및 로봇의 설계, 생산, 이용 단계에 적용되는 윤리적 과제, ii) AI 및 로봇의 자율적인 행동에 관한 윤리적 문제, iii) AI 및 로봇 자체의 도덕적, 존재론적 지위 문제로 나누어 볼 수 있다. 우선, AI로 설계, 이용과 관련되는 알고리즘의 투명성, 공정성 문제는 결국 인간 개발자나 운영자의 윤리와 직결된다. '트롤리 딜레마'[11]와 유사한 자율주행차의 윤리적 딜레마도 사실 인간의 윤리적 딜레마에 해당한다. 주행 중인 차량이 갑작스런 사고 발생 상황하에서 인공지능의 알고리즘이 핸들을 꺾어 5명의 행인을 치거나 아니면 그대로 직진해 상대편 차량과 본인 차량 운전자 2명만 다치는 선택 중 하나를 택해야 하는 딜레마적 상황은 결국 알고리즘 설계자의 편향에 따라 좌우되는 윤리적 문제로 비화될 수 있다. 때문에 EU의회 등은 개발자, 설계자, 운영자, 이용자들을 위한 규범 체계인 윤리 가이드라인 제정을 시급한 과제로 요청하고 있다.

한편, '강한AI'는 프로그래머가 모든 과정을 완벽하게 수행하더라도 학습 능력을 얻은 기계가 인간이 예측할 수 없는 결과를 초래할 수 있다는 딜레마로 이어진다. 따라서, AI가 정확하게 작동하는지 여부를 떠나 로봇이 어떠한 규범적 체계에 근거해, 어떤 목적을 구체적으로 달성하려는지를 우선적으로 검증할 수 있어야 한다.

AI 및 로봇의 인격 주체성에 관한 문제는 미래 사회의 중요한 법철학적 쟁점이 될 것으로 전망된다. 세계적인 베스트셀러 『초지능 Superintelligence』의 저자인 옥스퍼드대 닉 보스트롬 Nick Bostrom 교수는 AI 시스템이 도덕적 지위를 갖기 위해서는 지각 Sentience과 인격 Sapience 요소를 갖춰야 한다고 설명한다. 인간과 짐승의 차이를 거론할 때, 동물은 인격을 갖추지 못하고 있기 때문에 인간이 좀더 높은 도덕적 지위를 차지한다고 말할 수 있다. 보스트롬 교수는 두 존재가 동일한 기능과 의식 경험을 가지고 있고 그들의 성격만 다를 경우 Principle of Substrate NonDiscrimination, 또는 두 존재가 동일한 기능과 의식을 가지고 있고 그들의 근원만 다를 경우 Principle of Ontogeny Non-Discrimination, 이들은 동일한 도덕적 지위 Moral Status를 갖는다고 설명한다. 즉, 인공지능이 두 가지 조건 중 하나에 부응하면 인간과 동일한 지위를 갖는다는 설명이다.

포스트휴먼 Post-human 기술 및 윤리의 학제간 연구단체로 유명한 IEET Institute for Ethics and Emerging Technologies는 '비인간적 존재의 인격성'에 관한 논의를 학제적 연구와 실험을 통해 지속적으로 추진해오고 있다. 이처럼 인공지능 로봇, 사물인터넷 등 초연결사회의 도래가 예견됨에 따라 인간 이외의 사물이나 기계의 융복합적 권리, 책임 문제와 관련해 '인간을 넘어선 인격성 Personhood Beyond Human'을 탐색하는 법철학적 연구는 갈수록 더욱 다각적으로 이뤄질 전망이다.

AI에 대한 규제는 결국 AI를 어떻게 바라볼 것인가에 따라 좌우된다. AI가 인류의 존재까지 위협할 것이라 보는 시각은 정부의 적극적인 개입과 법제화를 요구하는 반면, AI가 가져올 변화들이 감내할 만한 수준이라 보는 시각은 가능한 한 최소한의 규제를 원할 것이다. 이처럼 AI를 두고 엇갈리는 두 시선은 과소 또는 과도 규제를 둘러싼 논쟁을 끊임없이 초래할지 모른다. 다만 한 가지 확실한 사실은 AI가 인류의 삶을 과거와는 확연히 다른 양상으로 바꿀 가능성이 더욱 높아졌다는 점이다. 인간을 닮은 AI와 로봇을 어떻게 규율하느냐 문제는 인류가 그동안 접해보지 못한 새로운 규제 패러다임으로의 대전환을 요구하고 있다. 결국 미래를 어떻게 설계하고 그려갈 것인가는 인공지능이 아닌 인간의 의지에 달려 있는 셈이다.

김명수 _카카오

주석

1. 논문 | Stuart J. Russell & Peter Norvig. (2010). Artificial Intelligence: A Modern Approach. 1037 (3rd ed).

2. 참고 | Jean-Christophe Baillie 'Why AlphaGo Is Not AI', IEEE Spectrum 2016년 3월 17일 게재 http://spectrum.ieee.org/automaton/robotics/artificial-intelligence/why-alphago-is-not-ai

3. 논문 | Gill A. Pratt. (2015). Is a Cambrian Explosion Coming for Robotics?. Journal of Economic Perspectives, vol. 29, No. 3, Summer. pp.51-60.

4. 참고 | RoboLaw(2014), 'D6.2 'Guidelines on Regulating Robotics' 2017.2.20 last accessed at http://www.robolaw.eu/RoboLaw_files/documents/robolaw_d6.2_guidelinesregulatingroboti cs_20140922.pdf

5. 참고 | EU의회 법사위원회의 결의안. http://www.europarl.europa.eu/sides/getDoc. do?pubRef=-//EP//NONSGML+COMPARL+PE-582.443+01+DOC+PDF+V0// EN&language=EN

6. 참고 | EU의회 뉴스. European Parliament news, 'Rise of the robots: Mady Delvaux on why their use should be regulated', 2017.2.20 last accessed at: http://www.europarl.europa.eu/ news/en/news-room/20170109STO57505/rise-of-the-robots-mady-delvaux-on-why-their-use-should-be-regulated

7. 논문 | Ryan Calo. (2015). Robotics and the Lessons of Cyberlaw, California Law Review 103.

8. 논문 | Ryan Calo.(2016). Robots in American Law, Legal Studies Research Paper No. 2016-04, pp. 42-44

9. 논문 | Jack M. balkin. (2015). The Path of Robotics Law, California Law Review Circuit 6.

10. 참고 | Peter Asaro. (2015). 'Regulating Robots: Approaches to Developing Robot Policy and Technology' Presentation at: WeRobot 2015, University of Washington, April 10, 2015. http://www.werobot2015.org/wp-content/uploads/2015/04/Asaro_Regulating_Robots_ WeRobot_

11. 참고 | 트롤리 딜레마(trolley problem)는 영국 철학자 필리파 푸트(Philippa R. Foot)가 처음 제안한 윤리학적 딜레마 문제이다. '100km로 주행 중인 기차(trolley)가 바로 앞에 인부 5명이 있는 것을 발견했지만 급정거를 하기에는 너무 가까운 거리인 반면 비상 철로에는 1명의 인부만이 철로를 청소하고 있다. 이럴 때 당신은 어떤 선택을 할 것인가'라는 딜레마적 상황을 제시하고 어떤 선택을 내릴 것인지 질문한다.

로봇 윤리의
변천사

──● 사람을 대신할 인공지능을 마주하는 우리는 삶이 보다 편해지고, 윤택해질 미래를 그린다. 그러나, AI와 공존하게 될 미래가 마냥 아름답게만 그려지지 않는다. 디스토피아 시나리오는 인간을 위해 만들어진 기계가 외려 인간을 해칠 수 있지 않을까 염려한다. 인간을 위해 그리고 인간에 의해, 만들어지는 존재가 인간을 위협하지 않도록 인간은 부정적 개연성을 줄이고 싶어 한다. 이러한 맥락에서 로봇 혹은 AI의 기술적 발달과 나란히 논의되는 주제가 윤리다. '윤리'라는 말로 포장되긴 하지만, '로봇 윤리'[1]는 인간을 이롭게 하려는 본래의 목적에 부합하기 위해 로봇이 지켜야 할 '준칙'이다. 이를 전제로 로봇의 윤리에는 인간과의 공존, 로봇 개발자와 이용자의 책임, 프라이버시 보호, AI 기반 무기

경쟁 지양, 초지능의 발전 방향 제시 등이 포함된다. 로봇 윤리의 고전인 '아시모프의 3원칙'부터 2017년 1월에 나온 '아실로마 원칙'까지 관련 논의를 살펴보자.

[시즌 1 : 로봇의 책무만을 강조하던 시대]

1942년, 아시모프의 로봇 3원칙

가장 널리 알려진 로봇 윤리 원칙은 아이작 아시모프Issac Asimov[2]의 로봇 3원칙The Three Laws of Robotics이다. 3원칙, 혹은 아시모프의 원칙은 1942년 발간된 그의 단편 소설 「탑돌이Runaround」[3]에서 제안됐다. 세 가지 원칙은 다음과 같다.

아시모프의 3원칙은 로봇은 인간의 후생厚生을 위해 존재하며, 인간에 의해 인간을 해하는 방향으로 활용될 가능성을 경계한다. 로봇은 자율적으로 행동해야 하며, 스스로 자체의 내구성을 유지하고 보호해야 한다고 규정하고 있다. 다만, 자위적自衛的 행동은 인간의 후생을 위한 명령보다 후순위다. 이같은 로봇의 딜레마는 "무엇이 인간을 위한 것인가?"라는 문제다. 인간이 원하는 바를 달성시켜주기 위한 행동이 인간에게 해가 될 때, 이를 수행하는 것이 옳은지 아니면 행동을 하지 않는 것이 바람직한지, 로봇은 혼돈에 빠질 수 있다. 로봇에 내재되는 프로그램이 어느 쪽에 무게를 두느냐에 따라, 로봇은 인간을 물리적으로 해치는 주체가 될 수 있다.

이 원칙들은 로봇을 소재로 한 소설, 영화뿐만 아니라, 로봇 윤리와 유관 정책 연구에도 활용되고 있다. 로봇 3원칙의 현실 적용에 따른 로봇

> **[아시모프의 로봇 3원칙]**
>
> **1원칙**
> A robot may not injure a human being or, through inaction, allow a human being to come to harm(로봇은 인간에게 해를 끼치거나, 아무런 행동도 하지 않음으로써 인간에게 해가 가도록 해서는 안 된다).
>
> **2원칙**
> A robot must obey the orders given it by human beings except where such orders would conflict with the First Law(로봇은 인간의 명령에 복종해야 한다. 단 명령이 첫 번째 원칙에 위배될 때는 예외로 한다).
>
> **3원칙**
> A robot must protect its own existence as long as such protection does not conflict with the First or Second Laws(로봇은 자신을 보호해야 한다. 단 첫 번째와 두 번째 원칙과 위배될 때는 예외로 한다)

윤리 문제에 대한 실질적 고민을 경험해보고 싶은 사람은 아시모프의 소설을 영화화한 〈아이, 로봇〉과 〈바이센테니얼 맨〉을 감상해보길 권한다.

1985년, 아시모프의 로봇 0원칙

아시모프는 1985년 단편 소설인 「로봇과 제국Robots and Empire」에서 로봇 0원칙을 추가 제안했다. 로봇 0원칙은 다음과 같다. "A robot may not harm humanity, or, by inaction, allow humanity to come to harm(로봇은 인류에게 해를 가하거나, 행동을 하지 않음으로써 인류에게 해가 가도록 해서는 안 된다.)"

로봇 3원칙의 첫 번째 원칙과 다를 바 없어 보이는 이 문구의 핵심적 차이는 '인류'다. 대동소이해 보이지만, 0원칙이 함의하는 바는 크다. 우선, 아시모프는 첫 번째 원칙의 상위 판단 기준으로 삼기 위해, 새로운 원칙에 '1'보다 앞선 '0'의 숫자를 부여했다. 두 원칙이 충돌할 때는 0원 칙에 의해 로봇이 행동해야 함을 의미한다.

'인간Human'을 '인류Humanity'로 전환한 것은 공리주의적 발상에 기인한 것으로 해석된다. 아시모프는 한 인간보다는 인류의 이익을 지키는 방 향으로 로봇의 행동이 결정되는 것이 합리적이라고 판단한 것이다.[4] 즉 0원칙에는 인류 멸망의 가능성을 명확하게 감지하면, 로봇이 한 개인의 이익보다는 인류의 생존을 위한 결정을 하는 게 바람직하다는 판단이 전 제되어 있다.[5]

[시즌 2 : 인간과의 공존, 인간의 책임]

2004년, 일본 후쿠오카 세계 로봇 선언

2000년대 중반 이후의 로봇의 활용 분야가 다양해지고, 사람과 로봇 간 의 접촉 빈도가 증가하면서, 사람과 로봇 간의 상호 작용에 대한 관심이 높아졌다.[6] 이러한 흐름하에서 2004년 발표된 로봇 윤리 원칙이 일본 후쿠오카 세계 로봇 선언이다. 후쿠오카는 일본에서는 로봇의 상징적 인 지역이었다. 당시 일본에서 생산되는 로봇 생산 규모는 6조4,000여 억 원에 달했는데, 이 중 20%가 후쿠오카에서 생산된다. 일본 정부는 후쿠오카를 일본의 '로봇 특구'로 지정했다. 후쿠오카에서의 세계 로봇 선언 발표는 로봇 분야에서의 위상을 강화하겠다는 일본의 의지가 반 영된 것이었다.[7] 2004년은 로봇 윤리를 주제로 한 제1회 국제로봇 윤리 심포지엄이 이탈리아에서 열린 해이기도 하다.[8]

후쿠오카 선언의 핵심은 로봇과 인간의 공존이다. 공존한다는 점을 강조하면서도, 여전히 로봇이 인간을 해칠 가능성은 막아야 한다는 '안전 관리' 의지가 담겨 있다. 로봇이 발전할수록 위협에 대한 공포가 심화되는 경향이 있다. 사실 로봇 혹은 AI를 어떻게 관리해야 하는지에 대한 논의는 로봇 개발이 만들어낼 경제적 가치에 비해서는 상대적으로 소외되어 왔다.[9] 로봇의 기술적 발전 외에, 로봇이 초래할 역기능에 대한 관리, 그리고 그것을 위한 고찰의 필요성에 대한 문제 제기는 2000년대 중반부터 활성화됐다. 그리고 로봇 자체 외, 로봇을 고안한 설계자가 책임 소재지Locus로서 다뤄지기 시작했다. 로봇 윤리의 수행 주체에 대한 논의가 변화된 것이다.

2006년, 유럽로봇연구연합의 로봇 윤리 로드맵

유럽로봇연구연합EURON, The European Robotics Research Network은 2000년 유럽연합의 산하기구로 만들어졌다. 이 조직의 목적은 당시부터 향후 20년을 위해 로봇에 내재된 기회를 명확하게 하고, 로봇 기술 발전시켜 활용하는 것이다.[10] EURON은 2003년부터 3년간 로봇의 윤리 문제를 다루기 위한 로드맵Road Map을 설계했다. 인간과 로봇을 연구하는 연구자 50여 명이 참여, 로봇 개발 과정에서의 주된 윤리적 쟁점에 대한 구조적 평가

Systematic Assessment를 시도했다. EURON의 로봇 윤리 로드맵은 이전과 달리 '로봇이 어떠해야 한다'라는 원칙이 아닌 로봇을 만드는 사람을 대상으로 가이드라인을 제공하고자 했다. EURON이 로봇 윤리에 선행하는 원칙으로 제시한 항목은 아래와 같다.

[로봇 윤리에 선행하는 원칙들]

1. 인간의 존엄과 인간의 권리
2. 평등, 정의, 형평
3. 편익과 손해
4. 문화적 다양성을 위한 존중
5. 차별과 낙인화의 금지
6. 자율성과 개인의 책무성
7. 주지된 동의
8. 프라이버시
9. 기밀성
10. 연대와 협동
11. 사회적 책무
12. 이익의 공유
13. 지구 상의 생물에 대한 책무

로봇이 아닌, 로봇 개발자 그리고 운영자에 윤리적 책임을 집중해야 하는 이유에 대한 여러 논의가 진행된 가운데 과학철학자인 닉 보스트롬 Nick Bostrom은 신기술과 인류에 대해 통찰력을 보여주고 있다. 그는 인공지능 창조에 대한 윤리 법칙이란 그의 글을 통해, 다음과 같이 강조했다.[11]

"창조자는 그들이 만든 산물Progeny의 행위에 대한 책임이 있다. 만일, 창조자가 도덕적 지위를 갖춘 창조물을 만든다면, 창조자와 창조물은 창조물의 행동에 대해 공동 책임을 져야 한다."

2007년, 산자부의 로봇 윤리헌장

국내에서는 산업자원부가 2007년 공개한 '로봇 윤리헌장' 초안에서 로봇의 행동 책임 범위에 로봇을 활용하는 주체까지 포함시켰다. 로봇의 윤리, 제조자의 윤리에 이어, 사용자의 윤리까지 로봇 윤리 범주에 포함시킨 것이다. 로봇, 제조자, 사용자까지 포괄한 로봇 윤리 규정을 제정한 것은 세계 최초의 일이었다. 이 윤리 헌정을 만드는 일에는 정부 관계자, 로봇 공학 교수, 심리학 전문가, 의사 등 12명이 참여했다. 다만 산업 현장의 이해 관계자 의견까지 포괄한 뒤, 2007년 말쯤 공식 발표될 것이란 당시 전망과 달리, 한국의 로봇 윤리헌장은 아직도 미생未生으로 남아 있다.

[산업자원부 로봇 윤리헌장(초안)]

1장(목표) | 로봇 윤리헌장의 목표는 인간과 로봇의 공존공영을 위해 인간중심의 윤리규범을 확인하는 데 있다.
2장(인간, 로봇의 공동원칙) | 인간과 로봇은 상호 간 생명의 존엄성과 정보, 공학적 윤리를 지켜야 한다.
3장(인간 윤리) | 인간은 로봇을 제조하고 사용할 때 항상 선한 방법으로 판단하고 결정해야 한다.
4장(로봇 윤리) | 로봇은 인간의 명령에 순종하는 친구·도우미·동반자로서 인간을 다치게 해서는 안 된다.
5장(제조자 윤리) | 로봇 제조자는 인간의 존엄성을 지키는 로봇을 제조하고 로봇 재활용, 정보보호 의무를 진다.
6장(사용자 윤리) | 로봇 사용자는 로봇을 인간의 친구로 존중해야 하며 불법개조나 로봇 남용을 금한다.
7장(실행의 약속) | 정부와 지자체는 헌장의 정신을 구현하기 위해 유효한 조치를 시행해야 한다.

[시즌 3 : 프라이버시와 투명성의 강조]

2010년, 영국의 공학과 물리과학연구위원회의 로봇 원칙

2000년대 들어서 국제적 차원의 논의가 여러 차례 일어났지만 아직도 로봇이나 인공지능은 먼 미래의 이야기로 여겨졌다. 전문가들은 여전히 아시모프의 3원칙 수준에 머물러 있었다.

선행해서 로봇 윤리를 논하던 연구자들의 고민은 학계에 제대로 뿌리내리지 못했다. 2010년 9월, 영국의 기술, 산업, 예술, 법의 전문가들이 자체적인 로봇 원칙을 마련하고자 모였다. 이른바 '공학과 물리과학연구위원회Engineering and Physical Sciences Research Council, EPSRC.' 그들의 문제 의식은 "실험실Lab에서 집으로, 산업 현장으로 나온 로봇을 위한 원칙이 필요한데 아직도 로봇에 대한 논의는 공상 과학 소설이나 영화에 머물러 있는" 현실에서 출발했다.

소설 세계가 아닌 현실 영역 속 로봇의 관리를 위해 EPSRC는 로봇 원칙 5를 제안한다.[12] EPSRC가 다른 원칙과 다른 지점은 프라이버시에 대한 언급이다. EPSRC는 로봇에 의해, 사람의 정보가 일거수일투족 쌓일 수 있다는 지점을 경계했다. EPSRC는 원치 않은 개인의 일상이 정보 형태로 축적되어 공개되는 상황을 우려했다. 데이터가 프라이버시와 연계되어 로봇 혹은 AI의 관리를 위해 고려되어야 할 요인으로 언급된 것은 당시로서는 이례적이었다. 사실, AI 시대에 빅데이터의 활용 구상과 범위는 AI 품질을 결정하는 핵심적 요소이다. 현재 AI에서 중요하게 다뤄지는 딥러닝의 핵심인 기계학습의 경쟁력 또한 기계가 학습할 수 있는 양질의 데이터 규모에 의해 좌우된다.

2016년, 일본의 AI R&D 가이드라인과 사티아 나델라의 인공지능 규칙

AI 혹은 로봇 윤리에서 프라이버시 이슈는 주요 과제로서 지속적으로 논의되고 있다. 일본 정부가 발표한 AI R&D 가이드라인, 그리고 사티아 나델라Satya Narayana Nadella 마이크로소프트 CEO가 발표한 AI 규칙에도 프라이버시 문제는 주요 사안으로 등장했다.

일본의 AI R&D 가이드라인 8개 항은 2016년 4월 가가와 현에서 열린 주요 7개국(G7) 정보통신장관 회의에서 제안됐다. 일본 정부는 "사생활 보호 또는 보안 규정을 다루는 경제협력개발기구OECD 가이드라인을 고려하면서, 네트워크화될 AI에 대비하자"고 역설했다. 네트워크의 개념을 강조하면서, 부각된 가치는 '투명성'이었다. 일본 정부는 공유의 매개가 될 네트워크 시스템을 설명하고, 검증할 수 있는 능력의 확보를 강조했다.[13]

나델라 MS CEO는 2016년 6월 미국의 온라인 매체인 슬레이트Slate에 칼럼 형식으로 자신이 생각하는 AI 규칙 6가지를 제시했다. 나델라의 원칙에서는 '편견의 방지'가 AI의 책무로 제시된 것이 특징이다. 이는 AI의 토대가 되는 알고리즘과 관련하여, 그 안에 내재될 수 있는 편향성이 점차 사회적 이슈로 부상하는 현실이 반영된 결과로 풀이된다. 이밖에, AI를 기존과는 완전히 다른 '플랫폼'으로 규정한 접근 역시 주목할 만하다.

[사티아 나델라의 인공지능 규칙]

1. 인공지능은 인간을 돕기 위해 개발되어야 한다.
2. 인공지능은 투명해야 한다.
3. 인공지능은 인간의 존엄성을 파괴하지 않으면서 효율을 극대화해야 한다.
4. 인공지능은 개인정보 보호를 위해 설계되어야 한다.
5. 인공지능은 의도하지 않은 피해를 인간이 복구할 수 있도록 (인간에 대한) 알고리즘 차원의 설명 책임을 지닌다.
6. 인공지능은 차별 또는 편견을 방지해야 한다.

아마존의 알렉사ₐₗₑₓₐ의 등장 이후, AI 플랫폼 현상은 현실화되는 양상이다. 아마존은 음성인식 기술의 오픈 API를 정책을 펴면서, 최신 IT 서비스를 아마존의 생태계에 가두는 효과를 발휘했다. 아마존 알렉사는 2017년 2월 열린 소비자가전전시회 Consumer Eletronics Show, CES에서 부스 하나 설치하지 않고도 행사 내내 주목받았다. IT업체들이 자신들의 첨단 이미지를 구축하기 위해 아마존의 음성인식 기술을 탑재한 데 따른 결과였다. 미디어 레퍼토리 Media Repertoire[14] 측면에서도 아마존의 음성인식 기술은 모바일을 대체할 '미디어'로서의 가능성을 보이고 있다. 미국 알렉사에 친숙한 미국의 초등학생들은 과제를 하기 위해, 모바일로 구글앱에 접속해 검색어를 입력하기보다는 알렉사를 향해 말하고 있다. "알렉사, 미국의 45대 대통령이 누구야?".

[시즌 4 : AI 무기 경쟁 경계와 초지능에 대한 고려]

2017년, 아실로마의 AI 23원칙

아실로마 AI 원칙 Asilomar AI Principles은 삶의 미래 연구소 Future of Life Institute, FLI[15]가 2017년 1월 개최한 컨퍼런스인 '유익한 AI, 2017 Beneficial AI 2017'에서 발표됐다. 이 컨퍼런스를 주관한 FLI는 스카이프 창업자인 얀 탈린 Jaan Tallinn 등 5인이 주도로 설립한 민간 단체이다. FLI는 기술이 인간을 번성하게 하는 동시에 자멸하게 하는 잠재력을 가지고 있으니, 다른 미래를 만들기 위해 노력하자고 강조하는 단체이다. 바이오 기술, 핵, 기후, 그리고 AI를 주된 논의 과제로서 삼고 있다.

FLI는 2015년에도 AI 활용한 킬러 로봇 개발의 위험성을 경고하는 서한을 만들어 발표하기도 했다. 이 서한에는 전 세계 1,000명의 전문가가 함께했다. FLI는 2017년 1월 AI의 건전한 발전을 위해 또 한 번의 컨퍼런스를 열었고, 그것이 앞서 설명한 '유익한 AI, 2017'이었다. 이 행사가 미국 캘리포니아 아실로마에서 진행되어, 발표된 AI 원칙의 이름이 '아실로마 원칙'이 된 것이다.

아실로마 원칙은 연구 관련 쟁점, 윤리와 가치, 장기적 이슈 등 세 가지 범주로 나뉜다. 아실로마 원칙에서는 기존의 원칙에서 논의된 사항 외에 인공지능을 활용한 무기 경쟁이 지양되어야 함을 강조했다. 초지능Superintelligence이라는 인간의 두뇌를 뛰어넘은 지능을 가진 존재에 대한 발전 방향이 제시된 점도 아실로마 원칙의 특징이다.

[아실로마의 AI 원칙]

연구 관련 쟁점

1. 연구목표 | 인공지능 연구의 목표는 방향성이 없는 지능이 아니라 인간에게 유용한 지능을 개발해야 한다.
2. 연구비 지원 | 인공지능에 대한 투자에는 컴퓨터 과학, 경제, 법, 윤리, 사회 연구와 같은 어려운 문제들을 포함해 유용한 이용을 보장하기 위한 연구비 지원이 수반되어야 한다.
   · 미래의 인공지능 시스템을 어떻게 강력하게 만들어 오작동이나 해킹이 발생하지 않게 만들 수 있는가?
   · 인적 자원과 목적을 유지하면서 자동화를 통해 인간의 번영을 성장시킬 수 있는가?
   · 인공지능과 보조를 맞추고 인공지능과 관련된 위험을 관리하기 위해 보다 공정하고 효율적으로 법률 시스템을 업데이트할 수 있는 방법은 무엇인가?
   · 인공지능은 어떤 가치체계를 갖추어야 하며, 인공지능이 가져야 할 합법적이고 윤리적인 지위는 무엇인가?
3. 과학정책 연계 | 인공지능 연구자와 정책 입안자 사이에 건설적이고 건전한 교류가 있어야 한다.
4. 연구 문화 | 인공지능 연구자와 개발자 사이에 협력과 신뢰, 투명성의 문화가 조성되어야 한다.

5. 경쟁 회피 | 인공지능 시스템을 개발하는 팀들은 안전기준을 부실하게 만드는 개발을 피하기 위해 적극적으로 협력해야 한다.

윤리와 가치

6. 안전 | 인공지능 시스템은 작동 수명 전체에 걸쳐 안전해야 하며, 적용 가능하고 가능한 한 검증할 수 있어야 한다.

7. 실패의 투명성 | 인공지능 시스템이 손상을 일으킬 경우 그 이유를 확인할 수 있어야 한다.

8. 사법적 투명성 | 사법제도 의사결정에 자율시스템이 개입된다면 권위 있는 기관이 감사하고 이에 만족스러운 설명을 제공해야 한다.

9. 책임성 | 첨단 인공지능 시스템의 설계자와 구축자는 인공지능의 사용, 오용 및 행동의 도덕적 영향을 미치는 이해 관계자이며, 그에 따른 책임과 기회가 주어진다.

10. 가치 일치 | 고도로 자율적인 인공지능 시스템은 목표와 행동이 인간의 가치와 일치하도록 설계해야 한다.

11. 인간의 가치 | 인공지능 시스템은 인간의 존엄성, 권리, 자유 및 문화적 다양성의 이상에 적합하도록 설계되고 운용되어야 한다.

12. 개인정보 보호 | 인공지능 시스템이 사람들이 생성한 데이터를 분석하고 활용할 수 있는 권한을 부여받으면, 사람들은 그 데이터에 접근하고 관리하며 통제할 수 있는 권리를 가져야 한다.

13. 자유와 프라이버시 | 인공지능을 개인정보에 적용하게 되더라도 사람들의 실제 또는 인지된 자유가 부당하게 축소되어서는 안 된다.

14. 이익의 공유 | 인공지능 기술은 최대한 많은 사람들에게 혜택을 주고 힘을 부여해야 한다.

15. 번영의 공유 | 인공지능에 의해 만들어진 경제적 번영은 인류 모두의 혜택을 위해 널리 공유되어야 한다.

16. 인간통제 | 인간은 선택한 목표를 달성하기 위해 의사결정을 인공지능 시스템에 위임하는 방법과 위임 여부를 선택해야 한다.

17. 사회 전복 방지 | 고도의 AI 서비스를 통제함으로써 생기는 힘은 인류 발전을 위해 쓰여야 한다. 건강한 사회를 지향하고, 이를 지키려는 사회나 시민들의 절차를 존중하고 개선해야 한다.

18. 인공지능 무기 경쟁 | 치명적인 인공지능 무기의 군비 경쟁은 피해야 한다.

장기적 이슈

19. 역량 경고 | 합의된 여론이 없는 상태에서 미래 인공지능 역량의 한계에 대한 강력한 가설은 삼가야 한다.

20. 중요성 | 고도화된 인공지능은 지구 상의 생명의 역사에 심각한 변화를 가져올 수 있

다. 따라서 그에 상응한 관심과 자원을 계획하고 적절하게 관리해야 한다.
21. 위험성 | 인공지능 시스템이 초래하는 위험은 특히 실존적이거나 파괴에 관련된 것들이다. 앞으로 예상되는 영향에 맞는 계획을 세우고 위험을 완화하기 위한 노력을 해야 한다.
22. 자기 개선 순환 | 인공지능 시스템은 스스로 발전하거나 자가 복제할 수 있게 설계된다. 그러므로 양적으로나 질적으로 급격히 증가할 수 있기에 엄격한 안전 관리 및 제어 조치가 수반되어야 한다.
23. 공동의 선 | 초지능은 윤리적 이상을 널리 공유하는 방식으로 발전되어야 한다. 그리고 한 국가나 조직보다 모든 인류의 이익을 위해 개발되어야 한다.

국내 인터넷 기업 최초의 AI 윤리 원칙: 카카오 알고리즘 윤리 헌장

카카오는 2018년 1월 31일 '카카오 알고리즘 윤리 헌장'을 발표했다. 기업이 알고리즘 윤리 원칙을 내부적으로 마련하고, 외부에 공표하는 것은 국내에서 처음 있는 일이었다. 카카오 알고리즘 윤리 헌장은 AI윤리를 기업의 사회적 책무로서 지켜져야 한다는 사회적 의식을 반영한 결과이다.

카카오는 카카오 알고리즘 윤리 헌장의 제정 배경을 다음과 같이 설명했다.

"모두를 연결하여, 더 나은 세상을 만들고자 하는 카카오에 AI는 연결의 가치를 높여줄 핵심 동력입니다. 카카오가 AI를 통해 만들고자 하는 일상은 누구나 더 편리하게 기술의 혜택을 누릴 수 있는 세상입니다. 삶의 편의를 한 단계 높일 AI가 사회 윤리의 범주 안에서 온당함을 유지하는 것을 카카오는 추구합니다. 이를 위해서는 알고리즘의 개발과 관리를 포함한 운영 일체에서 합의된 윤리 의식이 수반되어야 합니다. 카카오는 내부적으로 AI에 대한 윤리 의식을 정비하는 차원에서 크루들의 의견을 모아, 카카오 알고리즘 윤리 헌장을 마련했습니다."

[카카오 알고리즘 윤리 헌장]

1. 카카오 알고리즘의 기본 원칙
카카오는 알고리즘과 관련된 모든 노력을 우리 사회 윤리 안에서 다하며, 이를 통해 인류의 편익과 행복을 추구한다.

카카오가 알고리즘 윤리 헌장을 도입한 목적입니다. 카카오는 알고리즘 개발을 통해 카카오 서비스를 직·간접적으로 이용하는 사람들이 편익을 누리고, 보다 행복해지는 데 기여하고자 합니다. 알고리즘 개발 및 관리와 관련된 일련의 과정에서 카카오의 노력은 우리 사회의 윤리 원칙에 부합하는 방향으로 이뤄질 것입니다.

2. 차별에 대한 경계
알고리즘 결과에서 의도적인 사회적 차별이 일어나지 않도록 경계한다.

카카오는 다양한 가치가 공존하는 사회를 지향합니다. 카카오의 서비스로 구현된 알고리즘 결과가 특정 가치에 편향되거나 사회적인 차별을 강화하지 않도록 노력하겠습니다.

3. 학습 데이터 운영
알고리즘에 입력되는 학습 데이터를 사회 윤리에 근거하여 수집·분석·활용한다.

카카오는 알고리즘의 개발 및 성능 고도화, 품질 유지를 위한 데이터 수집, 관리 및 활용 등 전 과정을 우리 사회의 윤리를 벗어나지 않는 범위에서 수행하겠습니다.

4. 알고리즘의 독립성
알고리즘이 누군가에 의해 자의적으로 훼손되거나 영향받는 일이 없도록 엄정하게 관리한다.

카카오는 알고리즘이 특정 의도의 영향을 받아 훼손되거나 왜곡될 가능성을 차단하고 있습니다. 앞으로도 카카오는 알고리즘을 독립적이고 엄정하게 관리할 것입니다.

5. 알고리즘에 대한 설명
이용자와의 신뢰 관계를 위해 기업 경쟁력을 훼손하지 않는 범위 내에서 알고리즘에 대해 성실하게 설명한다.

카카오는 새로운 연결을 통해 더 편리하고 즐거워진 세상을 꿈꿉니다. 카카오 서비스는 사람과 사람, 사람과 기술을 한층 가깝게 연결함으로써 그 목표에 다가가고자 합니다. 카카오는 모든 연결에서 이용자와의 신뢰 관계를 소중하게 생각합니다. 이를 위해 더 나은 가치를 지속적으로 제공하는 기업으로서, 이용자와 성실하게 소통하겠습니다.

김대원 _카카오

주석

1. 참고 | 로봇 윤리(roboethics)는 2002년 로봇공학자인 지안마르코 베루지오(Gianmarco Veruggio)에 의해 제안됐다. 2004년 이탈리아에서 열린 1회 국제로봇 윤리 심포지엄에서 공식적으로 처음 활용됐다.

2. 참고 | 아시모프는 러시아 태생의 생화학자이며, 과학 저널리스트이자, 소설가였다. 아시모프는 과학과 대중을 잇는 매개자로서의 역할을 충실히 한 인물로 평가된다. 그가 쓴 과학소설은 500여 편에 이를 뿐만 아니라, 다양한 과학을 일반인에게 설명하는 대중서도 다수 집필했다. 로봇을 주제로 쓴 아시모프의 SF 소설 25편은 현대 로봇공학 발전에 기여했다고 평가받고 있다. '로봇 공학'이란 용어가 아시모프가 만들어낸 신조어다.

3. 설명 | 국내 번역서의 제목이다.

4. 논문 | Clarke, R. (1993). Asimov's laws of robotics: implications for information technology-Part I. Computer, 26(12), pp. 53-61.

5. 참고 | 0원칙의 또 다른 해석도 존재한다. 색다른 해석은 외계인의 존재, 그리고 그것의 지구 공습을 상정한 것이다. 이러한 생각하에서 0원칙은 외계인으로 부터 인류가 공격을 받게 될 때, 로봇에게 이를 방어할 의무를 부여한 것이라고 해석됐다. 돌연변이 인간이나 바이러스의 위험도 인류를 위해 로봇이 막아야 할 대상으로 간주되기도 한다.

6. 논문 | 이원형·박정우·김우현·이희승·정명진. (2014). 사람과 로봇의 사회적 상호작용을 위한 로봇의 가치효용성 기반 동기-감정 생성 모델. 제어로봇시스템학회 논문지, 20(5), pp. 503-512.

7. 참고 | http://ouic.kaist.ac.kr/news04/articles/do_print/tableid/news/category/7/page/24/id/715

8. 참고 | 당시 이러한 시대적 흐름 속에 국내에서도 로봇 엑스포를 개최하자는 논의가 제기됐다.

9. 논문 | 주일엽. (2011). 지능형 로봇에 대한 안전관리 발전방안. <한국경호경비학회>, 26호, pp. 89-119.

10. 참고 | http://www.roboethics.org/atelier2006/docs/ROBOETHICS%20ROADMAP%20Rel2.1.1.pdf

11. 논문 | Bostrom, N. (2007). Ethical principles in the creation of artificial minds. Linguistic and Philosophical Investigations, 6, pp. 183-184.

12. 참고 | https://www.epsrc.ac.uk/research/ourportfolio/themes/engineering/activities/principlesofrobotics/s

13. 참고 | AI R&D 원칙을 제시한 당위성을 강조하기 위해, 일본이 설명한 1차원 이유는 AI가 인간을 해하거나, 악의적 목적에 의해 활용되거나, 혹은 통제 불능 상태에 빠져 사고가 발생할 가능성을 미연에 방지하자는 것이었다. 그러나, 일본이 AI 활용에 대한 가이드라인 제정에 선도적인 움직임을 보인 궁극적인 목적은 AI의 안전적 이용 측면에서의 세계적 주도권을 잡기 위한 포석을 놓기 위한 것으로 해석되기도 한다. 2016년 일본 총무성의 전문가 회의는 2045년에 AI로 인해 창출될 일본 국내 경제효과를 121조 엔(1,222조 원)으로 예측했다.

14. 참고 | 이용자가 미디어 소비 목적에서 즐겨 이용하는 미디어의 조합.

15. 참고 | https://futureoflife.org/

3장

AI를 어떻게
배울 것인가

딥러닝 연구의
현재와 미래 1

──● 바야흐로 딥러닝의 시대, 그리고 인공지능의 시대이다. 구글, 페이스북, 마이크로소프트, 바이두와 같은 세계 최고의 IT 기업들이 인공지능 기술을 "새 시대의 전기"[1]에 비유하며 핵심기술 확보에 위해 총력을 기울이고 있으며, 이를 위해 각 기업들은 인재 영입 전쟁과 공격적인 R&D 투자를 마다하지 않고 있다. 세계에서 이름을 날리던 머신러닝 대가들은 대부분 이들 기업에 영입된 지 오래이고, 떠오르는 샛별들 역시 마치 'FC바르셀로나가 어린 메시를 다루듯' 기업에 의해 키워지고, 또 영입되고 있으니 말이다.

딥러닝 관련 논문의 수 역시 폭발적으로 증가하고 있다. 딥러닝계의 라이징 스타 중 한 명인 OpenAI의 안드레 카파시Andrej Karpathy의 간단한 조사[2]에 따르면 공개 논문 저장소 arXiv[3]를 통해 매월 공개되는 머신러닝 논문의 수가 5년 사이 100배 이상 늘었다고 한다. 다시 말하면 10년 동안 나올 머신러닝 논문들이 지금은 한 달 안에 쏟아지고 있는 셈이다. 일례로 'Wassertein GAN'[4]이란 페이스북 AI리서치의 논문은 2017년 1월 26일에 arXiv(arXiv.org)에 공개되었는데, 곧 3월 31일 공개된 'Improved Wassertein GAN'[5]이란 알고리즘이 나오면서 두 달 만에 구식 알고리즘이 되었다. 이는 논문이 저널에 실리는 데만 몇 달이 걸리던 기존의 프로세스를 생각한다면 양과 속도 면에서 모두 놀라운 발전이라 할 수 있을 것 같다.

발전 속도가 빠른 딥러닝 학계에선 이미 공개된 지 1년이 지나면 오래된 논문에 속하고, 2~3년이 지나면 '고전'이라 불리긴 하지만, 지난 5년간의 연구 추세를 살펴보는 일은 딥러닝 연구에 대한 복습의 차원에서도, 그리고 현재를 진단하고 미래를 가늠해보는 차원에서도 의미 있는 일이 될 것이다. 필자가 깃허브Github를 통해 공개한 "가장 많이 인용된 딥러닝 논문 리스트 Top 100"[6]를 기초로 하여 2012년부터 2016년까지의 딥러닝 연구를 돌아보고, 이와 함께 딥러닝 연구가 앞으로 나아갈 방향에 대해 조심스럽게 예측해보도록 하겠다.

딥러닝 알고리즘은 이미지는 물론, 자연어 처리, 음성인식, 로봇 등 매우 다양한 분야에서 활발히 연구 중이다. 딥러닝 연구의 폭발적인 성장에는 이러한 '연구 분야의 통합'도 큰 기여를 하고 있는데, 예전에는 각각의 도메인에서 따로 연구를 했을 학자들이 '딥러닝'이라는 한 가지 주제에 대해 파고들다 보니, 늘어난 연구자의 수와 다양성만큼, 연구의 양과 속도 역시 유례없는 발전을 이루고 있다. 그것의 산업적 효용성은 AI 분야 연구의 파이를 키우는 촉매제가 되고 있다.

Convolutional Neural Networks Models

딥러닝을 이끄는 양대 알고리즘이라고 한다면 이미지 인식에 주로 사용되는 CNNconvolutional neural networks과 자연어 처리, 음성인식 등에 주로 사용되는 RNNrecurrent neural networks을 들 수 있을 것이다. 그중 CNN은 데이터로부터 자동으로 피쳐feature를 학습하는 대표적 알고리즘이라고 할 수 있다. 머신러닝을 통해 데이터를 학습하기 위해선 먼저 날것의 데이터(예: 픽셀 단위의 데이터)를 조금 더 추상적 레벨이 높은 피쳐(예: 선, 면, 모서리)로 가공하는 과정이 필요한데, 딥러닝, 특히 CNN은 이러한 피쳐를 데이터로부터 매우 효율적으로 학습한다.[7]

현재 사용되고 있는 CNN은 기본적으로 르쿤이 1989년에 개발한 구조[8]를 토대로 하고 있는데, 2012년 ILSVRC이미지인식 대회[9]에서 힌튼 교수 팀의 AlexNet[1-1]이 놀라운 성능 개량을 보임으로써 현재까지 CNN의 폭발적인 연구 성장이 이어져왔다. 딥러닝이 복잡한 문제

[소개된 주요 논문들]

[1-1] Krizhevsky, A., Sutskever, I., & Hinton, G. E. (2012). Imagenet classification with deep convolutional neural networks. In Advances in neural information processing systems (pp. 1097-1105).

[1-2] Simonyan, K., & Zisserman, A. (2014). Very deep convolutional networks for large-scale image recognition. arXiv preprint arXiv:1409.1556.

[1-3] Szegedy, C., Liu, W., Jia, Y., Sermanet, P., Reed, S., Anguelov, D., ... &Rabinovich, A. (2015). Going deeper with convolutions. In Proceedings of the IEEE Conference on Computer Vision and Pattern Recognition (pp. 1-9).

[1-4] He, K., Zhang, X., Ren, S., & Sun, J. (2016). Deep residual learning for image recognition. In Proceedings of the IEEE Conference on Computer Vision and Pattern Recognition (pp. 770-778).

를 다루는 해결의 열쇠라는 점이 밝혀지면서 이후 다양한 형태의 딥러 닝에 대해 연구가 이루어져 왔는데, VGGNet[1-2], GoogLeNet[1-3], ResNet[1-4] 등이 2011년 26% 수준의 인식오차율을 3.6%까지 낮춘 개 량된 CNN의 주인공들이었다.

Image: Segmentation / Object Detection

3.6%라는 인식오차율error rate은 데이터 레이블 자체의 결함이나 사람의 인식오차율을 고려해 보았을 때 더 이상의 개선이 무의미할 정도의 높 은 성능이라 할 수 있다. 따라서 "잘 정의된"(구분하고자 하는 물체에 주 목할 수 있게 여백 없이 잘 잘라져 있고, 배경의 방해가 별로 없는) 이미지들 에 대한 단순 분류는 이미 딥러닝에 의해 정복되었다고 할 수 있으므로, 연구자들은 나아가 더 어려운 문제, 예를 들어 다양한 배경이 있는 이 미지 안의 사물 인식object recognition이나 픽셀 단위 이미지 영역 구분image segmentation에 도전하고 있다.

사물 인식이나 영역 구분은 이미지 안의 물체 분류뿐만 아니라 그것 의 위치까지도 특정해야 한다는 도전적 과제가 있다. 사물 인식은 물체 의 위치를 나타내는 바운딩 박스, 영역 구분은 각 픽셀별 분류를 목적 으로 한다. 분류하고자 하는 물체 이외에 다른 배경 이미지들의 존재는 타깃 작업을 더욱 어렵게 하며, 때론 더욱 많은 데이터, 더욱 고도화된 CNN 구조를 요구하기도 한다. 따라서 기본적인 CNN을 변형한 다양 한 뉴럴넷neural networks 구조들이 제안됐는데, 각각의 대표적인 방법론으 로는 R-CNN[2-1]과 FCNfully convolutional networks[2-4]을 들 수 있다.

R-CNN은 이미지 내에서 물체가 있을 법한 영역 후보들을 먼

[소개된 주요 논문들]

[2-1] Girshick, R., Donahue, J., Darrell, T., & Malik, J. (2014). Rich feature hierarchies for accurate object detection and semantic segmentation. In Proceedings of the IEEE conference on computer vision and pattern recognition (pp. 580-587).

[2-2] Girshick, R. (2015). Fast r-cnn. In Proceedings of the IEEE International Conference on Computer Vision (pp. 1440-1448).

[2-3] Ren, S., He, K., Girshick, R., & Sun, J. (2015). Faster r-cnn: Towards real-time object detection with region proposal networks. In Advances in neural information processing systems (pp. 91-99).

[2-4] He, K., Gkioxari, G., Dollvr, P., & Girshick, R. (2017). Mask R-CNN. arXiv preprint arXiv:1703.06870.

[2-5] Long, J., Shelhamer, E., & Darrell, T. (2015). Fully convolutional networks for semantic segmentation. In Proceedings of the IEEE Conference on Computer Vision and Pattern Recognition (pp. 3431-3440).

[2-6] Redmon, J., Divvala, S., Girshick, R., & Farhadi, A. (2016). You only look once: Unified, real-time object detection. In Proceedings of the IEEE Conference on Computer Vision and Pattern Recognition (pp. 779-788).

저 제안하고 이들의 스코어를 매겨 물체를 인식하는 방법인데, Fast R-CNN[2-2], Faster R-CNN[2-3]의 후속 연구는 계산 성능과 정확도를 획기적으로 개선했다. 최근에는 페이스북의 Mask R-CNN[2-4]이 사물 인식과 영역 구분을 동시에 하는 놀라운 성능을 보여주었다. 영역 구분은 이미지를 CNN 레이어들을 통해 작은 사이즈로 추상화한 뒤 그들을 다시 풀어헤치며unroll 픽셀에 대한 단순화 추론을 가능케 하는 FCN[2-5]을 통해 이뤄지는데, 이후 FCN은 영역 구분뿐만 아니라 CNN의 완전연결층fully-connected layer를 생략하게 하는 주요한 CNN 구조의 발전으로 남아 있다. 구분segmentation은 자율주행차량의 주행 상황 인

[그림1] Mask R-CNN을 이용해 사물 인식과 영역 구분을 수행한 모습 [2-4]

식에도 매우 중요한 역할을 하는데, 이러한 역할로는 단순하고 빠른 것
으로 알려진 YOLO[2-6]가 기본 알고리즘으로 많이 쓰이고 있다.

Image / Video / Etc.

이 외에도 CNN의 응용분야는 너무나 많다. 저해상도의 이미지를 고
해상도의 이미지로 복원하는 super resolution 문제에서는 CNN을 통해
더 실제와 가깝게 복원하기 좋은 피처를 자동으로 학습함으로써 그 성
능을 크게 개선했다[3-1]. 이미 일반인들도 모바일 앱을 통해 많이 알
고 있는 '화가풍으로 이미지를 바꿔주는 알고리즘'[3-2]은 CNN을 통
해 학습한 피처들을 블렌딩함으로써 새로운 형태의 이미지로 바꿀 수
있다는 딥러닝의 예술적 쓰임 가능성을 보여주었으며, 이제 CNN은 정
적인 이미지를 넘어 비디오 속에서 내용 분류를 하고[3-3], 사람의 움
직임을 인식하는 것[3-4]에도 도전하고 있는 중이다. 비록 비디오는 이

[소개된 주요 논문들]

[3-1] Dong, C., Loy, C. C., He, K., & Tang, X. (2016). Image super-resolution using deep convolutional networks. IEEE transactions on pattern analysis and machine intelligence, 38(2), pp. 295-307.

[3-2] Gatys, L. A., Ecker, A. S., & Bethge, M. (2015). A neural algorithm of artistic style. arXiv preprint arXiv:1508.06576.

[3-3] Karpathy, A., Toderici, G., Shetty, S., Leung, T., Sukthankar, R., & Fei-Fei, L. (2014). Large-scale video classification with convolutional neural networks. In Proceedings of the IEEE conference on Computer Vision and Pattern Recognition(pp. 1725-1732).

[3-4] Toshev, A., & Szegedy, C. (2014). Deeppose: Human pose estimation via deep neural networks. In Proceedings of the IEEE Conference on Computer Vision and Pattern Recognition (pp. 1653-1660).

[3-5] Vinyals, O., Toshev, A., Bengio, S., & Erhan, D. (2015). Show and tell: A neural image caption generator. In Proceedings of the IEEE Conference on Computer Vision and Pattern Recognition (pp. 3156-3164).

[3-6] Antol, S., Agrawal, A., Lu, J., Mitchell, M., Batra, D., Lawrence Zitnick, C., & Parikh, D. (2015). Vqa: Visual question answering. In Proceedings of the IEEE International Conference on Computer Vision (pp. 2425-2433).

미지와 달리 특정 동작들의 시작과 끝을 정확히 구분하기 어렵고, 이들을 수작업으로 레이블링labelling하는 작업마저 쉽지 않아 아직 뚜렷한 승자가 나타나지 않은 상태이지만, 최근 RNN과 같은 시계열time-series 기반 알고리즘과의 결합이 시도되고 있는 만큼 머지않아 이미지 못지않은 성능을 볼 수 있지 않을까 기대해본다.

특히 자연어 처리에 많이 쓰이는 RNN과의 결합은 이미지 자동 자막 생성[3-5]이나 사진 속 내용에 대한 문답[3-6]과 같은 재미있는 응용 가능성을 보여주는데, 기존의 이미지 분류classification 문제가 사진 속 사

[그림2] 주어진 질문에 대해 주어진 그림을 볼 때(그레이)와 보지 않을 때(블랙)
인공지능의 대답들 [3-6]

물에 대해 단순한 '단어'를 뱉어내는 수준이었다면, 이들 문제는 나아가 '문장'을 생성해냄으로써 인식perception과 이해understanding에 대한 인공지능의 수준을 한 단계 높이고 있다. 비록 아직까지는 인간 수준에는 한참 미치지 못하지만, 비디오 인식 분야에서 CNN이 많은 발전을 이루고, 문장 생성과 관련하여 RNN이 큰 진보를 거듭해 이들 성과물이 완결성 있게 결합할 수 있다면, 지금과는 차원이 다른 '인식'과 '이해'의 수준을 갖춘 인공지능의 출현도 미래에 기대해볼 수 있을 것이다.

Natural Language Processing / RNNs

CNN과 더불어 딥러닝의 또 다른 핵심 축을 이루는 알고리즘을 꼽으라면 RNN을 꼽을 수 있다. 기본적인 뉴럴넷을 각 시간 순으로 연결하여 매우 깊은 구조를 만든 RNN은 보통 LSTMlong short-term memory[10]과 같은 게이트 유닛gate unit을 임베딩하여 학습한다. 이 게이트 유닛은 마치 '과거의 일을 기억하는 메모리'와 같이 취급할 수 있다. 이러한 기억 기능을 통해 '순차적으로 입력된 단어의 기억'인 문장을 이해하여 이에 대해 답변을 할 수도 있고[4-1], 입력된 문장을 다른 언어로 번역할 수도 있는 능력을 보여주는데[4-2], 특히 번역은 뉴럴넷 기반 구글 번역기 [4-3] 등에서 그 압도적인 성능을 선보인 바 있다.

자연어를 이와 같이 뉴럴넷을 통해 처리할 수 있게 된 배경에는 단어를 벡터화하여 수학적 공간에 매핑시킨 Word2Vec[4-4], GloVe[4-5]와 같은 워드 임베딩word embedding 기술의 역할이 컸다. 특히 이러한 워드 임베딩은 '왕-남자=왕비'와 같은 관계를 만들어줄 정도로 단어 간 거리와

[소개된 주요 논문들]

[4-1] Weston, J., Chopra, S., & Bordes, A. (2014). Memory networks. arXiv preprint arXiv:1410.3916.

[4-2] Cho, K., Van Merrienboer, B., Gulcehre, C., Bahdanau, D., Bougares, F., Schwenk, H., & Bengio, Y. (2014). Learning phrase representations using RNN encoder-decoder for statistical machine translation. arXiv preprint arXiv:1406.1078.

[4-3] Wu, Y., Schuster, M., Chen, Z., Le, Q. V., Norouzi, M., Macherey, W., ... & Klingner, J. (2016). Google's Neural Machine Translation System: Bridging the Gap between Human and Machine Translation. arXiv preprint arXiv:1609.08144.

[4-4] Mikolov, T., Chen, K., Corrado, G., & Dean, J. (2013). Efficient estimation of word representations in vector space. arXiv preprint arXiv:1301.3781.

[4-5] Pennington, J., Socher, R., & Manning, C. D. (2014, October). Glove: Global Vectors for Word Representation. In EMNLP (Vol. 14, pp. 1532-1543).

[4-6] Oord, A. V. D., Kalchbrenner, N., & Kavukcuoglu, K. (2016). Pixel recurrent neural networks. arXiv preprint arXiv:1601.06759.

[4-7] Kim, Y. (2014). Convolutional neural networks for sentence classification. arXiv preprint arXiv:1408.5882.

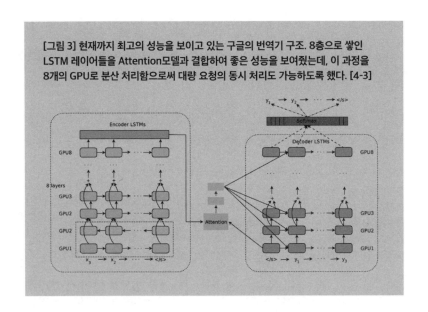

[그림 3] 현재까지 최고의 성능을 보이고 있는 구글의 번역기 구조. 8층으로 쌓인 LSTM 레이어들을 Attention모델과 결합하여 좋은 성능을 보여줬는데, 이 과정을 8개의 GPU로 분산 처리함으로써 대량 요청의 동시 처리도 가능하도록 했다. [4-3]

실제 의미적 차이의 관계를 매우 실제와 가깝게 모델링했는데, 이러한 훌륭한 메트릭metric, 거리를 나타내는 방법의 제공은 자연어를 숫자를 이용해 다룰 수 있게 함으로써 그 발전을 더욱 가속화하는 촉진제가 됐다.

보통 RNN은 시계열 또는 순서sequence가 있는 데이터에, CNN은 정적인static 데이터에 많이 사용되는데, 서로 반대의 영역에 RNN과 CNN을 적용해보려는 시도도 이뤄지고 있다. 그 대표적인 예로는 픽셀을 순서 데이터로 취급하여 이미지를 생성하는 딥마인드의 Pixel RNN[4-6]과 문장의 분류를 CNN을 이용해서 하는 뉴욕대의 연구[4-7]를 들 수 있다. 과거 다른 영역이라 여겨졌던 CNN 중심의 이미지 연구영역과 RNN 중심의 자연어 연구영역이 점차 융합되면서 이들의 장점을 두루 합친 새로운 형태의 뉴럴넷 탄생도 기대해 볼 수 있을 것 같다.

Speech

음성인식 역시 딥러닝을 통해 크게 발전한 분야라고 할 수 있다. 기존의 고전적 음성인식은 GMM~gaussian mixture model~을 이용해 각각의 음소(음성 상의 최소 단위)를 모델링하고, 이들의 연속적 다이나믹스를 HMM~hidden markov model~으로 포착하는 형태가 기본이었는데, 모델의 표현력~express power~에 있어 한계가 드러나 사람에 따라 변화무쌍한 인간의 음성을 이해하기에는 부족하다는 의견들이 많았다.

하지만 딥러닝은 거대한 모델과 많은 양의 데이터를 통해 이러한 표현력 부족 문제를 해결했다. 기존 GMM을 deep belief network와 같은 비지도학습~unsupervised~ 모델로 대체해 성능을 개선하기도 했고[5-1],

[소개된 주요 논문들]

[5-1] Mohamed, A. R., Dahl, G. E., & Hinton, G. (2012). Acoustic modeling using deep belief networks. IEEE Transactions on Audio, Speech, and Language Processing, 20(1), pp. 14-22.

[5-2] Graves, A., Mohamed, A. R., & Hinton, G. (2013, May). Speech recognition with deep recurrent neural networks. In Acoustics, speech and signal processing icassp, 2013 ieee international conference on (pp. 6645-6649). IEEE.

[5-3] Bahdanau, D., Chorowski, J., Serdyuk, D., Brakel, P., & Bengio, Y. (2016, March). End-to-end attention-based large vocabulary speech recognition. In Acoustics, Speech and Signal Processing ICASSP, 2016 IEEE International Conference on (pp. 4945-4949). IEEE.

[5-4] van den Oord, A., Dieleman, S., Zen, H., Simonyan, K., Vinyals, O., Graves, A., ... & Kavukcuoglu, K. (2016). Wavenet: A generative model for raw audio. CoRR abs/1609.03499.

[5-5] Wang, Y., Skerry-Ryan, R. J., Stanton, D., Wu, Y., Weiss, R. J., Jaitly, N., ... & Le, Q. (2017). Tacotron: A Fully End-to-End Text-To-Speech Synthesis Model. arXiv preprint arXiv:1703.10135.

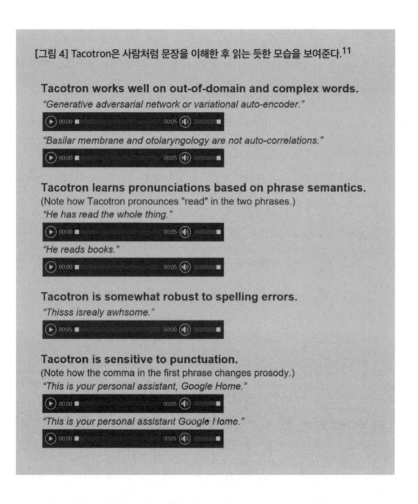

[그림 4] Tacotron은 사람처럼 문장을 이해한 후 읽는 듯한 모습을 보여준다.[11]

Tacotron works well on out-of-domain and complex words.
"Generative adversarial network or variational auto-encoder."

"Basilar membrane and otolaryngology are not auto-correlations."

Tacotron learns pronunciations based on phrase semantics.
(Note how Tacotron pronounces "read" in the two phrases.)
"He has read the whole thing."

"He reads books."

Tacotron is somewhat robust to spelling errors.
"Thisss isrealy awhsome."

Tacotron is sensitive to punctuation.
(Note how the comma in the first phrase changes prosody.)
"This is your personal assistant, Google Home."

"This is your personal assistant Google Home."

HMM을 이용해 연속적 음성의 변화를 모델링하던 것을 표현력이 더욱 풍부한 RNN으로 대체[5-2]함으로써 End-to-End 학습[5-3]을 달성하기도 했다. 이렇게 뉴럴넷 기반의 음성인식이 가능해진 배경에는 2006년 고안된 CTC connectionist temporal classification [12] 방법이 자연어 처리에 있어서의 "워드 임베딩"과 같이 기반 기술의 역할을 해준 기여가 컸다.

최근에는 음성인식을 넘어 음성 합성에도 깊이 있는 연구가 이루어지고 있다. 구글 딥마인드는 Pixel RNN과 유사한 방식을 이용해 이미지 생성이 아닌 음성 합성을 구현했는데, WaveNet[5-4]이라 불리는 이 알고리즘은 딥러닝을 기반으로 매우 고품질의 음성을 생성해낸다. (비록 샘플을 순차적으로 생성해내는 한계 때문에 1초의 음성 생성에 몇 분의 시간이 소요되긴 하지만 말이다.) 최근 구글은 TTS(text-to-speech) 분야에서도 TACOTRON이란 알고리즘[5-5]을 통해 놀라운 결과를 보여주었는데, 쉼표의 위치에 따라 문장을 읽는 높낮이와 속도가 달라지고, 같은 철자라도 문맥에 따라 발음을 달리하는 등 (예: read의 현재와 과거형 발음 구분) 기존 컴퓨터의 어색한 TTS와는 전혀 다른, 사람과 같이 자연스러운 TTS를 구현해 놀라움을 선사한 바 있다. WaveNet과 Tacotron의 음성 생성 결과는 각각 구글 딥마인드 홈페이지(https://deepmind.com/blog/wavenet-generative-model-raw-audio/)와 구글의 깃허브 페이지(https://google.github.io/tacotron/)에서 확인할 수 있다.

Other Domains

사실 필자가 제작한 딥러닝 논문 리스트(주석 6 참조)는 논문 인용수에 기반해 작성한 자료이기 때문에 연구 커뮤니티가 비교적 큰 비전, 자연어, 음성의 연구 분야에 비하여 다른 분야의 어플리케이션 논문들을 많이 포함하지 못한 측면이 있다. 하지만 딥러닝 알고리즘 자체에 대한 개발 못지않게, 개발된 딥러닝을 실제 생활에 적용할 수 있는 다양한 어플리케이션의 개발 역시 중요한 만큼, 인용수와 관계없이 이들 연구도 함께 소개해보고자 한다.

먼저 이미지 인식이 직접적으로 쉽게 적용될 수 있는, 하지만 파급

[소개된 주요 논문들]

[6-1] Litjens, G., Kooi, T., Bejnordi, B. E., Setio, A. A. A., Ciompi, F., Ghafoorian, M., ... & Sanchez, C. I. (2017). A survey on deep learning in medical image analysis. arXiv preprint arXiv:1702.05747.

[6-2] Ronneberger, O., Fischer, P., & Brox, T. (2015, October). U-net: Convolutional networks for biomedical image segmentation. In International Conference on Medical Image Computing and Computer-Assisted Intervention (pp. 234-241). Springer International Publishing.

[6-3] Zheng, Y., Liu, D., Georgescu, B., Nguyen, H., & Comaniciu, D. (2015, October). 3D deep learning for efficient and robust landmark detection in volumetric data. In International Conference on Medical Image Computing and Computer-Assisted Intervention (pp. 565-572). Springer International Publishing.

[6-4] Esteva, A., Kuprel, B., Novoa, R. A., Ko, J., Swetter, S. M., Blau, H. M., & Thrun, S. (2017). Dermatologist-level classification of skin cancer with deep neural networks. Nature, 542(7639), 115-118.

[6-5] Simonyan, K., & Zisserman, A. (2014). Two-stream convolutional networks for action recognition in videos. In Advances in neural information processing systems (pp. 568-576).

[6-6] Toshev, A., & Szegedy, C. (2014). Deeppose: Human pose estimation via deep neural networks. In Proceedings of the IEEE Conference on Computer Vision and Pattern Recognition (pp. 1653-1660).

[6-7] Du, Y., Wang, W., & Wang, L. (2015). Hierarchical recurrent neural network for skeleton based action recognition. In Proceedings of the IEEE conference on computer vision and pattern recognition (pp. 1110-1118).

[6-8] Um, T. T., Babakeshizadeh, V., & Kulic, D. (2016). Exercise Motion Classification from Large-Scale Wearable Sensor Data Using Convolutional Neural Networks. arXiv preprint arXiv:1610.07031.

력이 매우 큰 분야로는 의료영상 분석[6-1]을 꼽을 수 있다. 의료영상 은 대부분 통제 가능한 환경에서 촬영되기 때문에 비교적 이미지 속 타 깃의 형태가 일정하고 다른 물체들(예: 배경 이미지)의 방해가 적다는 점 에서 딥러닝 기반의 이미지 인식이 잘 적용될 수 있는 분야다. 의료영상 분석의 목적은 전체 이미지보다는 주로 특정 장기organ나 부분의 이상lesion에 주목하기 때문에, CT 영상에서의 영역 구분을 통한 장기/해부 구조의 이해와[6-2] 환부의 정확한 위치 파악을 위한 랜드마크 검출[6-3] 등이 활발히 연구되고 있다. 최근에는 스탠퍼드 대학 연구진이 약 13만 장의 피부암 사진을 CNN을 통해 학습하여 피부과 의사들의 진단에 버금가는 수준의 결과를 얻었다는 사실이 〈네이처〉 지를 통해 발표된 바 있다[6-4].

딥러닝을 통한 인간 모션의 이해는 인공지능의 상황 인식에 있어 매우 중요하게 다루어지는 분야이다. 예를 들어 비디오 분석 연구에선 단지 '사람이 있다'가 아니라 '사람이 무얼 하고 있다'라는 이해가 매우 중요하게 다루어지는데 (예: 감시카메라 속 행위 분석, 유튜브 영상 주제 분석), 이는 보행자의 행동을 이해하며 안전 운전하는 자율주행차량 개발의 기본 조건이기도 하다. HARhuman activity recognition이라 불리는 이 문제는 영상에서 직접 HAR 분석을 수행하기도 하고[6-5], 인간의 골격 포즈를 영상으로부터 먼저 예측한 후[6-6] 골격 데이터를 기반으로 분석하기도 하는데, 모션 캡처 데이터를 이용해 골격 데이터 분석에만 집중하는 HAR 연구[6-7]도 활발히 진행 중이다. 한편, 헬스케어 분야에서는 프라이버시나 간편함을 이유로 영상이나 모션 캡처보다 웨어러블 센서를 통한 모션 분석을 종종 선호하는데, 필자는 이와 관련하여 50가지 트레이닝 동작 구분[6-8]과 파킨슨병 증상 감지 알고리즘을 상용 웨어러블 디바이스를 이용해 개발한 바 있다.

[그림 5] DeepPose를 이용한 이미지 속 인물의 pose estimation 결과 [6-6]

딥러닝 연구의
현재와 미래 2

──● 이제까지 딥러닝의 성공을 이끈 세 가지 요소를 꼽는다면, 첫째, 사용 가능해진 많은 양의 데이터, 둘째, 그것을 확장성scalable 있게 사용할 수 있게 한 심층 신경망deep neural network의 개발, 마지막으로, 빅데이터 연산을 개인용 PC에서도 할 수 있게 만든 고성능 GPU의 발전general-purposed graphics processing unit, GPGPU을 꼽을 수 있다.[13] 특히 '많은 양의 데이터'에는 각각에 대해 인간이 정답을 알려주는 레이블링labeling 작업이 매우 중요한 역할을 하는데 (예: 이 사진 속 물체는 개/고양이다), 영상처리에 혁신을 가져왔던 대규모 사진 데이터 세트, ImageNet의 기여 역시 수천만 장의 사진을 일일이 레이블링해주는 인간의 노력이 있었기에 가능한 일이었다.[14]

"현재까지 구글과 같은 기업에 돈을 벌어다 준 기술은 컨볼루셔널 신경망convolutional neural network, CNN이나 재귀 신경망recurrent neural network, RNN과 같은 지도학습supervised learning 기술들이었다. 하지만 미래에는 비지도학습unsupervised이 그 자리를 대체할 것이다."

이는 세계 최고의 머신러닝 학회 중 하나인 NIPSNeural Information Processing Systems에서 딥러닝계의 스타 앤드류 응 교수가 남긴 말이다. 이제까지는 많은 데이터에 대한 레이블링이 지도학습의 성공을 가져왔지만, 궁극적인 데이터의 이해와 활용을 위해서는 레이블이 없는 데이터를 활용하는 비지도학습이 더욱 활발히 연구될 것이란 예측이다. 사실 이러한 예측은 인공지능 연구자라면 대부분 동의하고 있는 생각인데, 미래기술을 위해 전근대적인 반복 노동을 요구하는 지도학습은 그 과정이 현실적이지 않을 뿐더러 우리가 추구하는 미래 인공지능의 모습과도 거리가 멀기에 인공지능 연구는 결국 '비지도학습'의 방향으로 나아갈 것이란 예측에 동의하는 사람이 많다.

Unsupervised / Generative Models

2016년을 가장 뜨겁게 달구었던 딥러닝 알고리즘을 하나 꼽으라면 단연코 GANgenerative adversarial network [7-1]를 꼽을 수 있을 것이다. GAN[15]은 기존의 비지도학습들이 데이터 분포를 직접 모델링하는 데 어려움을 겪었던 것을 피하기 위해 학습과정을 생성자generator와 구분자discriminator의 적대적 경쟁관계로 전환, 지도학습의 강력함을 비지도학습에 적극적으로 활용함으로써 실제와 가까운 이미지들을 생성해내는 데 성공했다. 이러한 적대적 경쟁관계의 학습은 목적함수에 대한 단순 최적화

[그림 6] 구글의 BE-GAN을 통해 인공적으로 생성된 얼굴들[16]

optimization보다 까다로운 학습과정을 요구하는데, CNN과 GAN의 결합에 대한 연구[7-2]는 안정적인 학습과정을 유도하면서도 더욱 진짜 같은 이미지 생성을 가능하게 하였다. 나아가 GAN에 대한 폭넓은 실험과 학습 기술의 발전은 GAN을 준지도학습semi-supervised learning에도 사용할 수 있게 하였으며[7-3], 데이터의 잠재 공간latent space에 대한 탐색도 가능하게 하는 등[7-4] 그 무궁무진한 활용 가능성으로 현재까지 몇 년 새 100개에 가까운 GAN 응용모델을 쏟아내었다.[17]

GAN 못지않게 각광을 받는 비지도학습 방법으로는 VAEvariational autoencoder[7-5]를 꼽을 수 있다. 실제 같은 예제는 생성하지만 데이터 분포의 학습에는 취약한 모습을 보이는 GAN과는 달리 VAE는 가우시안Gaussian 분포의 잠재 공간에 대한 가정하에 아름다운 변분 추론variational inference의 과정을 거쳐 제어 가능한 잠재 공간을 학습할 수 있게 해주는데, 쉽게 예를 들자면, 이 잠재 공간의 레버를 조절함으로써 우리는 물

[소개된 주요 논문들]

[7-1] Goodfellow, I., Pouget-Abadie, J., Mirza, M., Xu, B., Warde-Farley, D., Ozair, S., Courville, A. and Bengio, Y., (2014). Generative adversarial nets. In Advances in neural information processing systems (pp. 2672-2680).

[7-2] Radford, A., Metz, L. and Chintala, S., (2015). Unsupervised representation learning with deep convolutional generative adversarial networks. arXiv preprint arXiv:1511.06434.

[7-3] Salimans, T., Goodfellow, I., Zaremba, W., Cheung, V., Radford, A. and Chen, X., (2016). Improved techniques for training gans. In Advances in Neural Information Processing Systems (pp. 2234-2242).

[7-4] Chen, X., Duan, Y., Houthooft, R., Schulman, J., Sutskever, I. and Abbeel, P., (2016). Infogan: Interpretable representation learning by information maximizing generative adversarial nets. In Advances in Neural Information Processing Systems (pp. 2172-2180).

[7-5] Kingma, D.P. and Welling, M., (2013). Auto-encoding variational bayes. arXiv preprint arXiv:1312.6114.

[7-6] Gregor, K., Danihelka, I., Graves, A., Rezende, D.J. and Wierstra, D., (2015). DRAW: A recurrent neural network for image generation. arXiv preprint arXiv:1502.04623.

체의 크기, 각도, 조도 등을 컨트롤하며 이미지를 생성할 수 있게 되었다(DRAW[7-6]). 비교하자면 GAN은 주로 진짜 같은 예제를 생성해내는 것에, VAE는 데이터의 해석과 제어에 좀더 큰 강점을 보이는데 최근에는 GAN과 VAE가 서로의 장점을 받아들이며 통합된 관점으로 해석, 발전하고 있다.[18]

Understanding / Generalization / Transfer

CNN, RNN의 성공부터 최근의 GAN의 돌풍까지, 딥러닝의 성공은 매우 경이적이었으나 그 성공에 대한 인간의 이해는 아직 충분치 못한 편

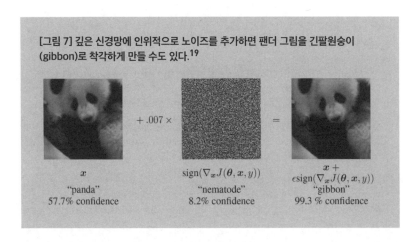

[그림 7] 깊은 신경망에 인위적으로 노이즈를 추가하면 팬더 그림을 긴팔원숭이 (gibbon)로 착각하게 만들 수도 있다.[19]

x
"panda"
57.7% confidence

$+ .007 \times$

$\text{sign}(\nabla_x J(\boldsymbol{\theta}, \boldsymbol{x}, y))$
"nematode"
8.2% confidence

$=$

$x + \epsilon \text{sign}(\nabla_x J(\boldsymbol{\theta}, \boldsymbol{x}, y))$
"gibbon"
99.3 % confidence

이다. 딥러닝이 간단한 조작에 의해 쉽게 기만될 수 있다는 사실은 딥러 닝에 대한 이해가 부족하다는 예 중 하나이다[8-1]. 적대적 예제adversarial example라 불리는 이들은 기존 이미지에 특정 레이블이 좋아하는 노이즈 를 인위적으로 입힘으로써 만들 수 있는데, 이는 미래 인공지능의 취약 한 보안점을 시사하기도 한다. 예를 들어 무인자동차 시대에 누군가가 교통표지판에 이러한 노이즈를 덧씌워 놓는다면 상상하기 힘든 참사로 이어질 수도 있기 때문이다. 적대적 예제의 존재는 인공신경망이 인간 의 인지과정과는 다른 이해를 보여주고 있다는 증거이기도 한데, 진정 사람의 능력을 모방하는 인공지능을 만들고자 한다면 이 차이로부터 진 정한 인공지능을 향해 의미 있는 도약을 할 수 있어야 할 것이다.

딥러닝에서 더욱 깊은 이해가 필요한 또 다른 부분은 학습된 지식 의 전이transfer learning에 대한 부분이다. 앞서 언급했던 바와 같이 모든 목 표 작업들에 대해 레이블링 작업을 하는 것은 쉽지 않은 일이기에, 이 경우에는 기존 지식으로부터 새로운 타깃으로의 전이transfer 혹은 적응

[소개된 주요 논문들]

[8-1] Nguyen, A., Yosinski, J. and Clune, J., (2015). Deep neural networks are easily fooled: High confidence predictions for unrecognizable images. In Proceedings of the IEEE Conference on Computer Vision and Pattern Recognition (pp. 427-436).

[8-2] Donahue, J., Jia, Y., Vinyals, O., Hoffman, J., Zhang, N., Tzeng, E. and Darrell, T., (2014), January. Decaf: A deep convolutional activation feature for generic visual recognition. In International conference on machine learning(pp. 647-655).

[8-3] Oquab, M., Bottou, L., Laptev, I. and Sivic, J., (2014). Learning and transferring mid-level image representations using convolutional neural networks. In Proceedings of the IEEE conference on computer vision and pattern recognition (pp. 1717-1724).

[8-4] Hinton, G., Vinyals, O. and Dean, J., (2015). Distilling the knowledge in a neural network. arXiv preprint arXiv:1503.02531.

[8-5] Iandola, F.N., Han, S., Moskewicz, M.W., Ashraf, K., Dally, W.J. and Keutzer, K., (2016). SqueezeNet: AlexNet-level accuracy with 50x fewer parameters and< 0.5 MB model size. arXiv preprint arXiv:1602.07360.

[8-6] Han, Song, et al. "EIE: efficient inference engine on compressed deep neural network." Proceedings of the 43rd International Symposium on Computer Architecture. IEEE Press, 2016.

[8-7] Zeiler, M.D. and Fergus, R., (2014), September. Visualizing and understanding convolutional networks. In European conference on computer vision (pp. 818-833). Springer, Cham.

[8-8] Zhou, B., Khosla, A., Lapedriza, A., Oliva, A. and Torralba, A., (2016). Learning deep features for discriminative localization. In Proceedings of the IEEE Conference on Computer Vision and Pattern Recognition (pp. 2921-2929).

adaptation을 통해 효율적인 학습을 달성할 수 있다. 예를 들면 개와 고양이를 구분하는 데 쓰이는 학습되었던 모델을 자동차와 비행기를 구분하는 타깃 작업을 위해 재학습하는 것처럼 말이다. 신경망의 이러한 재학습 과정을 세부 조정fine-tuning이라 부르는데, 앞 글에서 언급하였던 사물 검출object detection, 분할segmentation과 같은 작업들이 모두 기존 학습된 분류 모델의 세부 조정으로부터 출발하고 있다.

 이러한 지식의 전이가 가능한 이유는 깊은 신경망이 낮은 층의 레이어layer들에선 타깃 작업과는 독립적인, 좀더 기초적인 지식들을 학습하기 때문인데[8-2], 이러한 기초 지식들을 재활용하기 위하여 높은 층의 레이어를 재학습시키는 세부 조정 방법들[8-3]이 최근 많이 활용되고 있다(예 : 사물분류모델을 재활용한 의료영상분석모델[20]). 앞으로도 많은 양의 데이터 레이블이 부족한 분야에서는 비지도학습과 함께 이러한 전이학습이 적극적으로 활용될 것으로 보인다.

 이 외에도 딥러닝의 혜택을 핸드폰 등의 소형기기에서도 활용할 수 있도록 거대 학습모델을 정제하여[8-4] 작은 모델에서도 동등한 성능을 낼 수 있는 방법에 대한 연구도 진행되고 있으며[8-5], [8-6] 딥러닝 분석 결과에 대한 이해를 돕기 위한 다양한 시각화 방법들도 제안되고 있다[8-7], [8-8].

Optimization / Training techniques

딥러닝의 시대 이전만 하더라도 깊은 신경망의 학습은 미분값 소멸vanishing gradient과 같은 현실적 문제로 인해 그 학습이 쉽지 않았다. 이를 극복하고 많은 양의 데이터로 깊은 구조를 학습하기까지 ReLUrectified unit[9-1], [9-2]과 같은 딥러닝 구성요소에 대한 발전과 최적화optimization / 학습기법training techniques에 대한 방법론 발전이 큰 역할을 하였는데, 그중 ADAM[9-3]은 딥러닝 학습에 가장 많이 쓰이고 있는 최적화 방법 중 하나이다. 또한 머신러닝의 고질적인 문제인 오버피팅overfitting을 해결하기 위해 모델의 정규화regularization에 대한 연구도 많이 이루어졌는

[소개된 주요 논문들]

[9-1] Nair, V. and Hinton, G.E., (2010). Rectified linear units improve restricted boltzmann machines. In Proceedings of the 27th international conference on machine learning(ICML-10) (pp. 807-814).

[9-2] He, K., Zhang, X., Ren, S. and Sun, J., (2015). Delving deep into rectifiers: Surpassing human-level performance on imagenet classification. In Proceedings of the IEEE international conference on computer vision (pp. 1026-1034).

[9-3] Kingma, D. and Ba, J., (2014). Adam: A method for stochastic optimization. arXiv preprint arXiv:1412.6980.

[9-4] Hinton, G.E., Srivastava, N., Krizhevsky, A., Sutskever, I. and Salakhutdinov, R.R., (2012). Improving neural networks by preventing co-adaptation of feature detectors. arXiv preprint arXiv:1207.0580.

[9-5] Srivastava, N., Hinton, G.E., Krizhevsky, A., Sutskever, I. and Salakhutdinov, R., (2014). Dropout: a simple way to prevent neural networks from overfitting. Journal of machine learning research, 15(1), pp.1929-1958.

[9-6] Ioffe, S. and Szegedy, C., (2015), June. Batch normalization: Accelerating deep network training by reducing internal covariate shift. In International Conference on Machine Learning (pp. 448-456).

[9-7] Ba, J.L., Kiros, J.R. and Hinton, G.E., (2016). Layer normalization. arXiv preprint arXiv:1607.06450.

데, dropout[9-4], [9-5]은 매우 간단하면서도 강력한 오버피팅 방지책을 제공해주었다.

최근 깊은 신경망의 새로운 표준으로 자리 잡은 요소 중 하나는 배치분포 표준화batch normalization[9-6]이다. 신경망 구조는 데이터의 분포가 평균 0, 분산 1 근처일 때 가장 학습이 잘되는 것으로 알려져 있는데, 이 때문에 데이터의 분포를 미리 조정하는 일normalization은 신경망 학습의 가장 기초적인 전처리 과정 중 하나이다. 문제는 깊은 신경망을 통해 데이터가 변형되면서 이 분포가 무너진다는 것인데, 내재 분포 이동internal covariate shift이라 불리는 이 현상은 깊은 신경망의 느린 학습의 주범 중 하나였다. 배치분포 표준화는 계층마다 데이터를 다시 표준화normalization 해줌으로써 이 문제를 해결하였으며, 현재는 그 강력함이 대부분의 활용 모델들에서 입증되어 레이어 정규화layer normalization [9-7] 등 다양한 활용 방법이 존재하는 필수 레이어 구성요소로 자리 잡았다.

Reinforcement learning / Robotics

강화학습reinforcement learning은 기존 지도학습/비지도학습의 정적인 학습 방법과 달리 에이전트agent가 직접 환경변수들을 탐색exploration하며 이에 대한 보상reward을 확인, 최적의 행동action에 대한 정책policy을 찾아가는 생명체의 학습과 유사한 학습과정을 이용하는 방법론이다.[21] 특히 구글의 딥마인드가 이 연구 영역의 강자인데, Q러닝을 이용해 아타리Atari 게임에서 최고 점수를 기록한 인공지능의 개발이나[10-1], [10-2] 작년에 이세돌 9단을 꺾은 알파고[10-3]는 모두 이러한 강화학습의 결과물들이다. 최근 비동기식 강화학습, 일명 엑터 크리틱actor-critic[10-4]이라 불리는 학습방식은 분산 시스템을 이용해 적은 리소스로도 더욱 가볍고, 효율적이고, 안정적이게 강화학습을 할 수 있도록 해주었는데, 이는 앞으로 다수의 에이전트들이 동시에 학습을 진행해야 하는 멀티에이전트 multi agent 문제에서도 유용하게 쓰일 것으로 보인다.

로보틱스robotics에서도 최근 딥러닝의 성공을 적극적으로 받아들이고 있다. 특히 영상인식 분야는 이미 딥러닝이 새로운 표준으로 자리 잡은 만큼 카메라 입력과 행동 결과를 end-to-end로 연결시켜 물건 집기 grasping와 같은 작업에서 좋은 결과를 보이고 있다[10-5], [10-6]. 나아

[소개된 주요 논문들]

[10-1] Mnih, V., Kavukcuoglu, K., Silver, D., Graves, A., Antonoglou, I., Wierstra, D. and Riedmiller, M., (2013). Playing atari with deep reinforcement learning. arXiv preprint arXiv:1312.5602.

[10-2] Mnih, V., Kavukcuoglu, K., Silver, D., Rusu, A.A., Veness, J., Bellemare, M.G., Graves, A., Riedmiller, M., Fidjeland, A.K., Ostrovski, G. and Petersen, S., (2015). Human-level control through deep reinforcement learning. Nature, 518(7540), pp.529-533.

[10-3] Silver, D., Huang, A., Maddison, C.J., Guez, A., Sifre, L., Van Den Driessche, G., Schrittwieser, J., Antonoglou, I., Panneershelvam, V., Lanctot, M. and Dieleman, S., (2016). Mastering the game of Go with deep neural networks and tree search. Nature, 529(7587), pp.484-489.

[10-4] Mnih, V., Badia, A.P., Mirza, M., Graves, A., Lillicrap, T., Harley, T., Silver, D. and Kavukcuoglu, K., (2016), June. Asynchronous methods for deep reinforcement learning. In International Conference on Machine Learning (pp. 1928-1937).

[10-5] Lenz, I., Lee, H. and Saxena, A., (2015). Deep learning for detecting robotic grasps. The International Journal of Robotics Research, 34(4-5), pp.705-724.

[10-6] Levine, S., Pastor, P., Krizhevsky, A., Ibarz, J. and Quillen, D., (2016). Learning hand-eye coordination for robotic grasping with deep learning and large-scale data collection. The International Journal of Robotics Research, p.0278364917710318.

[10-7] Levine, S., Pastor, P., Krizhevsky, A., Ibarz, J. and Quillen, D., (2016). Learning hand-eye coordination for robotic grasping with deep learning and large-scale data collection. The International Journal of Robotics Research, p.0278364917710318.

가 로봇 제어의 일부분 또한 강화학습으로 대체하여 로봇 스스로 수많은 시도와 실패 끝에 물건 집기를 학습하는 메커니즘을 구현하였는데 [10-7], 실제 어플리케이션에선 로봇에게 수만 번의 실패를 허용하기 어렵다는 점에서 앞으로 로봇들의 지식 재활용과 공유에 대한cloud robotics 많은 연구가 진행되어야 할 것으로 예상된다. 또한 실제 환경은 게임과

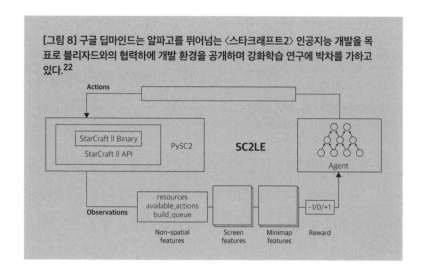

[그림 8] 구글 딥마인드는 알파고를 뛰어넘는 〈스타크래프트2〉 인공지능 개발을 목표로 블리자드와의 협력하에 개발 환경을 공개하며 강화학습 연구에 박차를 가하고 있다.[22]

같이 행위와 보상의 관계가 명확히 규정되지 않다는 점에서 로봇의 제어를 딥러닝으로 대체하는 방향 역시 앞으로 많은 난관을 헤쳐가야 할 것으로 보인다. (참고로 로봇에서 놀라운 결과를 보여주고 있는 보스턴 다이나믹스의 로봇들의 제어에는 머신러닝이 거의 이용되지 않고 있으며, 따라서 서로 상이한 영역인 로봇 제어와 딥러닝이 합쳐지려면 많은 학문적 발전이 있어야 할 것으로 보인다.)

Epilogue

2012년 AlexNet[23]을 기점으로 폭발한 딥러닝의 급격한 성장은 CNN을 중심으로 한 비전 분야와 RNN을 중심으로 한 자연어 처리, 음성인식 분야에서 성숙 단계 수준의 성과들을 보이고 있으며, 이들 영역에선 적용 도메인의 확장이나(예: 의료영상), 새로운 형태의 문제에 대한 도전 등 끊임없는 진화를 거듭하고 있다. 이러한 지도학습 기반 딥러닝의 성공에는 ImageNet과 같은 대규모 공개 세트가 데이터 세트의 역할이 컸는데, 이는 다른 영역에서도 대규모 공개데이터 세트가 필요함을 역설하고 있다. 따라서 우리도 각 분야에서 딥러닝 기반의 인공지능 혜택을 향유하려면 데이터 수집과 관리에 대한 정부, 기업, 대학의 역할이 더욱 강조되어야 할 것이다.

인간의 노동집약적이고 인위적인 레이블링으로부터 벗어나려는 노력도 최근 활발히 진행되고 있다. GAN과 VAE와 같은 비지도학습 방법들은 데이터 자체만을 학습하여 새로운 데이터들을 생성하는 능력을 보여주었으며, 학습된 지식의 정제와 전이는 보다 가볍고 특화 가능한 딥러닝의 활용법들을 제시하였다. 미래 기술로 불리는 강화학습은 게임을 넘어 로봇을 통해 현실로 다가오고 있고, 지금도 더욱 효과적이고 안정된 딥러닝의 학습을 위해 다양한 신경망 구조와 학습기법들이 개발되고 있다. 이제까지의 딥러닝 발전이 데이터, 방법론, 연산력 혁신의 3박자가 맞아떨어져 촉발되었듯, 미래에도 각 요소별 혁신이 병행되어야 꾸준한 인공지능 기술 향상을 이룰 수 있을 것이다.

중요한 점은 이러한 인공지능 연구의 폭발적 성장을 따라잡기 위해선 다양한 분야의 재원들과 자원들이 서로 협력해야 한다는 것이다. 그리고 그러한 협력의 바탕에는 인공지능에 대한 올바른 이해가 선행되어야 한다. 아무쪼록 우리가 그려가는 미래 인공지능이 근거 없는 환상이나 막연한 기대에 의한 사상누각이 아닌, 단단한 기술 이해에 바탕을 둔 미래 문제의 믿음직한 해결사로 자리매김할 수 있기를 희망해본다.

엄태웅 _캐나다 워털루공대 박사

주석

1. 참고 | Andrew Ng: Why AI is the new electricity, http://news.stanford.edu/thedish/2017/03/14/andrewng-why-ai-is-the-new-electricity/, March 2017.

2. 참고 | Andrej Karpathy, A Peek at Trends in Machine Learning, https://medium.com/@karpathy/a-peek-at-trends-in-machine-learning-ab8a1085a106, April 2017.

3. 참고 | https://arxiv.org/ ,Categories: cs.AI,cs.LG,cs.CV,cs.CL,cs.NE,stat.ML.

4. 논문 | Arjovsky, M., Chintala, S., & Bottou, L. (2017). Wasserstein gan. arXiv preprint arXiv:1701.07875.

5. 논문 | Gulrajani, I., Ahmed, F., Arjovsky, M., Dumoulin, V., & Courville, A. (2017). Improved Training of Wasserstein GANs. arXivpreprint arXiv:1704.00028.

6. 참고 | Terry. T. Um, "Most-cited Deep Learning Papers", https://github.com/terryum/awesome-deep-learning-papers

7. 참고 | Um, T., "Convolutional Neural Netoworks", http://t-robotics.blogspot.ca/2016/05/convolutional-neural-netw

8. 논문 | LeCun, Y., Boser, B., Denker, J. S., Henderson, D., Howard, R. E., Hubbard, W., & Jackel, L. D. (1989). Backpropagation applied to handwritten zip code recognition. Neural computation, 1(4), pp. 541-551.

9. 참고 | Deng, J. et al., ILSVRC-2012, 2012, http://www.image-net.org/challenges/LSVRC/2012/

10. 논문 | Hochreiter, S., & Schmidhuber, J. (1997). Long short-term memory. Neural computation, 9(8), pp. 1735-1780.

11. 참고 | https://google.github.io/tacotron/

12. 논문 | Graves, A., Fernandez, S., Gomez, F., & Schmidhuber, J. (2006, June). Connectionist temporal classification: labelling unsegmented sequence data with recurrent neural networks. In Proceedings of the 23rd international conference on Machine learning (pp. 369-376). ACM.

13. 참고 | 엄태웅, "쉽게 풀어쓴 딥러닝의 거의 모든 것", http://t-robotics.blogspot.ca/2015/05/deep-learning.html

14. 참고 | 민현석, "알파고 만들려면 먼저 알바고 돼야", 테크엠, http://techm.kr/bbs/board.php?bo_table=article&wr_id=3612

15. 참고 | 엄태웅, "GAN, 그리고 Unsupervised Learning", http://t-robotics.blogspot.ca/2017/03/gan-unsupervised-learning.html

16. 참고 | Berthelot, D., Schumm, T. and Metz, L., 2017. Began: Boundary equilibrium generative adversarial networks. arXiv preprint arXiv:1703.10717.

17. 참고 | The GAN Zoo, https://github.com/hindupuravinash/the-gan-zoo

18. 참고 | Rosca, M., Lakshminarayanan, B., Warde-Farley, D. and Mohamed, S., (2017). Variational Approaches for Auto-Encoding Generative Adversarial Networks. arXiv preprint arXiv:1706.04987.

19. 참고 | Goodfellow, I.J., Shlens, J. and Szegedy, C., (2014). Explaining and harnessing adversarial examples. arXiv preprint arXiv:1412.6572.

20. 참고 | Tajbakhsh, N., Shin, J.Y., Gurudu, S.R., Hurst, R.T., Kendall, C.B., Gotway, M.B. and Liang, J., (2016). Convolutional neural networks for medical image analysis: Full training or fine tuning?. IEEE transactions on medical imaging, 35(5), pp.1299-1312.

21. 참고 | 최성준, 이경재, "알파고를 탄생시킨 강화학습의 비밀", 〈카카오 AI 리포트〉, https://brunch.co.kr/@kakao-it/73

22. 참고 | Vinyals, O., Ewalds, T., Bartunov, S., Georgiev, P., Vezhnevets, A.S., Yeo, M., Makhzani, A., Kuttler, H., Agapiou, J., Schrittwieser, J. and Quan, J., (2017). StarCraft II: A New Challenge for Reinforcement Learning. arXiv preprint arXiv:1708.04782.

23. 참고 | Krizhevsky, A., Sutskever, I. and Hinton, G.E., (2012). Imagenet classification with deep convolutional neural networks. In Advances in neural information processing systems (pp. 1097-1105).

딥러닝과
데이터

──● 데이터는 기하급수적으로 늘어났다. 단위 연산당 비용은 엄청나게 줄어들었다. 그 결과 인공신경망 기반의 기계학습 분야가 각광받고 있다. 과거 인공신경망은 다른 기계학습 방법론들에 비해 여러 단점[1]을 가지고 있었다. 그러나 21세기 들어 많은 문제들이 해결되었다. 다수의 은닉층hidden layer 기반 심층 인공신경망[2]은 1990년대에는 시도조차 할 수 없었다. 심층 신경망은 사전 지식 없이 데이터로부터 통찰을 얻어내거나 더 나아가 인간이 통찰을 얻기 어려운 데이터를 대상으로도 일정 정도의 처리를 해내는 능력을 보였다. 이는 인간이 직관적으로 접근하기 어려운 거대 데이터 기반의 분석 및 특징 추출을 종단간 모형[3]으로 해결할 수 있다는 것을 의미한다. 이러한 이유로 심층 신경망 분야에 대

한 주목도가 계속 높아지고 있다.

그러나 응용 환경에서 종단간 모형 기반의 딥러닝 모형을 도입하는 것은 어렵다. 가장 큰 제약은 시간과 비용이다. 종단간 심층 신경망의 경우 원하는 결과를 얻기 위해서 엄청난 양의 데이터 및 연산 자원이 필요하다. 충분히 깊은 심층 신경망의 경우 입력층에 가까운 계층들이 데이터 전처리를 담당하도록 훈련되는 경향이 있다. 그러나 데이터 전처리를 위해 은닉 계층을 늘릴수록 신경망의 복잡도가 크게 증가한다.[4, 5] 또한 은닉층의 수가 늘어날수록 훈련 과정에서 수렴 상태에 도달하기 위해 더 많은 데이터가 필요하다. 이러한 문제는 모형 개발 과정에서의 디버깅debugging의 어려움, 훈련 과정의 막대한 시간 및 자원 소모와 함께 그 결과로 얻은 비대화된 모형을 사용할 때 발생하는 추론 비용의 증가로 이어진다.

빅데이터 처리에 중요하게 간주되었던 데이터 전처리 및 결과의 후처리 과정은 인공신경망 기반의 기계학습 모형 설계 과정에서도 여전히 매우 중요하다. 기계학습 모형이 '정해진 시간 안에' '제대로 된 결과'를 내놓을 수 있게 돕기 때문이다. 데이터 전처리를 통해 잘 정의되고 정제된 데이터와 특징feature을 사용하면 전체 신경망의 크기 및 복잡도를 줄일 수 있다. 또한 결과의 후처리는 멀티모달 모형multi modal model[6] 설계 시 모델 간의 연결에 중요한 역할을 담당한다.

그런데 인공신경망 훈련을 위한 데이터 전처리 과정에서는 일반적인 데이터 분석을 위한 전처리 과정에 더하여 여러 가지를 고려해야 한다. 이 글에서는 인공신경망 훈련을 위한 데이터 전처리 과정에서 고려해야 할 요소들을 실제 경험한 사례들과 함께 짚어보겠다.

동일한 현상에서 얻은 동일하지 않은 데이터: 정규화의 함정

미디어 추천 시스템을 만드는 경우를 가정하자. 개인화 추천 시스템으로, 어떤 사용자가 어떤 콘텐츠를 얼마나 좋아할 것인지를 예측하는 모형을 만드는 것이 목표이다. 모형의 훈련 데이터로 가장 쉽게 사용할 수 있는 것은 랭킹 데이터이다. 수많은 사용자들이 영화 및 드라마에 점수를 매겨 놓은 랭킹 데이터를 가정해보자. 네이버 영화 평점은 10점 만점 시스템, 왓챠의 시스템은 5점 만점 별표 시스템이다. (중간에 별표 반 개를 가능하게 하여 10점 시스템으로 바뀌었지만, 이러한 경우는 뒤에서 따로 다룰 것이므로 여기에서는 논외로 한다) 넷플릭스Netflix의 경우 이진 평점(좋아요/아니요)이다.

이 세 가지 종류의 데이터를 다 갖고 있을 경우 전처리를 거쳐 동일한 데이터 세트를 만든 후 훈련하는 데 사용할 수 있을까? 답부터 이야기하자면 불가능하다.

서로 다른 스케일의 데이터를 정규화하여 하나의 데이터 세트로 만들어보자. 어느 데이터 세트를 기준으로 스케일을 맞출 것인가? 아티팩트artifact를 추가하지 않기 위해서는 더 낮은 해상도의 데이터 세트로 스케일하는 것이 일반적이다. 그렇다면 위에서 예로 든 데이터 세트의 경우 좋아요/아니요의 이진 데이터로 스케일해야 한다. 이 경우 10점 만점의 데이터는 몇 점을 기준으로 좋아요/아니요로 변환해야 할까? 만약 데이터가 바이모달 분포bimodal distribution[7]를 따르고, 최고점이 두 개라면 나누기 쉬울 것이다. 하지만 유니모달unimodal이거나, 또는 멀티모달인데 최고점이 여러 개라면 어떤 기준으로 데이터를 분류해야 할까?

일단 임의의 기준으로 평점 데이터를 이진 데이터로 변환하고 적절

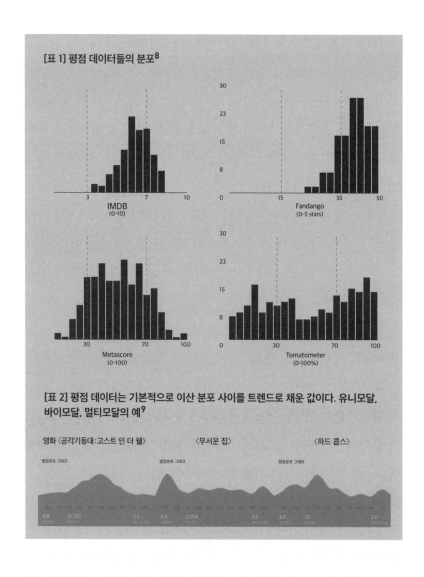

[표 1] 평점 데이터들의 분포[8]

IMDB
(0-10)

Fandango
(0-5 stars)

Metascore
(0-100)

Tomatometer
(0-100%)

[표 2] 평점 데이터는 기본적으로 이산 분포 사이를 트렌드로 채운 값이다. 유니모달, 바이모달, 멀티모달의 예[9]

영화 〈공각기동대:고스트 인 더 쉘〉 　　〈무서운 집〉 　　〈하드 콥스〉

한 기계학습 모형을 만들어 훈련시켜보자. 기계학습 훈련 과정에 데이터 정규화 과정이 끼치는 영향은 엄청나다. 상위 50%는 좋아요, 하위 50%는 싫어요로 변환한 데이터로 훈련한 경우와, 상위 52%는 좋아요, 하위 48%는 싫어요로 변환한 데이터로 훈련한 경우의 기계학습 모형

은 동일한 입력에 대해 상당히 다른 추론 결과를 내놓는다.[10]

수학적으로는 문제가 될 수 있지만 편의상 이진 기준이 아닌 선형 스케일로 데이터를 스케일하여 포맷을 맞출 경우를 생각해보자. 10점 기준으로 맞출 경우 5점 기준과 이진 기준의 평가는 전체 데이터에 완전히 편향된 경향을 추가하게 된다. 5점 기준으로 맞출 경우 10점 데이터의 앨리어싱aliasing 기준이 문제가 된다. 더 본질적인 문제가 있다. 랭킹의 경우 인간이 능동적으로 매기는 라벨이다. 10점 만점의 4점과, 5점 만점의 2점은 심리적으로 다른 반응을 불러일으킨다. 따라서 실질적으로는 다른 데이터라 단순 스케일로 맞출 수 없을 것이다.[11, 12]

이런 문제를 해결하는 가장 간단한 방법은 애초에 논란이 생기지 않을 데이터를 생성하는 것이다. 몇 가지 실험 후 넷플릭스는 2017년 봄부터 이진 평점만을 사용하고 있다.[13] 프로필 데이터의 해상도 감소를 감수하고서라도 가공 및 훈련을 원활하게 하기 위한 선택이다. 오래전 구글의 동영상 서비스인 유튜브는 평점 유효성 문제(대부분의 사람이 5점 아니면 1점만 주는)로 마찬가지의 선택을 하였다.[14]

동일한 현상, 다른 데이터

IT 시스템에서 생성된 데이터는 균일하다는 일반적인 믿음이 있다. 이 믿음은 무거운 물체가 빨리 떨어질 것이라는 직관과 비슷하다. IT 인프라는 업그레이드가 가장 빠른 분야 중 하나다. 시스템에서 생성되는 데이터는 동일한 현상을 다루고 있어도 다른 데이터를 만들어낸다. 가장 일반적으로 접할 수 있는 것은 로그 시스템이나, 로그 정책이 바뀌는 경우들이다. 시스템 업그레이드 시 다루는 메트릭의 종류 및 속성이 바뀌는 경우도 빈번하다.

채팅을 하는 기계학습 모형chatbot, 챗봇을 만든다고 가정하자. 상업적으로 챗봇을 만들려고 시도하는 기업들은 대부분 고객 응대 분야에서 다년간 축적한 데이터를 소유하고 있다. 이 데이터로 챗봇 모형을 만들 수 있을까? 보통은 불가능하다. 일반적인 상담 로그 데이터들은 중간에 몇 번의 형식 변경을 거친 데이터들이다. 또한 다양한 상담 환경에서 작성된 데이터들이기도 하다. 엄청난 전처리 과정이 필요하다.

기록 방식의 변경뿐 아니라, 데이터를 만드는 인프라의 영향 또한 고려해야 할 요소이다. 생명과학 및 헬스케어 스타트업에서 특이 유전자 분석 과정을 처리하는 기계학습 모형을 만드는 작업 흐름을 가정해보자[15]. 고객 표본에서 추출한 RNA를 대량으로 뻥튀기하고, 유전자 칩[16]을 이용해 유전 패턴의 이상발현 여부를 찾는다.[17] 특정 유전 패턴이 정상보다 더 많이 발현되거나 덜 발현된 경우, 유전자 칩 이미지의 픽셀 강도 차이로 나타난다. 이 이미지들을 모아 CNN기반의 모형을 훈련한다. 훈련이 끝난 모형을 이용하여 특정 질병들의 발병 여부를 한 번에 찾아내는 분류자로 사용할 수 있을 것이다. 작동할까? 데이터가 올바르다면 어느 정도의 성과가 있을 것이다.

분석 기기로부터 데이터를 측정하여 모형 훈련을 위한 데이터를 만들어야 할 것이다. 유전자 칩 및 분석 기기를 만드는 회사로는 일루미나Illumina 및 에피메트릭스Affymetrix 등이 있다. 각 회사의 기기를 반반씩 구입하면 구입 예산의 반을 날리는 경험을 할 수 있다. 두 기기는 동일한 실험을 했을 때에도 서로 다른 이상발현 유전자를 지목한다.[18, 19] (주로 특허로 인한) 다른 기기 설계, 다른 데이터 획득 방법, 데이터 전처리 등

기기 전반에 걸친 차이가 누적되어 이러한 차이를 만든다. 두 시스템에서 만들어낸 실험 결과를 섞어서 기계학습 모형을 훈련하면 실제 데이터 대상으로 사용할 수 없는 모형이 만들어진다.

실험 기기들에서 원시 데이터[20]를 추출해 데이터베이스를 만든 경우에도 모형은 학습되지 않을 것이다. 유전자 칩 정도[21]의 데이터를 뽑아내는 기기들의 경우, 엄밀한 의미에서의 원시 데이터는 존재하지 않기 때문이다. 생명과학 실험 장비들은 대상의 특성상 노이즈가 엄청난 데이터를 측정한다.[22] 이 데이터를 그대로 내보낼 경우에도 기기가 일반적인 통계 전처리를 수행한다.

위의 문제에 대한 가장 간단한 해결 방법은 동일한 현상에 대해 동일한 데이터를 얻을 수 있는 환경을 만드는 것이다. 챗봇 모형 개발의 경우 데이터 형식 통일 작업, (음성 또는 문자 등의) 상담 환경에 따른 분류 작업, 상담 카테고리에 따른 분류 작업 등을 거쳐 데이터 포맷을 맞춘다. 그 후 방언 제거, 은어 치환, 상담 요청자의 문장 길이에 따른 정렬[23]을 거쳐 전처리 데이터를 완성하는 것이 일반적인 과정이다. 유전자 분석 모형의 경우 한 공급처에서 측정 기기를 구입해야 하고, 데이터 후처리 과정에서는 공급사가 제공한 도구 키트 대신 원시 데이터를 꺼내서 전처리 과정을 자체 구축하여 데이터를 다듬어야 할 것이다.[24]

젊은 '빅'데이터 : 시간축에 따른 데이터 밀도차의 문제

패션 데이터를 모아 트렌드에 따른 패션을 제안하는 기계학습 모형을 설계해보자[25]. 우선 패션의 적합도를 알려주는 모형을 만들어야 할 것이다. 패션 모형의 훈련을 위한 다양한 데이터를 획득했다고 하자[26]. 이 모형은 충분한 데이터가 있다면 트렌드를 예측할 수 있을까? 그럴 수도 있고 그렇지 않을 수도 있다. 보통은 다양한 편향의 영향으로 모형이 제대로 동작하지 않을 것이다. 편향은 시간 의존적인 데이터 밀도 차이에서 비롯되기도 한다.

심층 신경망의 대두에는 심층 신경망을 훈련할 수 있는 충분한(엄청난) 양의 데이터가 뒷받침되었다. 그런데 그 데이터들이 어디에서 왔을까? 사실 '어디'보다는 '언제'가 더 적합한 질문이다. 거의 모든 빅데이터는 최근에 생성되었다. 빅데이터는 '더 다양한' 데이터를 '생성'하고 '기록'하는 과정을 전산화하는 과정의 부산물이다. 그런데 빅데이터의 증가 추세는 지수적 증가에 가깝다. 비교적 오래되고 계량화된 주식 거래 데이터의 경우를 살펴보자. 뉴욕 증권 거래소의 1993년 거래 틱데이터의 총 용량은 4.25기가이다. 1998년에는 20기가가 되었고, 2001년에는 90.9기가가, 2004년에는 455기가가 되었다.[27] 단지 1년의 차이로도 누적되는 데이터의 크기가 달라진다.

이러한 데이터 밀도 차는 최종 모형의 추론 과정에서 시간에 따른 편향으로 나타난다. 우리가 사용하는 대부분의 데이터들은 현실 지향적이다. 이미지넷ImageNet의 데이터와 라벨을 기반으로 사물을 인식하는 모형을 만들어보자[28]. 과거 사물에 대한 데이터가 부족하여 인식하지 못하는 문제를 쉽게 재현할 수 있다. 아이폰은 인식하지만 키보드 달린 블랙베리는 인식하지 못한다. 나온 지 15년밖에 되지 않은 PDA도 인식하지 못한다. 오디오 컴포넌트는 인식하지만 턴테이블은 인식하지 못한다. 무작위로 웹에서 수집한 이미지일 경우에도 동일한 문제가 있다. 단위 시간당 데이터의 양은 카테고리를 막론하고 기하급수적으로 증가하고 있다.

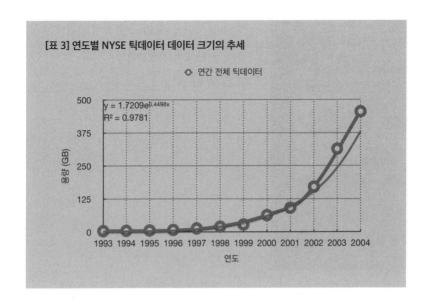

[표 3] 연도별 NYSE 틱데이터 데이터 크기의 추세

◇ 연간 전체 틱데이터

$y = 1.7209e^{0.4498x}$
$R^2 = 0.9781$

(세로축) 용량 (GB): 0, 125, 250, 375, 500

(가로축) 연도: 1993 1994 1995 1996 1997 1998 1999 2000 2001 2002 2003 2004

이 문제는 통시적일 뿐 아니라 공시적인 문제이기도 하다. 전세계의 IT 발전 정도는 균일하지 않다. 지역에 따른 데이터 밀도 차가 발생한다. 전산화가 늦거나 사용 인구가 적은 지역들은 데이터 확보가 늦다. 자연어 인식과 자율주행 등이 대표적인 예다.

동적 평형 시스템에서 생성되는 데이터: 대상 시스템의 진화 문제

인공 투자자는 주식 투자자들의 꿈이다. 기계학습은 알고리즘 매매에 오래전부터 사용되어 왔다. 인공신경망의 투자 응용도 비교적 오래전부터 적용된 분야이다. 기계학습이 패턴 인식에 강한 특성이 있기 때문이다. 그런데 지속적으로 엄청난 돈을 벌어들인 단일 모형은 등장하지 않았다.[29]

모든 기계학습의 기본 가정은 훈련 입력과 추론 입력의 통계적 특성

24% Television
22% Screen
8% Cellular Telephone
7% Monitor

Freeze Frame

InceptionV4+ImageNet에 2002년 형 PDA를 분류했을 때 AI는 PDA를 인식하지 못한다.

이 동일하다는 것이다(통계적 관점에서 정적 평형 상태의 시스템을 가정한다.[30]) 그러나 통계 및 회귀 모형들에서 정확도를 높이기 위하여 인공신경망 모형을 도입한 경우들의 상당수는 동적 평형 시스템이다.[31] 동적 평형 시스템은 동일한 시스템일지라도 시간에 따라 통계적 특성이 변한다. 그러므로 모형의 추론 결과가 맞지 않는 경우가 쉽게 발생한다. 주식시장은 대표적인 동적 평형 상태의 시스템이다.

주가를 예측하는 간단한 기계학습 모형을 만드는 과정을 가정하자. 최근 10년간의 코스피KOSPI 데이터를 다운로드 받고, 과거 8년의 데이터로 마지막 2년의 주가를 예측하는 RNN 기반의 모형을 설계할 수 있을 것이다. 조금 노력한다면 회귀 분석 모형에 비해 평균적으로 조금 높은 예측 정확도를 얻을 수 있을 것이다. 그런데 기간 수익률은 평균 수익률과 차이가 나지 않는다. 보통 예측 향상에 의해 발생하는 상대 이윤을 예측이 실패한 경우의 더 커진 손해로 인해 잃기 때문이다. 실무 단계가 되면 더 심각한 잠재적인 문제들도 있다. 신경망 모형에서 가끔 발생하는 과적합이 동적 시스템의 상태 변화와 만날 경우 주식 투자 모형에서 큰 손해로 이어질 수 있다.[32]

시간에 따라 변하는 시스템으로 조금 더 재미있는 시도를 해보자. 게임에 대한 각 매체의 평점을 수합하여 평균 점수를 내는 〈메타크리틱Metacritic〉[33]이라는 사이트가 있다. 게임 표지 이미지를 바탕으로 게임의

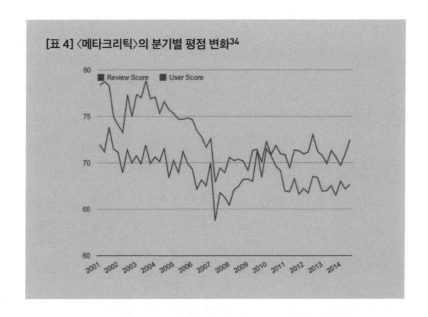

[표 4] 〈메타크리틱〉의 분기별 평점 변화[34]

성공 확률을 예측하는 모형을 만들 수 있을까? 모형을 훈련시키기 전에 이 사이트의 시간에 따른 게임 평점 분포를 살펴보자. 분기별, 연도별로 큰 변화가 있다.

이 데이터를 정규화할 수 있을까? 가장 쉽게 떠올릴 수 있는 방법은 정규분포화이다. 각 분기별 평균을 기준으로 정규 분포가 되도록 게임 평점을 스케일할 수 있을 것이다.[35] 그런데 좀 다르게 생각해보자. 이 데이터가 정규분포화되어야 하는 데이터일까? 연도별 관점에서 보면 평균 평점이 낮은 해는 정말로 게임들이 재미가 없는 해였을 수도 있다. 또는 평점이 높은 해에 재미있는 게임이 몰려나왔을 수도 있다. 분기별 관점에서 보면, 연말 시즌 전후에 게임들이 몰려나오므로 그 전후가 최고 점수가 더 높고 분산은 더 큰 구간일 것이다. 그러면 이 데이터를 정규 분포에 끼워 맞추는 것은 잘못된 접근 방법일 것이다. 적절한 방법을 떠올릴 수 있는가?[36]

이러한 문제를 해결하기 위한 일반적인 접근은 실시간 훈련을 적용하는 것이다. 그러나 신경망 모형을 실시간으로 훈련하는 것은 다양한 이유로 사실상 불가능하다. 데이터 공급기를 실시간 모형에 붙이는 과정은 데이터의 크기가 문제가 된다. 과적합을 막기 위해 탈락dropout을 적용할 경우, 탈락을 실행하는 주기마다 추론 정확도가 영향을 받는다. 따라서 기계학습 모형을 실사용하는 경우 훈련은 연속적이 아니라 주기적으로 실행하는 것이 일반적이다.[37] 이는 공시적으로는 정적 평형을 유지하지만 통시적으로는 동적 평형 상태에 있는 시스템에 적절한 방법이다.

모형 학습 시의 각인효과 : 데이터 라벨/카테고리별 밀도차

많은 신경망 모형들은 기존 방법론으로는 잘 되지 않는 복잡하고 유사해 보이는 데이터들을 분류하거나 묶기 위해 훈련된다. 신경망 모형의 약점 중 하나는 과적합이다.[38] 과적합을 가장 쉽게 유도하는 방법은 특정 카테고리에 치우친 훈련 데이터를 사용하는 것이다.

최근의 사진 관리를 위한 다양한 도구들에는 기계학습 모형들이 들어 있다. 아이폰 사용자는 사진앱Photos를 쓸 수 있고, 안드로이드 사용자는 구글 포토Google Photo를 쓸 수 있다. 둘 모두 faces라는 기능이 있다. 아이폰에서는 '사람들'로 부르고, 구글에서는 '인물'이라고 부른다. 기계학습 모형을 사용하여 사진에서 얼굴을 찾아내고, 누구인지 인덱싱하는 기능이다. 아직 많이 써보지 않은 사용자라면 재미있는 실험을 할 기회가 있다. 아이폰 사진앱이나 구글 포토를 열어보자. 자동으로 찾지 못한 내 사진을 찾아 수동으로 라벨을 붙여볼 수 있다. 학습 모형이 추천한 내 후보 사진들을 보고, 맞음/틀림 입력을 주어 훈련도를 높일 수 있다.

나르시스트가 아니더라도 자신의 사진 앨범엔 본인 사진이 많기 마련이다. 한참 훈련시키다 보면 의도적으로 과적합 상태를 만들 수 있다. 어느 정도 굴리고 나면 사진앱이 보기엔 여자 친구도 나 같고, 옆집 아저씨도 나 같고, 지나가던 사람 닮은 고양이 얼굴도 나 아니냐고 물어볼 것이다.

분류 모형의 훈련을 위해 수집하는 데이터들 중 인위적인 분류를 거치지 않은 데이터의 카테고리별 분포는 일반적으로 멱함수 분포를 따른다.[39] 그러므로 임의의 데이터를 임의로 수집할 경우 라벨 분포는 반드시 치우치게 된다. 간단한 실험을 해보자. 기계학습의 'Hello World'라 불리는 MNIST 손글씨 분류 훈련 데이터에서, 일부러 몇몇 숫자들의 샘플 비율을 낮춘 후 훈련에 사용해보자. 무작위일 때와 차이 나는 결과를 얻을 수 있다.[40]

데이터 편향성은 신경망 기반의 모형이 '편견'을 갖게 되는 가장 큰 원인이다. 실제 세계의 데이터로 훈련된 모형은 추론 과정을 통해 역으로 실제 세계에 영향을 미치기도 한다. 구글의 다양성 리포트[41]에서 포용적 기술inclusive technology을 제시하며 발표한 실례들이 있다. 스마트폰 카메라 앱에서 흑인이 피사체에 포함된 경우 얼굴 탐색이 제대로 이루어지지 않거나 톤이 망가지는 예나, 보편적인 신발 데이터를 훈련시켰는데 하이힐의 비중이 적어 하이힐은 잘 찾아내지 못하는 경우 등이다.[42]

강제로 라벨당 데이터의 비율을 맞추는 방법이 가장 쉬운 해결책이다. 이 해결책은 바로 다른 문제에 직면한다. 비중이 적은 라벨의 샘플

수에 다른 데이터의 샘플 수를 맞추다 보니 사용 가능한 데이터가 너무 적어지는 문제이다.[43] 이 문제를 우회하기 위해서는 다단계 분류자를 이용하여 가장 큰 샘플 수를 갖는 분류부터 차례차례 분류하고, 제외한 나머지 데이터들을 계속 반복 분류하는 방법이 있다. 이 방법은 분류 항목들에 계층 구조가 있을 경우는 잘 동작하지만, 그렇지 않은 경우에는 사용할 수 없다는 문제가 있다.[44]

데이터 전처리에 중요한 전문성

신경망 모형을 훈련할 경우 모형의 구조만큼이나 중요한 것은 훈련 데이터이다. 훌륭하게 전처리된 훈련 데이터는 모형 구조의 최적화 및 간략화에 큰 영향을 끼치며, 훈련에 들어가는 자원을 절약하도록 돕는다.

데이터 전처리 과정에는 해당 분야에 대한 전문적인 지식 및 통찰이 필수적이다. 무엇을 추론할 것인지가 명확한 경우, 필요한 특징이 함께 명확해지는 경우가 대부분이다. 모형 설계자는 데이터를 기반으로 어떤 특징을 사용할지를 결정한다. 그 후 특징들의 상호 관계를 분석하여 필요한 특징을 선택하거나[45], 원하는 특징이 없는 경우 특징들을 결합하여 합성 특징을 만든다. 유의미한 특징을 정의하는 과정에서 해당 분야에 대한 지식이 매우 중요하다. 모형 훈련 과정에 사용할 데이터 표본을 대상으로 다양한 통계 분석을 실시하고, 그에 따라 적절한 특징을 선택하기 위해 해당 분야의 지식이 필요하기 때문이다.

신경망 모형 설계의 초기 접근에 필요한 기술적인 난이도는 다양한 오픈소스 툴키트들과 라이브러리에 힘입어 지속적으로 낮아졌다. 텐서플로우TensorFlow는 차차기 버전에서 공개할 새로운 명령형 프로그래밍 모드를 준비하고 있다. 파이토치PyTorch는 성능상의 단점에도 불구하고 코딩 편의성과 RNN에서의 상대적 성능 이점을 내세워 사용자층을 넓혀 가고 있다. 아마존의 엠엑스넷MxNet과 마이크로소프트의 인지 툴키트Congnitive Toolkit, CNTK도 넓은 호환 언어 및 뛰어난 성능을 바탕으로 케라스Keras와 짝을 지어 급격하게 활용 예를 늘려가는 중이다.

이에 따라 앞으로의 신경망 모형 개발 과정에는 각 단계별 분야 전문가[46]의 역할이 갈수록 중요해질 것이다. 신경망 전문가가 특정 분야의 전문 지식을 쌓는 것보다 그 분야의 전문가가 신경망 작성 및 설계 기술을 배우는 것이 곧 더 쉬워질 것이기 때문이다.[47] 이러한 변화는 신경망 훈련 데이터 전처리에 활용할 수 있는 여러 도구들의 등장에서도 읽을 수 있다. 아마존은 대용량 데이터의 전처리를 돕는 서비스로 글루Glue[48]를 출시하였다. 페어People + AI Research Initiative, PAIR[49]의 결과로 2017년 7월에 공개한 구글 패싯Facets[50]의 경우, 데이터 시각화를 통해 통계 분석과 특징 추출을 직관적으로 돕는 도구로 주목할 만하다.

쉬워 보이지만 막상 모형이 잘 동작하지 않는 경우 짚어보아야 하는 다양한 부분들 중 데이터에 관련된 부분들을 다루어보았다. 기계학습 보급의 초입에서 만나게 될 수많은 장밋빛 전망들이 정작 내 손에서는 재현되지 않을 때, 마치 신경망 분야에 사기당한 것 같을 때마다 한번 생각해보자.

"지금 내가 내 모형에 밥 대신 다른 걸 먹이고 있는 것은 아닐까?"

신정규 _(주)래블업 대표

주석

1. 참고 | 대표적인 문제로 과적합, 가중치 포화 문제 등이 있다. 과적합을 예로 들어 보자. 인공신경망의 경우 (시간 축을 무시할 경우) 파라미터 공간이 비유클리드 공간이므로 데이터의 특징에 상관없이 그 데이터를 가장 잘 분류하도록 훈련할 수 있다. 그렇지만 그 반대급부로 훈련 데이터 및 횟수가 적은 경우 오차 민감도가 너무 올라가서 원하는 결과와 거리가 먼 분류면을 만드는 문제가 있다. 이 문제는, 일부의 신경망 연결을 무작위로 해지하여 과적합 상태에서 강제로 나오게 하고, 대량의 데이터를 이용하여 훈련하거나 (강화학습의 경우) 시뮬레이터로 훈련 횟수를 늘려 해결할 수 있게 되었다.

2. 참고 | 보통 '딥러닝' 이라고 부르며, 학술적으로는 10여 개 이상의 은닉층을 사용하는 경우를 뜻한다.

3. 참고 | end-to-end 모델. 전처리 및 후처리와 최적화 과정 없이 데이터를 입력 특징으로 주면 내부에서 모든 처리를 수행하여 최종적으로 우리가 원하는 출력이 나오는 모형.

4. 참고 | 선형적으로 증가하지 않고 지수적으로 증가한다. 단, 복잡도가 거듭제곱 꼴로 증가하지는 않는다. 이는 일반적인 인공신경망의 연결 구조가, 모든 뉴런들이 연결된 것(all-to-all)이 아니라 각 층의 뉴런이 다음 층의 뉴런들과만 연결되어 있는 다중분할(multipartite) 구조이기 때문이다(드물지만 예외도 있다).

5. 참고 | 수학적으로 인공신경망의 훈련 과정은 마르코브 과정이므로 분산처리에 적합한 모형은 아니다. 수학적 엄밀성이 필요하지 않은 응용 및 수치적인 접근 차원에서 분산처리를 이용한 훈련 가속을 목적으로 미니 배치 등을 사용하고 있다.

6. 참고 | 단일 작업을 처리하기 위해 하나 이상의 기계학습 모델을 직렬 또는 병렬로 연결한 모델 그룹을 만들어 문제를 해결하는 모형 및 방법론.

7. 참고 | 극댓값(Local maximum)이 두 개인(maxima)인 분포를 말한다. 여러 개인 경우는 멀티모달(Multi-modal)이라고 부른다.

8. 참고 | https://medium.freecodecamp.org/whose-reviews-should-you-trust-imdb-rotten-tomatoes-metacritic-or-fandango-7d1010c6cf19

9. 참고 | https://play.watcha.net

10. 참고 | 크게 두 가지 이유가 있다. 신경망 모형의 출력 노드 수가 적은 경우 학습 데이터 카테고리의 데이터 비율에 크게 영향을 받는다. (여기서는 두 개뿐이다.) 또한 새로운 데이터에 새로운 라벨이 붙은 경우가 아니라, 동일한 데이터의 점이값들에 라벨을 다르게 붙여 훈련한 경우이므로 모형이 표현하는 상태 공간이 완전히 다르게 정의된다. 게다가 신경망 모형을 쓰는 경우라면 이미 데이터가 성기게 분포하고 있어 상태 공간을 충분히 설명하지 못하는 상황일 것이다. 쓰시마섬이나 독도에 어떤 국가 라벨을 붙이느냐에 따라 영해가 어떻게 바뀌는지 상상해보자.

11. 참고 | 두 데이터의 평점 분포를 확인하면 차이를 쉽게 알 수 있다.

12. 참고 | 메타 사이트는 선형 스케일로 데이터를 맞추는 대표적인 경우이다. 〈로튼토마토〉(http://rottentomatoes.com) 서비스 등이 대표적인 메타 평점 사이트이다. 이 서비스는 영화 평론 사이트들의 평점을 강제로 100점 기준으로 스케일하고 평균 평점을 내는 사이트이다. 이러한 메타 평점 사이트들이 내재하고 있는 통계적 문제점에 대한 많은 분석 결과들이 있다.

13. 참고 | https://www.theverge.com/2017/3/16/14952434/netflix-five-star-ratings-going-away-thumbs-up-down

14. 참고 | https://youtube.googleblog.com/2009/09/five-stars-dominate-ratings.html

15. 참고 | 23앤드미(23andMe)처럼 전체 DNA 배열을 분석하는 대신 일부 특정 질환의 예측을 위한 스타트업을 창업한다고 가정해보자.

16. 참고 | 유전자 미세배열(Gene Microarray)

17. 참고 | 유전자 발현분석(Gene Expression Profiling) 작업 과정을 단순화한 설명이다. (직접 해볼 수도 있다. 온라인에서 연구용 목적으로 공개되어 있는 유전자칩(GeneChip) 데이터들이 많다. PLEXdb [http://www.plexdb.org/modules/PD_general/tools.php] 등을 참조하라) 요새는 이럴 필요 없이 (돈이 있으면) 혈액을 이용해 유전정보 전체를 시퀀싱하고 통계 처리해서 바로 알아낼 수 있는 시대이다.

18. 참고 | 과학의 근본 원리인 동일 현상에 대한 동일 결과(실험의 확증성)에 반하는 것처럼 보인다. 그러나 측정 도구도 측정 대상계의 일부이기 때문에 어쩔 수 없이 나타나는 현상이다. 바이오 분야(를 포함한 실험 과학 전반)에서는 비일비재하다. 동일 브랜드의 동일한 기기에서는 동일하거나 비슷한 결과가 나오므로 한정적 상황에서는 실험의 확증성을 위반하지 않는다고 할 수 있다. (이렇지 않은 기기는 팔 수가 없을 것이다) 이러한 이유로 논문이나 연구 문서의 경우 반드시 실험에 사용한 기기를 명시하고 있다.

19. 참고 | 이러한 데이터들을 추가적인 통계 처리를 이용해 동일한 데이터 세트로 표준화하려는 노력도 지속적으로 이루어지고 있다.

20. 참고 | 원시 데이터(Raw data): 기기에서 바로 측정한, 가공을 거치지 않은 데이터.

21. 참고 | 다양한 이유로 데이터가 불안정하다.

22. 참고 | 생물체에서 정량적인 데이터가 제대로 나오는 경우는 드물다. 그래서 통계 처리가 매우 중요하다.

23. 참고 | 원시 데이터를 보면 사람이 얼마나 많은 단어를 생략하고 말할 수 있는지 깨닫게 될 것이다.

24. 참고 | 기기 공급사의 소프트웨어 업그레이드에 의해 데이터 후처리 과정이 데이터 수집 중간에 변경될 수 있는 가능성을 막기 위한 방법이다. 다양한 파이프라인 소프트웨어가 있음에도 직접 작성을 권장하는 이유이다. 또한 전처리 파이프라인을 따로 둘 경우 기계학습 모형에 사용할 특징을 바꿀 경우 유연하게 대응할 수 있다. 머지않은 미래에는 종단간 모형에 원시 데이터를 바로 집어넣는 모험도 할 수 있을 것이다.

25. 참고 | 최근의 시도로는 2017년 8월 아마존의 에코룩(Echo Look)(https://www.amazon.com/Echo-Hands-Free-Camera-Style-Assistant/dp/B0186JAEWK)이 기계학습 모형을 이용하여 사용자의 취향 및 트렌드에 따른 맞춤형 옷을 주문 제작하는 서비스를 테스트하고 있다.

26. 참고 | 연구용 목적으로는 DeepFashion Dataset(http://mmlab.ie.cuhk.edu.hk/projects/DeepFashion.html) 등으로 시작할 수 있다.

27. 참고 | 1993년~2005년의 NYSE 데이터로 연구를 했을 때 기록해 둔 용량이다. 연 단위로 그래프를 그리면 전형적인 지수 증가 추세를 보인다. 이 경향이 여전하다면 아마도 2016년 이후에 생성된 데이터의 양이 2016년 이전에 생성된 모든 데이터의 합보다 많을 것이다.

28. 참고 | 구글의 InceptionV4 의 경우 학습이 된 신경망+라벨을 다운로드할 수 있다. https://github.com/tensorflow/models/tree/master/official/resnet

29. 참고 | 물론 여러 투자 모형을 결합한 멀티모달 그룹 모형의 경우 이미 여러 투자회사 및 금융기관에서 사용하고 있다.

30. 참고 | 동일한 (역학에서의 무게중심과는 콘셉트만 같은 개념인) 무게중심, 입력 데이터간의 독립 항등 분포 (i.i.d., independent and identically distributed), 동일한 n차 모멘트 등.

31. 참고 | 정적 평형 상태의 시스템에서는 데이터의 특징 공간이 너무 크지 않고 특징 분포가 복잡하지 않으면 대부분의 회귀 모형이 어느 정도 이상의 결과를 내놓는다(그래서 신경망 모형까지 도입할 필요가 없다).

32. 참고 | 인공 투자 시스템의 오류로 인하여 발생한 여러 (알려지거나 알려지지 않은) 사건이 있다. 알려진 사건 중 유명한 사건은 나이트 캐피탈(Knight Capital)이 2012년에 4억 4천만 달러를 30분 동안 날린 사건이다. http://www.businessinsider.com/market-trading-issues-knight-capital-tanking-2012-8, http://www.businessinsider.com/knight-capital-is-facing-a-440-million-loss-after-yesterdays-trading-glitch-2012-8을 참고.

33. 참고 | http://www.metacritic.com/

34. 참고 | https://www.polygon.com/2014/10/28/7083373/look-at-this-chart-of-average-metacritic-scores-what-happened-in-2007

35. 참고 | 이 방식으로 계산된 대표적인 값은 수학능력시험의 표준점수이다.

36. 참고 | 시간 축을 x로, 평점을 y로 놓은 시계열 데이터를 만들어 탈경향변(Detrended Fluctuation Analysis, DFA)을 돌리고, 시기에 따른 영향이 어느 주기로 나타나는지 파악하는 것으로 시작해보라.

37. 참고 | 실제로 해보면 이 경우도 문제가 생기는데, 모형이 오래된 것일수록 훈련의 이득이 거의 없어진다. 상황에 따라 다양한 해결 방식이 있을 것이다.

38. 참고 | 일정 주기로 신경망의 연결을 무작위로 제거하는 탈락(dropout)이 과적합을 막기 위하여 널리 쓰인다. 탈락이 이렇게 널리 오래 쓰일 줄은 아마 아무도 몰랐을 것이다. (심지어 얼마 전에는 두뇌에서도 비슷한 현상이 관찰되었다.)

39. 참고 | 특별한 이유가 있는 것이 아니라 무작위 선택의 누적에 따라 통계적으로 나타나는 자연의 특성이다.

40. 참고 | 그런데 MNIST로는 티가 크게 나지 않는다. MNIST 데이터는 픽셀 하나를 숫자 하나 판별하는 기준으로 쓸 수 있을 정도로 정형화된 데이터이기 때문이다. fashion-MNIST 데이터(https://research.zalando.com/welcome/mission/research-projects/fashion-mnist/)에서는 카테고리 편향 문제를 비교적 뚜렷하게 실험할 수 있다.

41. 참고 | https://diversity.google/

42. 참고 | 사진에서 물리학자들을 찾아내는 비유를 들어 모든 물리학자들이 남성이었기 때문에 마리 퀴리를 찾아내지 못하는 예를 들었다. (이는 동적 평형 시스템이 데이터에 끼치는 영향의 일례로 들 수도 있을 것이다.) GDD 유럽 2017(Google Developer Day Europe 2017)에서 편향에 대해 다룬 동영상을 참고하라. https://youtu.be/ZgaQn9coYfU?t=27m23s

43. 참고 | 물론 원 데이터가 엄청나게 큰 경우는 상관없다.

44. 참고 | 계층 구조를 정의할 수 있는 데이터의 예로 동물 분류 데이터. 계층 구조가 없는 데이터의 예는 손글씨 데이터.

45. 참고 | 특징을 선택하는 기준은 일반적으로는 피어슨 상관관계 같은 상호 간의 연관성이 가장 낮

은 값들인 동시에, 결과 라벨을 가장 잘 설명하는 특징들이다. 그러한 특징이 없는 경우, 수학적으로 변형된 특징(예: 제곱, 제곱근, 절대값, 초월함수값)들로 테스트하거나, 또는 두 특징을 합성하여 (예: 특징들의 곱, 특징들의 합, 특징들의 차) 사용하기도 한다.

46. 참고 | 도메인 전문가

47. 참고 | 그렇더라도 머신러닝 전공자들은 걱정하지 말자. 할 일이 차고 넘친다. 엑셀이 보급되어도 데이터 과학자들은 잘 살아남았다.

48. 참고 | https://aws.amazon.com/ko/glue/

49. 참고 | https://ai.google/pair

50. 참고 | https://pair-code.github.io/facets/ (약간의 광고성 링크이지만) 구글이 직접 소개하는 포스트를 참고하라. https://developers-kr.googleblog.com/2017/08/facets-open-source-visualization-tool.html

알파고를 탄생시킨
강화학습의 비밀1

──● 2016년 자동차와 IT 업계의 화두 중 하나는 무인자동차였다. 도요타, 다임러-벤츠 등 굵직굵직한 자동차 제조 회사들뿐 아니라 테슬라, 구글, 애플 등과 같은 IT 회사들도 모두 무인자동차를 연구 개발 중에 있다. 만약 이들 회사에 자극을 받으신 회장님이 어느 날 갑자기 무인자동차에 탑재될 주행 알고리즘을 개발하라고 지시했다면, 어떻게 이 난관을 헤쳐나가야 할까? 회장님이 직접 테스트 드라이버를 하겠다고 한다면 정말 안전하게 시험 주행을 마칠 수 있어야 한다. 무인자동차용 주행 알고리즘과 연관된 인공지능에 있어서 가장 중요한 문제 중 하나는 확률계 stochastic system 에서 순차적 의사결정 sequential decision 문제를 푸는 것이다. 앞서 예를 든 자동차 운전을 생각해보자. 우리가 액셀을 밟

고 핸들을 돌렸을 때, 자동차는 우리가 제어하는 그대로 움직이지는 않는다. 강한 바람 등의 외인, 비포장 도로 등의 원인으로 바퀴가 미끄러질 수도 있다. 이렇듯 외부의 영향으로 자동차의 상태가 우리가 예상한 것과 일치하지 않는 상황을 확률계라 지칭한다. 또한 자동차를 안전하게 운전한다는 것은 사진을 보고 사진 속의 얼굴이 누군지 분류하는 것과는 다르다. 안전하게 운전하기 위해서는 매 순간, 연속적인 결정들을 내리고, 일련의 결정들의 결과로 얻어지는 상태들이 모두 안전해야 하는 것을 의미한다. 이번 글의 주제인 '강화학습reinforcement learning'은 확률적 의사결정stochastic decision 문제를 푸는 방법론들을 지칭한다. 다른 지도학습 방법론과는 차별되는 강화학습의 몇 가지 주요 특징들에 대해 알아보자.[1]

강화학습의 의미

강화학습을 본격적으로 다루기 전에 지도 학습supervised learning에 대해서 짧게 다뤄보자. 지도 학습은 학습 데이터를 통해서 유의미한 정보를 얻어내는 기계학습 방법론에 속한다. 입력과 출력 데이터가 주어졌을 때 새로운 입력에 대한 출력을 예측하는 방법론을 지칭하며 입력과 출력데이터가 모두 주어진 상태에서 학습을 한다고 해서 '지도 학습'이라 불린다. 예를 들어 강아지와 고양이 사진이 잔뜩 주어졌을 때, 새로운 사진에 있는 동물이 강아지인지 고양이인지를 맞추는 문제와 크게 다르지 않다. 강화학습이 지도 학습과 대비되는 가장 큰 특징은 학습 데이터가 주어지지 않는다는 점이다. 그 대신 강화학습 문제에 주어지는 것은 보상reward 함수이다. 그리고 강화학습을 푼다는 것의 정의는 미래에 얻어질 보상값들의 평균을 최대로 하는 정책 함수를 찾는 것이다. '강화학습을 푼다'는 것은 다음과 같이 정의할 수 있다.

"강화학습을 푼다는 것은 최적의 정책 함수를 찾는 것과 같다. 그리고 이 최적의 정책 함수는 불확실한 미래에 얻을 수 있는 보상 함수의 기대값을 최대로 하는 행동을 매번 고른다."

여기서 눈여겨볼 단어가 두 개 있는데 하나는 '미래'라는 것이고, 두 번째는 '기대값'이라는 것이다. 이 두 의미만 제대로 깨달아도 강화학습에 대해서 어느 정도는 이해했다고 볼 수 있다. 연구자들은 이 강화학습 문제를 풀기 위해서 수학적 모델을 하나 차용했는데, 그것이 바로 마코프 의사결정 과정Markov decision process, MDP이다. MDP는 우리가 앞서 다룬 순차적 의사결정sequential decision 문제를 다루기 위해 사용하는 일종의 수학적 기술 정도로 보면 될 것 같다.

마코프 의사결정 과정Markov decision process, MDP

MDP라는 이름만 가지고도 우리는 대략적으로 이것이 무엇인지 유추할 수 있다. MDP의 첫 번째 단어인 마코프Markov는 19세기 수학자 앤디 마코프Andrey Markov의 성을 딴 마코프 특징Markov property을 의미한다. 마코프 특징을 직관적으로 설명하자면 현재가 주어졌을 때, 과거와 미래가 독립적임을 의미한다. 예를 들어서 내가 내일 얻을 시험 점수는 현재 내 상태와 오늘 내가 공부하는 양에만 의존함을 의미한다. 얼핏 보면 이러한 세상이 참 아름다워 보일 수 있으나 현재 상태(지금까지 얼마나 공부를 했는지)에도 의존함을 주의하자.

물론 우리의 관심인 무인자동차는 나 자신의 상태만으로는 진정한 의미의 최적을 알 수가 없다. 나쁜 아니라 도로 위 다른 운전자들의 상태도 고려해야 하지만, 이 정보는 우리가 완벽히 파악할 수 없다. 이렇듯 나에게 주어진 것이 부분적인 정보라고 가정하는 MDP를 부분적으로 관찰 가능한 마코프 의사결정 과정partially observable Markov decision process, POMPD이라 부른다. 인텔에 약 17조 원에 인수된 모빌아이는 이러한 마코프 특징을 가정하지 않고, 강화학습을 푸는 논문[2]을 발표하였다.

일반적인 MDP는 크게 보면 아래 네 가지로 구성된다.

1. A set of states
2. A set of actions
3. A transition function
4. A reward function

위의 네 가지를 아래의 예제를 통해 살펴보도록 하자.

MDP를 설명하는 데 있어서 가장 흔하게 사용되는 예제는 아래와 같은 격자 공간 속에 로봇이 있는 상황이다.

[그림 1]에서 로봇이 있을 수 있는 상태는 12개의 격자 중 하나이고, 이것이 상태 공간state space이다. 각 격자에서 로봇은 상하좌우로 이동하거나 제자리에 있을 수 있고, 이 다섯 가지의 행동이 행동 공간action space에 해당한다. 로봇의 격자 이동이 결정된 경우에는 원하는 방향으로 이동하게 되지만, 확률적인 경우에는 로봇이 위로 이동하려고 해도, 일정 확률로 오른쪽 혹은 왼쪽으로 이동하게 된다. 이를 확률계stochastic system라고 하고, [그림 2]에서 왼쪽이 결정론 세계deterministic world, 오른쪽이 확

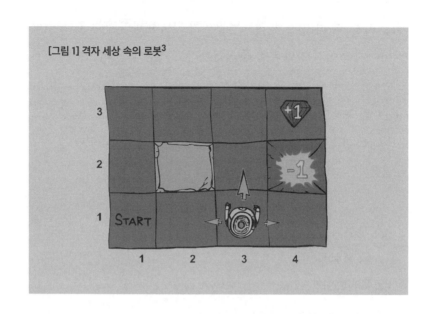

[그림 1] 격자 세상 속의 로봇[3]

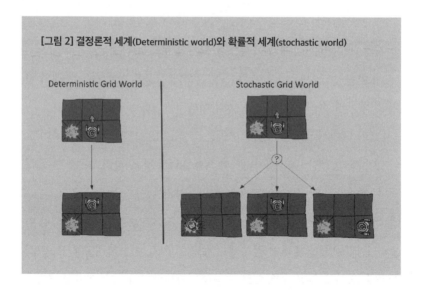

[그림 2] 결정론적 세계(Deterministic world)와 확률적 세계(stochastic world)

률적 세계stochastic world를 나타낸다.

　이렇듯 특정 상태에서 특정 행동을 했을 때, 다음번에 도달할 상태들의 확률을 나타낸 것이 전이 함수transition function이다.

　마지막으로 강화학습에서 가장 중요한 보상 함수는 각 상태에 정의되는데, 앞의 격자 공간에서 보석에 도달하면 +1의 보상을, 불에 도달하면 -1의 보상을 얻게 된다. 물론 조금 더 복잡한 모델에서는 각 상태에서 어떤 행동을 했을 때, 즉 $R(s, a)$ $R(s, a)$에 보상 함수가 정의되기도 한다. MDP가 주어졌을 때, 강화학습을 푼다는 것은 기대되는 미래 보상의 합expected sum of future reward을 최대로 하는 정책 함수를 찾는 것을 의미한다. 여기에는 여러 의미가 담겨 있는데, 한 가지 중요한 점은 미래에 얻을 보상reward이 포함되어 있다는 점이다. 즉 내가 현재 행동을 통해서 얻어지는 보상도 중요하지만, 궁극적으로는 현재뿐만 아니라 미래에 얻어지는 보상들도 다 고려해야 한다. 예를 들어서 바둑과 같은 게임을 예로 들어보면, 보상 함수는 경기가 끝나고, 계가計家 후에 한번 주어지게 된다. 즉 내가 현재 하는 행동의 결과가 상당히 먼 미래에 나타나게 되고, 이를 일반적으로 지연 보상delayed return이라 부른다. 바로 이 점이 강화학습을 매우 매우 어렵게 만든다. 이에 대해 자세히 살펴볼 예정이다.

　다음으로 고려해야 하는 점은 우리가 확률계를 가정한다는 점이다. 즉 내가 현재 어떤 행동을 한다고 해서 원하는 상태에 도달하지 못할 수도 있게 되고, 이는 같은 보상을 얻을 수 있다면, 최대한 '빨리' 그 보상을 얻는 것이 더 좋음을 의미한다. 이러한 현상을 반영하는 것이 할인율 discount factor이다. 이 값은 1보다 작은 값으로 설정되며, 시간이 지남에 따라서 얻어지는 보상에 이 값을 곱하게 된다. 만약 보상 함수에 대해 매번 보상 함수를 최대로 하는 행동을 선택하면, 그것이 최적의 정책 함수가 아닐까 하는 의문을 가질 수 있다. 하지만 이렇게 행동을 하는 것은 바둑을 둘 때 매번 상대방 돌을 잡을 수 있을 때마다 잡는 것과 비슷한 행동이다. 바둑을 잘 모르는 사람이라 하더라도, 이런 식으로 바둑을 둘 경우엔 이기기 힘들다는 것을 알고 있을 것이다. 이러한 근시안적인 방법이 잘 동작하지 않는 이유는 강화학습의 목적이 기대되는 미래 보상의 합expected sum of future reward을 최대로 하는 정책 함수를 찾기 위해서이기 때문이다.

최적 정책 함수optimal policy function를 찾는 방법

그렇다면, 우리에게 MDP가 주어졌을 때, 최적의 정책 함수는 어떻게 찾을 수 있을까? 강화학습을 푸는 가장 기본적인 방법 두 가지는 값 반복value iteration과 정책 반복policy iteration이다.[4] 이를 설명하기 위해서는 먼저 값value을 정의할 필요가 있다. 만약 우리가 특정 상태에서 시작했을 때, 얻을 수 있을 것으로 기대하는 미래 보상의 합을 구할 수만 있다면 어떨까? 즉 현재 내가 즉각적으로 얻을 수 있는 보상뿐만 아니라, 해당 상태에서 시작했을 때 얻을 수 있는 보상들 합의 기대값을 알 수 있다면, 우리는 해당 함수를 매번 최대로 만드는 행동을 선택할 수 있을 것이고, 이렇게 최적의 정책 함수를 구할 수 있게 된다. 바로 이 미래에 얻을 수 있는 보상들 합의 기대값을 값 함수value function, $V(s)$라고 부른다. 또한 비슷하게 현재 어떤 상태에서 어떤 행동을 했을 때, 미래에 얻을 수 있는 기대 보상을 행동값 함수action value function 혹은 Q function, $Q(s,a)$이라고 부른다. 값 반복value iteration은 바로 이 값 함수를 구하는 방법을 지칭한다. 값 함수는 현재 상태뿐 아니라 미래의 상태들, 혹은 그 상태에서 얻을 수 있는 보상을 구해야 하기 때문에 직관적으로 정의할 수 없다. 일반적으로 강화학습에서는 이 값 함수를 구하기 위해서 벨만방정식Bellman equation을 활용하고, 그 식은 다음과 같다.

$$V(s) = \max_a \sum_{s'} T(s, a, s')[R(s, a, s') + \gamma V(s')]$$

위의 수식은 좌변과 우변에 구하고 싶은 값 함수 V(s)가 들어가 있는 재귀식recursive equation임을 알 수 있고, V(s)를 제외한 나머지는 MDP와 같은 내용이다. V(s)를 임의의 값으로 초기화하고, 모든 상태 S에 대해서 위의 재귀식을 수렴할 때까지 수행하면 항상 최적의 V(s)를 구할 수 있다.

지금까지의 내용인 강화학습 문제를 MDP 문제로 표현하고, 그 방법론으로 벨만방정식을 이용하여 해결하는 방식은 대부분의 교재에 나오는 내용이다. 이를 유도하는 과정에서 최적성의 원리principle of optimality에서 벨만방정식이 유도된다고 한 줄 적곤 한다. 최적성의 원리는 리차드 벨만Richard Bellman이 정립한 내용으로, 최적의 정책 함수란, 초기 상태와 초기 행동 결정이 무엇이든지 간에 그 후에 이뤄지는 결정들이 최적의 정책 함수에서 기여를 해야 한다는 내용이다.[5] 하지만 정말 '어떻게' 벨만방정식이 유도되는지 제대로 설명한 자료가 많지 않다. 신기하게도 MDP와 벨만방정식 사이의 관계는 MDP라는 최적의 정책 함수를 찾는 최적화 문제의 카루스-쿠-터커 조건KarushKuhnTucker condition을 통해서 유도가 가능하다. 이 과정이 상당히 흥미롭다. 먼저 MDP를 최적화 문제 형태로 써보면 다음과 같다.

$$\max_{\pi} \quad \mathbb{E}\left[\sum_{t=0}^{\infty} \gamma^t r(s_t, a_t)\right]$$

$$\text{subject to} \quad \forall s \sum_{a'} \pi(a'|s) = 1, \ \forall s, a \ \pi(a|s) \geq 0$$

최적화의 목적은 어떤 정책 함수 $\pi(a|s)$를 찾는 것인데, 그 함수가 주어진 MDP 조건에서 미래에 얻을 수 있는 보상의 할인된 합discounted sum의 기대값을 최대로 하게 하고 싶은 것이다. 위의 최적화 문제만 봐서는 벨만방정식과의 연결 고리가 쉽게 보이지 않지만, 위의 수식을 행렬 형태로 잘 변환한 후에 카루스-쿠-터커 조건을 구해보면 최적의 정책 함수가 가져야 하는 조건이 바로 벨만방정식과 동일하게 된다. 또한 이 문제는 최적화에서 말하는 강한 이중성strong duality을 만족하기 때문에 MDP를 푸는 것과 벨만방정식을 푸는 것은 수학적으로 동치가 된다. 벨만방정식을 직접 이용해서 값 반복value iteration 문제를 풀어 값value을 구하고, 이 값을 최대로 하는 정책policy을 찾으면 이것이 최적의 정책이 된다. 하지만 값 함수value function는 MDP 문제의 해solution인 최적의 정책 함수를 구하기 위해서 필요한 것이지, 그 자체가 큰 의미가 있지는 않다. 앞서 강화학습의 정의는 최적의 정책 함수를 찾는 것임을 상기하자. 그래서 직접 정책 함수를 찾는 정책 반복policy iteration이 등장하게 된다.

정책 반복은 값 반복과 다르게 현재 가지고 있는 정책 함수의 성능을 평가하는 정책 평가policy evaluation와 이를 바탕으로 정책을 개선하는 정책 개선policy improvement의 단계로 이뤄져 있고, 이 두 단계들을 정책 함수가 수렴할 때까지 번갈아가면서 수행한다. 일반적으로 정책 반복이 값 반복보다 빠르게 최적의 정책 함수로 수렴한다고 알려져 있다.

위에서 언급한 두 방법은 모두 모델기반 강화학습model-based reinforcement learning으로 알려져 있다. 여기서 모델은 MDP에서 전이 모델transition model을 지칭한다. 즉 어떤 상태와 이 상태에서 어떤 행동을 한다고 했을 때, 다음번 상태가 될 확률을 나타낸다. 얼핏 생각해서는 이 모델이 손쉽게 주어질 것이라고 예상할 수도 있다. 예를 들어 앞에서 언급한 격자 공간 속에서는 각 셀에서 상하좌우로 이동을 하면 다음번 상태가 직관적으로 유도된다. 하지만 실제 문제를 해결할 때 전이 모델은 쉽게 정의되지 않는다. 예를 들어서 강화학습 문제를 자율주행에 적용한다고 해보자. 이 경우 MDP의 상태 공간state space은 어떻게 정의될까? 가장 먼저 떠오르는 것은, 자동차의 현재 위치로 정의하는 것이다. 하지만 이것은 굉장히 위험한 접근이다. 만약 MDP의 상태 공간state space을 자동차의 위치로 설정하게 되면 어떤 문제가 생길까? MDP에서 상태는 현재 내가 고려하고자 하는 내용들이 모두 함축적으로 담겨 있는 상태이기 때문에, 내가 도로 위에서 어느 위치에 있는지, 혹은 주변 자동차들은 전혀 고려하지 않는 채 운전을 하겠다는 것과 동일한 의미이다. 그렇기 때문에 자율주행 문제를 다룰 때 상태는 단순히 내 위치뿐만 아니라, 주변 자동차들의 상대적 위치, 도로 표지판 정보 등 운전에 필요한 모든 정보를 상태로 정의한다. 그리고 이렇게 상태 속에 여러 정보가 담겨 있기 때문에, 단순히 내가 어떤 행동을 했을 때(예를 들어, 핸들을 왼쪽으로 돌렸을 때) 미래에 내 상태가 어떻게 변하게 될지를 얻는 것은 매우 어려운 일이다.

모델 프리 강화학습model-free reinforcement learning

이제부터는 이렇게 MDP에서 모델이 주어지지 않았을 때 어떻게 최적의 정책 함수를 찾아내는지 알아보도록 하자. 이러한 문제를 일반적으로 모델 프리 강화학습model-free reinforcement learning이라고 부른다. 사실 여기서부터가 진정한 강화학습의 시작이라고 생각한다.

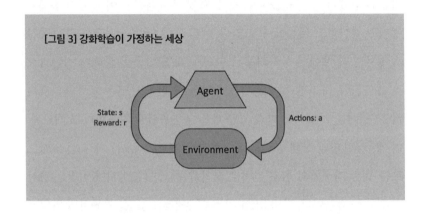

[그림 3] 강화학습이 가정하는 세상

위의 그림은 모델 프리 강화학습에서 가정하는 세상을 그림으로 나타낸 것이다. 우리는 위의 그림 중 상단의 에이전트agent가 되어 앞과 동일한 기대되는 미래 보상의 합expected sum of future reward을 최대로 하는 정책 함수policy function를 찾고자 한다. 앞에서 설명했던 모델 기반 강화학습과의 가장 큰 차이는 더 이상 환경environment이 어떻게 동작되는지 알지 못한다는 점이다. 다시 말해서 우리는 주어진 상태에서 어떤 행동을 하고, '수동적으로' 환경environment을 알려주는 다음번 상태와 보상reward을 얻게 된다. 게임을 생각하면 이해가 쉬운데, 우리의 상태는 모니터 스크린이고, 행동은 키보드 입력에 해당한다. 우리가 모니터를 보고 어떤 행동을 하게 되면, (게임 내부 코드는 모르지만) 어떤 화면이 다음번에 나타나고, 게임 스코어 등으로 보상을 얻을 수 있다. 이러한 모델 프리 강화학습은 모델 기반 강화학습에 비해 몇 가지 구별되는 특징들이 있는데, 그 대표적인 것이 바로 탐사exploration다. 우리는 더 이상 환경이 어떻게 동작하는지 알지 못한다. 그렇기 때문에 '직접' 해보고 그 결과를 통해서 정책 함수를 점차 학습시켜야 한다. MDP 문제를 직접 푸는 모델 기반을 알지 못한다. 그렇기 때문에 '직접' 해보고 그 결과를 통해서 정책 함수를 점차 학습시켜야 한다. MDP 문제를 직접 푸는 모델 기반 강화학습은 우리에게 마치 세상에 대한 모든 설명description을 주고 문제를 푸는 것과 같다. 그렇기 때문에 직접 해보지 않아도, 최적의 솔루션을 얻을 수 있다. 하지만 모델 프리 강화학습에서는 그렇지 않다. 우리가 세상과 직접 맞닥뜨려서 행동을 해보고, 그 행동의 결과인 보상만을 받아야 한다.

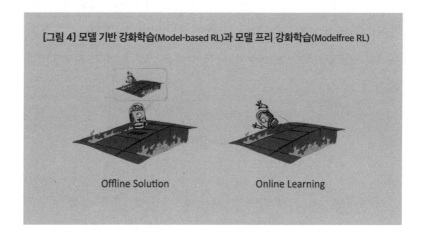

[그림 4] 모델 기반 강화학습(Model-based RL)과 모델 프리 강화학습(Modelfree RL)

Offline Solution   Online Learning

[그림4]와 같이 모델 기반 강화학습은 행동을 직접 해보지 않아도, 어디가 좋고, 어디가 나쁜지 알 수 있지만, 모델 프리 강화학습은 직접 해보고 난 후에야 결과를 알 수 있다. 이 경우에는 새로운 것을 탐사하

는 것이 상당히 중요한 이슈가 된다. 내가 현재까지 알고 있는 사실을 좀더 파고 들어서 더 좋은 결과를 얻으려고 하는 것을 개척exploitation, 새로운 것들을 시도하는 것을 탐사exploration라 하고, 이 둘 사이를 잘 조정하는 것을 개척과 탐사의 트레이드오프exploitation and exploration tradeoff라 한다. 실제 문제에 강화학습을 적용할 때 매우 중요한 부분이다.

이렇게 정의된 모델 프리 강화학습을 어떻게 풀 수 있는지 생각해보자. 앞서 모델 기반 강화학습에 사용된 벨만방정식을 적어보면 다음과 같다.

$$V(s) = \max_a \sum_{s'} T(s, a, s')[R(s, a, s') + \gamma V(s')]$$

위의 수식에서 $T(s,a,s')$, 바로 이 부분을 우리가 모르기 때문에 벨만방정식을 직접 활용할 수는 없다. 정책 평가는 위에서 a를 $\pi(s)$로 치환해, 주어진 π를 평가하는 방법론이다. 이 수식을 다시 한번 적어보면 아래와 같다.

$$V(s) = \sum_{s'} T(s, \pi(s), s')[R(s, \pi(s), s') + \gamma V(s')]$$

이 수식을 잘 들여다보면 새로운 $V(s)$에 대한 업데이트는 $R(s,\pi(s),s')+\gamma V(s')$의 가중치의 합weighted sum으로 볼 수 있다. 그리고 가중치에 해당하는 $T(s,\pi(s),s')$는 사실 우리가 모르긴 하지만, 만약 우리가 다음 상태state인 s'가 이 T라는 모델에서 나왔다면, 우리는 이 가중치 합을 표본 평균sample mean으로 대체할 수 있게 된다. 이런 식으로 벨만방정식을 표본화sampling로 대체하는 방법론 중 하나가 temporal difference(TD) 학습learning이다.

TD 학습의 제일 중요한 철학 중 하나는 모든 경험을 통해서 학습을 하자는 것이다. MDP에서 경험은 내가 어떤 상태 s에서 주어진 정책 함수를 통해서 어떤 행동을 하고(a=π(s)), 그리고 그 결과로 다음번 상태 s′와 보상 r을 받는 것을 의미한다. 그리고 이런 (s,a,s′,r)들로 이뤄진 경험들이 누적되었을 때, 이 데이터들을 바탕으로 값 함수value function V(s)와 행동 값 함수action value function Q(s,a)를 학습하게 된다.

구체적으로 TD 학습을 하면 값을 구할 때, 지수이동평균exponential moving average, EMA을 활용한다. 즉 나에게 새로운 값에 대한 추정값이 들어오면 이를 직접 사용하는 것이 아니라 기존 값과 α의 비율로 섞은 후에 업데이트하는 식이다. 정리해보자면 모델프리 강화학습에서 정책 평가는 다음과 같다.

$$V^\pi(s) \leftarrow (1 - \alpha)V^\pi(s) + \alpha \left[R(s, \pi(s), s') + \gamma V^\pi(s') \right]$$

더 이상 모델 T(s,a,s′)가 필요 없기 때문에 모델 없이도 주어진 정책 함수를 샘플링을 통해서 구할 수 있다. 하지만 이 방식엔 치명적인 단점이 하나 존재한다. 그것은 우리가 현재 가지고 있는 π에 대한 값 함수value function Vpi(s)를 구했다 치더라도 이를 가지고 더 나은 정책 π′를 구할 수 없다는 것이다. 이는 내가 어느 상태가 좋은지는 분명 알고 있는데, 그 상태로 '어떻게' 가야 하는지를 모르는 것과 같다. 대표적인 예가 루빅스 큐브일 것이다.

분명 모든 면이 같은 색을 갖는 상
태가 가장 좋은 상태임을 알고 있지만,
우리가 가지고 있는 값 함수 V(s)는 어
떤 행동을 해야 특정 상태로 가는지를
알 수 없기 때문에 좋은 상태로 '어떻
게' 가야 하는지는 알 수가 없다. 하지
만 행동값 함수 Q(s,a)를 구할 수 있다

루빅스 큐브

면 얘기가 달라진다. 이 경우는 각 상태에서 어떤 행동을 했을 때 얻을
수 있는 미래 보상의 합expected sum of future reward을 구하기 때문에, 모델 없이
도 최적의 행동을 구할 수 있다. 벨만방정식을 Q(s,a)에 대해서 구한 식
은 다음과 같다.

$$Q(s, a) \leftarrow \sum_{s'} T(s, a, s') \left[R(s, a, s') + \gamma \max_{a'} Q(s', a') \right]$$

바로 위의 수식을 이용해서 행동 값 함수 Q(s,a)를 업데이트할 수 있
다. 물론 위의 수식에 있는 T를 표본 추정sample estimate으로 교체할 수 있
고, 이렇게 하면 다음과 같은 수식을 얻을 수 있게 된다.

$$Q(s, a) \leftarrow (1 - \alpha)Q(s, a) + \alpha \left[R(s, a, s') + \gamma \max_{a'} Q(s', a') \right]$$

위의 수식을 이용해서 강화학습 문제를 푸는 것을 off-policy learning
혹은 Q러닝Q-learning이라고 한다. 위의 수식을 이용해서 Q 함수를 업데
이트하기 위해서 우리에게 필요한 것은 (s,a,s',r)들의 경험이다. 즉 어떤

상태에서 어떤 행동을 하고, 다음번 상태를 관측하고, 이때 얻어지는 보상까지만 있으면 위의 수식을 이용해서 Q 함수를 구할 수 있다. Q러닝이 가지는 장점은 모델을 모르는 상태에서도 최적 정책 함수optimal policy function를 구할 수 있다는 점이다. 그리고 Q 함수의 정의에 따라서 최적 정책optimal policy은 다음과 같이 구해진다.

$$\pi(s) = \arg\max_a Q(s, a)$$

여기서 증명을 하지는 않겠지만, (s,a,s′,r)에 있어서 우리가 각 상태에서 임의의 행동을 하면서 데이터를 수집해도, 이러한 경험들로 얻어지는 Q(s,a)는 항상 최적의 Q(s,a)로 수렴하게 된다.[6] 내가 항상 임의의 행동을 하면서 경험을 수집해도 이런 엉망인 데이터로 얻어지는 Q(s,a)는 항상 최적의 값으로 수렴하고, 우리는 항상 최적의 정책 함수를 찾을 수 있게 된다. 그리 직관적이지는 않지만 이것은 증명된 사실이다. Q러닝이 절대 만능은 아니다. 모델 프리 강화학습의 가장 큰 단점은 탐사이다. 강화학습 특징상 보상을 마지막에 한 번, 혹은 띄엄띄엄 주는 경우가 있다. 이러한 경우에 우리의 경험이 유의미한 보상이 있는 지역을 가보지 못했다면 절대로 올바른 정책을 얻을 수가 없다. 이러한 탐사가 갖는 어려움은 상태 공간state space이 커짐에 따라서 더 부각된다.

이제부터 이러한 Q러닝을 딥러닝 기법과 결합한 방법론들을 살펴볼 것인데, 딥러닝과 강화학습을 결합한 딥 강화학습deep reinforcement learning, DRL에서 가장 중요한 것 중 하나가 이 탐사를 얼마나 잘 하는가라고 해도 전혀 부족함이 없을 것이다. DRL은 크게 두 가지 관점에서 바라볼 수 있다. 하나는 딥마인드에서 발표해 유명해진 DQN이란 방법론이고, 다른 하나는 정책 경도policy gradient 방법론이다. 물론 각 방법마다 장점과 단점이 명확하다. 이제부터 하나씩 알아보도록 하자.

먼저 DQN에 대해서 살펴보자.[7] DQN은 딥마인드를 최고의 AI회사로 만들어준 알고리즘이라 할 수 있다. 딥마인드의 알파고는 이세돌과의 대국에 이어 커제와의 대국에서도 승리하였다. 만약 DQN이 없었다면 현재의 딥마인드도 없었을 수 있고, 현재의 알파고가 없었을 수 있다 (그리고 미래의 스카이넷도…).

사실 강화학습의 알고리즘적 관점에서 DQN은 그다지 새로울 것은 없다. 앞서 살펴본 Q러닝의 수식을 다시 한번 살펴보자.

$$Q(s, a) \leftarrow \sum_{s'} T(s, a, s') \left[R(s, a, s') + \gamma \max_{a'} Q(s', a') \right]$$

위 수식이 가지는 가장 큰 장점이라면 우리가 환경environment에 대한 그 어떤 정보 없이도, 어떤 시뮬레이터나 프로그램을 통해서 구할 수 있다면, Q 함수에 대한 업데이트를 할 수 있다는 점이다.

사실 이것은 생각보다 엄청난 의의를 가지고 있다. 왜냐하면 RL이 기존의 SL(지도학습)에 비해서 가지는 어려움은 기대되는 미래 보상의 합을 고려한다는 점인데, 위의 수식을 통해 단순히 하나의 경험만으로도 Q함수를 업데이트시킬 수 있다는 것이다. 게다가 (s,a,s′,r)에서 (s,a)를 고를 때 임의의 행동 a를 매번 고른다 하여도 무한한 시간이 흐른 뒤에 Q(s,a)는 항상 최적의 행동 값 함수action value function로 수렴한다는 점 역시 아주 좋다.

위 수식의 우변은 만약 우리가 현재 $Q(s,a)$ 함수를 안다면 손쉽게 구할 수 있다[$\max a' Q(s',a')$을 구하기 위해서는 가능한 행동 a의 수가 유한해야 한다. 다시 말해 모든 가능한 행동을 다 집어 넣고, 제일 큰 Q값이 나오는 행동을 고르면 된다]. 그리고 좌변의 $Q(s,a)$를 어떤 입력 (s,a)에 대한 Q 함수의 출력값이라 하고, 우변을 해당 입력에 대한 목적target이라고 본다면 위의 Q함수에 대한 벨만방정식은 우리가 SL에서 많이 사용하는 회귀 함수regression function에 대한 입출력쌍을 만들어주는 것으로 해석할 수 있다.

알파고를 탄생시킨
강화학습의 비밀 2

——● 이세돌과 알파고의 경기가 있은 지 약 1년 후인 2017년 5월, 바둑 세계 랭킹 1위의 커제와 더욱 강력해진 알파고의 경기가 진행되었다. 알파고는 커제와 중국 기사들에게 단 한 경기도 내주지 않으며 이전에 비해 더욱 완벽해진 모습을 뽐냈다. 그리고 마치 더 이상 상대할 인간이 남지 않은 것 마냥 알파고는 커제와의 대국을 마지막으로 은퇴했다. 1년 전 이세돌이 이긴 한 경기가 인간이 알파고에게 승리한 마지막 경기로 남게 되었다.

바둑을 시작한 지 채 5년이 되지 않은 알파고가 이토록 바둑을 잘 둘 수 있었던 이유는 무엇일까? 이에 대해서 자세히 알아보기 이전에 바둑이란 게임이 왜 이제껏 컴퓨터에게 난공불락이었는지 알아보도록 하

자. 일반적으로 바둑이나 체스와 같이 두 명의 선수가 번갈아가면서 하는 게임을 해결하기 위해 사용한 알고리즘은 트리탐색tree search 기반의 전수 조사(발생 가능한 모든 경우의 수를 고려하는 경우)였다. 대표적인 예로 체스를 두는 IBM의 '딥블루'가 있다. 딥블루는 상대방과 자신이 둘 수 있는 경우의 수 12수 정도를 고려하여 최적의 수를 찾으며, 당시 체스 세계챔피언이었던 러시아의 가리 카스파로프Garry Kasparov에게 승리를 거두었다. 당연히 딥블루 이후 인공지능과 인간의 체스 승부에서 승리의 신은 인간의 손을 들어주지 않았다.

체스 게임의 경우 발생 가능한 모든 경우의 수를 계산해보면 10의 100승 정도가 된다. 이 수는 엄청 큰 수임에는 분명하나 병렬 처리 기술을 활용하면 주어진 시간 내에 모두 처리 가능한 수이다. 하지만 바둑 게임의 경우 발생 가능한 경우의 수는 10의 200승이 넘어가고, 이는 전 우주에 있는 분자의 수보다 많은 수다. 다시 말해, 현존하는 기술로는 이 모든 경우의 수를 처리할 수 없고, 당분간도 없을 예정이다.

알파고의 엄청난 기력(바둑 실력)은 크게 두 가지 기법의 조합으로 이뤄져 있다. 첫 번째는 모든 가능한 수를 조사하지 않아도, 제한된 시간 내에 효과적으로 수를 계산하는 몬테카를로트리탐색(Monte Carlo tree search, MCTS)방법이고, 두 번째는 딥러닝deep learning을 통해서 이 MCTS를 더 효과적으로 수행하는 것이다. 여기서 딥러닝은 크게 두 가지 네트워크를 학습시키는 데 사용되었는데, 현재 바둑판이 주어졌을 때, 상대방이 다음에 어디를 둘지 예측하는 policy network와 바둑의 판세를 읽는 value network이다. 딥러닝이 이러한 역할을 할 수 있었던 것은 심층신경망deep neural network이 다른 알고리즘에 비해 훨씬 더 많은 양의 정보를 고려할 수 있고, 이에 따른 높은 일반화의 성능 때문이다.

알파고에 사용된 MCTS 외에도 딥러닝은 일반적인 강화학습 reinforcement learning에도 많이 사용되고 있고, 이러한 형태의 강화학습을 deep reinforcement learning Deep RL이라고 부른다. 뒤에서 더 자세히 설명하겠지만, Deep RL은 크게 두 가지로 나눌 수 있다. 첫째로는 Q함수를 심층 신경망으로 모델링하는 DQN deep Q Network과 둘째, 정책 함수policy function를 모델링하는 심화 정책 경도 deep policy gradient이다.

알파고의 방법론

일반적으로 기계학습에서 'Monte Calro'가 들어간 방법론들은 샘플링 sampling을 통해서 문제를 해결하는 방법을 의미하는데, MCTS도 이와 유사하다. 체스 게임을 다루던 기존의 트리탐색 방식은 모든 경우의 수를 검색해 가장 좋은 수를 고르는 반면, MCTS는 몇 가지 해봄 직한 수를 샘플링하여 검색하는 방법을 취한다. 즉 모든 수를 검색하기에는 바둑의 수가 너무 많으니 그 중에서 몇 가지 가능성이 있는 수를 우선적으로 탐색하는 것이다. 여기서 해봄 직한 수를 고르고, 나와 상대방이 되어 수를 진행해나가고, 현재 주어진 바둑판의 판세를 읽는 데 모두 딥뉴럴 네트워크가 사용된다. 강화학습에 나오는 Q value와 같은 의미로 이 수를 두었을 때 미래에 내가 얻을 보상, 즉 게임의 승패를 의미하는 값을 예측한다. 이 값을 추측하기 위해서 두 가지 값을 이용하는데 첫 번째는 승패 예측값이다. 승패 예측을 하기 위해서 두 번째 네트워크인 value network를 이용한다. value network가 하는 일은 어떤 수를 두었을 때, 그 바둑판의 판세를 읽고 승패를 예측하는 것이다. 그리고 Q value를 추측하기 위한 두 번째 값으로 샘플링을 통한 예측값을 사용한다. 어떤 수를 두었을 때, 그 후에 일어날 미래의 대국을 시뮬레이션해보고 시뮬레이션 결과로부터 승패를 예측하는 것이다. 그리고 시뮬레이션 승패 결과와 value network의 승패 예측 결과를 적절히 합하여 탐색한 수에 대한 Q value를 예측한다. 이렇게 몇 가지 해봄 직한 수에 대해 Q value를 예측하고 예측된 수 중 가장 좋은 수를 선택하는 것이 알파고의 알고리즘이다. 이제부터 MCTS의 원리와 MCTS에 사용되었던 네트워크를 어떻게 학습시켰는지에 대해 알아보도록 하자.

트리탐색 방법tree search

MCTS를 알아보기 전에, 기존 방법론인 트리탐색이 어떤 원리로 작동하는지, 어떻게 바둑처럼 번갈아가면서 플레이하는 게임을 풀 수 있는지에 대해서 살펴보도록 하자.

[그림 5]에서 탐색트리의 가장 위에 위치한 보드는 현재 플레이어의 상태를 의미하고, [그림 5]에서 X 표시는 플레이어의 돌을, O 표시는 상대방의 돌을 의미한다. 트리탐색 방법에서는, 먼저 플레이어가 할 수 있는 가능한 행동들로 첫 번째 가지를 확장시킨다. 두 번째 줄의 보드들이 플레이어가 각각의 수를 두었을 때 보드의 상태를 나타낸다. 그리고 다음 가지는 상대방이 둘 수 있는 모든 수를 고려하여 확장시킨다. 이런 식으로 플레이어와 상대방이 둘 수 있는 모든 수를 나뭇가지를 뒤집은 형태로 그린 것이 [그림 5]의 모습이다. 이렇게 나뭇가지를 만드는 과정을 확장expansion이라고 한다.

모든 수에 대해 나뭇가지를 확장하면 트리의 마지막 줄에는 게임이

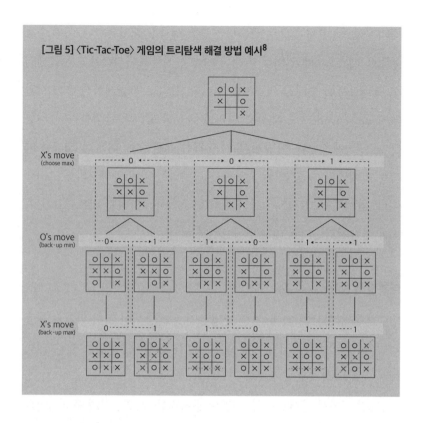

[그림 5] 〈Tic-Tac-Toe〉 게임의 트리탐색 해결 방법 예시[8]

끝난 상태의 보드들이 저장되고 게임의 승패 혹은 점수를 계산할 수 있다. 이 점수를 [그림 5]의 마지막 줄에 있는 0과 1로 표현했다. 0은 무승부를, 1은 플레이어의 승리를 의미한다. 이후 Tree의 마지막 줄에서부터 가장 꼭대기까지 승패의 결과를 업데이트한다. 이 업데이트 과정을 거치면서 각 가지들은 승패에 대한 기댓값을 갖게 되고 이는 플레이어의 승률을 의미한다. 정보를 업데이트한다는 것은 수를 두었을 때 플레이어가 승리할지 패배할지에 관해 위로 전파하는 과정을 말한다.

승패 정보를 밑에서부터 위로 전파하는 데에는 따라야 할 규칙이 있는데, 이것을 최소-최대정리Mini-Max theorem라고 한다. 플레이어는 항상 점수가 가장 높은 수를 선택하고 상대방은 항상 플레이어의 점수가 낮아지는 수를 선택하는 것을 말한다. [그림 5]에서 두 번째 가지에서 첫 번째 가지로 승패 정보를 업데이트할 때, 각각의 가지들이 두 개씩 존재하기 때문에 어느 한 정보를 선택해서 업데이트하게 되는데, 두 번째 가지는 상대방이 둘 수 있는 수를 나열한 것이고, 상대방에 대한 업데이트 규칙이 적용된다. 즉, 더 작은 점수가 윗가지로 전파되는 것이다. 상대방은 자신의 승리를 위해서 플레이어의 점수가 최소화되도록 행동해야 하기 때문이다. 이와는 반대로 플레이어는 자신의 점수가 최대가 되는 행동을 선택하여 점수를 전파한다. 이렇게 모든 승패 정보가 트리의 뿌리까지 전파되었으면, 플레이어는 승리할 확률이 가장 큰 경우의 수를 선택하면 된다. 승패를 전파하는 과정에서 상대방은 항상 플레이어가 가장 낮은 점수를 받도록 혹은 패할 확률이 높은 행동을 했기 때문에 뿌리에서는 항상 최악의 상황을 고려한 수를 두게 되어 적어도 비길 수 있게 된다. (그렇지 못하다면 그 게임은 처음부터 상대방에게 유리한 게임일 것이다.) 이런 방식을 "최악의 상황들 중 최선의 행동을 선택한다"라고 표현할 수 있고 이 원리를 최소-최대정리라고 하는 것이다.

트리탐색 방법을 간단하게 요약하면, 상대방의 수를 모두 고려하여 트리를 만든 뒤 트리의 마지막 노드node를 이용하여 게임의 승패를 결정하고, 이 정보를 트리의 뿌리까지 전파(정보 업데이트)시키는 것이다.

몬테카를로 트리탐색 방법

바둑 게임에 트리탐색 기법을 적용한다고 생각해보자. 첫수부터 시작하여 모든 경우의 수를 트리로 만든다면 엄청난 수의 가지치기를 해야 할 것이다. 만약 이것이 가능하다면 바둑의 필승법 혹은 지지 않는 법 등이 개발되었을지도 모른다. 그러나 바둑의 모든 수를 나타내는 방대한 트리를 저장할 메모리와 이 트리의 승패 정보를 처리할 수 있는 컴퓨터는 아직까지 존재하지 않는다. 이런 문제를 해결하기 위해서 트리탐색에 몬테카를로 방법을 적용하게 된다. 몬테카를로 방법은 대부분의 경우 샘플링 기법이라고 바꿔서 말해도 의미가 통한다. MCTS는 기존의 트리탐색과 같이 모든 경우의 수를 조사하는 것이 아니고 몇 가지의 경우를 샘플링하여 조사하는 것이다. 샘플링에 기반을 둔 MCTS 알고리즘은 [그림 6]와 같은 순서로 진행된다. 선택selection, 확장expansion, 시뮬레이션simulation, 역전파back propagation 네 단계를 거치면서 문제의 답을 찾아가게 된다.

MCTS의 작동 과정을 간단히 설명하면, 먼저 어떤 수를 탐색할지 선택selection하고, 탐색하고자 하는 경우의 수로 확장expansion한 뒤, 확장한 수의 승패를 예측simulation하고, 그 결과를 나무의 뿌리 쪽으로 업데이트

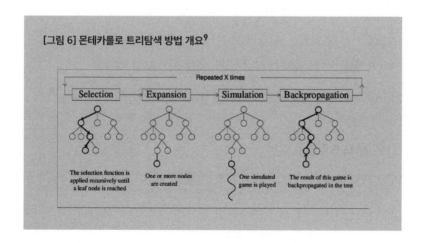

[그림 6] 몬테카를로 트리탐색 방법 개요[9]

하는 역전파back propagation과정으로 이루어진다. 뒤에서 자세히 설명하겠지만, 알파고에서는 선택 과정과 예측 과정에서 컨볼루셔널 뉴럴 네트워크convolutional neural network가 사용되었다.

[그림 7]은 MCTS 네 단계가 반복적으로 이루어지는 모습을 나타낸 것이다.

각각의 방법을 자세히 알아보도록 하자. 먼저, 선택 과정에서 어떤 노드, 어떤 수를 탐색할지 선택하게 된다([그림 7]의 오각형 모양 노드). 이때는 특정 규칙을 따라서 탐색할 경우의 수를 선택하게 되는데, 이런 규칙을 선택 규칙selection rule이라고 한다. 알파고에서는 UCTupper confidence bounds for trees라는 방식의 선택 규칙을 사용하였다. 알파고에 적용된 UCT를 설명하기 전에 이러한 선택 규칙이 MCTS의 성능에 미치는 영향을 먼저 생각해보자. 어떤 경우의 수를 탐색할지 선택하기 위해서 주로 두

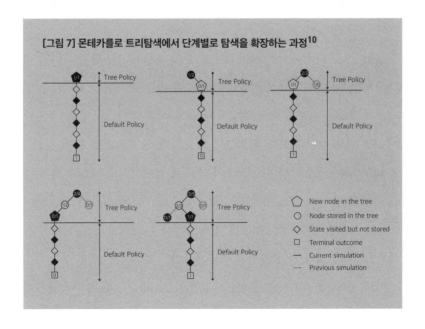

[그림 7] 몬테카를로 트리탐색에서 단계별로 탐색을 확장하는 과정[10]

가지 기준을 이용한다. 첫 번째는 '얼마나 다양한 수를 탐색할지' 그리고 두 번째는 '한 가지 수를 얼마나 여러 번 시뮬레이션 할지'이다. 기계학습machine learning에서는 이런 기준을 탐색과 활용exploration and exploitation이라고 부른다.

경우의 수를 다양하게 탐색하는 것은 어떤 식으로 성능에 영향을 미치게 될까? 직관적으로 생각해보면, 좋은 수를 시뮬레이션해보지 못하면 좋은 수의 승률을 예측하지 못하고 최종적으로는 다음 경우의 수를 선택하지 못하는 것이다. 따라서 다양한 수를 탐색하는 것은 좋은 수를 찾아내는 데 중요한 역할을 한다. 두 번째로 한 가지 경우의 수를 여러 번 시뮬레이션하는 것은 탐색하는 수의 승률 예측의 정확도를 결정하게 된다. 이 시뮬레이션 과정이 몬테카를로 또는 샘플링 과정이기 때문에 많은 샘플을 뽑으면 뽑을수록 높은 정확도로 승률을 예측하게 된다. 정확한 승률 예측을 해야 좋은 경우의 수와 나쁜 경우의 수를 정확히 구별해낼 수 있게 된다.

선택selection 과정에서는 매번 새로운 수를 시뮬레이션 할지 아니면 이전에 탐색했던 수를 다시 시뮬레이션 하여 승률 예측의 정확도를 높일지를 비교하여 탐색할 수를 결정하게 된다. 이때 탐색exploration을 너무 많이 하게 되면 승률 예측의 정확도가 떨어지게 되고 반대로 활용exploitation을 너무 많이 하게 되면 다양한 경우의 수를 탐색하지 못해 최적의 수를 찾지 못하게 된다. 따라서 이 둘 사이의 적절한 관계tradeoff를 고려하여 탐색과 활용을 하는 것이 MCTS의 핵심이다. 추가적으로 tradeoff는 강화학습에서도 중요하게 다뤄지는 문제이다.

알파고에서는 이러한 exploration and exploitation tradeoff를 해결하기

위해서 아래와 같은 UCT 형태의 선택 규칙을 사용한다.

$$a_t = argmax_a(Q(s_t, a) + u(s_t, a)), u(s, a) \propto \frac{P(s,a)}{1+N(s,a)}$$

st는 현재 주어진 바둑판을 의미하고, at는 다음에 탐색해야 할 수(행동)를 의미한다. 그리고 Q(st,a)는 지금까지 예측한 각각의 경우의 수 a에 대한 승률을 나타내고 u(st,a)는 보너스 값으로 P(s,a)와 N(s,a)에 의해서 결정된다. P(s,a)는 프로기사들의 기보를 통해서 학습하는 값으로 프로기사들은 현재의 바둑판 상황 St 에서 a라는 수를 선택할 확률을 의미한다. 그리고 N(s,a)은 a라는 수가 탐색 과정에서 얼마나 선택되었는지를 말한다. 따라서 u(st,a)는 a라는 수가 많이 선택되면 N(s,a)이 증가하여 줄어들게 되는 값이고 P(s,a)에 비례하므로 프로기사들이 둘 확률이 높은 수에 대해서는 큰 값을, 둘 확률이 낮은 수에 대해서는 작은 값을 갖게 되어 있다. u(st,a)의 역할은 프로기사들이라면 선택할 만한 다양한 수들이 탐색하도록 만드는 것이다. Q(st,a)와 u(st,a) 값이 경쟁하면서 탐색과 활용을 조절하게 된다. MCTS의 초반에는 시뮬레이션 횟수 N(s,a)가 작기 때문에 u(st,a)가 Q(st,a)에 비해서 더 큰 값을 갖게 되고 따라서 다양한 수를 탐색하게 된다. 그리고 많은 시뮬레이션을 거쳐 N(s,a)가 적당히 커지게 되면 u(st,a)가 작아지면서 Q(st,a)의 영향을 받게 되고, 승률이 높은 수를 집중적으로 탐색하게 된다. 이러한 과정에서 가능한 모든 수를 동등하게 탐색하지 않고 P(s,a)에 비례하여 탐색하기 때문에 프로기사들이 주로 두었던 수에 기반하여 탐색을 하게 된다. 그리고 P(s,a)를 모델링하기 위해서 딥 컨볼루셔널 뉴럴 네트워크deep convolutional neural network가 사용되었다.

한 가지 수를 탐색한다는 것은 시뮬레이션을 통해 게임을 끝까지 진행하고 그 시뮬레이션의 승패 결과를 얻는 것을 말한다. 시뮬레이션 하기 위해서는 플레이어와 상대가 어떻게 행동할 것인가, 혹은 바둑으로 치자면 어떤 수를 둘 것인가에 대한 행동 양식이 있어야 한다. 이것을 정책policy이라고 부르는데 [그림 7]에서는 시뮬레이션에 사용되는 정책을 기본정책default policy이라고 표시하였다. 가장 쉽게 적용할 수 있는 방법은 기본 정책으로 랜덤하게 행동을 취하는 무작위정책random policy을 사용하는 것이다. 다시 말해 무작위로 수를 두는 것이다. 또는 시뮬레이션의 정확도를 높이기 위해서 다양한 휴리스틱heuristic들을 사용한다. 알파고에서는 기본 정책에 프로기사들의 대국 기보를 기반으로 학습한 rollout policy network를 사용함으로써 시뮬레이션의 정확도를 높였다. 그리고 이 시뮬레이션 결과를 보완해주는 역할로 value network를 사용하였다. Value network는 시뮬레이션을 하지 않고, 현재 주어진 바둑판을 보고 승패를 예측하는 역할을 하여 시뮬레이션 횟수를 줄이는 데 도움을 주었다. 그리고 이 value network의 승패 예측이 꽤 정확히 작동했기 때문에 알파고가 좋은 수를 찾을 수 있었다.

시뮬레이션이 끝나면 승패 결과를 얻게 되는데 [그림 7]에서 네모 상자에 쓰여 있는 것이 승패의 결과이다. 1은 승리, 0은 패배를 의미한다. 그 뒤에는 승패 결과를 탐색을 시작한 오각형 모양의 노드에 업데이트한다. 따라서 탐색을 반복하면 반복할수록 승패 결과가 쌓이게 되고 이 값을 통해 각각의 수들의 승률을 추정할 수 있게 된다. [그림 7]의 각 노드에 쓰여 있는 숫자들이 바로 승률을 의미한다. 그리고 충분한 횟수만큼 탐색을 한 뒤에는 승률이 가장 높은 수를 선택하는 것이 MCTS의 작동 방식이다.

value network와 policy network

지금부터는 딥 뉴럴 네트워크가 MCTS에서 어떻게 활용되고 있는지 알아보도록 하자. 먼저, 각각의 네트워크의 역할과 학습 방식을 설명하고 그 네트워크들이 MCTS의 어느 부분에 들어가게 되는지 설명하려고 한다. 알파고는 총 세 가지 뉴럴 네트워크neural network들을 사용하였다. 각각 뉴럴 네트워크의 이름은 rollout network, supervised policy network, 그리고 value network이다. 앞의 두 가지 네트워크는 현재 바둑판의 상태를 파악하고 다음 수를 예측하는 역할을 하고, value network는 현재 바둑판의 상태를 파악해서 게임의 승패를 예측하는 역할을 한다.

이 세 가지 네트워크들의 공통점은 모두 '예측'하는 역할을 한다는 것이다. 다음 수를 예측하거나 승패를 예측하는 것을 머신러닝의 분류classification 문제로 바꿀 수 있는데, 알파고는 바로 이 분류 문제에 딥러닝을 적용함으로써 큰 성능 향상을 가져올 수 있었다. 다음 수를 예측하는 것은 현재 바둑판에 놓여 있는 바둑알을 입력하여 다음 19×19가지의 경우의 수 중에 한 가지를 선택하는 문제로 볼 수 있다. 그리고 승패를 예측하는 것은 현재 바둑판 상태를 입력해서 승 혹은 패, 둘 중 한 가지를 선택하는 문제로 볼 수 있다. 이렇게 몇 가지의 선택지 중 한 가지를 고르는 분류 문제에서 딥러닝이 탁월한 성능을 보여주고 있다. 다양한 딥러닝 기법들이 개발되면서 분류 문제에서 딥러닝이 탁월한 성능을 보여주었고 알파고는 이를 바둑에 적용한 것이다. 예를 들어 이미지를 보고 이미지 속에 어떤 물체가 있는지 고르는 문제, 혹은 사람이 있

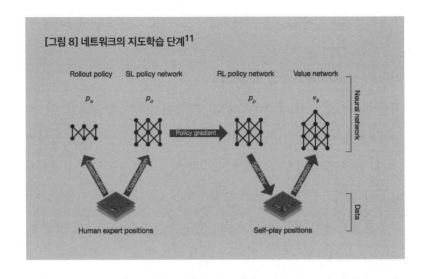

는지 없는지, 입력한 이미지가 고양이인지 아닌지 등을 맞추는 것은 딥러닝이 탁월한 성능을 보이는 분류 문제들이다. 바둑판의 판세 예측, 다음에 둘 수의 예측 문제들을 분류 문제로 바라보고 딥러닝을 적용한 것은 딥러닝이 좋은 성능을 보일 수 있는 문제에 적절히 적용한 것이라고 생각한다.

이제부터 rollout policy, supervised policy, value network를 살펴보도록 하자.

Rollout policy와 supervised policy는 같은 것을 학습한다. 현재 바둑판 상태를 파악해 다음 수를 어디에 두어야 하는지를 예측하는 것인데, 왜 두 가지 네트워크를 같이 학습시킬까? 이유는 서로 같은 것을 학습하지만 쓰이는 곳이 다르기 때문이다. Rollout policy는 MCTS의 시뮬레이션에 사용되고 supervised policy는 선택 과정에 사용된다. 이 때문에 학습하는 것은 같지만, 그 구조에 차이가 있게 된다.

Rollout policy는 은닉층이 없는 아주 간단한 형태의 구조를 사용하였고 supervised policy는 은닉층이 11층 있는 복잡한 구조를 사용하였다. Rollout policy를 간단한 형태로 만든 이유는 시뮬레이션 속도를 빠르게 하기 위해서다. 딥 뉴럴 네트워크의 특성상 은닉층이 많아지면 변수$_{parameter}$가 늘어나고 연산 횟수가 늘어나게 된다. 실제로 몇만 번의 시뮬레이션을 하는 MCTS에서 은닉층이 많은 복잡한 형태의 네트워크를 사용하게 되면 빠른 계산이 어렵게 될 것이고 이를 피하기 위해서 rollout policy는 매우 간단한 형태의 구조를 사용하였다. 반대로 MCTS의 선택 과정에 사용되는 supervised policy는 상대적으로 복잡한 구조의 네트워크를 이용하였다. Supervised policy는 앞서 나온 수식으로 학습을 하게 되는데, 이에 활용한 데이터가 프로기사들의 기보들로서 프로기사들이 주로 두는 경우의 수들을 정답$_{supervised}$의 확률로 기억하게 된다. 즉, 프로기사들이 주로 뒀던 수들은 높은 확률을 갖도록 학습된다. 즉 탐색 과정에서 의미 없는 수를 탐색하는 것이 아니라, 프로기사들이 주로 두는 수를 우선순위로 하여 탐색을 진행하게 해주는 역할을 한다. 이 네트워크가 rollout policy에 비해 복잡한 이유는 시뮬레이션에 사용되지 않아 상대적으로 느리게 학습이 진행되고, 높은 정확성을 필요로 하기 때문이다. 일반적으로 네트워크의 깊이(은닉층의 개수)가 많아지면 성능이 높아진다고 알려져 있기 때문에 많은 양의 기보를 더 정확히 학습하기 위해서 supervised policy는 rollout policy에 비해 더 복잡한 네트워크를 사용하게 된 것이다.

마지막으로, value network는 현재 바둑판의 상태를 통해 승패를 예측하도록 학습되었는데, 이 네트워크를 통해서 시뮬레이션 횟수를 줄일 수 있었다고 본다. 기존 강화학습에 많이 사용하던 rollout policy의 시뮬레이션에 의존한 승패 예측 방식이 알파고에서는 시뮬레이션과 value network를 같이 사용하면서 많은 시뮬레이션을 하지 않고 기보 데이터의 도움을 받아 적은 시뮬레이션으로도 승패 예측에서 높은 정확도를 보일 수 있었다고 보는 것이다. 이때 value network를 학습시키기 위해서 기존에 한국의 프로기사들이 두었던 대국의 기보와 알파고끼리 둔 바둑 기보를 합하여 학습을 하게 했는데, 이 부분에서 재미있는 사실을 한 가지 발견할 수 있다.

알파고에 사용한 value network는 왜 프로기사들의 기보와 알파고끼리 대국한 기보를 합쳐서 학습한 것일까? 바로 프로기사의 기보에 있는 바이어스 효과를 없애기 위해서다. 프로기사들에게는 보통 기풍이라는 것이 존재한다. 예를 들면, 이창호와 같은 기사는 치밀한 계산하에 수비적인 바둑을 구사하는 반면, 이세돌 같은 바둑기사는 꽤 공격적으로 바둑을 둔다. 기풍이라는 것은 프로기사의 기보 데이터가 다양한 샘플을 담고 있지 못하게 하는 것이다. 즉, 기보를 만들어내는 기사들은 저마다의 기풍으로 바둑을 두기 때문에 다양한 기보가 생성되는 것이 아니고, 비슷비슷한 형태의 바둑기보들이 생성되는 것이다. 여기서 생기는 바이어스 때문에 실제로 프로기사의 데이터를 이용하여 학습한 경우 학습에 사용된 트레이닝 세트에서는 높은 예측 정확도를 보이지만 학습에 사용되지 않은 테스트 세트에서는 낮은 예측 정확도를 보인다. 이러한 경우를 일반화generalization가 좋지 못하다고 하는 것으로, 학습에 사용된 데이터에 대해서는 높은 확률로 승패 결과를 맞추지만 학습에 사용되지 않은, 즉 처음 보는 데이터에 대해서는 승패 결과를 잘 맞추지

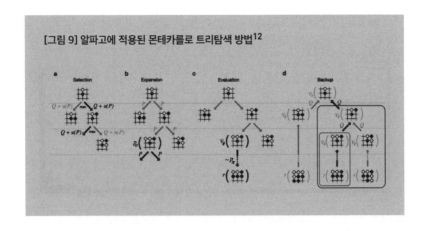

[그림 9] 알파고에 적용된 몬테카를로 트리탐색 방법[12]

못하는 것을 말한다. 이런 현상을 알파고에서는 알파고끼리 대국한 기보 데이터를 추가하여 학습함으로써 해결하였다. 여태까지 설명한 세 가지 네트워크들은 [그림 9]와 같이 선택과 시뮬레이션simulation, 다른 말로는 evaluation에 사용되고 있다.

종합하자면, 알파고의 알고리즘은 딥러닝을 기존의 방법론인 MCTS의 선택과 시뮬레이션 과정에 적용한 것이다. 승패 예측과 탐색의 우선순위 등을 많은 양의 데이터를 통해 학습된 딥러닝과 기존의 방법론인 MCTS를 융합하여 극복하였다는 사실은, 딥러닝을 다른 분야에 적용하는 데 있어서 본받을 만한 선례를 만들었다고 생각한다.

DQN과 DQN의 학습 기법

이제 다시 강화학습으로 돌아와서 강화학습에서 딥러닝이 사용된 배경과 그 학습 방법을 알아보자. 딥 강화학습deep reinforcement learning은 〈벽돌깨기〉와 같은 아타리Atari 게임 문제를 해결한 deep Q learning에서 시작하여 지금은 연속공간에서의 정책 함수policy function와 그 정책 함수의 좋고 나쁨을 평가하는 Q함수Q function를 동시에 학습하는 actor critic 방법까지 진화하였다. 강화학습 입장에서 딥러닝은 Q함수를 모델링하기 위한 함수 추정 모델 중 한 가지에 불과하다. 일반적인 regression 기법들을 강화학습에 적용시킬 수 있도록 이론적으로 발전해왔다. 딥러닝 이전에는 커널 회귀 분석kernel regression을 이용한 방법들이 많이 연구되었다. 그러나 딥러닝 알고리즘 발전과 GPU의 등장에 힘입어 커널 방법을 제치고 deep Q learning이 강화학습에 사용되고 있다. 최근 딥 강화학습 연구 결과들은 이미 과거에 간단한 함수 추정 방법론을 이용하여 연구되었던 방식들을 딥 뉴럴 네트워크로 바꾼 경우가 많다.

강화학습과 DQN의 함수 추정function approximation

강화학습에서 함수 추정function apporoximation이 적용된 이유는 무엇일까? 함수 추정의 특성은 일반화generalization에 있는데 바로 이 일반화 특성을 이용하여서 학습한 Q함수는 모델에 효율적으로 사용될 수 있게 한다. 강화학습이 진행되는 과정은 간략히 두 과정으로 나뉘는데 샘플링을 통해 에피소드들을 모으고, 이 에피소드들을 기반으로 Q 값과 정책 값을 업데이트시키는 것이다. 강화학습이 이러한 샘플링 기법이기 때문에 발생하는 한 가지 문제점이 있는데 바로 차원의 저주curse of dimensionality이다. 일반적으로 상태 공간의 크기가 커지면 커질수록 Q 값이 수렴하는데 더 많은 에피소드들을 필요로 하게 된다. 예를 들어 9×9 바둑 문제를 강화학습을 통해서 풀려고 하면, 전체 상태 공간이 10^{38} 정도로 어마어마하게 큰 공간에서 샘플링을 해야 한다. 따라서 수렴속도가 현저하게 떨어지게 된다.

이러한 문제를 해결하기 위해서 함수 추정 기법을 사용하게 되는 것이다. 현재 상태를 잘 표현해줄 수 있는 특징feature들을 추출하고 이 특징에 대한 Q함수를 학습시키게 된다. 이런 방식을 취하는 이유는 일반화 효과를 이용하려는 것이다. 샘플링이 많이 되지 않은 지역일지라도 Q함수의 일반화가 잘 되어있다면, 처음 마주하는 상황에서도 정확한 Q 값을 예측할 수 있을 것이다.

이렇게 특징을 이용하는 것은 문제를 기술하는 표현Representation을 변경하는 것이다. 다시 9×9 바둑의 예를 들면, 고전적인 강화학습 기법을 이용하기 위해서는 바둑판의 가능한 모든 경우의 수에 대해서 Q 값을 찾아야 한다. 10^{38}개의 상태가 존재하고 각 상태에서 취할 수 있는 행동까지 고려한다면, 어마어마하게 많은 Q 값을 찾아내야 하는 것이다. 그러나 만약, 우리가 바둑판을 몇 가지 중요한 특징을 이용하여 나타내면 적은 샘플로 여러 상태의 Q 값을 추론할 수 있게 된다.

예를 들어 바둑판을 보고 현재 상대방의 집 수와 자신의 집 수, 혹은 '패'가 가능한지, '축'이 가능한지의 여부로 현재의 바둑판을 나타낸다고 해보자. 이러한 특징들을 바둑판으로부터 추출하면, 처음 보는 수, 처음 보는 바둑판일지라도 비슷한 특징을 갖고 있다면 현재 상태가 좋은지 나쁜지, 어떤 행동을 해야 하는지를 추론할 수 있게 된다.

Q함수를 특징을 이용한 함수 추정 기법으로 학습시키기 위해서는 수식 상 약간의 재정의가 필요하다. 기존의 강화학습에서 사용되었던 업데이트 식을 다시 한번 살펴보면 아래와 같다.

$$Q(s, a) \leftarrow R(s, a) + \gamma max_{a'} Q(s', a')$$

위 수식에서 오른쪽 항을 타깃값target value이라고 한다. 함수 추정 기법을 이용하지 않은 일반적인 강화학습에서는 모든 상태와 행동 쌍에 대하여 이 타깃값을 업데이트하면 되지만, 함수 추정 기법을 이용하면 우리가 업데이트해야 할 것이 함수의 파라미터로 바뀌게 된다. 기존의 모든 상태와 행동에 대해 정의됐던 Q함수를 아래와 같이 근사하는 것이다.

$$Q(s,a) \approx \hat{Q}(\phi(s), a : \theta)$$

이렇게 Q 값을 추정하게 되면, 가보지 못한 상태state라고 해도 비슷한 특징점을 갖는 상태라면 Q 값을 추론할 수 있다는 장점이 있다. Q 네트워크를 업데이트하는 방식은 다음과 같은 손실loss을 최소화하는 파라미터를 찾는 것이다.

$$L(\theta) = (y - \hat{Q}(\phi(s), a : \theta))^2$$
$$y = R(s,a) + \gamma max_{a'} \hat{Q}(\phi(s'), a' : \theta)$$

이 손실 함수의 의미는 새로운 타깃값에 가장 가까운 예측을 하는 파라미터를 찾는 것이다. Q를 추론하는 네트워크를 디자인하는 방법은 여러 가지가 있는데 가장 많이 사용하는 것은 [그림 10]의 세 번째 방식이다. 뉴럴 네트워크의 입력은 상태state가 되는 것이고, 출력은 각각의 행동을 취했을 때 얻을 수 있는 Q 값을 유추한다. 참고로 알파고에서는 첫 번째 형태의 네트워크가 사용되었다.

이러한 형태의 디자인을 위해서는 한 가지 조건이 필요한데 바로 취

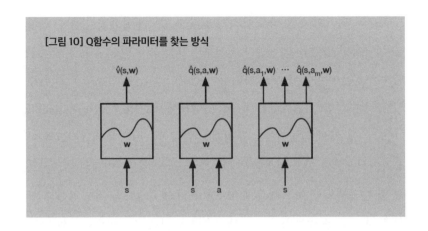

[그림 10] Q함수의 파라미터를 찾는 방식

$\hat{v}(s,w)$ $\hat{q}(s,a,w)$ $\hat{q}(s,a_1,w)$ ··· $\hat{q}(s,a_m,w)$

할 수 있는 행동의 개수가 유한해야 한다는 것이다. 예를 들어 바둑 게임은 경우의 수가 많긴 하지만 행동의 최대 개수는 19×19로 제한되어 있다. 반면에, 자율주행을 하는 자동차를 학습시키는 문제의 경우에는, 액셀을 어느 정도 밟을지, 핸들을 어느 각도로 틀지와 같이 연속적인 값을 갖기 때문에 유한한 행동으로 표현하기 힘들다. 이렇게 연속적인 행동 공간에서 deep Q learning을 적용하기 위해서는 연속공간을 이산화 discretization해야 한다. 하지만 연속적인 행동공간을 이산화시키지 않아도 적용할 수 있는 방법이 있는데 이것이 바로 policy gradient과 actor critic 모델이다.

Double DQN과 듀얼 네트워크dueling network

DQN이 〈네이처Nature〉지에 실린 이후에 많은 연구자들이 deep Q learning을 연구하기 시작했다. 첫 번째 소개할 방식은 학습방식과 네트워크 구조에 관한 것이다. DQN을 학습시키다 보면 네트워크 성능이 불안정하게 증가하는 것을 볼 수 있다. 과하게 좋은 Q 값을 주어서 네트워크가 더 이상 성능 향상을 하지 못하는 경우가 발생한다. 이런 현상들은 딥러닝 방법을 도입하기 이전부터 발생하던 현상으로, 일반적인 함수 추정을 이용해도 주로 나타나는 현상이었다. 이 현상을 막기 위해서 등장한 기법이 double DQN이다. 이름에서도 알 수 있듯이, double DQN은 두 개의 네트워크로 구성되어 있다. 이 두 개의 네트워크를 이용하여서 안정적이고 정확한 Q 값을 학습할 수 있다. 두 개의 네트워크 중 한 네트워크는 빠르게 업데이트하면서 에피소드를 만들어내는 역할을 하고 다른 네트워크는 상대적으로 느리게 업데이트하면서 어느 한 행동의 Q 값을 과도하게 커지지 않도록 해준다. 또한, 기존의 DQN에 비해 Q 값이 천천히 변하기 때문에 훨씬 안정적인 학습이 가능하다. Double DQN과 DQN의 차이는 타깃값을 구하는 방식에 있다. 아래의 함수가 Double DQN의 학습에 사용된다.

$$y = R(s, a) + \gamma \hat{Q}(\phi(s'), a' : \theta^-)$$
$$a' = argmax_a \hat{Q}(\phi(s'), a : \theta)$$

위의 수식에서 θ와 θ⁻는 double DQN에 있는 두 네트워크의 파라미터를 의미한다. 하나는 느리게 업데이트되는 네트워크를 의미하고, 다른 하나는 빠르게 업데이트되는 네트워크를 의미한다. 먼저 θ⁻를 업데이트하는 방식은 간단한데, 일정한 반복 횟수마다 업데이트를 실시하게 된다. 이와 같은 방식으로 타깃값을 구한다는 것은 현재까지 추정된 Q 값 중 가장 좋은 행동을 고르고 이 행동에 대한 타깃값을 구할 때는 기존 업데이트된 파라미터를 추정된 Q 값에 이용하는 것이다. 기존

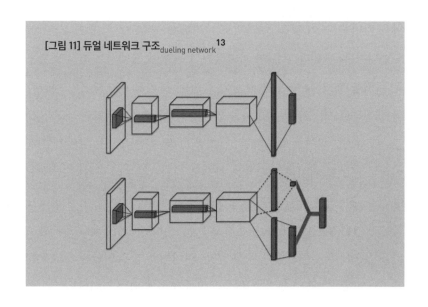

[그림 11] 듀얼 네트워크 구조_{dueling network} 13

의 방식에서는 항상 Q의 최댓값을 이용하여 업데이트가 진행되었기 때문에 한 번 잘못 Q 값을 추정하기 시작하면 그 에러가 계속해서 커지는 형태였다면, double DQN에서는 네트워크 파라미터가 천천히 업데이트되기 때문에 에러의 전파가 빠르지 않고 안정적인 학습이 가능해진다.

두 번째로 소개할 방식은 듀얼 네트워크_{dueling network} 방식이다. [그림 11]과 같은 새로운 DQN 구조를 제안했다. Q 값의 정의로부터 유도되는 한 가지 수식에서 아이디어를 얻은 새로운 DQN 구조를 가지고 있다.

$$Q(s, a) = V(s) + A(s, a)$$

Q 값의 의미는 현재 상태에서 행동을 취할 때 얻을 수 있는 보상의

합을 의미한다. 이 값을 두 가지로 분리해서 생각해보면 밸류(V)와 어드벤티지(A)가 된다. V 값이 의미하는 것은 현재 상태에서 최선의 행동을 취했을 때 얻을 수 있는 보상의 합이다. 그리고 A는 최선인 행동과 다른 행동들 사이의 보상의 차를 의미한다. 듀얼 네트워크는 기존의 Q 값을 V와 A로 나누어서 예측하는 [그림 11]과 같은 구조를 제시하였다. 이러한 구조를 제시하는 이유는 간단한 직관으로부터 나왔다고 한다. Q 값을 추론하는 것을 두 가지로 분리해서 생각한 것인데, 현재 상태가 좋은지 나쁜지를 V 값으로 추론하고 그 중에서 어떤 행동을 고를지를 A 값을 이용하여 추론하였다. 즉, V 값은 바이어스 같은 역할을 하고 V를 중심으로 좋고 나쁨을 A 값을 이용하여 추론하게 되는 것이다.

최성준 _서울대 전기컴퓨터공학부 박사

이경재 _서울대 전기 컴퓨터 공학부 박사과정

주석

1. 참고 │ Andrew Ng, Shaping and policy search in Reinforcement learning, PhD Thesis, 2003.

2. 논문 │ Shai Shalev-Shwartz, Shaked Shammah, Amnon Shashua. (2016). Safe, Multi-Agent, Reinforcement Learning for Autonomous Driving, ArXiv.

3. 자료 │ UC Berkeley CS188 Intro to AI 수업 자료, http://ai.berkeley.edu/lecture_videos.html

4. 논문 │ Sutton, Richard S., and Andrew G. Barto. Reinforcement learning: An introduction, Cambridge: MIT press, 1998.

5. 책 │ Richard Bellman, Dynamic Programming. Princeton University Press, 1957.

6. 논문 │ Steven Bradtke and Michael Duff. (1995). Reinforcement learning methods for continuous-time Markov decision problems. NIPS.

7. 논문 │ Mnih, Volodymyr, et al. (2015). Human-level control through deep reinforcement learning. Nature.

8. 출처 │ http://snipd.net/minimax-algorithm-with-alpha-beta-pruning-in-c

9. 출처 │ https://www.researchgate.net/publication/23751563_Progressive_Strategies_for_Monte-Carlo_Tree_Search

10. 출처 │ https://jay.tech.blog/2017/01/01/heuristic-search-mcts/

11. 출처 │ https://blog.acolyer.org/2016/09/20/mastering-the-game-of-go-with-deep-neural-networks-and-tree-search/

12. 출처 │ https://blog.acolyer.org/2016/09/20/mastering-the-game-of-go-with-deep-neural-networks-and-tree-search/

13. 출처 │ Ziyu Wang, Tom Schaul, Matteo Hessel, Hado van Hasselt, Marc Lanctot. (2016). Nando de Freitas: Dueling Network Architectures for Deep Reinforcement Learning. ICML, pp. 1995-2003

[참고 자료]

Mnih, V., Kavukcuoglu, K., Silver, D., Rusu, A. A., Veness, J., Bellemare, M. G., and Petersen, S. (2015). Human-level control through deep reinforcement learning. Nature, 518(7540), pp. 529-533.

Van Hasselt, Hado, Arthur Guez, and David Silver. "Deep Reinforcement Learning with Double Q-Learning." AAAI. 2016.

Silver, D., Huang, A., Maddison, C. J., Guez, A., Sifre, L., Van Den Driessche, G., & Dieleman, S. (2016). Mastering the game of Go with deep neural networks and tree search. Nature, 529(7587), pp. 484-489.

알파고 제로
vs. 다른 알파고

──● 세간에 알려진 알파고는 총 4가지 버전으로 존재한다. 2015년 10월 천재 바둑 기사 판 후이Fan Hui 2단을 이기고 2016년 〈네이처〉 지에 실린 버전인 알파고 '판Fan', 2016년 3월 이세돌 9단을 4대 1로 이긴 알파고 '리Lee', 커제 9단과 대결에서 3:0 완승을 거둔 알파고 '마스터Master', 그리고 2017년 〈네이처〉를 통해 공개된 알파고 '제로Zero'가 바로 그것이다.

알파고 제로는 이전 세대와 비교했을 때 월등한 성능을 자랑한다. 순위 산출에 사용되는 엘로Elo 점수[1]를 기준으로 했을 때 알파고 제로는 5,185점을 보유하고 있다[그림 1]. 알파고 마스터(4,858점)는 327점, 알파고 리(3,739점)와는 1,446점, 알파고 판(3,144점)과는 2,041점의 격차

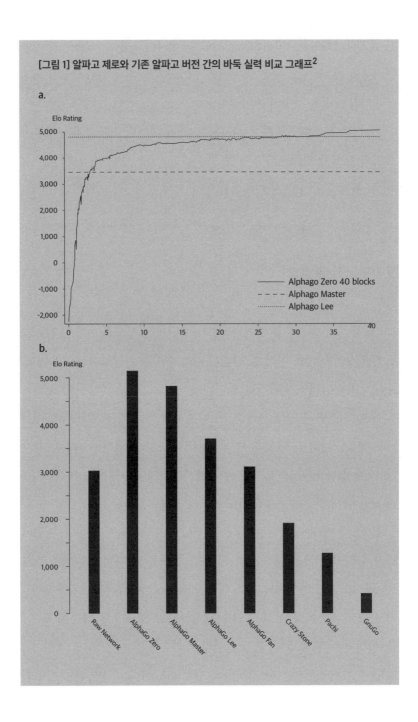

[그림 1] 알파고 제로와 기존 알파고 버전 간의 바둑 실력 비교 그래프[2]

a.

Elo Rating

— Alphago Zero 40 blocks
--- Alphago Master
···· Alphago Lee

b.

Elo Rating

Raw Network AlphaGo Zero AlphaGo Master AlphaGo Lee AlphaGo Fan Crazy Stone Pachi GnuGo

가 있었다. 엘로 점수에서 800점 이상 차이 나면 승률이 100%라는 것을 고려했을 때, 알파고 제로가 현존하는 인공지능 바둑 컴퓨터로서 최정 상급이라는 점을 부인하긴 어렵다.

이번 알파고 제로 논문이 시사하는 바에 대해 들어보고자 카카오브 레인의 천영재 연구원과 감동근 아주대학교 교수로부터 자문을 구했 다. 두 사람은 알파고 제로 이전과 알파고 제로 간 3가지 차이가 있다고 말했다.

첫 번째 : 신경망 통합

알파고 제로 이전 세대들은 정책망policy network과 가치망value network이라는 2가지 종류의 신경망을 갖췄다. 이 두 신경망을 구축한 이유는 앞으로 진행될 경기를 미리 여러 번 진행해보고, 승리할 가능성이 높은 수만을 효과적으로 탐색하기 위해서다.

실제 바둑 한 경기당 2×10^{170}이 넘는 경우의 수가 존재하는데, 이는 전세계에서 가장 큰 규모의 슈퍼컴퓨터로도 다 계산하기 어려운 규모 다. 따라서 시뮬레이션 횟수를 줄이면서도(깊이), 승률이 높은 수(너비) 를 찾는 탐색 알고리즘 구축이 관건이라고 볼 수 있다.

정책망은 바둑판 상태를 분석하여 361(=19×19)가지 경우의 수 중에 가장 수읽기를 해볼 만한 몇 가지 수를 선택한다. 가치망은 어떤 수를 두었을 때 그 후에 일어날 미래 대국을 시뮬레이션해본 뒤 그 결과로부 터 승패를 예측한다. 보다 쉽게 이야기하자면 정책망은 '다음에 둘 수' 를, 신경망은 '판세(승패)'를 예측한다.

알파고 제로에서는 이 정책망과 가치망을 하나의 네트워크로 구현했다. 이 구조는 두 가지 의미를 내포한다. 하나는 자신만의 바둑 이론을 하나의 신경망으로 표현했다는 것이고, 또 하나는 성능을 높이는 방식을 선택했다는 것이다. 예측 정확도는 다소 낮아지나 값 오류value error는 낮추고 플레이 성능은 높일 수 있게 된다. 천영재 연구원은 "딥러닝 초기에 제안된 단순한 CNN 구조에서, 비교적 최근 제안된 레스넷 ResNet[3]으로 네트워크 구조를 변경해 성능 개선을 얻었다"며 "아울러 하나의 네트워크에서 정책망과 가치망을 한 번에 테스트함으로써 같은 시간 내 2배 더 많은 추론inference이 가능해졌고, 궁극적으로 트리 탐색에서 이득을 보았다"고 분석했다. 앞선 구조 변경은 엘로 점수를 대략 600점 올릴 수 있었던 원동력 중 하나로 간주된다.

두 번째 : 무無에서 유有로의 학습

전 버전의 알파고에선 15만 건의 기보로부터 3,000만 개의 수를 입력받아 지도학습supervised leaning 방식으로 정책망을 학습해나갔다. 이렇게 다음 수를 예측하는 정확도를 57%까지 끌어올린 이후, 알파고는 강화학습reinforcement learning을 통해서 정책망과 가치망을 다듬어나갔다. 이 단계에선 스스로 새로운 전략을 발견하고, 바둑에서 이기는 법을 학습했다.

반면, 알파고 제로는 인간이 만든 기보나 수를 전혀 학습에 사용하지 않았다. 오로지 바둑 규칙만을 가지고 자가 대국을 두며 처음부터 끝까지 인간의 도움 없이, 스스로 바둑 이치를 터득해나갔다.

인간으로부터 전혀 배운 것이 없는 알파고 제로는 인간의 선입견과 한계로부터 자유를 얻었다. 그 덕분에 자신만의 독특한 정석(공격과 수비에 최선이라고 인정되는 수를 두는, 일련의 순서)을 개발했다. 사람이라면 바둑 세계에 입문하자마자 배우는 '축'의 개념을, 알파고 제로는 정작 학습이 상당히 진행된 다음에 발견하기도 했다.

감동근 교수는 "강화학습만으로 개발한 알파고 제로는 인간과는 전혀 다른 바둑을 둘지도 모른다고 생각했으나 오히려 인간이 지난 2,500년간 찾아낸 바둑의 수법이 아주 허황한 것이 아님을 보여줬다"고 평가했다.

다만 실전에서 인간 프로기사를 이길 수 있을지에 대해서는 의견이 분분하다. 알파고 제로는 가장 간단한 바둑 규칙Tromp-Taylor rule으로 개발 됐다. 대표적으로 실전에서는 허용된 동형반복을 학습하지 못했다. 실 전에서 3패를 만들게 된다면 인간이 알파고 제로를 가지고 놀 수 있다 는 것을 함의한다. 감 교수는 "이 때문에 커제와 대결이 있었던 2017년 5월까지도 구글 딥마인드가 알파고 제로에 대해 확신을 갖지 못한 것 같다"고 추측했다.

강화학습이라고 설명하는 부분은 다소 주의 깊게 볼 필요가 있다. 알파고 제로는 자가 대국한 결과를 가지고 네트워크 지도학습을 반복, 최종적으로 높은 성능의 네트워크를 학습한다. 이는 일반적으로 보상 reward만을 가지고 네트워크를 학습시키는 강화학습과는 다소 차이가 있다. 강화학습이 지도학습과 대비되는 가장 큰 특징은 학습 데이터가 주어지지 않는다는 점이다.

세 번째 : 효율적인 학습과 테스트

알파고 판과 알파고 리는 각각 1,202개의 CPU와 176개의 GPU를, 1,202개의 CPU와 48개의 TPU를 분산처리해 하나의 컴퓨터처럼 묶은 뒤 대국을 진행했다. 반면, 알파고 마스터와 알파고 제로는 4개의 TPU 만을 가진 컴퓨터(싱글 머신)로 경기에 임했다.

이는 알파고 마스터와 제로가 기존 인공지능 바둑에서 당연하게 받아들였던 많은 부분을 제거, 속도 개선 효과를 얻었기에 가능했다. 대표적으로, 네트워크의 입력으로, 활로liberty의 수, 사석의 수, 불가능한 수의 위치 등 사람이 정의한 다양한 특징hand-crafted features은 사용하지 않고 단지 흰돌과 검은돌의 위치 정보만을 사용했고, 바둑을 끝까지 빠르게 두어보는 롤아웃roll-out을 제거했다. 또한, 네트워크의 고도화로 트리탐색의 효율을 높였다. 결과적으로 CPU 자원사용이 절대적으로 줄었고, 더 적은 수의 GPU(혹은 TPU)만으로도 이전 버전의 성능을 뛰어넘을 수 있었다.

다만 감 교수는 "TPU 몇 개를 갖춰서 학습시킨 지 불과 몇 시간 만에 이전 알파고 버전과 인간을 뛰어넘었다"며 접근 방식에 대해 우려를 표했다. 알파고 제로를 기준으로 대국에는 단일 머신4TPU을 활용했지만, 학습에는 64 GPU와 19 CPU를 활용한 것으로 파악된다. 이는 하나의 실험 환경에서 이같은 컴퓨팅 자원을 활용했다는 의미로, 조작변인을 조금씩 바꿔가며 수십, 수백 개의 실험을 병렬로 수행하려면 많은 양의 GPU(혹은 TPU) 자원이 더 필요할 수도 있다.

그저 단순히 원점zero base에서 학습을 시작한 지 수십 시간 만에 알파고 제로가 이전 버전을 뛰어넘은 것은 아니라는 의미다. 어마어마한 컴퓨팅 자원과 인력을 가지고도 최적의 인자parameter를 찾기 위해서는 최소 수개월이 필요할 수 있다.

추가로, 엘로 점수가 인간 프로 선수보다 1500점 정도 높다고 해서

5~6점 깔아야 한다는 시각은 근거가 약하다. 감 교수는 "아마 5단인 나는 호선互先[4]으로 승률이 50%인 상대한테 2점을 접고도 열 판을 둔다면 그 중 한판은 이기리라 기대할 수는 있어도, 세계 랭킹 1위인 커제9단과 한국 1위 박정환 9단이 두면 2점이 아니라 정선定先[5]으로도 10대 0이다"라고 설명했다.

알파고 제로의 공개로 가까운 미래에 인공지능을 탑재한 기계가 인간을 지배하는 것이 아니냐는 우려가 더 커졌다. 반면 이를 제대로만 활용한다면 인류가 당면한 각종 사회문제를 해결할 열쇠가 될 것이라는 장밋빛 미래도 그려지고 있다. 분명한 건 알파고 제로가 19×19라는 작은 바둑판 내 문제를 푸는 최강자라는 점을 부인할 수 없다는 것이다. 다만 지구 상에 존재하는 문제는 이보다 더 복잡한 경우의 수로 점철되어 있다는 점이다. 알파고 제로의 탄생에 환호하긴 아직 이르다. 아직 우리 인간이 가야 할 길은 멀고 풀어야 할 문제는 더 많다.

이수경 _카카오브레인
천영재 _카카오브레인

주석

1. 참고 | 바둑 실력을 수치화한 점수. 엘로 점수 차이가 200점 이상인 두 AI가 맞붙는다면, 점수가 높은 AI가 이길 확률은 75%이다. 366점 차이라면 90%, 677점 차이는 99%, 800점 이상의 격차인 경우, 우위의 AI가 이길 확률은 사실상 100%가 된다.

2. 논문 | Silver, D. et al. (2017). Mastering the Game of Go without Human Knowledge (p.13), doi:10.1038/nature24270.

3. 참고 | CNN는 얀 레쿤 교수가 1989년 개발한 구조를 토대로 한다. 2012년 ILSVRC 이미지 인식 대회에서 힌튼 교수팀의 알렉스넷(AlexNet)이 놀라운 성능 개선을 보이며 CNN에서 폭발적인 연구 성장이 이어져왔다. 이후 딥러닝이 복잡한 문제를 해결하는 열쇠라는 게 밝혀지면서 이후로도 딥러닝 연구가 이어져오고 있다. VGGNet, 구글넷(GoogLeNet), 레스넷 등이 2011년 26% 수준의 인식오차율을 3.6%까지 낮춘 CNN 개량판이다. 그 중 레스넷은 마이크로소프트가 개발한 것으로, 이미지 인식 네트워크 중에서도 인기가 많다.

4. 참고 | 호선은 바둑 플레이어 간 실력이 막상막하일 경우, 돌가리기를 통해 흑백을 정한 다음 시작하는 바둑을 뜻한다.

5. 참고 | 정선은 두 사람 사이 다소 실력 차이가 나서 실력이 다소 떨어지는 쪽이 흑으로 먼저 시작하는 바둑을 의미한다.

머신러닝 적용의 실제: 논문이 가르쳐주지 않는 것들

—● 누가 뭐라고 해도 역시 지금의 슈퍼스타는 머신러닝machine learning 이다. 마법 같은 결과를 담은 논문이 나날이 쏟아져 나오고, 또 며칠만 있으면 코드로 구현되어 깃허브를 통해 모두에게 공유된다. 거기다 세 상에는 친절한 사람들도 어찌나 많은지, 쉽게 쓰인 좋은 튜토리얼과 블 로그 글들이 가득하다. 공부를 하기에 이보다 더 좋을 수 없다. 새로 산 GPU가 달린 머신 위에 '주피터 노트북jupyter notebook[1]'을 띄워놓고, 정확 도를 1%씩 올리는 과정은 재미있다. 그런데 이런 즐거움이 현실을 만 나서 조금 고생을 해야 할 때가 있다. 공부로 끝나는 게 아니라 실제 서 비스에 머신러닝을 적용해야 할 때가 바로 그 순간이다. 이 글에서는 논 문들이 가르쳐주지 않는 현실의 고민들을 함께 알아보자.

애초에 고민할 일이 왜 일어나는가?

높은 정확도를 가진 모델을 잘 만드는 것으로 부족한가? 애초에 왜 고민을 해야 할까? 원인은 연구와 사업의 입장 차이 때문이다. 두 관점에서 보는 '잘하고 있다'의 기준이 다르다. 실제 서비스에 적용될 때는 연구자의 시선보다 사장님의 시선으로 고민을 해야 한다.

사장님의 시선이란 뭘까? 정확도가 좋은 것도 좋지만, 결과적으로 효용을 발생시키고, 지속시키는 것을 중요하게 여긴다. 좀더 쉬운 말로 풀자면 '사용자가 행복해 하는가?(사용자 만족)', '그래서 돈이 되는가?(수익성)', '계속 돈이 되는가?(지속성)'이다. 이렇게 바뀐 기준을 만족시키려다 보니, 노트북에서 퍼센트를 찍어낼 때와는 사뭇 다른 관점에서 고민해야 한다. 어떤 것들이 있고 왜 고민해야 하는지 탐색해보자.

모든 것은 변한다, 고로 계속 지켜봐야 한다

머신러닝을 적용하는 과정을 상상해보면 다음과 같을 것 같다.

[머신러닝을 현실에 적용하는 과정]

1. 대용량의 데이터 스냅샷(snapshot)[2]을 받는다.
2. 열심히 모델을 만든다
3. 오~ 나름 맞추는 것 같다.
4. 적절히 API를 붙이고 서비스에 적용한다.
5. 성공! 그리고 다른 일을 하러 간다.

하지만 이것으로 끝일까? 아니다. 세상 모든 것이 변하듯 서비스도 그렇다. 서비스가 변하면 모델링도 바뀌어야 한다. 이러한 변화는 서비

스 내적인 요인과 외적인 요인으로 나눌 수 있다.

서비스 내적인 변화의 대표적인 예는 '사용자의 노후화'이다. 예를 들어서 오픈한 지 갓 한 달된 서비스를 상상해보자. 서비스 오픈 시에 자연 유입되는 사용자들은 일반과 대비해 얼리어댑터early adopter[3] 성격이 강하여, 상대적으로 더 탐색적이고, 더 호응이 좋다. 이때 모델을 만든다면, 모델에는 사용자의 적극적 성향이 크게 반영될 것이다. 그런데 만약 오픈한 지 5년쯤 지난 서비스라면 어떨까? 신규 유입은 줄고, 대부분의 사용자는 잔존 사용자revisiting user일 것이다. 이들은 서비스에 대해 이미 알 만큼 알고, 조금은 지루해한다. 이때 학습시킨 모델은 초기 모델과는 분명 다른 특성을 보일 것이다. 이처럼 시간이 지나면 사용자 구성도, 서비스 사용 패턴도 변화하는데, 의외로 많은 모델이 한번 구워지고, 꽤 오래 방치된다. 정지된 모델은 낡아질 뿐이다.

서비스 외적인 변화는 주로 외부의 이벤트들로부터 야기된다. 늘 일어나는 외부 이벤트로 대표적인 것이 주기성seasonality이다. 예를 들어 우리가 쇼핑몰을 운영한다 치면 여름에 학습시켰던 모델은 얇고 가벼운 옷을 상대적으로 더 추천할 것이다. 겨울에 학습시켰던 모델은 두꺼운 점퍼에 치우침bias을 가지고 있을 것이다. 여름에 만들었던 모델로 겨울까지 쓰고 있다 생각하면 아찔하다. 그 외에도 어떤 가수의 패션이 대유행을 한다던가 하는 다양한 외부 사건들이 사용자의 행동을 바꾼다. 이런 부분까지 반영되려면 모델은 계속 업데이트되어야 한다.

다들 서비스에 적용할 때, 시스템 오류 모니터링까지는 잘하곤 한다. 하지만 방치된 모델은 오류만큼이나 해롭다. 머신러닝을 서비스화시킬 때는 성능performance 모니터링과 그에 따른 재모델링 자동화model rebuild automation까지 연동시키는 것이 작업의 완성이다.

많은 데이터보다 신선한 데이터가 낫다

우리의 데이터에 대한 사랑은 조금 맹목적이어서, 데이터가 많으면 많을수록 무조건 좋다고 믿는다. 대체로 맞지만, 때로 틀리다. 데이터에도 유효기간이 있기 때문이다. 일반적으로 모델의 학습 과정에서 전체 데이터를 트레이닝 세트training set와 테스트 세트test set로 분리한다. 트레이닝 세트 데이터를 통해 모델은 현실의 케이스를 학습한 후, 테스트 세트 데이터를 사용하여 처음 보는 데이터도 잘 추론하는지를 확인한다. 일반적으로 모델은 트레이닝 과정에서 과적합overfitting[4] 또는 과소적합underfitting[5]하기 쉽기 때문에, 모델의 정확도는 반드시 테스트 세트test set를 통해서 평가되어야 한다. 여기까지는 모두가 잘 아는 사실이다.

그런데 이런 데이터 세트들을 만드는 전략이 문제이다. 보통의 경우는 모을 수 있는 과거의 데이터를 모두 다 끌어 모아서 크게 만든 후, 이를 무작위random로 분리하여 트레이닝과 테스트를 만든다. 하지만 예를 들어 3년 전의 데이터로 학습한 모델이, 지금 가입하는 사용자를 평가하기에 적절할까? 반대로 이번 달 가입한 사용자로 학습된 모델이 3년 전 데이터가 포함된 테스트 세트로 평가되는 게 합당할까?

시간에 불변한 서비스를 하는 기업이라면 상관없겠지만, 그런 회사는 별로 없다. 우리 모델이 실제 적용됐을 때, 테스트 세트만큼의 성능이 안 나오는 것은 애초에 테스트 세트가 '지금의 사용자'를 제대로 반영하지 않은 데 따른 결과일 수 있다. 데이터도 시간이 지나면 상하기 때문에, 데이터세트 운영 전략이 함께하여야 좋은 성능을 유지할 수 있다. 먼저 무조건 큰 데이터보다는 데이터 양이 학습에 충분하다면 과거는 제한하여 신선한 데이터를 유지하는 것이 필요하다. 또 테스트 세트는 상대적으로 최근 데이터에 가중치를 두고 뽑아 '지금 시기에 잘 작동 working 하는가'에 중점을 두도록 변경되어야 한다.

열심히 일한 탓에 데이터가 편향되어버린다

미국 드라마 〈닥터 하우스〉의 괴짜 의사 하우스는 환자 병의 원인을 알기 위해, 현재 받고 있는 모든 치료를 일부러 끊어버린다. 해열제도 진통제도 맞지 못하는 환자는 괴로워하지만, 오히려 이런 상황이 되고 나서야 아픈 곳이 명확히 드러나고, 원인이 발견되어 치료가 가능해진다. 그동안 환자가 먹고 있던 약이 오히려 증상을 가리는 역할을 하고 있었던 것이다.

데이터에 기반한 액션을 오래 하다 보면 비슷한 아이러니irony가 생겨난다. 실무에 적용하기 이전에는 사용자 집단 전체에 대해서 모든 사례의 데이터를 고르게 가지고 있지만, 실무에 적용하고 나서부터는 모델의 유도를 당한 사용자의 데이터만 가지게 된다. 즉 우리의 적극적 액션이 데이터의 편향bias을 만들어내고 편중variance을 만들어낸다. 다양성 diversity이 훼손되는 것이다. 이러한 일반성 훼손은 변화를 눈치채지 못하게 한다.

예를 들어 '가나다'라는 콘텐츠가 있었다고 해보자. 최적화 전에는 이 콘텐츠가 모두에게 노출이 되어 중립적 데이터를 만들어내고 있었다. 그리고 이 데이터를 기반으로 모델이 A, B, C 사용자 집단 중에 A가 가장 반응을 잘한다는 사실을 찾아주었다. 그 이후 모델은 적극 사용되고 이 콘텐츠는 A 위주로만 노출된다. 문제는 시간이 지나 보니 예전엔 아니었던 C가 더 반응을 잘하게 되었다던가, 우리가 몰랐던 좋은 D가 신규로 유입되었다던가 하는 일이 물밑에서 일어나도 우리가 눈치를 챌 수가 없다는 것이다. 동작하고 있는 모델 때문에 C나 D에게 콘텐츠가 노출되지 않기 때문이다. 이러한 일을 방지하기 위해, 우리는 모델이 적용되지 않아, 행동의 다양성을 보유한 무작위random 데이터를 일정량 이상 확보할 필요가 있다. 사실 이것은 데이터 기반 최적화의 전통적인 딜레마인 탐색과 획득explore vs exploit 트레이드 오프trade off 문제이다. 빼먹는데exploit에 집중하면, 변화를 위한 새로운 먹거리 발견explore이 미흡해진다.

물론 이 트레이드 오프 사이의 균형을 자동으로 찾아주는 멀티암드 밴딧multi armed bandit, MAB[6] 같은 알고리즘이 있기는 하다. 하지만 MAB의 목적은 '여러 모델 간의 경쟁 우위'를 최적화하기 위한 것이지, 무작위 데이터 확보를 위해서 쓰이는 것은 아니다. MAB 알고리즘에서 무작위 데이터를 얻기 위해서 '아무것도 하지 않는 모델'을 추가할 경우, 이 모델은 성능 자체는 매우 낮은 값을 가질 것이며 MAB의 알고리즘 특성상 이런 모델은 아주 적은 노출 기회를 가지게 된다. 이 정도 적은 양으로는 위에서 기술한 변화를 감지하기 어렵다. 따라서 일시적으로 전체 트래픽을 처음부터 분리해 일정 부분은 모델 없이 노출시키고, 나머지는 MAB로 보내도록 하는 데이터 분리가 필요할 수도 있다. 물론 이 작업은 늘 이루어질 필요는 없고 분기나, 해마다 한 번도 충분하다.

데이터는 자연적으로 중립성 있게 생산되는 것이 아니라, 우리가 유도하는 방향으로 굴곡져 생성된다는 사실을 늘 기억하자. 의도적으로 얻어낸 다양성이 보존된 데이터는 우리가 놓친 기회는 없는지를 확인하는 데 큰 도움이 된다.

비용에 따라 모델의 정확도보다 커버리지가 우선되기도 한다

우리 제품을 구매할 것 같은 사용자를 찾는 타기팅targeting 문제를 머신러닝으로 풀고 있다고 가정해보자. 모델을 고도화·정교화할수록 정확도accuracy는 올라가겠지만, 동시에 이 모델에 통과되기 위한 기준값threshold이 올라가면서 부작용으로 모델이 맞출 수 있는 대상의 수coverage가 작아질 수 있다. 이는 역으로 생각해보면, 너무 엄격한 기준을 적용한 나머지, 어쩌면 우리 서비스를 위해 지갑을 열었을지도 모르는 사용자를 놓치는 형상이 될 수 있다.

이럴 때 비즈니스 관점에서 보면, 정확도를 낮추더라도 더 많은 소비자가 포함될 수 있게 타깃의 범위를 넓히는 것이 합리적인 경우가 있다. 간단한 예를 들어보자. 사용자의 구매 전환율은 10%이며 1만 명의 메일 대상자를 선정해주는 모델 A와 구매 전환율이 5%이지만 10만 명을 추출해주는 모델 B가 있다고 해보자. 모델 A는 10%×1만 명으로 1,000명의 구매를 만들겠지만, 모델 B는 5%×10만 명으로 5,000명의 구매를 만들어낸다.

의료와 같이 잘못된 판단이 치명적인 분야라면 정확도를 기준으로 모델을 골라야 한다. 하지만 마케팅이나 푸시 등 오판에 대한 비용이 적은 분야는 커버리지가 우선시될 수 있다. 기술은 성능performance을 추구하지만, 비즈니스는 이익profit을 추구하기 때문이다.

서비스를 위해 정확도보다 속도를 더 우선하기도 한다

모델 서비스 시에, 미리 다 계산해두는 배치batch 형식이 아니라, 사용자 요청 때마다 계산되는 온라인online 형태로 진행되야 할 때가 있다. 사용자가 어떤 입력값을 넣을지 그 자유도가 너무 높아서 적절한 예상 답안을 미리 구워두기 힘든 경우가 그렇다.

배치는 대량의 데이터를 미리 계산해두고 서비스 특성에 맞는 적당한 자료 서버에서(hbase, redis, mysql 등) 불러오기만 하면 되지만, 온라인은 훨씬 더 많은 고민이 필요하다. 그 고민 중 하나가 응답 시간response time이다. 사용자가 어떤 입력을 넣을지 예측이 어려워서 채택된 온라인이므로, 태생적으로 두껍고 긴 롱테일long tail을 가지게 된다. 두터운 롱테일은 이전의 계산 결과를 재활용하기가 어렵다는 뜻이므로 캐시cache도 소용없어서, 바로바로 계산해야 하는 양이 많다. 트레이닝training에 비하면 결과값 얻기predict는 몇천 배 빠르겠지만, 복잡한 모델을 빌드했을 경우에는 이 계산 속도도 문제가 된다.

문제가 되는 대표적인 예가 RNN계열(LSTM, GRU 등등)인데 애초에 재귀적recursive으로 계산되기 때문에 병렬화가 느린 RNN은 이미 구워진 모델이라 할지라도 건당 계산predict이 느리다. 머신러닝의 결과물이 최종 결과가 아니라, 상위 큰 시스템의 구성요소로 쓰이는 경우가 대부분이기 때문에 서비스에 따라 20ms 이하의 아주 극단적으로 빠른 처리 속도를 요구받곤 한다. 느린 RNN 계열은 이 요구 조건을 못 맞추는 일이 발생할 수 있다. 이럴 때는 정확도가 조금 낮더라도 같은 일을 하는 CNN 구조가 있다면 그 편이 더 좋다. 병렬화가 쉬운 구조적 특성 때문에 CNN 계열은 RNN 계열보다 빠르다. 정확도는 1% 낮지만 0.1초 더 빨리 서빙해서 사용자에게 빠릿빠릿한 감각을 맛보여 준다면, 사용자에게 주는 총체적 효용은 후자가 더 클 수 있다. '번역'과 같이 사용자가 충분히 기다리는 게 전제가 된 서비스라면, 조금 느린 속도도 문제없겠지만, 화면의 콘텐츠 요소로 사용되는 추천이라든가, 사용자 행동에 반응해서 팝업을 띄워준다든가 하는 즉각적인 서비스 용도라면 단연 속도가 모델 선택의 기준이 된다.

속도는 온라인 서비스에서만 중요한 것이 아니다. 배치 서비스라 할지라도 서비스로서의 머신러닝은 사용자의 반응에 즉각 대응하는 실시간성을 갖추어야 한다. 실제 사용자들은 배치의 학습주기보다 빠르게 움직이고, 또 쉽게 싫증을 내는 존재이기 때문이다. 사용자가 모델의 최선의 결과물을 보았음에도 반응하지 않았다면, 그에 불만족한 것이므로 빠르게 콘텐츠를 전환하여야 한다. 모델의 배치 계산 주기cycle가 길다고 해서, 서비스가 콘텐츠를 바꾸지 않으면 사용자는 지루해할 것이다. 또 이미 반응한 콘텐츠도 마찬가지다. 이미 본 기사나, 산 물건을 추천해주는 것도 사용자에게 의미 없어 보인다. 때문에 사용자 경험user experience을 만족시키기 위해서는 사용자 반응을 빠르게 수집하고, 새로운 콘텐츠로 즉각 대체하는 보조적 실시간 시스템이 항상 같이 구비되어야 한다.

타기팅과 브랜딩. 부정확한 것도 때론 괜찮다

머신러닝에서 우리가 기준점를 어떻게 설정하는가에 따라 아깝게 대상에서 벗어나는 집단이 있다. 일반적으로 이런 집단은 버려져서 사용되지 않겠지만, 실무의 세계에서는 좋은 사용처가 존재한다. 브랜딩이다.

브랜딩은 뭘까? 반복적인 시청으로 효용을 '학습'시키고 최종적으로는 효용을 '유도'하는 작업이라 생각한다. 태어날 때부터 '맞다 게보린'이라던가 '초코파이는 정情'을 알았던 것이 아니다. 지금 당장 아프거나, 배가 고프지 않더라도 반복적인 시청은 언젠가 필요할 때를 만났을 때, 해당 제품을 고르도록 학습시킨다. 또 브랜딩 메시지가 누적되면 없던 욕구를 유도하기도 한다. 전혀 배가 고프지 않았는데 치킨광고를 보고 그날 저녁에 주문 전화를 한 적은 다들 있을 것이다. 타기팅과 브랜딩은 세상을 바라보는 관점이 약간 다르다. 타기팅은 세상을 '정해진 것'으로 보고, 그 안에서 최적의 해를 찾는다. 브랜딩은 그에 비해 세상을 '변화시킬 수 있는 것'으로 보고 세상에 영향을 주기 위해 집행된다.

타기팅을 아깝게 벗어난 경계 근처의 사용자 군집은 브랜딩의 대상으로 적합하다. 기준을 넘지는 못했지만 그래도 최소한의 관심이 있기 때문에 전혀 상관 없는 군집에 비해 유혹하기가 쉽다. 머신러닝은 문제에서 해답을 찾는 것이 기본 방향이지만, 나와 있는 해답 또는 오답에서 적절한 문제를 찾는 것도 일에 도움이 될 때가 많다.

딥러닝 시대에도 고전적인 머신러닝을 써봐야 한다

충분히 많은 데이터가 있다면 딥러닝은 거의 언제나 승리한다. 영상, 음성, 텍스트와 관련된 문제도 딥러닝이 월등하다. 다만 비즈니스 필드에서 자주 만나는 문제는 영상도 음성도 텍스트도 아닌 '테이블로 정리된 자료tabular data'인 경우가 많다. 심지어 양volume도 딥러닝을 돌리기엔 모자랄 때가 많다. 그럴 때는 feature 엔지니어링[7]을 충분히 거친 후, SVMsupport vector machine, RandomForest, GBTgradient boosted trees등의 전통적인 머신러닝 방법을 써보면 기대보다 꽤 좋은 성능을 낸다.

비 딥러닝 계열의 대표주자는 gradient boosted trees 알고리즘 구현체인 xgboost다. 캐글[8]에서도 테이블화된 데이터를 다루는 문제라면, 딥러닝이 아니라 xgboost를 쓴 모델이 승자가 된 경우가 많다. 개인적 경험으로도 xgboost의 속도와 성능은 정말 굉장하다. GPU를 써서 오랜 시간 돌린 딥러닝과 CPU로 몇 초 만에 끝난 xgboost가 1~2%의 근소한 차이인 경우가 많았다. 사실 1~2%라면 수학적으로는 의미가 있지만, 비즈니스적인 의미 차이는 거의 없다.

클래식한 모델은 기존 시스템 인프라 활용 면에서도 큰 이점을 가지고 있다. 회사의 분산처리 시스템에 태워 이래저래 편히 사용하기에는 귀한 GPU가 있어야 잘 운영되는 딥러닝 모델보다는, 정확도는 1~2% 뒤질지언정 아무 장비에서도 몇 초 만에 돌아가고, 라이브러리 하나만 같이 태워서 배포해도 잘 돌아가는 고전 방법들이 아무래도 만만하다. (여러분이 머신 한대에 GPU드라이버부터 텐서플로우까지 설치하던 노고를 기억해보라. 그걸 N대에 적용해야 한다고 생각해보라. 번거로운 건 번거로운 것이다.) 그리고 실무자들과의 협업에서도 큰 도움이 되는데, 딥러닝의 경우 블랙박스 요소가 많아, 그 동작 과정을 사람이 이해하거나 재조사 inspection하기는 어렵다. 이에 비해 고전 방법들은 알고리즘이 명확하고, 학습된 후에 모델을 조사하여 지식을 끌어내기가 상대적으로 쉽다. 예를 들어 수없이 많은 속성 중에서 추정 결과에 결정적 영향을 줬던 속성이 무엇인지 feature importance를 찾는 일 등도 쉽게 가능하다. 이러한 발견들은 현업을 담당하는 실무자들의 지식과 결합되어 새로운 가설을 떠올리거나, 또는 마케팅 등의 비즈니스 활동에 아이디어를 주는 경우가 많다. 머신만으로 모든 일이 완결되는 것이 아닌 이상 이러한 영감insight들은 실제로 큰 도움이 된다.

사람의 일은 여전히 중요하다

머신러닝을 비즈니스에 적용한다는 것은 두가지 종류의 불확실성과 싸워나가는 일이다. 하나는 데이터 부족으로 인한 불확실성이고, 다른 하나는 세상 그 자체가 가진 불확실성이다.

첫 번째부터 살펴보자. 머신러닝을 처음 공부하고 나면, 세상 모든 것을 다 예측해낼 수 있을 것 같은 기대를 품는다. 하지만 현실 세상의 로그log를 보고 나면 절망에 빠지게 된다. 현실의 로그는 '없거나' 또는 '쓸 수 없거나' 둘 중 하나의 상태이기 때문이다. 사실 현업에서 로그는 오류를 잡기 위한 디버그debug용도나, 불만족 고객 응대customer service를 위한 내용이 주로 남겨진다. 아무래도 머신러닝을 위한 용도는 뒷전이다. 때문에 머신러닝에 쓸 만한 데이터는 항상 부족하다. 동전을 던져 앞면이 나올 확률을 계산한다고 해보자. 동전을 던진 횟수가 3번밖에 없다면 횟수가 너무 작아 확률을 정확히 추정하기 어렵다. 추정값을 뽑아도 믿기 어려울 것이다. 이렇게 데이터가 부족하여 발생하는 불확실성epistemic uncertainty이 우리가 처음 만나게 되는 불확실성이다. 그래도 이쪽은 낫다. 우리의 노력과 끈기로 시간이 지날수록 극복이 가능하다. 열심히 로그를 남기고, 좋은 모델을 쌓아올려가며 제거해갈 수 있다.

첫 번째 불확실성을 어느 정도 제거하고 나면 문제가 되는 것은 두 번째 불확실성이다. 그것은 현실 세상이 근원적으로 가지고 있는 불확실성이다aleatoric uncertainty. 동전을 백만 번 던져서 데이터가 충분히 쌓였다고 해보자. 동전의 앞면이 나올 확률을 50%로 맞출 수 있다. 여기서 추가로 동전을 백만 번 더 던진다고 동전의 앞면이 나올 확률이 증가할까? 그렇지 않다. 아무리 데이터를 많이 모았어도 앞면이 나올 확률은 항상 50%의 불확실성을 가진다. 이것이 세상 그 자체가 가지고 있는 불확실성이다.

두 번째 불확실성은 얼핏 생각하기에 조금 절망적이다. 아무리 데이터를 많이 모아도, 아무리 좋은 모델을 만들어도 극복할 수 없어보이기 때문이다. 이때 필요한 것은 인식의 변화이다. 우리는 컴퓨터 앞에서만 일할 필요가 없다. 우리는 현실에 영향을 줄 수 있는 실재의 사람이다. 동전의 앞면이 필요하다면, 앞쪽이 잘나오도록 추를 달아도 된다. 양쪽이 앞면인 동전을 만들어도 된다.

두 번째 불확실성을 비즈니스 관점에서 생각해보자. 모든 데이터와 모델을 동원해 특정 사람이 좋아할 만한 최고의 상품을 추천할 수 있다 하더라도, 해당 소비자가 구매할 확률은 10%일 수 있다. 이때 구매율을 더 끌어올릴 수 있는 방법은 더 좋은 수학적 추정이 아니라, 가격 할인, 묶음 상품, 할인율의 일괄 적용, VIP만을 위한 할인율 차등 적용 등 현실 세상의 행동이다. 우리의 직접적인 행동이 극복할 수 없어 보였던 두 번째 불확실성을 변하게 만든다. 머신의 시대지만, 사람의 일은 여전히 중요하다. 그 점을 잊지말자.

머신러닝은 이 시대의 꽃이다. 가장 화려하고 모두가 가지고 싶어 한다. 하지만 이 꽃을 땅에 심어 자라나게 만드는 데에는 손에 흙을 묻히는 일이 필요하다. 우리가 어떤 흙들을 만져야 하는지, 때로는 어떻게 심어야 하는지에 대해 이야기했다. 모두가 아름다운 꽃을 피우기를 바란다.

하용호 _카카오

주석

1. 참고 | 웹상에서 실행되며 코드와 계산 결과, 각종 차트와 그래프 등을 한눈에 볼 수 있게 만들어진 작업 환경. 전체 과정을 한 화면에서 순서대로 볼 수 있기 때문에 작업하기에도, 타인에게 공유하기에도 편하다. 데이터 분석가들이나, 머신러닝 연구자들이 즐겨 사용한다. 쥬피터 환경에서 다른 언어도 사용 가능하지만, 주로 파이썬(python) 언어가 사용된다.

2. 참고 | 마치 사진을 찍듯이, 특정 시기 기준의 모든 데이터를 일컫는다.

3. 참고 | 남들보다 신제품 등을 빨리 구입해서 사용해야 직성이 풀리는 적극적인 소비자군

4. 참고 | 모델이 데이터가 만들어진 원리를 배우기보다는 데이터 자체를 기억해버리는 경우이다. 학습시킨 데이터에 대해서는 잘 풀지만, 새롭게 보는 데이터에 대해서는 성능이 오히려 떨어진다.

5. 참고 | 모델이 너무 단순하거나 또는 데이터가 부족하여, 실제 현실을 제대로 배우지 못하는 경우를 말한다. 역시나 성능이 떨어진다.

6. 참고 | 보통 모델의 우위를 판단하기 위해 사용되는 A/B테스트는 여러 개의 모델을 동시에 비교하게 될 경우, 어느것이 최적인지 알아내는 데 시간이 오래 걸리고, 또 그 시간까지 최적이 아닌 손해보는 모델에도 사용자가 상당히 많이 노출된다는 단점이 있다. 각 모델에게 동일한 사용자 수를 배분하는 일반적인 A/B테스트 로직과 달리 MAB는 성능이 좋은 모델에게는 더 많은 사용자를, 성능이 낮은 모델에게는 성능을 평가할 수 있는 소량의 적절한 사용자를 노출시켜, 충분히 탐색을 하면서도 이익을 최대화하는 데 초점을 맞춘다.

7. 참고 | 많은 속성(feature)들 중에서 도움이 되는 것만을 골라내거나, 여러 속성의 조합으로 새로운 속성을 만들어내는 작업을 말한다.

8. 참고 | 데이터 분석, 머신러닝 전문가들이 공개된 문제에 대해 각자 더 정확도 높은 모델을 만들어내어 경쟁하는 웹사이트. http://kaggle.com

세상을 바꿀 변화의 시작,
음성 인터페이스와 스마트 스피커

———● 지금으로부터 10년 전인 2007년, 미국 샌프란시스코에서 중요한 세상의 변화가 시작되었다. "오늘 세상을 바꿀 세 가지 디바이스device를 선보일 것입니다. 와이드 스크린에 터치 인터페이스로 동작하는 아이팟iPod, 혁신적인 휴대 전화, 그리고 획기적인 인터넷 커뮤니케이터. 아이팟, 전화기, 인터넷 커뮤니케이터… 눈치 채셨나요? 네, 이건 세 가지 디바이스가 아닙니다. 단 하나의 디바이스, 바로 아이폰iPhone 입니다."

2007년 맥월드MacWorld 키노트에서 스티브 잡스가 얘기한 것처럼, 애플은 휴대폰을 재창조했고 세상을 완전히 변화시켰다. 이 '작은 디바이스' 하나만 있으면 언제 어디서나 전화와 음악 듣기는 물론, 인터넷과 연결된 수많은 서비스들을 편리하게 이용할 수 있게 됐다.

스마트폰, 세상을 바꿔버린 슈퍼 디바이스

무엇보다 스티브 잡스가 아이폰을 소개하며 강조한 것처럼, 스마트폰은 다른 휴대용 기기를 통합했다. 오늘날 이 특징은 너무나 당연하게 여겨지고 있지만, 2000년대 초반만 해도 그렇지 않았다. 외출할 때마다 사람들은 가방에 휴대폰, MP3 플레이어, 디지털 카메라, 휴대용 게임기, PMP_{DMB}, 전자사전 등의 기기를 넣고 다녀야 했고, 필요할 때마다 그 중 하나를 꺼내어 이용하곤 했다.

단순히 생활양식이 바뀐 게 아니라, 앞서 언급된 디바이스들은 실제로 세상에서 자취를 감추거나 다른 형태로 바뀌었다. 한때 필수품 취급으로 받았던 휴대용 MP3 플레이어는 거의 사라졌고, 디지털 카메라 시장은 고급형 모델 중심으로 재편되었다. 스마트폰은 이제 세상에서 가장 많은 사람들이 사용하는 휴대용 게임기가 되었고, 동영상앱을 실행하여 스마트폰으로 영화 한 편을 보는 시대가 되었다.

스마트폰의 등장으로 세상에서 자취를 감춘 디바이스는 휴대용 기기에 국한되지 않는다. 자동차에서는 거치용 내비게이션이 점점 사라지고 있고, 집에서는 종합 콤포넌트라고 불리던 오디오 데크가 사라졌다. 집에 유선전화를 개통하는 경우가 크게 줄었으며, 방마다 하나씩 있었던 탁상용 알람시계 역시 어느 순간 찾아볼 수 없게 되었다.

이 모든 것을 사용하기 위한 단 하나의 인터페이스, '터치'

모든 개별 디바이스의 기능을 하나로 통합한 스마트폰은 '터치 인터페이스'라는 혁신적인 기술이 있었기에 존재 가능했다. 아이폰 이전에도 스마트폰이라고 할 만한 디바이스가 있었으나, 대부분 쿼티_{QWERTY} 키보드를 장착하거나, 전용 스타일러스stylus 펜을 이용하는 형태였다. 스티브 잡스는 이를 대단히 못마땅하게 생각했다. "신神은 우리에게 이미 스타일러스를 주셨어. 그것도 열 개나." 스티브 잡스가 아이폰 개발팀에게 자기 손을 흔들어 보이며, 자연스러운 터치 인터페이스의 개발이 가장 중요하다고 말한 이야기는 널리 알려진 일화다. 2007년 키노트에서 잡스는 아이폰의 가장 중요한 핵심 기능으로 손가락만으로 동작 가능한 '멀티 터치 인터페이스multi touch interface'를 첫 번째로 소개했다. 기존 쿼티 키보드와 스타일러스 펜이 가진 끔찍한 사용성을 함께 언급하면서.

실제로 터치 인터페이스는 매우 쉽고 훌륭하다. 미세한 손가락 움직임에도 반응하는 정전식 디스플레이 장치는 기존 입력 인터페이스 장치들(키패드, 마우스, 포인팅 장치 및 각종 버튼들)이 가지는 조작성의 한계를 사실상 완전히 없앨 수 있기 때문에, 스마트폰에 담겨 있는 서비스와 기능들을 거의 무한대에 가까운 방식으로 이용할 수 있게 해준다. 게다가 손가락으로 화면에 표시된 무언가를 눌러 반응을 보는 것은 학습비용이 매우 낮을 뿐만 아니라 자연스러운 형태의 인터페이스이다. 두세 살짜리 아이가 아이폰을 쉽게 조작하는 모습을 보는 것은 이제 별로 놀라운 일도 아니다.

스마트폰으로의 과도한 통합이 초래한 불편함

너무 많은 기능들이 스마트폰에 담기고 이를 오직 '터치 인터페이스'로만 사용할 수 있게 되면서 불편해진 것도 있다. 대표적인 사례가 가정에서의 음악 감상이다. 과거에는 음악 감상을 위해 테이프나 CD를 데크에 넣고 플레이 버튼만 누르면 원하는 음악을 좋은 음질로 즉시 들을 수 있었다. 스마트폰과 음악 스트리밍streaming 서비스를 통해 언제 어디서 나 다양한 노래를 들을 수 있게 되어 편리해진 '수혜'를 모든 사람이 쉽게 누릴 수 있는 것은 아니다. 모든 서비스와 산업이 스마트폰에서 소비되는 현대에, 누구나 쉽게 접할 수 있었던 음악 감상을 할 수 없게 된 새로운 소외계층이 생겨났다. 아직도 적지 않은 50대 이상 장년층과 노년층에게 있어 스마트폰과 스트리밍 서비스를 통한 음악 감상은 매우 어려운 과업이다. 음악을 좋은 음질로 듣기 위해, 스마트폰을 블루투스 bluetooth 스피커와 연결해야 하는데 이는 더더욱 어렵다.

터치 인터페이스 역시 만능은 아니다. 스마트폰은 물리적으로 화면의 크기가 제한되어 있으므로, 한 번에 제공할 수 있는 인터페이스의 정보량이 많지 않다. 그러다 보니 수많은 서비스와 기능들을 이용하기 위해서는 부득이하게 여러 번의 단계를 거쳐 서비스를 이용하도록 설계할 수밖에 없다. 어떤 서비스를 사용하려고 해도, 보안 잠금을 해제한 후 해당 서비스 앱을 실행하여 몇 번의 터치를 거쳐야만 원하는 기능을 실행할 수 있다. 게다가 스마트폰에는 사용해야 하는 기능이 너무 많다. 터치 인터페이스 자체는 학습비용이 낮지만, 스마트폰에 익숙한 젊은 사람들조차 앱과 스마트폰에 내재된 기능을 제대로 찾지 못한다. 휴대폰 설정을 바꾸기 위해 여러 번의 시행착오를 겪는 젊은 사람들의 모습을 쉽게 찾아볼 수 있다.

또한 터치 인터페이스를 사용하기 위해서는 눈(시각)과 손을 필요로 하는데, 이는 태생적으로 멀티태스킹을 할 수 없도록 만든다. 눈과 손을 온전히 스마트폰을 위해 사용해야만 원하는 기능을 얻을 수 있고 이 과정에서 다른 일들을 동시에 하는 것은 매우 어렵다. 이는 불편함을 넘어 때로는 사용자를 위험에 빠뜨린다. 보행 중이나 운전 중에 스마트폰을 사용하는 것은 대단히 위험하다. 다수의 경우가 실제로 사고로 연결되기도 한다. 스마트폰에 많은 편리한 기능이 담겨 있기 때문에, 사용자들은 앞서 말한 위험에도 불구하고 이동하며 스마트폰을 보는 경우가 많다. 이 역시 슈퍼 디바이스로써 스마트폰의 존재와 이를 터치 인터페이스로 사용해야만 하는 결합이 만들어낸 새로운 종류의 사회적 이슈이다.

가장 자연스럽고 효과적인 인터페이스, '음성 대화'

터치 인터페이스가 스마트폰과 함께 10여 년간 가장 훌륭한 인터페이스가 될 수 있었던 것은 앞서 얘기한 것처럼 자연스러움 덕분이었다. 그러나 터치 인터페이스는 '터치스크린touch screen'이라는 최소한의 물리적 장치를 수반하고, 스크린 위로의 터치라는 물리적 행동을 필요로 하는 한계를 갖고 있다.

이러한 관점에서 봤을 때, 음성을 통한 대화형 인터페이스는 가장 쉽고 자연스럽게 복합적인 기능을 사용할 수 있는 방법일 것이다. 일단 음성 대화 인터페이스는 단계를 거칠 필요가 없이, 모든 서비스 이용을 한 번에 할 수 있게 해준다. 원하는 음악을 듣거나, 뉴스와 날씨 정보를 확인하거나, 알람을 맞추거나, 전화를 걸거나, 심지어 카카오미니를 통해 제공되는 기능인 카카오톡 보내기조차 한 번의 음성 명령으로 즉시 실행된다. 입과 귀를 사용하는 음성 대화 인터페이스는 터치 인터페이스와 달리 인터페이스 장치를 정확히 인지하지 않고도 사용할 수 있어 멀티태스킹에 훨씬 적합하다. 음성 대화 인터페이스는 앞서 얘기된 운전

중이나 보행 중에도 위험성 없이 사용할 수 있다. 아침 시간 집에서 바쁘게 출근 준비를 하면서도 음성 대화 인터페이스로 날씨, 뉴스, 주가 등을 편하게 확인할 수 있다.

음성 대화를 통한 인터페이스의 가장 큰 장점은 학습비용이 터치 인터페이스보다도 낮다는 점이다. 대화라는 것은 모든 사람이 태어나서부터 배우고 이미 방법을 알고 있는 소통 방식이다. 기존 인터페이스들이 HCI human-computer interface라는 학문적 기반에서 발전해왔고, 이는 사람처럼 대화를 할 수 없는 기계를 사용하기 위해 만들어진 방법임을 생각해본다면, 음성 대화로 컴퓨터를 조작하는 행위는 궁극의 인터페이스의 한 형태라고도 볼 수 있을 것이다.

물론, 아직 음성 대화를 통한 인터페이스는 완벽하지 않다. 이것이 완전해지기 위해서는 모든 자연스러운 대화를 이해하고 응답되어야 한다. 현재의 기술로 이를 완전하게 구현하는 것은 쉽지 않다. 그러나, 음성인식과 AI기술이 빠르게 발전하고 있기 때문에 자연스러운 모든 대화를 이해하는 컴퓨터 혹은 서비스가 등장하는 것은 어쩌면 그리 멀지 않은 미래의 이야기일 수도 있다.

왜 스마트폰이 아닌 스마트 스피커인가?

사실, 음성 대화 인터페이스로 터치 인터페이스가 가진 한계를 극복하고자 했던 시도는 스마트폰 제조사를 중심으로 이미 몇 년 전부터 진행되어 왔다. 그러나 애플 시리 Siri와 구글 어시스턴트 Google Assistant를 통한 스마트폰 기반의 음성 대화 인터페이스는 시장에 제대로 정착하지 못했다. 음성 인터페이스는 효용성이 떨어지는 기술로 평가받으며, 훨씬 더 먼 미래에나 일상에서 사용될 수 있는 것처럼 보였다. 아마존이 에코 Echo를 발표하여 사람들의 일상이 음성 인터페이스로 실제로 바뀔 수 있음을 보여주기 전까지는.

아마존은 '음성 대화 인터페이스'가 가지는 특징과 가치를 제대로 이해하고 있었고, 이것이 에코가 성공을 거둘 수 있었던 가장 큰 요인일 것이다. 아마존은 전원에 상시 연결된 가정용 스피커 디바이스를 통해 알렉사Alexa 서비스를 제공했다. 사용자들은 알렉사를 통해 기존 스마트폰 음성 비서와는 다른 두 가지 중요한 경험을 할 수 있었다.

첫 번째는 스피커를 24시간 음성 입력 대기 상태로 만듦으로써, 사용자가 디바이스를 사용하기 위한 별다른 준비를 하지 않아도 된다는 것이다. 사용자는 아무 때나 '알렉사'를 부르는 것만으로 서비스를 바로 이용할 수 있게 됐다. 이 과정은 서비스 이용 단계를 단 한 번으로 끝낼 수 있는 음성 인터페이스의 본질적 사용자 가치를 제대로 구현하기 위한 중요한 요소였다. 두 번째는 음성 대화만으로 모든 서비스를 완전하게 이용할 수 있도록 만든 점이다. 이를 통해 사용자는 눈과 손을 자유롭게 쓸 수 있을 뿐 아니라 특별한 학습 없이 자연스러운 대화를 통해 서비스를 이용할 수 있었고, 이를 통해 음성 인터페이스의 진정한 편리함을 완전하게 경험할 수 있었다.

스마트폰의 음성 비서는 알렉사가 보인 음성 인터페이스의 경험을 제대로 구현하는 데 한계가 있었다. 음성 웨이크업 기능이 있지만, 보조적인 수단이었고 옵션을 꺼두는 경우가 많아 신뢰도가 낮았다. 또한 스마트폰의 음성 비서는 터치 인터페이스의 병행 사용을 유도했는데 이로 인해 음성 대화는 스마트폰을 오롯하게 활용하는 수단이 되지 못하고, 보조 인터페이스로의 위상을 벗어나지 못하게 된다. 10년간 학습되어온 '스마트폰 조작=터치 인터페이스 사용'이라는 명제에서 탈피해, 음성 대화로 스마트폰을 조작하는 것을 사용자가 낯선 경험으로 인식할 수밖에 없는 환경이 스마트폰의 음성 비서를 보조적 도구로 머물게 만든 이유이기도 했다.

스마트폰으로 인해 사라졌던 디바이스들의 부활

아마존이 발표하는 에코의 새로운 라인업line up을 보면, 스피커가 음성 대화 인터페이스 구현에 적합했기 때문에 선택된 것만은 아닌 듯 보인다. 아마존이 새로운 에코 라인업을 통해 선보이는 가장 중요한 기능 중 하나는 전화Echo Show와 알람 시계Echo Spot이다. 전화 기능과 알람 기능은 기본 에코 디바이스에서도 제공되는 기능이지만, 에코 쇼와 에코 스팟은 이 두 가지 기능을 디바이스의 형태적인 측면으로도 강조하고 있다.

아이러니하게도, 전화기와 알람시계는 에코가 대제한 '오디오 데크'와 더불어 스마트폰의 확산으로 자취를 감춘 가정용 디바이스였고 스마트폰 이전 시대에는 독립적인 기기로서 편리하게 사용되던 것들이다. 아마존의 에코 라인업은 스마트폰 시대에 사라져버린 가정용 디바이스들을 통합하여 새로운 슈퍼 디바이스로 부활시키려는 듯 보인다. 에코와 같은 스마트 스피커를 이용하면 집안에서 스마트폰을 쓰는 것보다 훨씬 편리하게 음악 감상이나 알람 설정을 할 수 있다. 가전 기기 제어와 각종 정보 확인, 커뮤니케이션, 쇼핑, 음식 주문하기도 에코를 통해 이용할 수 있다. 물론 아직은 스마트폰을 이용할 때 더 편리하게 이용할 수 있는 서비스들이 훨씬 많다. 스마트폰의 등장이 개인용 컴퓨터를 완벽하게 대체하지 않았던 것처럼, 스마트 스피커가 또 다른 슈퍼 디바이스가 된다고 해도, 스마트폰 역시 계속 사용될 것이다.

그러나 스마트 스피커는 그동안 스마트폰에 부여된 과도한 역할 중 가정에서의 IT 서비스 사용 경험을 음성 인터페이스라는 편리한 UX와 함께 많은 부분 대체할 수 있을 것이다.

스마트폰이 등장하고 10년 동안 세상이 더 편리해진 것처럼, 음성 대화 인터페이스와 새로운 가정용 스마트 디바이스의 출현은 앞으로 오랜 시간에 걸쳐 삶의 많은 부분을 변화시키고 새로운 가치를 만들어낼 것이다. 그리고 언제나 혁신적인 생활 플랫폼을 만들어왔던 카카오 역시, 카카오의 인공지능 플랫폼인 카카오I와 스마트 스피커 카카오미니를 시작으로 이 거대한 변화를 함께 만들어나갈 것이다.

이석영 _카카오

기계번역기의
역사와 발전

──● 신경망 기반의 기계번역neural machine translation, NMT은 메이저급 기계번역 서비스에 속속 도입되고 있다. 딥러닝과 방대한 병렬 말뭉치를 핵심 기술로 삼고 있는 기계번역기는 번역 전공자들의 위기감까지 유발할 정도의 높은 성능을 자랑한다. 이러한 시스템의 등장은 지난 70여 년간의 '번역'이라는 작업에 대한 깊은 이해와 고민, 여러 차례의 시행착오가 없었다면 불가능했을 것이다. 기계번역기의 발전 연대기는 기술의 발전 양상에 따라 (1) 1960년대 중반, (2) 1960년대 중반에서 1990년대 중반, (3) 1990년대 중반 이후로 구분될 수 있다.

기계번역기의 발전 연대기

기계번역이라는 용어는 1949년 워렌 위버Warren Weaver 의 「번역translation」[1] 에 처음 언급되었다. 이 논문은 당시 큰 주목을 받았고, 기계번역 연구의 촉매 역할을 한 것으로 평가된다. 1951년 MIT에서 기계번역 연구가 본격적으로 시작됐다. 이후, 일본, 러시아, 프랑스 등의 국가에서도 기계번역 관련 연구가 활발히 진행됐다. 〈1954 Machine Translation Movie〉라는 유튜브 영상[2] 을 보면 1950년대 기계번역에 대한 기대 정도를 엿볼 수 있다.

5년이면 기계번역을 정복할 수 있을 것이라는 기대와 달리, 1960년대 중반에 와서도 기계번역 성능은 기대에 미치지 못했다. 기대는 실망으로 바뀌었고, 기계번역에 대한 회의론이 일기 시작했다. 기계번역 연구도 이전처럼 활발하지 못했다. 관련 연구는 여러 대학 연구실에서만 주로 이루어졌다. 1970년대와 1980년대를 거치면서 여러 방법론들이 제시되었지만 일부 분야domain에서만 그 성능을 인정받는 수준이었다. 하지만 이 시대의 기계번역 연구는 관련 자연어 처리 기초 연구 분야들(형태소 분석, 구문 분석, 언어 생성 등)의 발전에 많은 영향을 주었다.

1990년 전후로 통계적 방법을 기계번역에 접근한 통계 기반 기계번역statistical machine translation, SMT은 혁신적인 변화를 일으켰다. 원문과 번역문이 함께 있는 병렬 말뭉치에 통계적으로 접근하는 방법론이다. 다수의 기업들이 이러한 방법으로 기계번역 개발에 적극 뛰어들기 시작했다.

이후 딥러닝 기반 방법론들이 이미지 처리, 음성인식, 자연어 처리 기반 기술로 사용되면서 기계번역도 좋은 성능으로 주목받게 되었다.

번역 관련 서비스들이 폭발적으로 늘어남에 따라 구글, 마이크로소프트, 페이스북뿐만 아니라 중국의 바이두, 러시아의 얀덱스 등 현재 각 나라의 주요 포털 업체들의 경우 모두 자체 플랫폼에서 번역 서비스를 제공하고 있다. 이외에도 시스트란SYSTRAN과 같은 번역 서비스 회사들까지 활발하게 사업을 펼치고 있는 중이다. 가히 기계번역기의 춘추전국시대라고 해도 과언이 아니다.

아울러 해외 여행의 급증, 해외 직구 등을 통한 해외 쇼핑 경험 확대, 비즈니스 교류 증가 등으로 통번역 수요가 높아지고 있다. 모바일 플랫폼 확장으로 인해 높아진 번역 서비스에 대한 접근성도 기계번역에 대한 필요를 키우고 있다. 이와 같은 번역 서비스에 대한 수요의 지속적 증가는 기계번역기를 둘러싼 치열한 경쟁의 형성에 한몫을 하고 있다. 이 같은 환경 속에서 주요 IT 업체들은 자사의 기계번역 기술을 바탕으로 사용자에게 글의 맥락context에 최적화된 번역 서비스를 제공하려고 노력하고 있다. 아울러 적용 폭 역시 확대 중에 있다. 시장조사 기관인 그랜드 뷰 리서치Grand View Research에 의하면, 기계번역 시장은 2022년 9억 8330만 달러 규모(1조 747억 원[3])로 성장이 예상된다. 특히 방대한 양의 콘텐츠를 정확하고 빠르게 번역할 필요가 있는 전자, 자동차, 의료, 밀리터리 업계 등에서 기계번역의 높은 미래 가치가 점쳐지고 있다.[4]

구글, MS, 바이두의 기계번역

현재 전 세계적으로 가장 많이 이용되고 있는 기계번역 서비스는 구글 번역이다. 구글 번역은 103개 언어의 번역을 지원하고 있는데, 이는 세계 최대 규모다. 구글 번역을 이용하는 사람은 전 세계에 5억 명 이상이며, 매일 1,400억 개 이상의 단어 번역이 이루어진다.

구글은 2006년 통계 기반 기계번역 서비스를 출시한 후, 다음 해 모든 번역 엔진을 SMT로 전환하였고, 2016년 10월 GNMT_{Google's neural machine translation}를 발표하며 이를 서비스에 적용하기 시작했다. 또한 구글은 증강현실 애플리케이션 서비스 업체인 '퀘스트 비주얼_{Quest Visual}'을 인수해 이미지 번역을 시작했다. 최근에는 40개 언어를 자동으로 번역해주는 구글 어시스턴트_{Google Assistant}가 내장된 무선 헤드셋 '픽셀 버즈_{Pixel Buds}'를 출시하며 하드웨어 분야로의 진출을 본격적으로 알리고 있다.

MS는 2016년 11월에 기계번역 시장 경쟁에 뛰어들었다. 기술문서 번역의 강점 및 엔터프라이즈_{enterprise}[5] 서비스 경험을 기반으로 한, 발표자의 설명을 실시간으로 번역하는 프레젠테이션 번역, 스카이프_{Skype}를 통한 실시간 통번역 서비스 등을 제공하며 기업 시장을 공략하고 있다.

중국의 구글이라 불리는 바이두는 정부의 적극적인 지지에 힘입어 인공지능 분야에서 가파른 성장세를 보이고 있다. 2016년부터 2년간 바이두가 AI 분야에 투자한 금액은 200억 위안(약 3조 6,464억 원)[6]에 육박한다. 바이두는 강력한 데이터베이스를 기반으로 현재 27개 언어에 대한 번역 서비스를 제공하고 있으며 일부 언어에 NMT를 적용하고 있다.

국내의 기계번역 시장 역시 IT 기업들이 개발을 주도하고 있다. 카카오는 2017년 10월 통합 인공지능 플랫폼, 카카오I의 번역 엔진을 적용한 기계번역 서비스 '번역 베타_{beta}' 서비스를 선보였다. 한국어, 영어 이외의 추가적인 언어 서비스를 위해 준비 중이다. 네이버는 '파파고_{papago}'라는 서비스를 운영 중이다. 2016년 8월부터 운영 중인 파파고에는 NMT 기술이 적용됐다.

높은 관심과는 별개로, 기계번역 역시 딥러닝 연구의 빙하기와 마찬가지로 인기가 없던 암흑기가 있었다. 인기 없는 연구임에도 불구하고 이 문제를 해결하고자 시간과 심혈을 기울였던 모든 이와 연구를 지원해준 관련 정부 부처 연구비 집행 담당자들의 안목이 있었기에 오늘 이러한 번역기를 만들 수 있다고 생각한다.

번역 기술의 개괄적 구조

번역 기술을 [그림 1]과 같은 형태로 표현해볼 수 있다. 번역하려는 언어source language와 번역언어target language를 삼각형 아래 두 꼭지로 표현할 때, 번역 과정을 크게 3가지 경로에 따라 direct, interlingual 그리고 transfer 방식으로 표현할 수 있다.

1990년대부터 말뭉치를 이용한 통계적 접근 방식이 자연어 처리 등 여러 작업에 적용되면서, 병렬 밀뭉치를 이용한 통계 기반 기계번역 방법론들이 통용되기 시작했다. 통계 기반 기계번역은 translation model(이하, TM)과 language model(이하, LM)로 이루어져 있다. TM에서는 소스와 타깃 문장 사이에 각 단어나 구가 어떻게 번역으로 매치되는지를, LM에서는 번역문의 각 단어들이 얼마나 문장다운 문장을 만드는지 수치화하여 보여준다. 이 두개 요소가 함께 번역하려는 문장에 딱 알맞는 번역문을 만드는 것을 제어한다.

NMT는 SMT의 범주로 볼 수 있는데, 신경망을 기반으로 TM이나 LM의 수치들을 얻는다는 점이 SMT와의 차이점이다. 최초 NMT[7] 모델의 중심은 LM이었고 그 이후 제안된 모델[8]에는 attention이라는 첫 번째 경로가 보여주는 것은 소스 언어source language에서 타깃 언어target language로 direct-translation이라고도 하는데, word-to-word 번역 방식이다. 초창기에는 이 방식이 한국어와 일본어처럼 서로 유사한 언어를 번역하는 기계에 사용되기도 했다. 이 방법론의 장점은 간단함에 있지만, 단점은 토폴로지topology가 다른 언어쌍의 번역을 진행하기에는 부족하다는 것이다.

소스와 타깃 언어쌍의 차이를 극복하기 위한 방법으로 학자들은 소스 문장들의 의미를 추상화하여 원래 언어와 독립된 매체 또는 구조로 표현하고, 이 추상화된 의미를 다시 타깃 언어로 생성하는 방식으로 접근했다. 소스 언어 문장을 interlingua로 표현하고 다음으로 interlingua에서 타깃 언어 문장을 생성할 경우, 우리는 이를 interlingual 방식으로 부른다.

반면 transfer는 direct-translation과 interlingual-translation의 중간 정도 abstraction으로 생각할 수 있는데, 예로 syntactic transfer에서는 소스 단 문장들을 (의존)구문분석[9]을 통하여 구문트리로 표현하고, 구문트리는 변환 과정을 거쳐서 타깃 번역문을 만드는 과정이다.

[그림 1] direct-, interlingual- and transfer-translation

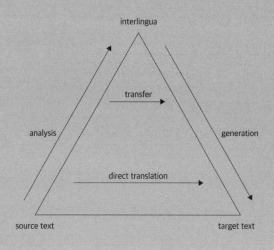

mechanism으로 소스와 타깃 문장의 대응된 단어들이나 구들을 매치해 준다. 즉 기존 통계 기반 기계번역의 TM 부분을 더욱 명확하게 모델링 한 방법론이다. 현존하는 고성능 기계번역 서비스는 거의 대부분 이 모 델을 기초로 하고 있고 이러한 NMT 모델은 전통적인 통계 기반 기계 번역의 모델링 방법과 큰 틀에서 다르지 않으므로 현재 NMT는 기존 연구들의 연속이라고 생각한다.

최근에는 attention mechanism을 더욱 적극적으로 사용하는 연구가 활발히 이루어지고 있다. 기존의 방식이 소스 문장 구성 요소와 이에 대 응되는 타깃 문장 구성 요소 사이의 관계를 찾는 것에 한정되는 Inter-attention 방식이었다면, 최근 모델은 독립적으로 소스, 타깃 각 문장의 요소 내부에서 관계를 찾는 Intra-attention까지 활용한다. 이 방식은 각 구성 성분들이 담고 있는 ambiguity의 해소에 도움을 주어 결국 번역 성 능 향상으로 이어지고 점점 전통적인 신경망 모델들을 대체하고 있다.[10]

신경망 기반 기계번역neural machine translation, NMT에 대해서는 다음 글에 사 세히 다루어지겠지만, 기계번역기 모델링으로 sequence-to-sequence 모 델링 방법은 자연어 처리를 비롯한 여러 작업task뿐만 아니라, 시퀀스 sequence를 다루는 문제들을 해결하는 한 예시의 역할을 하고 있어, 그 의 미가 더욱 크다.

김미훈 _카카오

주석

1. 참고 | http://www.mt-archive.info/Weaver-1949.pdf

2. 참고 | https://youtu.be/K-HfpsHPmvw

3. 참고 | 1달러=1,093원 기준

4. 참고 | http://www.grandviewresearch.com/industry-analysis/machine-translation-market

5. 참고 | 기업 내부의 일상적 활동 수행이 이뤄질 수 있도록 하는 기업 네트워크 시스템

6. 참고 | 1위안=168.23원 기준

7. 논문 | Sutskever, I. et al. (2014). Sequence to Sequence Learning with Neural Networks, NIPS.

8. 논문 | Bahdanau, D. et al. (2014). Neural machine translation by jointly learning to align and translate, ICLR.

9. 참고 | https://ko.wikipedia.org/wiki/구문_분석

10. 논문 | Vswani, A. et al. (2017). Attention Is All You Need, doi : arXiv:1706.03762.

신경망 번역 모델의
진화 과정

──● 통계 기반 번역기가 end-to-end 방식의 신경망 기반 기계번역 neural machine translation, NMT으로 바뀌고 실제 서비스에 적용되기 시작한 것은 불과 1년 전의 일이다. 인공지능은 'AI winter' 시기를 견뎌낸 후, GPU 성능의 성장과 함께 꽃을 피웠다. 다양한 문제에 적합한 뉴럴 네트워크들이 나왔고, 단순한 뉴럴 네트워크들이 다양한 방식으로 연결되어 더 크고 복잡한 구조를 만들어내고 있다.

네트워크가 더 크고 복잡해지는 이유는 각 단위 뉴럴 네트워크들이 어려운 문제를 해결하는 데 상보적으로 작용하기 때문이다. 이는 마치 생명체가 세포들이 모여서 기관을 이루고, 기관들이 모여 온전한 개체로 완성되는 것과 유사하다. NMT도 가장 전형적인 복합 구조를 가지는 뉴럴 네트워크 중 하나이며 이미지넷ImageNet의 영상 인식 기술과 유사하게 매우 짧은 시기에 다양한 진화 단계를 겪어왔다. 물론 지금도 계속 진화 중이다. 이번 글에서는 번역에 사용되는 모델의 진화 과정을 통해 각 모델의 핵심 구조와 아이디어들이 어떻게 발전해왔는지 살펴보도록 하겠다.

NMT 모델의 진화 과정

지금까지 이루어진 NMT 연구 결과를 한 장의 도표로 표현하는 것은 쉽지 않다. 그렇지만 주요 기반 뉴럴 네트워크 및 모델들 간의 상관관계를 시간 축으로 그려보면 많은 정보를 얻을 수 있다.

[그림 1]에서 원은 주요 기반 모듈이고, 사각형은 NMT 모델이다. 각 모델은 기존 모델을 토대로 만들어지기도 하고 어느 정도 독립적으로 생성되기도 하는데, 그림에서 굵은 실선은 강한 영향 관계 또는 기존 모델을 토대로 했다는 의미이고 얇은 점선은 약한 영향 관계 또는 내부 모듈로 사용된 경우를 표현하고 있다.

첫 번째 NMT 모델은 2014년 12월에 발표된 'Sequence to sequence learning with neural networks'이다.[1] 하지만 이 모델은 인코더-디코더encoder-decoder모델을 토대로 확장된 것이기 때문에 'Learning phrase representations using RNN Encoder-Decoder for statistical machine translation'을 NMT의 시발점이라고 봐도 될 듯하다.[2] Encoder-decoder 모델은 단위 정보(word 또는 token)의 시퀀스sequence를 입력값으로 받아서 고정 길이 vector representation을 생성한 후 이를 이용하여 또 다른 단위 정보의 sequence를 생성하는 모델이다. Sequence를 주로 다루기 때

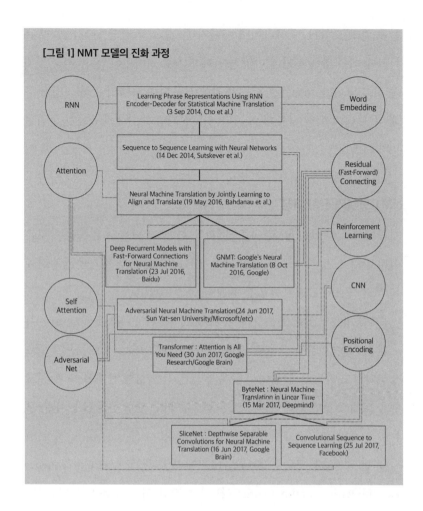

[그림 1] NMT 모델의 진화 과정

RNN

Learning Phrase Representations Using RNN
Encoder-Decoder for Statistical Machine Translation
(3 Sep 2014, Cho et al.)

Word
Embedding

Attention

Sequence to Sequence Learning with Neural Networks
(14 Dec 2014, Sutskever et al.)

Residual
(Fast-Forward)
Connecting

Neural Machine Translation by Jointly Learning to
Align and Translate (19 May 2016, Bahdanau et al.)

Reinforcement
Learning

Deep Recurrent Models with
Fast-Forward Connections
for Neural Machine
Translation (23 Jul 2016,
Baidu)

GNMT: Google's Neural
Machine Translation (8 Oct
2016, Google)

CNN

Self
Attention

Adversarial Neural Machine Translation(24 Jun 2017,
Sun Yat-sen University/Microsoft/etc)

Positional
Encoding

Adversarial
Net

Transformer : Attention Is All
You Need (30 Jun 2017, Google
Research/Google Brain)

ByteNet : Neural Machine
Translation in Linear Time
(15 Mar 2017, Deepmind)

SliceNet : Depthwise Separable
Convolutions for Neural Machine
Translation (16 Jun 2017, Google
Brain)

Convolutional Sequence to
Sequence Learning (25 Jul 2017,
Facebook)

문에 최근에는 encoder-decoder 대신 sequence-sequence_seq2seq라는 용어를 많이 쓰고 있다. Sutskever의 모델에서 encoder와 decoder 각각은 RNN_recurrent neural network으로 구현되며 단위 정보는 word embedding을 통해 continuous value로 변환되어 사용된다.

Seq2seq 모델을 NMT에서만 사용하는 것은 아니다. Sequence 형태로 표현될 수 있는 정보를 다루는 어떤 곳이든 사용 가능한데, 예를 들어,

문서 요약, QA_{Question Answering}, Dialog 등이 모두 포함된다. 따라서 NMT
의 구조를 파악하는 것은 자연어를 다루는 많은 문제들, 특히 문맥_{context}
정보를 파악해야 하는 과제를 풀어나가는 가장 좋은 출발점이라고 볼
수도 있다.

가장 단순한 형태의 seq2seq 모델은 성능이 그렇게 만족스럽지는 못
했고 뉴럴 네트워크의 가능성을 확인한 정도였다. 기존의 가장 좋은 통
계 기반 기계번역(statistical machine translation, SMT)과 경쟁할 만한 성과
를 보여준 모델은 'Neural machine translation by jointly learning to align
and translate'이라 할 수 있다. 이 모델은 attention net을 활용하는 좀더
복잡한 decoder를 사용한다.[3]

Attentional decoder는 decoding 시 매 time-step 별로 새로 생성될 토
큰을 결정할 때 source sequence에서 가장 가까운 관계의 token을 결정한
후 이 정보를 활용하는 구조이다. 마치 두 가지 언어를 구사할 수 있는
사람이 번역을 할 때 단어별로 원문과 번역문을 매칭해가면서 번역하
는 것과 유사하다.

Attention을 도입함으로써 encoder의 결과를 고정 길이 벡터_{vector}에
담아야 하는 문제도 해소되었다. 짧은 문장에 비해 긴 문장의 경우 더
많은 정보가 함축될 수밖에 없는데, 길이에 상관없이 고정 길이 벡터를
사용하는 것은 불합리하다는 것이다. 이 모델에서는 encoder의 매 time-
step 시에 생성되는 벡터가 attention에 사용되므로 sequence 길이에 비
례하여 더 많은 정보가 활용된다. 논문에서는 장문 번역의 성능이 높아
진 결과를 attention 도입의 효과로 서술하고 있다.

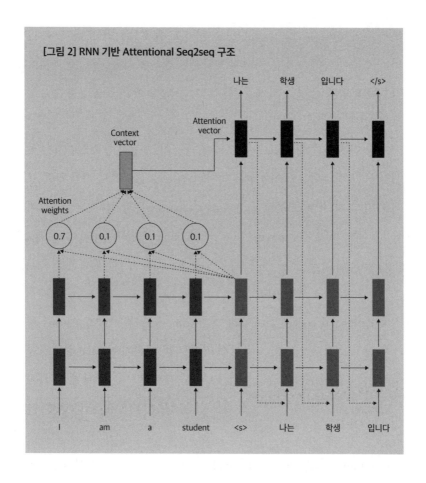

[그림 2] RNN 기반 Attentional Seq2seq 구조

Encoder, decoder의 각 RNN은 동일 구조가 반복적으로 쌓인 구조 (multi-RNN)인데, 이렇게 할 경우 단일 layer에 비하여 좀더 복잡하고 다양한 특징feature을 추출할 수 있다. RNN의 각 셀은 LSTM(long short-term memory) 또는 GRU(gated recurrent unit)를 사용한다. 논문에서는 추가적인 아이디어로 bidirectional RNN encoder를 제안하고 있는데, 이는 양방향의 이력history 정보를 모두 활용하여 놓치는 정보를 최소화하려는 의도이다. [그림 2]는 이 모델의 구조를 보여준다. 이 그림에서는 복잡도를

줄이기 위하여 unidirectional RNN을 가정하였다.

드즈미트리 바다나우Dzmitry Bahdanau의 논문 이전에도 여러 기업에서 NMT 연구가 활발이 이루어졌지만, 이 논문을 계기로 좀더 적극적으로 바뀌었다. 특히 구글과 바이두의 물밑 경쟁은 눈여겨볼 만하다. 먼저 바이두에서 추가적인 아이디어를 통해 번역 성능을 높인 논문 「Deep recurrent models with fast-forward connections for neural machine translation」을 발표했다.[4] 핵심적인 내용은 fast-forward connection(구글에서는 residual connection으로 명명)의 도입인데 기존 encoder/decoder에서 Multi-RNN을 사용할 때 layer가 3~4개 이상인 경우에 학습이 잘 안되던 문제를, fast-forward connection을 통해 8개 layer 이상도 학습이 가능하도록 만든 것이다. Layer를 깊게 가져가려는 이유는 더 풍부한 특징을 추출하여 성능을 높이기 위함인데, 너무 깊을 경우 기울기값이 소실되는 문제gradient vanishing로 학습이 안 되는 경우가 있었다. Fast-forward connection을 통해 이 문제를 해소하였고, 그 결과 드디어 번역 성능이 SMT를 능가하게 되었다. Fast-forward connection은 복잡한 뉴럴 네트워크가 아니라 n번째 layer의 입력이 n+1 번째 layer의 입력에 같이 들어가도록 추가 connection을 하나 두는 방식인데 CNN에서 먼저 사용되어 효과를 본 것을 RNN에도 유사하게 적용한 것이다.

아래 그림을 보면 단순 RNN과 fast-forward(residual) connection이 있는 RNN의 차이를 확인할 수 있다.

구글이 NMT 핵심 연구 분야에서 앞서가고 있었음에도 불구하고, 바이두가 한발 먼저 최고 성능의 번역 모델을 발표한 상황이 되었고, 이에 대한 대응으로 구글은 빠르게 실제 서비스를 론칭하는 방향으로 전략을

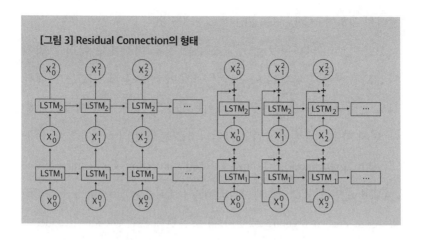

[그림 3] Residual Connection의 형태

수정하였다. 논문으로 실험 결과를 발표하는 것과 실제 서비스화하는 것에는 큰 차이가 있는데, 학습 시간도 이슈지만 응답 속도 및 처리량에 대한 고려를 하기 위해서는 많은 추가 작업이 필요하기 때문이다.

구글은 당시 유효하다고 판단했던 여러가지 기반 뉴럴 네트워크를 NMT 모델에 적용하였고, 특히 빠른 학습 속도를 위하여 하드웨어에 최적화된 model parallelism을 구현하였다. 빠른 응답 속도를 위해 양자화quantization를 도입하였고, 번역 품질을 극대화하기 위해 길이 정규화length normalization, coverage penalty 등의 몇 가지 예측 알고리즘prediction algorithm을 도입하였다. 전략은 성공했고 필자도 당시 GNMT 논문을 처음 접했을 때 공학적인 측면에서 감탄하지 않을 수 없었다. 구글에서 발표한「Google's neural machine translation system」이라는 논문은 'Bridging the gap between human and machine translation'이라는 부제를 가지고 있는데 그만큼 성능에 자신이 있었기 때문이었을 것이다.[5]

하지만 어느 정도 시간이 지난 후 필자는 GNMT 모델의 구조가 당시 하드웨어 스펙에 맞추느라 다소 부자연스러운 점이 있다고 생각했고, 이 구조가 많은 알고리즘을 조합해낸 결과이기 때문에 장기적인 개선 작업 또한 쉽지는 않을 것이라고 판단했다. 아니나 다를까 구글은 RNN 기반이 아닌 새로운 구조의 모델을 조만간 발표하게 된다. 이들에 대해서는 잠시 후에 다룰 예정이다. 사실 그 사이 네이버가 구글보다 먼저 NMT를 번역 서비스에 적용했는데 발빠른 행보가 참으로 돋보였다. 그렇지만 모델이 공개되지 않아 그 구조를 파악할 수 없었고 글자수 200자 제한을 꽤 오랜 기간 유지한 것도 아쉬운 부분이었다. 네이버, 구글 이외에도 여러 업체에서 NMT 기반 번역 서비스를 시작하게 되면서 번역은 비전vision 분야와 함께 딥러닝의 주요 화두가 되었고 2017년 초부터 또 다른 연구 성과들이 경쟁적으로 공개되었다. 그 중 가장 주목할 만한 것은 CNN 기반의 모델인 ByteNet이다.[6]

딥마인드에서 개발한 이 모델은 논문의 제목이 「Neural machine translation in linear time」인 것에서 알수 있듯이 학습 시간을 선형 시간linear time에 가능하게 하는 것이 목적이다. 지금까지의 NMT 모델은 RNN 기반의 attentional seq2seq를 거의 정석처럼 사용했는데 attention net 때문에 학습 시간이 quadratic time(source sequence size * target sequence size)을 가지게 된다. 반면, ByteNet에서는 attention net을 사용하지 않으므로 linear time(c * source sequence size + c * target sequence size)에 학습이 가능하다(여기서 c는 constant value). ByteNet은 [그림 4]와 같이 CNN을 사용하여 encoder 위에 decoder가 스택처럼 쌓이는 네트워크 구조를 만들고 dynamic unfolding이라는 기법을 통해 가변 길이 sequence를 생성해낸다.

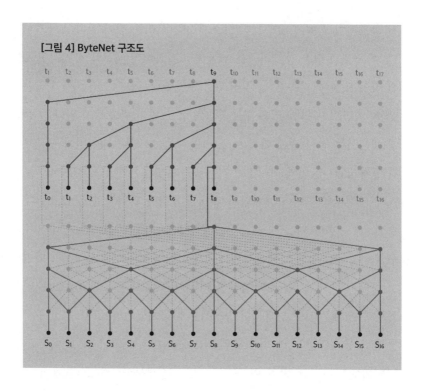

[그림 4] ByteNet 구조도

RNN에서는 필수적인 time-step과 step 간 정보의 기억memorization이 필요없게 되는데, 구조적인 특성상 병렬화의 여지가 훨씬 크고 멀리 떨어진 단위 정보 사이의 관계 특성feature을 더 잘 찾아낼 수 있다. 이 모델은 성능에 있어 기존 RNN 모델과 비교할 수준은 아니었지만, character to character 번역(단위 정보로 워드나 토큰이 아니라 character를 사용)에서는 최고의 성능을 보여주었다.

ByteNet처럼 CNN 기반의 NMT 모델도 짧은 기간 동안 연구가 활발히 이루어져 RNN 기반 모델의 성능을 능가하는 모델이 나오기 시작했다. 그 중 두드러진 두 가지 모델은 페이스북에서 공개한 Convolutional Sequence to Sequence Learning과 구글브레인에서 공개한 SliceNet이다.[7, 8] 두 모델 모두 convolution net을 사용하고 positional encoding 과 attention net을 적용하였다. SliceNet이 약간 먼저 나오긴 했지만 convolution net의 구조와 attention net의 적용 형태가 약간 다를 뿐 서로 상당히 유사하다. 결국 attention net이 RNN에 적용되어 극적인 성능 향상이 이루어진 것처럼 CNN 방식에서도 유사한 과정이 진행되었다고 볼 수 있다. CNN에서는 time-step이 없으므로 단위 정보의 위치 정보를 표현하기 위한 다른 방법이 필요한데 이를 위해 positional encoding 을 사용한다.

[그림 5]는 주요 모델들의 성능을 비교한 것이다.[9] 그동안 자연어 텍스트 처리에는 RNN이 적합하다는 관점이 우세했지만 이를 뒤엎는 결과가 나온 것을 확인할 수 있다. 필자는 이 결과를 보고 RNN의 시대가 벌써 저무는 것 아닌가 하고 생각했는데 과연 그럴지는 두고 볼 일이다.

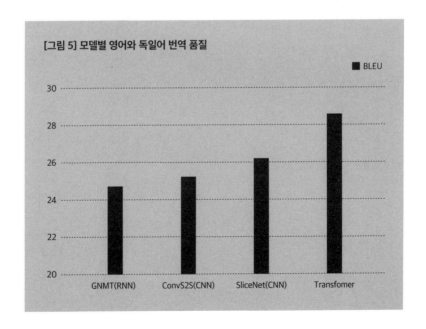

[그림 5] 모델별 영어와 독일어 번역 품질

비슷한 시기에 RNN, CNN 기반 모델 이외에 압도적인 성능을 보여준 모델이 하나 더 공개되었다. Transformer라 불리는 이 모델은 부제가 'Attention is all you need'인데 RNN, CNN 모두 필요 없다는 말이다.[10] 뉴럴 네크워크는 attention net과 normalization, feed-forward net의 반복적인 구조로 이루어진 매우 단순한 형태이다. 대신 attention net이 기존에 decoder의 sequence와 encoder의 sequence 간에 align을 맞춰주는 용도로 사용되었다면, 여기서는 추가로 encoder/decoder 각 layer의 입력 정보를 함축하는 데 사용되는 방식으로 확장되었다. 이 때문에 Transformer에서 추가로 적용된 attention 방식을 self-attention이라고 부르기도 한다. [그림 6]은 Transformer의 구조를 보여준다.

전형적인 encoder-decoder 모델의 동작 방식을 다시 되새겨보자. Encoder가 input 정보를 vector representation으로 함축하고 decoder에서 이 정보를 바탕으로 최종 output을 생성하는데 지금까지의 모델은 input 정보의 함축을 위해 RNN이나 CNN을 사용했던 반면, Transformer에서는 단위 정보 각각의 상관관계를 attention net 구조로 풀어내면서 정보를 함축한다. 이러한 구조만으로도 feature 정보를 충분히 잘 추출해내어 RNN과 CNN보다 오히려 더 나은 성능을 보여준 점은 새로운 발전이 고정관념을 깨는 것으로부터 출발한다는 좋은 실례를 보여주는 것이라 할 수 있다.

결국 RNN/CNN에 이어 self-attention이라는 기반 뉴럴 네트워크가 가세하면서, encoder-decoder라는 큰 구조를 제외하면 이에 대한 구현체들은 얼마든지 다양한 방식으로 결정될 수 있다는 생각이 더 자연스럽게 이루어지게 되었다. Seq2seq는 RNN2RNN, RNN2CNN,

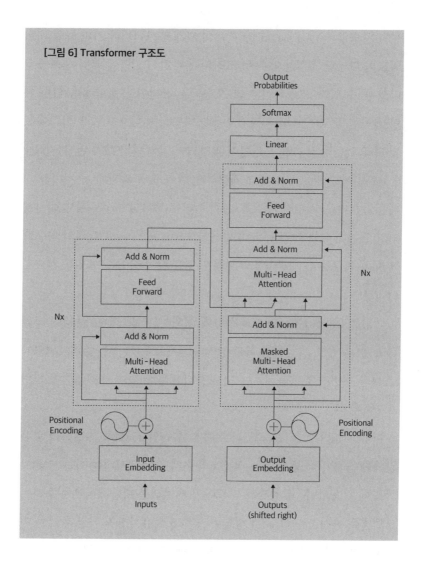

[그림 6] Transformer 구조도

CNN2CNN 뿐만 아니라 Any2Any로 고민될 수 있다. 사실 개발자 입장에서는 선택의 폭이 넓어진 것이 썩 달갑지만은 않다. 특정 문제에 어떤 뉴럴 네트워크를 사용하는 것이 적합한지에 대한 명확한 근거가 없는 경우가 대부분이고 따라서 대부분 실험적으로 접근할 수밖에 없는데,

실험은 수많은 hyperparameter 최적화 과정뿐만 아니라 기반 뉴럴 네트워크의 다양한 조합들이 모두 고려되어야 하기 때문에 부담이 가중된다고 볼 수 있다. 그렇지만 좀더 큰 틀에서 본다면 특징 추출을 위한 가장 적합한 구조의 뉴럴 네트워크들이 다양하게 나오고 많은 연구자들에 의해 이들의 장단점, 특징들이 파악되어 감에 따라 AI가 완전한 black box에서 어느 정도 투명하고 제어 가능한 모습을 가지게 될 것이란 기대를 해본다. 그리고 추가로 AutoML이라는 분야의 연구도 활발히 진행되고 있는데 이는 뉴럴 네트워크 선택과 hyperparameter 튜닝의 자동화에 대한 연구로 AI 개발자들의 가려운 곳을 많이 긁어줄 수 있을 것으로 기대된다.

어떻든 self-attention net의 성능에 대해서는 어느 정도 증명이 되었다고 볼 수 있고, 그렇다면 이를 능가하는 새로운 기반 뉴럴 네트워크가 또 나올 것인지를 예측해보는 것도 흥미로울 것 같아서 개인적인 의견을 달아본다.

어떤 지도 학습supervised learning 모델(모델 A)의 power를 측정하기 위한 간단한 접근 방식 중 하나는 샘플을 충분히 많이 확보하여 기준 모델(모델 B)에 적용한 후 그 결과로 만들어진 데이터를 학습세트로 이용하여 모델 A를 다시 학습하고 그 성능이 모델 B와 유사한지 아닌지 보는 것이다. 만일 성능이 서로 유사하다면 모델 A는 모델 B보다는 약하지 않다고 판단할 수 있다. 그리고 위의 과정을 역으로 진행했을 때 성능이 유사하지 않다면 모델 A가 모델 B보다 나은 성능을 가진다고 말할 수 있을 것이다.

Transformer는 거의 복사기 수준으로 기존 모델을 모사해낸다. 이런 측면에서 Transformer는 충분히 강력하다고 판단되고 이를 월등히 능가하는 모델은 쉽게 나오기 힘들 것이라는 예상을 해본다. 모델 간의 경쟁 과정은 거의 수렴 단계로 보이며 따라서 번역 관련해서는 전혀 새로운 형태의 강자가 나타나기보다는 기존 뉴럴 네트워크를 토대로 더 넓은 문맥을 다루는 모델로 진화해나가지 않을까 생각된다.

결론으로 넘어가기 전에 'Adversarial neural machine translation'에 대해서도 살짝 언급해야 할 것 같다.[11] CNN 기반 모델들의 연구가 활발히 이루어지고 있는 동안 전혀 다른 학습 방식을 사용하는 접근도 이루어졌다. 지금도 여전히 활발한 연구가 이루어지고 있는 GAN Generative Adversarial Networks의 접근 방식을 NMT에 유사하게 적용한 모델인데, 여기서는 사람의 번역과의 유사도를 극대화하는 기존 학습 방식 대신 NMT 모델과, 이와 사람의 번역을 구별해내는 CNN 기반의 adversary net을 도입하여 둘 사이를 경쟁 관계로 두고 서로 발전해 나가는 모델이다. RNN 기반의 seq2seq 모델을 토대로 하긴 했지만, 새로운 학습 방법을 통해 기존 모델의 성능을 개선한 것이다.

이처럼 딥러닝의 많은 기본 아이디어들은 그 사용성이 일반적인 경우가 많다. 어떤 아이디어가 유효하다면 그 쓰임새가 특정 모델에 국한되지 않는다는 의미이다. 지금까지 살펴보았던 attention net, residual connection, positional encoding 등도 모두 그러한 예이다.

NMT가 짧은 기간 동안 큰 발전을 이루어왔지만 아직 갈 길이 멀다. 예를 들어 다음 구글의 번역 결과를 살펴보자.

[그림 7]의 예에서 'bank'라는 단어가 'river'와 같이 쓰일 때는 강둑이 더 적합하다. 또한 'Make me another.'처럼 대명사가 들어간 문장을

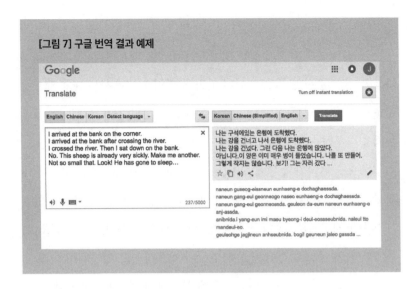

[그림 7] 구글 번역 결과 예제

제대로 번역해내기도 힘들며, 구어체에서 많이 나타나는 짧은 어구나 문장들은 앞뒤 문맥을 더 넓게 봐야 정확한 번역이 이뤄질 수 있다.

카카오에서도 완전히 새로운 형태의 뉴럴 네트워크를 연구하기보다는 기존에 잘 동작하는 모델을 기반으로 문체나 더 넓은 문맥에 초점을 맞춰 모델을 연구 중이다.

기계 번역이 인간의 수준을 따라잡기는 쉽지 않을 것으로 보인다. 언어는 수천 년간 독립적으로 형성된 문화를 반영하므로 언어 간 1:1 매칭이 되지 않는 번역 규칙이 수없이 존재한다. 따라서 정확한 번역을 위해서는 문화를 이해해야 하고 이와 함께 역사/경제/과학/예술 등의 도메인 지식이 있어야 적절한 번역문을 생성해낼 수 있다. 결국 사람은 단순히 텍스트 정보로만 번역하는 것이 아니라 수많은 추가 정보를 토대로 논리적인 유추 과정을 거치면서 번역을 하게 되는 것이다.

다행히 언어는 각 언어별로 공통적인 규칙이 매우 많기 때문에 현재 기술로도 놀라운 성과를 내고 있다. 하지만 궁극의 번역 기술은 general AI 영역에 속한다고 볼 수 있다. 따라서 수년 내에 완벽한 번역을 해내는 AI기술을 기대하는 것은 무리다. General AI도 언젠가는 탄생할 것이고 지구적 진화 과정의 시간 관점으로는 찰나에 해당하겠지만 기껏해야 한 세기를 살 수 있는 인간의 관점에서는 긴 시간일 거라 추측된다. 그렇지만 언제가 될지 모르는 이 시점에 대한 두려움과 기대감이 교차하기도 한다.

배재경 _카카오

주석

1. 논문 | Cho, K. et al. (2014). Learning Phrase Representations Using RNN Encoder-Decoder for Statistical Machine Translation. doi : arXiv:1406.1078.

2. 논문 | Sutskever, I. et al. (2014). Sequence to Sequence Learning with Neural Networks. doi : arXiv:1409.3215.

3. 논문 | Bahdanau, D. et al. (2016). Neural Machine Translation by Jointly Learning to Align and Translate. doi : arXiv:1409.0473.

4. 논문 | Zhou, J. et al. (2016). Deep Recurrent Models with Fast-Forward Connections for Neural Machine Translation. doi : arXiv:1606.04199.

5. 논문 | Wu, Y. et al. (2016). Google's Neural Machine Translation:Bridging the Gap between Human and Machine Translation. doi : arXiv:1609.08144.

6. 논문 | Kalchbrenner, N. et al. (2017). Neural Machine Translation in Linear Time. doi : arXiv:1706.03059.

7. 논문 | Kaiser, L. et al. (2017). Depthwise Separable Convolutions for Neural Machine Translation. doi : arXiv:1706.03059

8. 논문 | Gehring, J. et al. (2017). Convolutional Sequence to Sequence Learning. doi : arXiv:1609.08144.

9. 참고 | https://research.googleblog.com/2017/08/transformer-novel-neural-network.html – Google Research Blog

10. 논문 | Vaswani A. et al. (2017). Attention Is All You Need. doi : arXiv:1706.03762.

11. 논문 | Wu, L. et al. (2017). Adversarial Neural Machine Translation. doi : arXiv:1704.06933

4장

AI와
일상

AI가 쉼의 공간과
놀이의 시간에 스며들다

──● 여가 공간은 한마디로 노는 곳이자 쉬는 곳이다. 어렵게 말하면, 여가 공간은 여가 활동이 이루어지는 장소 및 물리적 자원의 총체로서 생활의 구속에서 벗어나 편안하고 즐겁게 여가 선용 및 휴식을 취할 수 있는 모든 공간을 말한다. 최근에는 '한번 뿐인 인생'이라는 뜻의 '욜로 you only live once, YOLO'를 외치는 사람이 늘어나면서 여가 공간의 중요성 또한 점점 커져가고 있다.

여가 공간이란?
여가 활동은 개인의 경제적 능력, 가용한 여가 공간의 제공 여부, 노동 시간 외에 여가 시간의 길이와 연속성에 따라 천양지차로 달라진다. 계절별 골프 여행부터 '방에 콕 박힌다'는 의미의 '방콕' 여행까지 개인의 경제적 수준과 성향이 다름에도 불구하고, 여러 신문과 방송 매체에서 '다가올 미래는 이럴 것이다, 혹은 저럴 것이다'라는 추측성 기사가 급증하였다. 대부분 중산층 젊은 남녀를 가정하여 제시된 시나리오를 읽어보면 '그럴 수 있겠구나'라며 긍정적인 공감을 보이기도 하지만, 말도 안 된다며 고개를 젓거나 개인의 취향이 다름에도 불구하고 강요받는 기분을 느끼기도 한다. 한편으로는 본인이 뒤처지는 것이 아닌가 하는 부정적인 모습까지 보이기도 한다. 그렇기 때문에 여가 공간에 미치는 인공지능의 영향에 대한 논의도 주관적일 수밖에 없다. 그럼에도 불구하고 여가 공간 전체를 다룰 수 있는 객관적인 논의가 가능할까?

사회가 변하면 노는 '것'도 달라지고 노는 '곳'도 달라진다

약 15년 전 대한민국에서 주 5일 근무제를 도입했을 때 발간되었던 수도권 주변의 여가 공간 실태와 개발 필요성을 연구한 보고서를 살펴보았다. 국내외 여가 활동 조사에서는 여가 활동 종류를 (1)관광/여행, (2)문예/문화, (3)체육/스포츠, (4)오락/위락, (5)취미/교양 중 행락과 등산과 산책, 낚시와 정원 가꾸기 (6)역사 탐방, (7)휴양, (8)사교, (9)TV시청 및 수면 등의 휴식, (10)자격증 공부 및 가족 모임 등 기타 활동으로 구분하였다.[1] 주 5일 근무제가 실시됨에 따라 서울시민과 경기도민이 쉴 수 있는 여가 공간을 적극 만들어야 한다는 것이 보고서의 골자였다. 15년이 지난 지금의 시각으로 그때의 보고서를 다시 보면 여가 자체를 바라보는 눈이 바뀌었다는 것을 실감할 수 있다. (6)역사 탐방과 (8)사교는 대분류에서 빠질 가능성이 높고 단순 인터넷 서핑이 대분류로 들어갈 확률이 높다. 또한 (10)에서 언급된 기타 활동은 여가 활동에 포함되지 않을 수도 있다.

'여가 시간'을 고려한 인공지능의 힘

2016년 국민여가활동조사 분석 결과 여가 시간을 보내는 순서를 정리하면 TV시청, 인터넷 검색, 산책, 쇼핑 및 외식, 친구 만남과 동호회 모임, 잡담과 통화, 영화 보기, 게임, 음악 감상, 독서 순으로 나타났다. 즉 2016년 말에는 TV리모콘이 한국인의 여가 시간을 쥐고 있었음을 알 수 있다.

그렇다면 인공지능이 앞의 순위별 여가 활동에 어떻게 영향을 미칠까? 인공지능이 여가 활동에 영향을 미치려면 TV방송 채널의 선택에 영향을 주어야 하는데, 아직까지는 인공지능에게 채널 결정권까지 넘기지는 못한 상황이다. 하지만 일부 사람들은 리모콘으로 직접 조작하지 않고 "내가 좋아하는 영화 채널 틀어줘"라는 음성 명령으로 해당 서비스를 이용하는 수준까지는 왔다. 그런 의미에서 카카오미니 스피커 및 통신사의 AI 스피커가 핫한 아이템이 되는 것은 당연하다. 그렇다면 인터넷 검색 및 게임 부분에 인공지능이 미치는 영향은 어떻게 될까?

검색 엔진에 인공지능을 적용해온 지 벌써 10년이 넘었지만, 검색창 주변을 차지하는 광고와 관련 뉴스로 볼 때 내가 무엇을 궁금해하는지 남들이 다 알고 있다는 불편한 마음이 든다. 이러한 '불편함과 즉시적 만족성의 균형을 어떻게 맞출 것인가?'라는 고민에 슬그머니 답을 알려주는 과정을 넛지nudge, 강압이 아니라 부드럽게 개입하여, 사람들이 더 좋은 선택을 하도록 유도하는 방법라고 해야 할까?

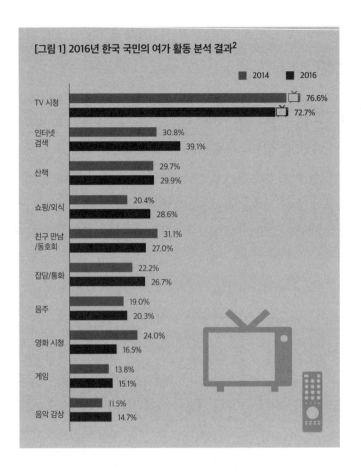

[그림 1] 2016년 한국 국민의 여가 활동 분석 결과[2]

■ 2014 ■ 2016

TV 시청 76.6% / 72.7%
인터넷 검색 30.8% / 39.1%
산책 29.7% / 29.9%
쇼핑/외식 20.4% / 28.6%
친구 만남/동호회 31.1% / 27.0%
잡담/통화 22.2% / 26.7%
음주 19.0% / 20.3%
영화 시청 24.0% / 16.5%
게임 13.8% / 15.1%
음악 감상 11.5% / 14.7%

게임은 여가 활동에서 9위를 차지할 정도로 게임은 우리 사회에 커다란 변화를 가져왔다. 게임의 시나리오와 실질적인 구현은 이제껏 사람에 의해 창조되어 왔다. 하지만 지금은 단순 그래픽 부분에 함수를 넣어 이미지와 동작을 생성시키는 표현 분야를 넘어서, 게임 자체를 AI가 수행하도록 하는 실험, 그리고 AI가 스스로 게임을 만들어낼 수 있게 하는 저작 도구까지 고안하는 환경이 조성되고 있다. 전쟁과 전략 시뮬레이션 위주의 게임에서, 실제 도시를 계획하는 〈심시티SimCity〉를 넘어서,

민주주의democracy 혹은 전제주의despotism를 선택해 작은 마을을 관리하고 그 마을의 시장원리와 복지정책을 구현하는 게임까지 만들어지고 있는 상황을 볼 때, 게임이란 중독되어서는 안 되는 것이란 관점도 변화하고 있다.[3] 게임 산업에서 인공지능을 고민하지 않을 수 없는 상태에 도래한 계기가 있다. 적지 않은 게임 고수들이 생겨나면서 게임 제작사의 시나리오를 모두 파악해버린 것이다. 게임을 만들어내는 속도보다 스테이지를 달성하는 속도가 빨라졌고, 결국 자동 조합 모듈로 다양하고 복잡한 게임에 대한 요구가 생겨난 것이다.

네트워크 게임에서 플레이어가 직접 조정하지 않더라도 액션을 가지는 캐릭터들은 강화학습에 의해서 움직이게 된다. 자연어 처리랩과 AI랩이 게임 회사의 핵심 부서가 되면서 AI 전공 인력이 게임 회사로 몰려가는 현상은 우리나라에서도 관찰된다.

산책과 걷기는 과도한 집중력을 요하지 않고 편안하게 걷는 산책과 다이어트나 근육 운동을 위한 파워워킹을 말한다. 스마트폰에 설정한 하루 목표 7,000보를 달성하면 스마트폰 앱으로부터 칭찬을 받고, 하루 목표 이상의 걸음 수 알림을 보면서 사람들은 뿌듯한 마음으로 걷기 운동을 마칠 수 있게 된다. 개인의 걸음 수 측정 데이터를 SNS로 공유하기 시작한 것은 벌써 2~3년 정도 되었으니, '이제 와서 뭘 새삼스레' 하고 생각하는 수준에 이르렀다. 이제는 이러한 정보를 외부 보험사와 공유하면서 개인의 데이터 제공 시 보험료 인하에 대한 선택 버튼이 생기고, 나의 심장 박동이 비정형 데이터로 저장되는 모습까지 그려질 정도다. 나이 드신 분들의 경우 벌써부터 필수 기능이라고 좋아하시는 모습도 보이니, AI기술을 좋은 방향으로 사용할 수 있다면 여가를 넘어 원격

의료까지 가능할 것으로 생각된다.

음악 감상은 어떨까? 라디오 혹은 카페에서 "어디서 많이 들었던 노래인데"라고 말하면, 누군가 조용히 하라며 앱을 켜고서 1분 이내에 가수와 노래 이름, 발표 연도를 읊어대는 모습을 종종 볼 수 있다. 이 모습에 놀라움을 느끼면서도 한편으로는 클래식 종류는 찾지 못할 것이라고 확언했던 적이 있다. 실제로 유사한 멜로디를 추출하는 기능은 15년 전에 이미 개발이 완료되었으나 모든 음악이 아닌 특정 음악 시장을 대상으로 제한했던 까닭에 데이터베이스화도 불완전했다고 볼 수 있다. 최근에는 음원을 저장하고 인덱싱하는 방법에 대한 연구가 계속되고 있다. 예측하건대, 인공지능이 음악 감상이라는 여가 활동에 영향을 주려면 국가와 지역별로 서로 다른 문화적 차이를 고려하여 서비스가 제공되어야 할 것이다. 유사한 측면에서 지도 서비스도 정보 소비가 가능한 지역을 중심으로 시작하여, 서울 전체에서 대도시 권역으로, 이후에 전국으로 확대되고 최종적으로는 국경을 넘은 서비스 플랫폼으로 확대된 것이 아닐까 생각한다. 참고로 미국 시장에서의 음악 관련 AI 어플리케이션은 [표 1]처럼 요약될 수 있다.[4, 5]

해외의 리포트에 따르면, 이제 스마트폰의 사진 기능으로 많은 사람이 고품질의 사진을 찍듯이 일반인들도 대위법 및 다양한 변주 기법을 배우지 않고도 인공지능 기반의 앱으로 작곡을 할 수 있는 환경이 마련될 것이라고 한다.[6]

여섯 번째 순위의 잡담 및 통화는 카카오톡, 밴드 등의 SNS 활동을 포함한다. 아마 2017년에는 더욱 그 비중이 늘어났을 가능성이 있는데, 이는 장년층의 유입과 더불어 다양해진 SNS 채널과도 관련이 깊다. 매

[표 1] 음악 작곡을 도와주는 인공지능 기반 앱(app)

앱 이름	주요 기능
팝건(Popgun)	알리스(Alice)라는 플랫폼에서 연주자의 성향을 예측해, 인공지능으로 연주자와 같이 연주하거나 더 나은 연주를 위해 코치하면서 나만의 음악교실을 만드는 기능 제공
앰퍼(Amper)	클라우드 기반의 작곡 플랫폼으로 음악도서관에서 샘플 데이터베이스를 활용하여 작곡자가 부분음을 내면 유사한 음을 찾아주면서 변이를 일으키고, 여러 옵션을 제공하면 사용자가 최종 선택을 해서 작곡을 완성하는 기능을 제공
스포티파이 (Spotify)	사용자가 좋아하는 음악을 딥러닝 방식으로 필터링하여 유사한 성향의 그룹에 새로 나온 음악을 소개하고, 좋아할 만한 음악을 찾아내어 노출시켜 결과적으로 판매로 이어지게 함
판도라 (Pandora)	150만 개 이상의 곡을 데이터베이스(database, DB)화하여 머신 리스닝 체계를 만들어 유사 곡을 추천하며 개인 맞춤형 노래를 추천함. 지역별 다운로드 혹은 스트리밍 음악을 히트맵(hitmap)을 만들어 제공함으로써 가수들이 팬이 밀집된 곳에서 로드쇼를 할 수 있게 도와줌
랜더(Lander)	가수들이 적정 가격에 음반 녹음을 할 수 있는 기능을 제공하여 신곡 발표 비용을 절감할 수 있음
클라우드바운스 (CloudBounce)	음반 녹음부터 음악 소개까지 자동화된 풀 패키지를 제공하는 곳으로 랜더(Lander)보다 비쌈
성균관대학교	빅데이터를 세그멘테이션(segmentation)하여 작곡이 가능한 소프트웨어 기능을 제공

년 조사하는 카테고리 항목이 변경되기도 하므로 시간에 따른 추이 변화를 보기는 어렵지만, 잡담과 통화의 양식이 변경되었거나 같은 SNS 활동이라도 눈으로 읽기만 하는 활동도 잡담으로 볼 수 있는가에 대한 논의 역시 해봄 직하다.

앞서 말한 독서 활동의 경우, 상위 10가지 활동 가운데 마지막을 차지한다. 독서는 대형서점 및 인터넷을 통해 종이책, 전자책, 전자책 회원권 또는 오디오책 구매 등이 가능해지면서 그 형태가 다원화되고 있다. 책을 읽는 사람과 읽지 않는 사람들의 양극화는 점차 심화되는 가운데 도서 시장은 점점 작아지는 파이를 나누어야 하는 상황에 놓이면서 경쟁이 더욱 심해지고 있다. 하지만 AI를 토대로 분석한 판매 성향이 소비자의 구매로 이어지도록 하고, 다양한 북 콘서트 및 큐레이션curation 서비스를 하면서 도서 시장이 점차 다변화되어가는 것을 볼 수 있다. 또한, AI로 추천 받은 책, 그림 및 디자인은 카드뉴스를 통해 소비로까지 이어지게끔 만든다. 초기에 특허 정보와 같은 특정 서비스에서 필터링을 위해 개발되었던 기능이 이제는 책을 요약하고 키워드를 뽑아내는 등의 일상적인 도서 검색 및 내용 변환 서비스로 확대되어 가고 있다.

'여가 공간'을 고려한 인공지능의 힘

동일한 보고서의 여가 시간을 보내는 공간에 대한 조사 결과를 살펴보면 식당(9.4%), 아파트 내 집 주변 공터(8.7%). 생활권 공원(6.9%), 커피숍(6.1%), 대형마트(4.5%), 영화관(4.4%), 산(4.1%), 헬스클럽(3.8%), 목욕탕(3.3%), 기타 실내 공간(1.3%) 순서로 나타났다.

식당이 1위인 이유로는 '식사하셨어요?'라는 표현이 '안녕하세요'와 같은 인사말로 사용되는 우리나라의 문화와 맞물려 있다는 점, 그리고 최소 자본으로 전 국민의 집중도를 끌어냈던 식당 순회 프로그램과 요리 기반의 예능 프로그램 영향 때문으로 생각된다. 보는 것에 만족하지 않고 더 많은 정보를 찾아보고, 기록하고, 공유하며, 지인들과 식사를 하는 가운데 여가 시간의 중요성이 커지고 있고, 이는 단순히 다른 제품을 소비하는 것과는 차원이 다른 문제다.

두 번째 순위로 집과 아파트 등의 주변 공간 등을 꼽고 있는데, 이는 서울을 비롯한 대도시에서 집과 학교, 집과 일터를 중심으로 반복되는 생활 속에서 쌓인 피곤 때문에 집에 머무르면서 여가를 즐기려는 성향과 비슷한 맥락에 있다. 집은 개인에게 사적인 공간으로, 방은 잠을 자는 공간이기도 하지만 휴식과 같은 다양한 기능을 하는 공간으로 자리한다. 여기서 인공지능은 앞에서 확인된 TV 및 비디오 시청, 게임 등 개별화된 활동에 기여하고 데이터의 업로드와 다운로드 등은 수시로 전자제품과 서버, 그리고 휴대하는 여러 디바이스로 데이터 이동이 끊임없이 일어난다. 시각과 청각을 동시에 상호작용할 수 있는 비서 로봇의 역할이 커질 수 있다.

인공지능이 집에 영향을 주는 환경과 기존의 홈 오토메이션home automation, 원격제어 등의 기존 IT 기술 사이에는 어떤 차이가 있을까? 몇 가지 질문으로 그 차이를 살펴보도록 하자. 여가 활동과 관련된 영역에서 나의 키워드는 어디에 저장되는가? 그리고 분석하는 알고리즘은 누가 만드는가? 기존의 홈 오토메이션은 각자 개인이 결정한 것을 원격에서 조정하는 것과 세팅해놓은 대로 조정되는 것인 데 비해, 인공지능의 작동은 이와 달리 관련된 디바이스는 통신망과 서버를 통해 우리의 지능이 아닌 별도의 플랫폼 서버에 저장된다. 서비스를 받는 즉시 모든 사진과 검색 키워드, 구매 목록 등은 모든 것들이 센서에 연결되어 개인의 성향을 판별하게 된다.

무조건 "나는 AI가 싫다"고 말하는 사람은 정보 노출을 최소화하는

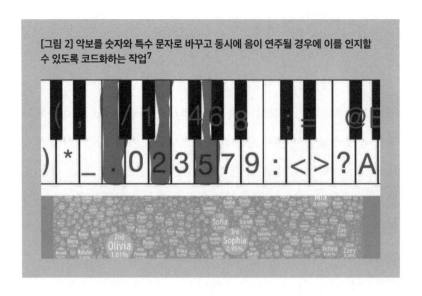

[그림 2] 악보를 숫자와 특수 문자로 바꾸고 동시에 음이 연주될 경우에 이를 인지할 수 있도록 코드화하는 작업[7]

삶을 선택할 수 있다. 아마존Amazon을 시작으로 사용자가 자주 사용하는 키워드와 사진을 분석하여 유사한 도서를 찾아주는 맞춤형 큐레이션이 등장하였고, 우리나라 인터넷 서점에서도 가입한 회원에게 다운로드 받은 책들 혹은 독자가 좋아할 만한 도서 등을 알려주기도 한다. 또, 포털 메인 메뉴까지 맞춤형으로 구성하면서 개인의 여가 시간과 공간을 결정하는 정보를 최소의 비용으로 얻을 수 있게 해준다.

여행 관련 책자는 다른 분야에 비해 종이책으로 꾸준히 나오고 있으며 독립출판사의 발행 비율이 높다. 인공지능에게 무엇을 하고 놀 것인가를 물어보는 것은 종교를 가진 사람에게 "어떤 목사님이나 어떤 스님의 말씀을 들어볼까요?"라고 물어보는 것과 같게 느껴질 수 있다. 즉 인간으로서 주어진 짧은 여가 시간마저 선택을 기계에 맡기고 본인의 선택을 포기하는 모습을 거부하며, 비록 간접적으로 영향은 받지만 결정권은 각자에게 있다고 믿고 싶을 것이다.

하지만 이미 해외 여행 예약 사이트에서는 실제로 챗봇chatbot과 인공지능을 결합한 서비스를 선보이고 있다. 이렇게 하면 고객의 정보를 전자 메일, 페이스북, 문자 메시지, 스케줄 등에서 취득하여 가본 곳과 가고 싶다고 말했던 곳, 또는 검색 기록을 기반으로 고객 맞춤형 여행 계획안을 제안할 수 있다. 혹은 공항에서 갑자기 게이트가 바뀌거나 이변이 발생할 경우 자동으로 상황에 대처하는 방법을 알려줄 것이며, 여행이 끝난 후 여행 소감을 받아 다음 여행자에게 어떻게 하면 더 나은 서비스를 제공할 수 있는지에 대한 데이터를 모으고, 정보를 제공해준 여행자에게 리워드 포인트로 선물을 남겨주기도 할 것이다.

네덜란드 항공KLM에서는 이미 챗봇 시스템을 도입하였으며, 음악이 AI와 접목됐을 때와 유사하게 여행 상품 혹은 같이 갈 동료나 친구 추천, 관련 정보와 비디오의 제공, 성향과 기분 상태 모니터링, 고객 관리 등에 활용하고 있다. 이후에는 더 효율적인 디지털 광고 대상 여부를 판단하거나 챗봇의 기능을 개선하는 데 사용할 것이라 보고 있다.[8]

인공지능 산업에 넛지가 필요한 이유

정보통신기술 이전에 예술과 학문이 어떠한 형태로든 먼저 존재했음은 분명하다. 하지만 소통의 주요 도구가 정보통신기술이 되면서, 웹을 통해 공유하지 않으면 존재하지 않는 것과 마찬가지라는 논쟁이 붙기 시작했다. 또 다시 실존주의 논쟁이 살아난 것 같다. 문학 연구에 정보통신기술이 적용된 사례를 추정한 연구에서도 미래의 예술과 학문에 대한 변화에 IT 기술이 독이 될 수도 있고, 약이 될 수 있음을 보여주고 있다.[9]

'나는 옛 것을 고집하고, 내 여가 시간을 보낼 때만큼은 기계에 의존하지 않고 살리라'하고 마음을 먹은 사람이라면 최근의 변화로 인한 영향을 덜 받을 수 있다. 하지만 우리의 주변인들이 스마트폰을 사용해 여러가지 편리한 서비스를 즐기기 시작하면서 우리의 여가 공간에 조금씩 AI가 스며들게 되었다. 예전에 한 이동 통신사의 광고에서 나온 말이 생각난다. "또 다른 세상을 만날 때는 잠시 꺼두셔도 좋습니다"라고 말하지만, 다시 네트워크에 접속하는 순간 우리의 여가 공간은 여러 명의 빅브라더_{big brother}[10]와 함께하는 공간이 되어버릴 것만 같다.

충청북도 괴산의 산막이 길을 지날 때, 비목榧木 팻말을 본 사람 중 여럿은 '초연히 쓸고 간 깊은 계곡 양지 녘에'로 시작하는 가곡을 부른다. 하지만 갑자기 휴대폰에서 혹은 주변의 전자 기기에서 그 노래가 나온다면 무섭지 않을까? 또 다른 경우로는 『삼미슈퍼스타 마지막 팬클럽』전자책 소설을 보고 있는데 〈연안부두〉 노래가 휴대폰에서 울리면 어떨까? 내 뇌를 스캔하는 빅브라더에 대한 의식때문에 휴식 공간에서만이라도 누군가의 간섭 없이 편히 쉬고 싶은 마음이 들 수도 있다.

마지막으로, 앞에서 잠깐 언급했듯이 아이돌 가수의 노래는 찾아도 클래식의 경우 데이터베이스가 방대하여 찾지 못할 것이라고 했지만, 인공지능으로는 가능할 수도 있다. 바흐_{Bach} 악보를 미디_{Musical Instrument Digital Interface, MIDI} 파일로 저장한 후 CSV_{comma separated value} 파일로 변환하고, 이것을 다시 알고리즘으로 분석하여 머신 리스닝 한다.[11] 이 파일을 훈련 모드를 반복하여 악기로 연주하기도 하며, 훈련 시간을 늘리면서 그 악보를 기초로 멋진 재즈로 변화시키기도 한다. 훈련 시간이 너무 길어지면 오히려 이상한 음악으로 변하기도 하니 인공지능도 적정 수준의 인풋_{input}을 가져야 한다는 원리가 맞아 들어가는 것 같다.

우리가 살아가는 동네, 뛰어 놀던 공터가 사라지고 놀이터는 비어가면서, 이제는 승용차에게 그 공간을 내어주고 있다. 우리에게 여가 공간이라는 것은 집이나 카페 같은 편한 곳으로 인식된다. 카페의 백색소음과 공부하는 사람들 사이에서, 같은 테이블에 마주보고 앉아 있어도 조용히 카카오톡으로 대화하는 그곳이 지금의 여가 공간이 되고 있다. 하지만 앞으로는 자연의 소리를 듣고 체험하며 묵언의 공간에서 여가 시간을 보내는 등 지금까지와는 전혀 다른 방향의 여가 공간을 찾아 달려갈 수도 있다. 독자의 권리 중 하나가 떠오른다. 책을 읽지 않을 권리, 건너뛰며 읽을 권리, 끝까지 읽지 않을 권리, 다시 읽을 권리, 아무 책이나 읽을 권리, 아무 데서나 읽을 권리, 군데군데 골라 읽을 권리, 소리 내서 읽을 권리, 읽고 나서 아무 말도 하지 않을 권리가 그것이다.[12] 이제는 여가 공간에 슬며시 찾아든 AI에게도 같은 권리를 주장할 수 있다. 이러한 주장을 하고 넛지를 놓는 일이 여가 분야에서 AI 산업의 핵심 목표가 되지 않을까?[13]

장은미 _(주)지인컨설팅 대표이사, 서울시립대학교 겸임교수

주석

1. 참고 | 윤양수·김의식. (2002). 레저행태 변화와 여가공간 조성방안연구. 국토연구원.

2. 참고 | 2016 국민여가활동조사 한국문화관광연구원

4. 참고 | 이경혁. 『게임, 세상을 보는 또 하나의 창』 로고폴리스, 2017.

5. 참고 | https://www.techemergence.com/musical-artificial-intelligence-6-applications-of-ai-for-audio/

6. 참고| http://www.marketexpress.in/2017/10/will-ai-change-the-future-of-music.html

7. 참고 | 머신 리스닝 설명 애니메이션 https://www.youtube.com/watch?v=SacogDL_4JU

8. 참고 | https://www.webcredible.com/blog/artificial-intelligence-tourism-travel/

9. 참고 | 장은미·박용재. (2017). 정보통신기술의 적용이 문학연구에 약이 될 것인가. 독이될 것인가? 한국문학연구 제 55집.

10. 설명 | 정보의 독점으로 사회를 통제하는 관리 권력, 혹은 그러한 사회체계를 일컫는 말. 사회학적 통찰과 풍자로 유명한 영국의 소설가 조지 오웰(George Orwell, 1903~1950)의 소설 『1984년』에서 비롯된 용어이다. 긍정적 의미로는 선의 목적으로 사회를 돌보는 보호적 감시, 부정적 의미로는 음모론에 입각한 권력자들의 사회통제의 수단을 말한다.

11. 주석 6과 동일.

12. 참고 | 다니엘 페니아크. 『소설처럼』 문학과 지성사, 2004

13. 참고 | 리처드 탈러·캐스 선스타인. 『넛지』. 리더스북, 2009

AI 시대에
직업의 의미

──● 이 글이 주로 돌아다닐 네트워크 세상인 통신이나 미디어 분야
의 시각에서 인공지능이라는 주제를 다룬다면 애플의 시리 혹은 구글
과 아마존이 내세우는 서비스, 카카오와 국내 통신사들이 판매에 매진
하고 있는 대화형 인공지능과 자동차 등의 자율주행과 관련한 지능화,
상품 유통 부문과 엔터테인먼트, 서비스 영역의 디지털 지능화와 자동
화가 주류가 될 것이다. 이 주제들은 비교적 일상과 관련한 일들인지라
잘 알려져 있고 상대적으로 이해하기도 쉽다. 이런 주제들을 중심으로
다루면 살짝 부족한 느낌이 들기 때문에 우리나라가 세계 경제에서 차
지하고 있는 위치라든지, 그 자리에 오르기까지 중요한 역할을 했던 다
른 제조업 분야들을 감안해서 이야기를 끌어가는 것이 전체적인 그림

을 이해하는 데 도움이 될 것 같다. 그리고 미래 상황을 예지하는 내용은 기술로 인해 사람과 시장이 어떻게 연관지어 동작하는지에 대해 살펴보고, 그런 상황들 속에서 어떤 방향으로 논의가 발전할 것인가에 대해 추정해보는 것이 유용하다. 직업의 방향도 그 영향을 받는 것이 일반적이기 때문이다.

기술 발전에 따른 변화를 바라보기 위한 시각

새로운 기술은 과거의 기술이 어떠한 방식으로든 노동과 결합하여 부가가치 창출 과정에 도약적인 효용성을 제공함으로써 기존에 비해 차별적인 부가가치를 생산하게 한다. 이것은 기존의 시장 경쟁 관계 균형에 영향을 주는 것으로 생각되어 왔는데, 실제로는 경쟁 관계뿐만 아니라 협력 관계 혹은 공생 관계에도 영향을 미치게 된다고 보는 것이 좀 더 타당하다. 이는 원천기술의 개발부터 최종 시장의 상품으로 소비되는 과정을 어떤 단계로 구분하는가에 따라 다른 시각으로 평가할 수 있고, 분업이 기본인 현대사회에서 단위 분업에서 이루어지는 기술혁신의 효과에 대해서 평가하고자 한다면 조금 더 미시적인 시각이 필요할 수 있기 때문이다.

주식회사라는 개념과 소액주주운동의 활성화를 통해 자본주이자 고용주가 되는 경우도 존재할 수 있다는 점도 이런 시각이 유효할 수 있다는 근거가 된다. 기술이 사회에 어떤 영향을 미치게 될 것인가에 대한 고민은 1차 산업혁명 시기를 살았던 이들이 기록으로 남겨 후세의 사람들이 여러 가지 방향으로 고민해보도록 만들었다. 그 중에서 가장 큰 영향을 남겼다고 할 만한 마르크스의 논의가 주로 노동 가치에 대한 것이라는 인식이 일상적이지만, 그 '노동 가치론'은 당시의 기계와 분업, 공장 시스템에 대해서 선구적인 연구를 했던 앤드류 유어Andrew Ure, 찰스 배비지Charles Babbage, 애덤 스미스Adam Smith의 영향을 많이 받았다고 알려져 있다.

자본주의 사회의 동인인 더 많은 이윤을 추구하는 행위가 기술 발전을 촉진하며, 그 과정에서 벌어진 자본주와 노동자들 간의 투쟁에서 자본주는 노동자들의 영향력을 줄일 수 있도록 기술을 활용하는 방안을 떠올렸다. 하지만 마르크스는 자본주의가 만들어내는 계급 구조에서의 기술은 자본주가 노동자를 억압하는 수단으로 활용될 수 있지만, 계급이 타파된 사회주의 사회에서의 기술은 노동자를 지겨운 육체노동에서 해방하는 수단이 될 수도 있다고 설명한다.[1]

어떠한 부가가치가 탄생하는 과정을 비즈니스라는 시각으로 바라본다면 비즈니스가 성립하기 위해 어떤 요소들이 존재하는지 볼 수 있고, 그 요소들 간의 연계 관계에 대한 이해를 통해 비즈니스가 어떠한 모습을 취하고 있는지 살펴볼 수 있다. AI라는 자동화, 효율화 기술들이 발전하고 확대 적용됨에 따라 일자리가 어떻게 변화할 것인가에 대해 논의하기 위해서는 해당 기술이 적용되어 변화하는 비즈니스의 수요와 공급관계가 어떻게 변화하게 될 것인가를 가장 우선으로 생각해봐야 한다. 이런 분석을 위한 도구로 [그림 1]의 비즈니스모델 캔버스[2] 방식을 사용하기도 한다. 비즈니스모델 캔버스를 사용하면 캔버스 요소들 중에 등장하는 행위 주체들 사이의 관계에 대해서도 동일한 캔버스 모델을 재귀적인 방식으로 적용하며 생각해볼 수 있다. 어떠한 주체가 건전한 사업을 영위하며 사회적 활동 주체로서 존재하기 위해서는 비즈

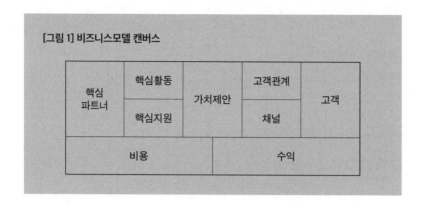

[그림 1] 비즈니스모델 캔버스

핵심 파트너	핵심활동	가치제안	고객관계	고객
	핵심지원		채널	
비용			수익	

니스 모델이 합리적이어야 한다. 특히 비즈니스의 수익과 지출의 비용 구조가 불합리할 경우, 모든 것을 소비하여야만 존재 가능한 세상 구조에서는 지속 가능성이 낮을 수밖에 없다.

AI를 도입한 기업들의 반응

AI는 주요 정보화 기술들 중에서 기존의 생산 기술에 데이터를 기반으로 인간의 고등 학습 기능과 행동 양식들을 부여하여 효율 극대화를 추구하는 기술이다. AI는 생산 장비 자체의 구조적 설계 영역이라든지 물성 개선 등의 영역에 적용할 수 있으나, 주된 적용은 기존 시장에서 가장 큰 효용성을 발휘할 수 있는 영역에서부터 시작하는 것이 상식적인 접근이다. 속된 표현을 쓴다면 많은 돈을 만들 수 있는 영역에의 적용이 우선시된다고 볼 수 있다.

인도에서 시작하여 '가장 존경받는 지식기업상most admired knowledge enterprises, MAKE'을 수차례 수상해온 글로벌 IT컨설팅 회사인 인포시스는, AI를 대표하는 정보화 기술이 각 사회에 미치는 영향성에 대한 보

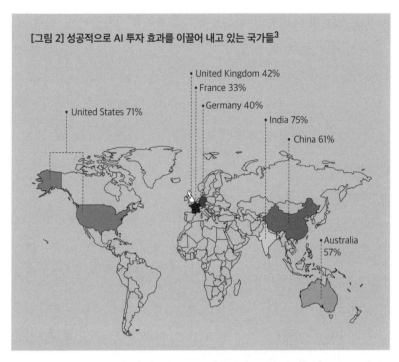

[그림 2] 성공적으로 AI 투자 효과를 이끌어 내고 있는 국가들[3]

- United Kingdom 42%
- France 33%
- Germany 40%
- India 75%
- China 61%
- United States 71%
- Australia 57%

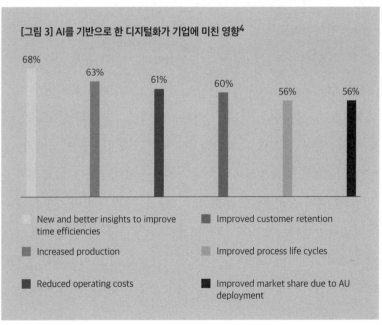

[그림 3] AI를 기반으로 한 디지털화가 기업에 미친 영향[4]

68%
63%
61%
60%
56%
56%

New and better insights to improve time efficiencies

Improved customer retention

Increased production

Improved process life cycles

Reduced operating costs

Improved market share due to AU deployment

고서를 지난 몇 년간 발간해왔다. 한국과 일본을 제외한 미국, 영국, 중국, 독일, 프랑스, 호주, 인도의 거주자 20만 명을 대상으로 조사한 결과들이다. 여러 나라의 기업들을 대상으로 매년 이뤄지는 조사를 통해서 그 변화가 어떤 영향을 미치고 있으며 어떤 지향점을 가지고 있는지에 대해 살펴볼 수 있다. 2018년 보고서는 「Leadership in the Age of AI : Adapting, Investing and Reskilling to Work Alongside AI」라는 타이틀로 발간되었다.[5]

세계 각국이 어떻게 대응하고 있는지 통계 데이터를 통해 살펴볼 때는 각국의 역사와 사회 정치적 분위기 및 현재 산업과 경제 구조 등을 감안하는 것이 필수적이다. 디지털화라는 기술적인 변화가 어떤 국가와 사회에 자리 잡고 있는 모습을 살펴보는 것은 해당 변화로 인해 영향을 받는 수많은 이해관계들과 문제점들이 어떻게 조율되고 해결되었을까 하는 물음에 대한 답을 찾는 행위라고 할 수 있다.

어떤 경영자라도 실제 기술 투자를 통해 수익 개선 등의 효용성이 발생 가능한 영역에 투자를 하는 것이 상식이다. 이는 최소한 기술 관련한 부분을 배제하고도 시장 경쟁력이 있거나 기술 개선이 있을 경우 시장 경쟁력을 가지는 사업 모델을 가진다는 의미이기도 하다. 인포시스 리포트에서 발췌한 [그림 4]에서 각국의 시장, 인건비와 노동 규제 및 소비 상품 등을 고려하여 살펴보면 몇 가지가 추정 가능하다. 미국은 자국 내 제조업을 되살려내려고 하고 있고, 인도는 수많은 인력 자원을 활용한 산업들이 많다고 알려져 있다. 또 중국의 경우 국가가 공산주의 체제를 통해서 인민들을 보호하고, 기업들에게 이들의 보호를 의무적으로 요구하는 일이 드물다. 하지만 중국식 공산주의 체제하에서 빈부 격차

[그림 4] 국가별 AI가 특정 업무에서 사람을 능가한다고 생각하는 비율[6]

India 74%		United Kingdom 39%	
United States 58%		France 26%	
China 50%		Germany 18%	
Australia 47%			

가 심화되는 것은 사회 체제상 허용되기 어렵다.

각 국가의 정책자들은 국내 시장을 지켜내면서 해당 국가의 고용을 지속하면서 자국 시장을 유지하는 정책을 펼치게 된다. 기업은 자발적으로 혹은 노조와의 협의를 통해, 혹은 정부가 제시하는 정책에 따라서 기존 고용 인력들을 다른 업무에 배치하는 등의 대응을 하게 된다. 농업과 같은 분야에서는 어떤 상황이 벌어질까? 국내가 소농 위주의 방식인 것과는 다르게 넓은 토지를 가진 국가들은 대부분 대규모 자동화 농업 방식으로 운영된다. 물론 자본이 농업을 지배하고 있다고 알려져 있다. 해당 국가에서 농업에 종사하는 사람들은 자본에 고용된 엔지니어로 분류될 가능성이 높다는 뜻이다. 디지털화되고 자동화된 농업은 자본 의존적이게 됐다.

대규모 디지털 자동화 농경을 추진하고 있는 글로벌 농산자본과의 가격 경쟁에서 상대적 열위에 놓일 가능성이 높은 각국의 소농들은 소득 저하 문제를 겪을 가능성이 높다. 이 문제는 전통적인 도농 소득 격차로 인한 농민들의 도시 노동자화 문제로 이어질 가능성이 높을 뿐만 아니라, 각국이 디지털 자동화 농경을 추진한다든지 하는 방식으로 대응하지 못할 경우 식량 수급 안보라는 이슈로 발전하게 되며 지역에 따른 고용 기회 창출 불균형 문제를 악화시키는 큰 요인이 된다.

공산주의 혹은 사회주의 성향을 띠는 국가에서는 국가가 자본을 만들어 농업을 전략적으로 통제할 수도 있다. 낮은 농업생산량을 보이고 있는 국가에는 농민들에게 자동화 농업기술을 어떻게 저렴하게 보급할 것인지가 더 큰 과제로 자리 잡게 된다. 이것은 농업 부문에서 예상되는 업태 변화다.

[그림 5]는 'AI 도입으로 사업 내에서 어떤 형태의 조정을 했나'라는 질문에 대한 답이다. [그림 2]에서 각 나라를 표현한 색상을 보면, 미국과 호주는 재교육과 재배치를, 인도는 일자리를 줄인다고 대답한 것을 알 수 있다. 프랑스는 AI 도입으로 신규 일자리가 창출되고 있는 효과를 보여준다. 신규 고용은 새로운 경쟁력 확보를 위한 것이라면, 재교육과 재배치는 자의 혹은 타의로 직원들을 보호하는 행위로 분류할 수 있다. 법과 실제 제도가 적용되는 모습들은 해당 사회가 지향하고자 하는 것을 함의하고 있다고 봐도 무리가 없다. 이는 직업들이 변화하며 국가가 지향하는 바를 파악하는 데 도움이 된다. 세계 분업구조 속에서의 역할과 분배 형태를 함께 생각하는 것도 미래 상황을 예측하는 데 유용하다. 중간재 생산과 수출 비중이 높고, 세계 교역 순위 10위 안에 위치하고 있는 우리나라의 경우 어떤 인력 정책을 펼치고 있는지에 대한 질문도 상당히 유의미하다.

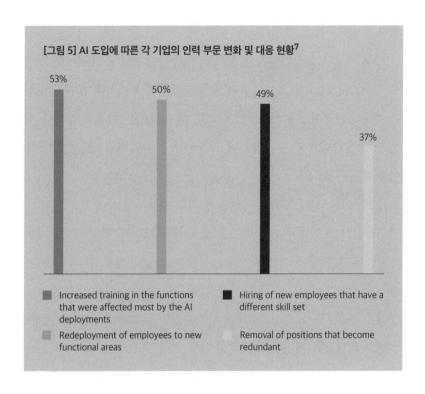

[그림 5] AI 도입에 따른 각 기업의 인력 부문 변화 및 대응 현황[7]

53%

50%

49%

37%

- Increased training in the functions that were affected most by the AI deployments
- Redeployment of employees to new functional areas
- Hiring of new employees that have a different skill set
- Removal of positions that become redundant

AI를 도입하고자 하는 분야들과 그 효과

디지털 혁신기술들 중 주목받고 있는 디지털트윈[8] 기술은 유지 보수 현장 인력이 데이터가 지시하는 대로만 작업하면 되므로 현장에 투입되는 고급 인력은 필요 없어질 가능성이 높다. 이 기술을 사용하면 유지 보수를 빙자한 기술 유출 방지도 가능하고, 인건비도 대폭 절감할 수 있기 때문에, 기업에게는 다양한 장점을 제공하는 기술이라고 볼 수 있다.

하지만 피고용 기회를 찾는 입장에서 보상 수준이 좋은 일자리를 얻기 위한 진입 장벽의 높이와 그 위치를 유지하기 위해 필요한 신기술 획득 노력이 어떤 수준일 것인가 하는 이슈, 그리고 진입을 가능하게 하는 훈련 프로그램의 제공 주체와 이와 관련한 획득 용이성에 문제가 발생한다.

AI는 주요 정보화기술들 중에서도 기존 생산 기술에 데이터를 기반으로 한 인간의 고등 학습기능과 행동 양식들을 부여하여 효율 극대화를 추구하는 소프트웨어화 기술이라고 정의 내리는 것도 가능하다. AI는 방대한 영역에 적용 가능하며 컴퓨터 응용 영역에서 다양한 연구들이 진행되어 왔다.

[그림 6]에서 AI 도입에 어려움을 겪고 있는 분야들은 미디어와 엔터테인먼트, 통신과 통신 서비스 분야, 은행과 보험, 오일&가스, 소매와 일반소비재, 건강 관리와 라이프 사이언스life science, 여행/접객/운송, 제조&첨단기술, 공공분야 등 다양하다. 다양한 분야에 AI를 도입했을 때 누리게 될 효과들은 [그림 3]에서 논의되었던 것들이 아닐까 생각한다. 실제로 해당 분야에서는 새로운 아이템 발굴, 효율성, 생산성, 비용 축소, 고객 유지, 공정 개선, 시장 확대 등의 효과가 있었다고 이야기한다. 이는 동일한 생산량이라는 전제 조건에서 현재와 비교하여 시장 경쟁력 강화와 고용 축소로 인한 인력 효율화 효과가 발생했다는 의미다. 생산을 늘리기 위해서는 시장 확대가 선행되어야 하지만, 고용 축소로 소비 감소가 예상되는 상황에서 시장 소비가 늘어나는 것을 기대하기란 쉽지 않다.

여러 가지 대응 방안들

인포시스의 리포트는 AI기술이 직접 와닿지 않는 수사적인 그 무엇에서 벗어나서 어딘가에 효과를 발휘하고 있다고 이야기하고 있다. 이러한 상황을 벗어나기 위해서 첫 번째로 인간 우선의 경영, 두 번째로 평

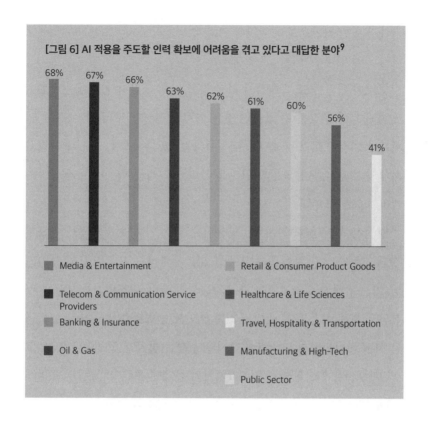

[그림 6] AI 적용을 주도할 인력 확보에 어려움을 겪고 있다고 대답한 분야[9]

68% Media & Entertainment
67% Telecom & Communication Service Providers
66% Banking & Insurance
63%
62%
61%
60%
56%
41%

Media & Entertainment
Telecom & Communication Service Providers
Banking & Insurance
Oil & Gas

Retail & Consumer Product Goods
Healthcare & Life Sciences
Travel, Hospitality & Transportation
Manufacturing & High-Tech

Public Sector

생 공부하는 분위기를 만드는 것, 세 번째로 사업의 모든 영역에 대해 투명성을 기할 것, 마지막으로 비즈니스 프로세스의 자동화 그 너머의 가치를 고민할 것을 제안했다. 그렇다면 '그 이유에는 무엇이 있을까' 라는 질문을 던지고 우리의 상황과 비교하며 답을 찾는 것이 필요하다.

각국의 경쟁 기업들은 AI기술의 확산과 적용 영역의 확대로 경쟁의 무게 중심이 첨단 인력들이 창출하는 혁신 역량에 의해 좌우된다는 점을 깨닫고 있다. 실질적인 체험을 중요하게 취급하는 교육의 방향성과 오픈 소스화, 온라인 접근성 강화 등의 경향은 전 세계로부터 인력을 흡수하기 위한 기반으로 동작한다. 또한 기업들은 첨단 인력을 먼저 확보하기 위해 앞다투어 나서고 있다.

글로벌 산업 구조 속에서 우리의 역할은 제조 기지라고 자평해왔다. 그 효율성이 보장될 수 있었던 것은 인력 양성 체계부터 평가, 분배 전체가 유기적으로 동작해왔기 때문이라는 평가가 있다. 그러나 산업화 시대의 효율성은 창의성과 인간을 기반으로 하는 혁신적 효율성과는 괴리가 큰 개념이다.

당연히 우리나라 내부에서 창출되는 고용 기회와 해외에서 만들어지는 기회는 시간 차이를 두고 선행되고 후행하는 모습을 보일 것이지만, 이는 결국 언젠가는 동기화될 가능성이 높다. 디지털화는 노동과 자본의 균형에서 자본 쪽에 더 유리하게 만드는 효과를 만들어내고, 각국은 시장을 유지하기 위해서 첨단기술의 확산 방안을 강구할 것이다. 그리고 기술로 인해 창출되는 부가가치의 분배에 대해 더 고민할 수밖에 없다. 물론 그 과정에서 생산 잠재력이 있는 국토와 자원을 가진 나라가 유리하다는 것은 당연한 사실이다.

AI로 인한 미래 직업 변화에 대한 논의는 궁극적으로 자본과 노동, 기술혁신으로 창출된 가치의 분배 이슈들을 다룰 수밖에 없다. 그렇게 해야 혁신으로 인해 소멸한 과거의 것들을 대체할 수 있는 새로운 생산과 소비가 창출될 기회가 만들어지고, 새로운 시대를 맞아 확대 재생산될 수 있기 때문이다.

홍정우 _한국과학기술정보원 슈퍼컴센터 소속, 3D프린팅산업협회이사

주석

1. 참고 | 홍성욱, 「기계는 괴물이다」, 〈한겨례〉 2006년 9월 1일자. http://www.hani.co.kr/arti/culture/book/153335.html#csidxcad0ef94155932581870c9948da0edf

2. 참고 | 비즈니스모델 캔버스 https://brunch.co.kr/@givemore/3

3, 4, 5, 6, 7. 참고 | Leadership in the Age of AI : Adapting, Investing and Reskilling to Work Alongside AI (https://www.infosys.com/age-of-ai/Documents/age-of-ai-infosys-research-report.pdf)

8. 참고 | 인더스트리 4.0과 디지털트윈 (제조업이 천생연분을 만나다) (https://www2.deloitte.com/content/dam/Deloitte/kr/Documents/insights/deloitte-anjin-review/09/kr_insights_deloitte-anjin-review-09_08.pdf)

9. 주석 3과 동일

AI로 인한 구매와
유통 구조의 변화

─● 최근 정보통신기술의 급격한 발전은 소비자들의 구매 방식에도 변화를 야기하고 있다. 소비자들은 과거와 같이 여러 유통 단계를 거친 전통적인 구매 방식이 아닌, 해외 판매자로부터 직접 구매(직구)를 하거나 공동 구매 플랫폼을 통해 도매업자 혹은 제조업자로부터 직접 구매(공구)를 하고 있다. 물건을 구매하는 채널도 오프라인에서 온라인과 모바일로 급격히 확장되고 있다. 특히 스마트폰의 등장으로 시공간 제약이 줄어들면서 모바일 쇼핑이 온라인 쇼핑을 견인함으로 인해 오프라인 유통 업체 역시 온라인 채널을 확대하고 있다. 온라인 쇼핑의 확대와 오프라인 업체의 온라인 시장 진입으로 두 가지 쇼핑 방식의 경계가 모호해지면서 온오프라인을 넘나드는 크로스쇼퍼cross shopper가 증가하고 있다.

유통업의 변화

온라인과 모바일을 통한 상품의 다양화와 상품에 대한 과잉 정보 제공은 소비자에게는 구매 결정을 어렵게 하는 상황을 만들고 있다. 이에 따라 유통 업체에서는 인공지능, 빅데이터 등 정보통신기술을 활용함으로써 소비자가 필요로 하는 상품을 쉽게 검색하고, 소비자의 취향을 분석한 후 소비자 성향에 맞는 상품을 추천한다. 그리고 필요로 하는 상품을 적재적소에 제공하는 방식의 서비스를 확대하고 있다. 미국 유통업 전문 조사 기관인 보스턴 리테일 파트너스Boston Retail Partners, BRP가 2017년 미국 유통기업을 대상으로 조사한 결과에 따르면 40% 이상의 기업들이 챗봇chatbot, 채팅chatting과 로봇robot의 합성어로 사람과 대화를 통해 질문에 알맞은 답이나 각종 연관 정보를 제공하는 인공지능 기반의 커뮤니케이션 소프트웨어이나 인공지능 비서 등 인공지능 기술을 도입했거나 3년 내에 도입할 계획이라고 한다.[1]

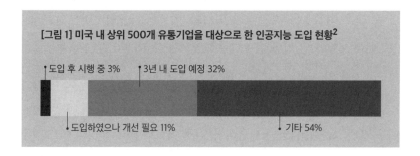

[그림 1] 미국 내 상위 500개 유통기업을 대상으로 한 인공지능 도입 현황[2]

도입 후 시행 중 3%   3년 내 도입 예정 32%

도입하였으나 개선 필요 11%   기타 54%

유통업에서 인공지능 접목이 가능한 분야

급격하게 변화하는 유통 분야에서 현재와는 다른 검색 엔진이나 쇼핑 로봇이 필요하다는 것은 여러 연구에서 설명되고 있는데, 이 가운데 인공지능을 접목하는 것이 가장 강력하고 유망한 분야라고 언급하고 있다.[3, 4] 유통업의 변화에서도 기술된 바와 같이 최근 젊은 층을 중심으로 쇼핑 접근성, 상품의 다양성, 가격 비교, 전자 결제의 편리성 등으로 온라인 유통 채널이 각광받고 있다. 소비자와의 접점이라 할 수 있는 검색 단계에서 인공지능 기술이 접목된다면 어떠한 변화가 가능할까? 일반 검색 엔진의 예를 들어보자. 고객의 검색어에서 핵심 키워드를 분석해 정보를 검색하고 그 결과를 고객에게 제공하지만, 인공지능 기술은 고객의 특성, 선호도, 특별한 요구 등 고객 상황을 스스로 인지한 후 해당 정보에 기반하여 상품을 선택하고 추천해줄 수 있을 것이다. 또한 유통 사업자는 재고 여부와 고객의 현재 위치 등을 인식하여 실시간으로 고객 맞춤형 서비스를 제공할 수 있을 것이다.

유통 분야에 인공지능 기술을 어떻게 접목할 수 있을지는 세계 각국의 인공지능 기술 개발 관련 어플리케이션을 살펴보면 어느 정도 가늠할 수 있다. 가장 대표적인 예로 IBM의 '왓슨', 구글 딥마인드의 '알파고', 페이스북의 AI 기반 인공지능 로봇 '챗봇', 일본 소프트뱅크SoftBank의 가사도우미 '페퍼Pepper' 등을 들 수 있다. IBM은 인공지능 컴퓨터 '왓슨'이 쇼핑 어드바이저, 스마트 머천다이징, 판매 전략 수립, 유통 업체 내부 업무 효율화, 와인 어드바이저, 건강 어드바이저, 레시피 어드바이저 등의 서비스 영역에 적용될 수 있을 것으로 예상하고 있는데, 이 가운데 쇼핑 어드바이저 서비스가 가장 유망할 것으로 분석하고 있다.[5]

인공지능 적용 사례

1) 노스페이스의 왓슨 적용

아웃도어 브랜드인 노스페이스The North Face는 2015년 12월에 IBM의 인공지능 슈퍼 컴퓨터인 '왓슨'을 기반으로, 커머스 솔루션 업체 플루이드Fluid의 소프트웨어 '엑스퍼트 퍼스널 쇼퍼expert personal shopper, XPS'를 기반으로 하는 양방향 개인화 온라인 쇼핑 플랫폼 'The North Face XPS'를 출시하였다. 이 플랫폼은 왓슨이 제공하는 인공지능 기술을 활용하여 온라인 쇼핑몰의 이용객이 마치 서비스 담당자와 대화하듯이 짧은 시간에 원하는 상품을 찾도록 하는 서비스를 제공한다. 이 플랫폼에서 왓슨은 상호작용을 통한 지속적 학습을 통해 시간이 경과할수록 고유의 가치관과 지식을 습득하는 특징을 가지고 있다. 왓슨은 자연어 처리를 통해 문법 및 맥락을 파악하고, 가능한 모든 의미를 평가하여 복잡한 질문의 의미를 파악한 뒤 방대한 자료에 근간하여 최적의 상품을 제시한다. 'XPS'는 최초의 인공지능 커머스 플랫폼으로 평가받고 있다. 현재 왓슨은 자연스러운 대화를 이끄는 점에서 한계를 표출하고는 있지만, 이 같은 미비점을 개선할 경우 개별 브랜드의 특성에 따라 상이한 성격을 가진 인공지능 퍼스널 쇼퍼로 기능하며 온라인 쇼핑 경험을 혁신할 수 있을 것으로 전망된다.

2) 인공지능 퍼스널 여행 어시스턴트 앱 〈메지〉

2015년 12월 스타트업인 〈메지Mezi〉는 문자를 주고받는 방식의 인터페이스로 온라인 쇼핑을 지원하는 인공지능 퍼스널 쇼핑 어시스턴트 앱 〈메지〉를 출시하였고, 2016년 후반부터 여행에 초점을 두고 있다. 〈메

IBM 인공지능 '왓슨'의 쇼핑 정보 지원 서비스

1997년 '딥 블루(Deep Blue)'라는 슈퍼 컴퓨터를 만든 IBM은 2011년 '왓슨'이라는 이름의 인공지능 컴퓨터를 미국 TV퀴즈쇼 〈제퍼디!〉에 출연시켜 인공지능 기술을 세계에 널리 알리는 계기를 만든다. 이후 2014년 1월 아웃도어 전문기업 노스페이스와 함께 뉴욕에서 개최된 미국소매협회(National Retail Federation, NRF) 행사에서 인공지능 기술을 적용한 XPS(expert personal shopper) WEP 프로토타입인 쇼핑 정보 지원 서비스 사례를 발표한다.

왓슨의 쇼핑 정보 지원 서비스는 [그림 2]와 같다. 백팩을 구매하고자 하는 고객이 있다고 가정하자. ① 고객이 먼저 구매하고자 하는 제품을 IBM 왓슨 컴퓨터에 문의하면 ② XPS WEP은 소비자에게 필요한 다양한 정보(등산지, 체류 기간, 현지 날씨 등)를 분석하고 ③ 소비자에게 최적의 제품을 추천함과 동시에 부가적으로 다양한 제품 정보들을 보여준다. ④ XPS WEP은 고객이 당초 구매하고자 했던 배낭과 함께 침낭, 모자 등 최적의 제품 정보들을 함께 추천·제공함으로써 고객은 최적의 상품을 추천받을 수 있을 뿐 아니라 부가적으로 필요한 관련 상품 정보도 제공받아 구매까지 이루어지도록 도와준다.

IBM은 2014년 4월 유통산업 관련 '퍼스널 쇼핑 도우미(personal shopping assistant)' 시스템을 구축하기 위해 온라인 전자상거래 소프트웨어 업체인 '플루이드'에 투자하였고, '왓슨'의 상용화를 위해 금융과 의료 분야에 적극 나서고 있다. 한국 IBM은 2016년 롯데백화점과 공동으로 인공지능 쇼핑 도우미 개발에 나서기로 하였다.

[그림 2] IBM 왓슨을 이용한 노스페이스의 백팩 구매 과정[6]

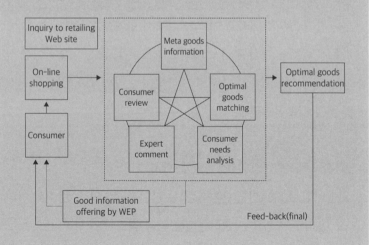

지〉 앱은 메시지 스타일의 인터페이스를 통해 사용자가 여행하고자 하는 목적지의 항공, 숙박, 레스토랑을 예약할 수 있는데, 이 과정에서 자체적으로 보유하고 있는 딥러닝과 자연어 처리 기술을 적용하고 있다. 여행 앱과 관련해서는 카약Kayak, 구글과 같은 대기업부터 히트리스트Hitlist, 스카이스캐너Skyscanner와 같은 스타트업까지 다양한 앱들이 있다. 하지만 〈메지〉는 사용자가 개인정보 제공과 지불 방법을 결정하면 거래까지 한 번에 이루어지는 간편함을 제공한다는 측면에서 차별성을 가지고 있다.[7]

3) 여성 의류 온라인 퍼스널 쇼핑 서비스 〈스티치 픽스〉

2011년에 설립된 여성 의류 온라인 퍼스널 쇼핑 서비스 〈스티치 픽스Stitch Fix〉[8]는 이용자가 자신의 기호에 맞는 스타일 프로필을 작성하면 독자적인 빅데이터 분석 알고리즘을 통해 전문 스타일리스트의 선정을 거친 컬렉션을 이용자 거주지로 배송하는 서비스를 제공한다. 〈스티치 픽스〉는 2014년 6월 넷플릭스Netflix의 빅데이터 분석 담당자였던 제프 매그너슨Jeff Magnusson을 데이터 플랫폼 책임자로 영입하였다.

〈스티치 픽스〉는 총 5개의 의류 및 액세서리로 구성된 상자를 원하는 날짜에 맞춰 무료로 배송하며, 개별 상품 가격은 통상 55달러 수준이지만 이용자들이 별도로 자신이 구매하고자 하는 상품 가격 범위를 설정할 수 있도록 한다. 상품 선정을 위한 스타일링 비용으로 20달러를 청구하며 각 의류에 관련된 스타일 활용법을 포함하는 것이다. 해당 서비스는 3일 동안 구매 여부를 확정한 후 실제 구매한 상품에 대해서만 결제하면 되고 5개 상품을 모두 구매할 경우 25%의 할인이 적용된다. 마음

에 들지 않는 의류는 선물 봉투에 싸서 반송하는 방식이다.[9]

4) 인공지능 가상 개인 비서 서비스

가상 개인 비서virtual personal assistants 서비스는 '머신러닝, 음성인식, 텍스트 분석, 상황 인지 등 인공지능 기술과 첨단기술의 결합으로 사용자의 언어를 이해하고 사용자가 원하는 지시 사항을 수행하는 소프트웨어 어플리케이션'으로 정의할 수 있다. 스마트폰, 웨어러블 디바이스 등 각종 IT기기 등과 결합하여 자연스럽게 사용자의 말을 이해하고 사용자가 원하는 정보, 작업을 알아서 수행하는 것이 가능하다.

현재 가상 개인 비서 서비스 시장에는 애플의 시리, 구글의 나우, 마이크로소프트의 코타나Cortana, 아마존의 에코Echo 등 기존 정보통신기술 기업들의 서비스와 에이미Amy, 비브Viv 등 스타트업들의 신규 서비스가 존재하고 있다. 인공지능 비서 기능은 저마다 특색이 있는데, 애플 시리의 경우 사용자의 말을 이해하는 기능이 뛰어나고, 마이크로소프트의 코타나는 교통 정보 업데이트나 일정표 관리 등 기본적인 커뮤니케이션과 정보 수집 기능이 탁월하다. 한편 구글 나우는 막강한 검색 기능과 노래 제목을 알아내는 기능이 뛰어나다. 아마존의 에코 스피커에 탑재되어 있는 알렉사Alexa의 경우 가정용 서비스에 특화되어 있다.[10]

5) 이미지 기반 검색 서비스

과거 소비자들은 온라인에서 검색을 위해 텍스트를 입력했지만, 최신 스마트폰의 막강한 카메라 기능은 사용자로 하여금 '카메라를 키보드'로 사용하는 것을 가능하게 한다. 인공지능에 기반한 이미지 검색은 아직은 초기 단계이지만 온라인에서 소비자가 본 이미지나 SNS에서 '좋아요'를 누른 이미지에 머신러닝 기법을 적용하여 소비자가 무엇을 선호하는지 이해하고 이에 근거하여 추천하는 서비스를 제공한다. 소비자는 본인이 원하는 것을 타이핑하는 것이 아니라 원하는 아이템의 사진을 검색 엔진에 올리고, 여기에 가격 정보가 함께 있다면 가격대에 따라 검색하거나 본인이 원하는 가격대만으로 검색할 수도 있다.[11]

미국의 백화점인 노드스트롬Nordstrom이 운영하고 있는 '트렁크 클럽Trunk Club'이라는 온라인 의류 서비스 사이트는 인공지능 기반의 이미지 검색 서비스 기능을 강화하기 위해 핀터레스트Pinterest에 투자를 확대하였다.

미국의 가구 브랜드인 웨스트엘름West Elm은 사용자들이 오프라인 매장을 방문하지 않고도 SNS에 올린 피드백과 이미지를 보고 구매할 수 있게 하였다. 핀터레스트[12]와 협업하여 웨스트 엘름[13]의 가구를 구매한 소비자가 올린 내용을 확인하고 구매까지 가능하도록 기능을 구현한 것이다.

인공지능에 기반한 이미지 검색은 온라인 쇼핑 영역에서 크게 성장할 분야로 기대되고 있다. 유통업자들은 온라인 소비 시장이 거의 이미지에 기반하여 검색을 하므로 인공지능이 온라인 마케팅을 실행하는 데 있어 핵심요소가 될 것으로 예견하고 있다. 한편 유통 업체 측면에서는 기존의 대규모 유통 업체들이 시장을 주도하고 있기는 하지만, 신기술을 빠르게 적용한다면 유통 분야에서 스타트업이 성장할 수 있는 기회가 될 것으로 분석하고 있다.

소비 분야의 인공지능 접목이 가져올 미래

인공지능은 글로벌 소비자들의 경제생활에 큰 변화를 가져올 것으로 예상된다. 똑똑한 인공지능 쇼핑 지원 도구들이 속속 등장하면서 쇼핑이 한층 더 즐거운 경험으로 변모할 것으로 보인다. 원하는 가격과 스펙은 물론 최신 트렌드와 내밀한 감성, 욕망까지 포착한 후 최적의 상품을 제안하는 지능적 쇼핑 도구들을 통해, 소비자들에게 인공지능 소비의 새로운 경험을 안겨주는 시대가 도래할 것으로 예상된다. 이미 아마존 등 많은 전자상거래 업체들이 인공지능의 기계학습 기법에 기반한 사용자 맞춤형 추천 기능을 운용하고 있지만, 인공지능 기법의 진화와 더불어 이런 추천 제안 기능은 더욱 정교하고 지능적인 모습으로 바뀔 것이라 전망된다.

강영옥 _이화여자대학교 교수

260 KAKAO AI REPORT

주석

1. 참고 | 전해영. (2017). 4차 산업혁명에 따른 유통업의 변화. VIP Report, 현대경제연구원, 통권 710호.

2. 참고 | Boston Retail Partners. (2017). 2017 Customer Experience Unified Commerce Survey.

3. 참고 | Chung, J. B. (2017). Internet Shopping Optimization Problem With Delivery Constraints. Journal of Distribution Science, 15(2),15-20. doi:10.15722/jds.15.2.201702.15

4. 참고 | Stamford, C. (2015). Gartner's 2015 Hype Cycle for Emerging Technologies Identifies the Computing Innovations That Organizations Should Monitor. Gartner Newsroom, Retrieved from http://www.gartnner.com/newsroom/id/3114217

5. 참고 | IBM IBV Report. (2015). 2015 Consumer Purchasing Behavior Analysis Report at South Korea·China·Japan. Retrieved from IBM https://www-03.ibm.com/ press/ krko/ press/ release/ 4761-0.wss#release

6. 논문 | 김혜경 · 김완기. (2017). 인공지능 쇼핑정보 서비스에 관한 탐색적 연구. Journal of Distribution Science 15(4), pp. 69-80

7. 참고 | Lora Kolodny (2016). AI-powered virtual assistant, Mezi, pivots to focus on travel, https://techcrunch.com/2016/11/15/ai-powered-virtual-assistant-mezi-pivots-to-focus-on-travel/

8. 참고 | https://www.stitchfix.com/

9. 참고 | IRS Global. (2016). 4차 산업혁명을 주도하는 인공지능 기술의 시장동향 및 주요 이슈 종합 분석.

10. 각주 9와 동일

11. 참고 | Cortney Harding (2017). How AI Is Transforming the Shopping Experience Based on the Images Consumers Look at Online, http://www.adweek.com/digital/how-ai-is-transforming-the-shopping-experience-based-on-the-images-consumers-look-at-online/

12. 참고 | 위키피디아. https://ko.wikipedia.org/wiki/핀터레스트

13. 참고 | http://mobilemarketingmagazine.com/facebook-collection-retail-ad-format-lifestyle-templates-catalogue

AI가
교육에 미치는 영향

—● 4차산업혁명을 특징짓는 분야로 사물인터넷IoT, 인공지능, 빅데이터, 무인자동차, 3D 프린팅, 로봇공학, 나노기술 등이 언급되고 있다. 그 중에서도 인공지능은 타 분야보다 더 급격하게 발전하고 있으며, 이는 정보통신기술ICT 분야를 넘어 사회·경제·문화 등 우리 삶의 전반에 걸쳐 변화를 야기하고 있다. 교육 분야도 이러한 변화에서 예외일 수는 없다. 이 글에서는 AI가 교육 분야에 미치고 있는, 또는 향후 미치게 될 변화들에 대해 살펴보고자 한다.

AI가 교육에 미치는 영향은 다음과 같이 세 가지로 대별해볼 수 있을 것이다.

첫째, 교육 관련 행정 업무의 자동화와 처리 속도 및 정확도의 촉진이다. 예를 들어, 교수자의 경우 교과목에 대한 교수·학습 준비와 지도 뿐만 아니라 과제 및 에세이 채점, 학생 응답 평가와 같은 행정 업무를 처리하는 데 많은 시간을 할애한다. 또한 입학 업무 담당자의 경우, 실제 입학 관련 업무 외에도 예비 입학생이나 학부모들로부터 쏟아지는 입학 관련 문의사항을 처리하는 데 많은 시간이 소요된다.

그러나 학습과제 평가나 성적 처리 등 업무를 처리하는 데 보다 지능화된 AI 기반의 학사 관리 시스템을 도입·활용할 경우, 잡다한 행정 업무에 낭비하는 시간을 줄이고, 수업 계획 및 학생 상담에 더 많은 시간을 할애함으로써 교육의 질을 개선할 수 있다. 입학 업무의 경우에도 빈번히 묻는 입학 관련 문의는 챗봇이나 상호작용 웹사이트를 통해서 처리하고, 서류 처리 업무는 자동화하는 등 AI를 활용한 첨단 행정 업무 시스템들로 인해 업무 처리 속도와 정확도가 향상되어 행정 업무 부담이 많이 경감될 것이다. 아울러 향후 이러한 추세는 지속되어 거의 대부분의 반복적 행정 업무 프로세스에 걸쳐 자동화가 진행될 전망이다.

둘째, 정규 수업이건 비정규 수업이건 학습자들에 대해 언제 어디서나 각자의 학습 스타일에 맞춰 교수적·비교수적 지원이 가능해졌다. 예를 들어, 카네기러닝Carnegie Learning의 소프트웨어 〈미카Mika〉[1]는 인지과학, 학습과학, AI기술을 접목한 지능형 학습 지원 시스템intelligent tutoring system 인데, 이러한 시스템의 도입·활용 또한 늘어나고 있다.

미카와 같은 지능형 학습 지원 시스템은 학습자들이 문제 해결 과정에서 초래하는 오개념misconception을 진단하고, '정신 과정mental steps'을 추적하여 시의적절하게 조언·피드백·설명 등을 제공한다. 그것은 또한 자기조절이나 자기점검과 같은 생산적인 학습행동 증진을 도와준다.

학습자의 학습활동과 그 결과를 분석해 학습 난이도를 설정하고, 이를 토대로 학습자에게 가장 적절한 수준의 학습활동이나 콘텐츠, 안내 등을 자동으로 제공해준다.

이러한 시스템은 기본적으로 학습분석학learning analytics을 토대로 설계·개발되고 있다. 최근 학교 현장에서는 교육적 데이터 마이닝data mining으로 통계적인 패턴이나 규칙, 알고리즘, 모델을 찾는 것을 넘어 다양한 예측모델predictive model을 적용하는 데 초점을 두고 있다. 따라서 학습분석학에 AI 특성이 가미된 지능형 튜터링 시스템은 인간 교수자보다 더 신속하게, 언제 어디서나 학습자의 요구에 부응할 수 있을 것이다.[2]

셋째, 개별화 학습지도 및 평가, 학습게임learning games 및 디지털 교과서와 같은 맞춤형 교과서와 교육 과정의 개발을 증진할 수 있게 되었다. 교육 현장에서 평가는 필수 불가결하지만, 그것을 적절하게 행하기에는 상당한 어려움이 있다. 더군다나 학습자마다 매우 다양하고 독특한 특성을 지닌 점을 감안할 때, 교육 현장에서 다른 사람이나 도구의 도움 없이 교수자 혼자서 학습자 개개인의 특성을 반영한 맞춤형 개별화 학습지도를 행하고 그 결과를 평가·환류하는 것은 매우 많은 시간과 비용이 소모된다. 그러나 AI와 학습분석학에 기반한 컴퓨터 보조 수업computer assisted instruction, CAI과 적응적 학습 과정, 교육 평가 및 지원 소프트웨어 등의 이용률이 높아짐에 따라 이러한 부담은 상당히 경감하고 개별화 학습 지도, 교육 과정 개발 및 평가 등과 같은 기능 또한 자동화되고 있다.

아울러 교수자 측면에서 볼 때 개별 학습자의 특성에 맞는 학습 과정이나 학습 자료를 개발·활용하는 것 역시 다른 사람이나 도구의 도움 없이는 사실상 매우 어렵다. 그러나 AI 기반 콘텐츠 개발 시스템이 도입되면서 학습자들의 특성과 교육 과정 수준 등을 반영하여 맞춤형 교육 과정이나 교수·학습 자료를 상당 부분 자동적으로 설계하고 개발해주고 있어 교수자들의 부담 역시 많이 경감되고 있다. 한편, 교육 분야에서 AI는 다음과 같은 10가지 영향을 미칠 수 있다고 한다.[3]

AI가 교육 분야에 미치는 영향

1. AI는 성적 매기기와 같은 기본적인 교육 관련 활동들을 자동화할 수 있다.
2. 교육용 소프트웨어는 학습자의 요구에 부응할 수 있다.
3. AI는 강좌에서 개선이 필요한 점들을 짚어줄 수 있다.
4. 학생들은 AI 튜터로부터 추가적인 지원을 받을 수 있다.
5. AI 기반 프로그램들은 학생과 교육자에게 유용한 피드백을 줄 수 있다.
6. AI는 우리가 정보를 찾고 상호작용하는 방법을 바꿀 수 있다.
7. AI는 교사의 역할을 바꿀 수 있다.
8. AI는 학습의 시행착오를 줄여줄 수 있다.
9. AI 기반 데이터는 학교가 학교의 교육목적이나 목표, 인재상 등에 적합한 학생을 찾고, 가르치고, 지원하는 방법을 바꿀 수 있다.
10. AI는 학생이 학습하는 곳, 가르치는 사람, 읽고 쓰고 말하기(3Rs)와 같은 기본적인 기능을 습득하는 방법을 바꿀 수 있다.

위 10가지 영향 외에도 AI는 다음과 같은 측면에서 향후 교육에 지대한 변화를 초래할 것으로 전망된다.

첫째, 외국어 교육 측면에서의 변화다. AI 기반 음성인식 기술과 외국어 자동번역 기술은 이미 우리의 일상생활, 혹은 해외여행에서 많이 사용되고 있다. 이제는 간단한 문구 정도는 실시간으로 자동 번역되어, 상당한 수준의 의사 표현을 각자의 언어로 말하며 소통이 가능한 수준에 이르렀다. 이 분야의 현재 발전 속도로 볼 때, 향후 10년 이내에 우리가 일상생활에서 사용하는 언어는 거의 완벽하게 인식되고 외국어로 번역해 활용할 수 있을 것으로 예측된다.

물론 학습자가 외국어를 직접 체화하여 활용하는 것이 가장 이상적이겠지만, 자국어가 상대방의 언어로 번역될 수 있다면 현재의 외국어 교육 방식은 전반적으로 재고될 필요가 있을 것이다. 다시 말해, 학습해서 원어민 수준의 외국어를 구사하는 것이 매우 어려운 상황에서 AI 기반 통번역 기술로 외국어를 이해하고 자국어로 의사를 전달할 수 있다면 굳이 엄청난 시간을 들여 외국어 학습을 할 필요가 없을 수 있다. 이러한 변화가 수년 내에 도래할 수 있다.

둘째, 교수·학습 방법적인 측면에서의 혁신이 가속화될 것이다. 흔히 오늘날의 교육을 자조적으로 '21세기의 학생을, 20세기의 교사가, 19세기의 학교에서 교육한다'고 말한다. 현재 교육 시스템은 이처럼 오랜 세월 동안 변화하지 못했기 때문에, 앞으로도 큰 변화가 없을 것이라고 생각할 수 있을 것이다. 그러나 필자는 그리 멀지 않은 시일 내에 AI가 교육 현장에서의 변화를 가속시킬 것으로 보며, 교수자가 교육을 하고 학습자가 교육을 받은 형태는 급격하게 변화할 것이라고 본다. 이제는 이러한 변화에 맞춰 미리 준비해야 할 필요가 있다.[4]

즉, AI 등에 기반한 3D 공간에서의 학습, 증강현실이나 가상현실 기능 등이 내재된 디지털 교과서, 3D 게임, 컴퓨터 애니메이션과 같이 실재적인authentic 교수·학습 환경을 제공해주는 새로운 유형의 교수·학습 방법과 매체들이 교육 현장에서 적극적으로 활용될 것이며, 이에 따라 전통적인 교수·학습 방법은 상당 부분 사라질 것이다.

셋째, 빠른 지식 습득을 위한 단순 암기 교육에서 창의적이고 고차원적인 사고를 증진하는 교육으로 변화할 것이다. 이는 비단 AI 때문만은 아니다. 그러나 AI 기반 ICT 기기들이 언제 어디서나 이용 가능하게 됨에 따라, 단순 암기식 지식은 쉽게 획득할 수 있기 때문에 학습 필요성이 낮아지는 반면, 저차원적인 지식들을 활용하여 새로운 것을 창출하거나 문제 해결 능력을 증진하는 교육의 중요성은 더욱 높아질 수 밖에 없다.

그렇다면, AI 등이 적극적으로 도입될 미래 교육을 위해 현 시점에서 우리가 준비해야 할 것들은 무엇인가?

첫째, 현재의 교육시스템에 대한 전반적인 재검토 및 개선이 필요하다. 예를 들어, 교수자는 교단에 서서 강의를 하는 지식 전달자에서 학습 촉진자 및 코치로서의 역할, 그리고 콘텐츠 개발자에서 학습 경험 개발자로서의 역할을 수행해야 한다. 또한 위계적 질서의 네트워크에서 평등한 가상의 글로벌 네트워크로, 사일로silo 공간의 교실에서 가상 소셜 네트워크로, 교과서 및 위계적으로 짜여진 교육 과정에서 혼합 강좌blended courses와 맞춤형으로 설계된 교육 과정으로 바뀌어야 한다.[5]

둘째, 학교는 인간의 창의성과 AI 기반 첨단기술의 분석적인 지능이 조화롭게 어울릴 수 있는 환경을 제공해야 한다. 21세기 교육은 결국 인간의 창의적인 능력과 첨단기술의 통합 없이는 사실상 불가능할 수 밖에 없다. 따라서 상당한 비용을 감수하더라도 교육 현장에서 첨단기술이 적극적으로 도입될 수 있도록 함으로써, 미래 세대들이 창의적인 능력을 극대화할 수 있는 교육 환경과 기회를 제공해주어야 한다. 그래서 학습자가 자기주도적으로 학습하며, 자기 스스로 평가하고, 팀워크, 창의성, 문제 해결력 등을 더욱 증진할 수 있도록 해야 한다. 이를 통해 우리는 후세가 21세기에 필요한 핵심 역량을 배양할 수 있도록 그 토대를 마련해주어야 한다.

노석준 _성신여자대학교 교육혁신원장

주석

1. 참고 | https://www.carnegielearning.com/products/software-platform/mika-learning-software/

2. 논문 | Maderer, J. (2016). Artificial intelligence course creates AI teaching assistant: Students didn't know their TA was a computer. http://www.news.gatech.edu/2016/05/09/artificial-intelligence-course-creates-ai-teaching-assistant.

3. 참고 | onlineuniversities.com (2012). 10 ways artificial intelligence can reinvent education. https://www.onlineuniversities.com/blog/2012/10/10-ways-artificial-intelligence-can-reinvent-education/

4. 참고 | Faggella, D. (2017). Examples of artificial intelligence in education. https://www.techemergence.com/examples-of-artificial-intelligence-in-education/

5. 논문 | Wagner, K. (2018). A blended environment: The future of AI and education. http://www.gettingsmart.com/2018/01/a-blended-environment-the-future-of-ai-and-education/

AI가 복덕방을
없앨까?

──● 부동산학을 연구하는 필사 입상에서 AI를 접할 때 가장 궁금한 점은 '과연 AI가 부동산 시장에 참여하는 다양한 전문가들보다 더 똑똑하게 일을 할 수 있을까?'라는 것이다. 이는 궁극적으로 'AI로 인해 부동산 전문가들의 직업이 없어질 것인가?'라는 질문으로 발전될 수 있으나, 이 질문의 답을 구하기 위해서는 AI의 경제적 효과 분석이 추가적으로 필요하므로 우선 이 글에서는 부동산 시장에서 AI의 전문가 대체 가능성만 검토해보도록 하겠다.

부동산 시장 참여 전문가

'AI가 부동산 시장의 전문가들의 업무를 대체할 수 있는가'를 알아보기 위해서 우선 부동산 시장에 참여하는 사람들은 어떤 사람들이며, 이들 중 높은 보수를 받고 있는 전문가들의 업무에 대해 정리해보았다. 우리나라 부동산 시장 참여자는 총 9개 주체로 구분되며, 이와 같은 참여 구조는 토지 거래가 자유로운 나라의 부동산 시장에도 유사하게 적용될 수 있을 것이다([그림 1] 참고).

[그림 1]에서는 부동산 시장에서의 매매 거래를 전제하여 공급자는 매도자, 수요자는 매수자로 표기했으나, 임대차 거래인 경우는 임대인과 임차인으로 표기할 수 있다. 또한 부동산 시장에서 정부는 부동산 시장을 관리하고 소유권 이전 등기 및 취득세 등의 세금을 징수하는 업무 등을 담당한다. 부동산 시장에는 일반적으로 다음과 같은 5가지 분야의 전문가들이 거래를 돕고 있다. 국가공인 3대 부동산 전문가(공인중개사, 감정평가사, 공동주택관리사) 중 거래 과정보다는 보유 과정에서 관리 업무를 대행하는 공동주택관리사는 5가지 분야 전문가에 포함하지 않았다.

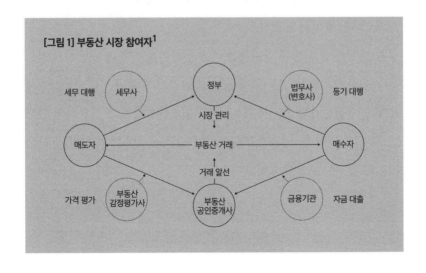

[그림 1] 부동산 시장 참여자[1]

[표 1] 5가지 분야의 전문가와 주요 담당 업무	
분류	주요 업무
공인중개사	거래 알선(마케팅, 권리 분석, 입지 선정, 거래 조정) 등
감정평가사	부동산 거래 가격 평가 등
금융기관	거래 자금 대출 등
법무사 또는 변호사	등기 신청 업무 대행 등
세무사	세금 계산 및 신고 등 세금 관련 업무 대행 등

부동산 전문가의 업무

[그림 2]에서는 매도자와 매수자 사이에 이루어지는 거래 업무를 시간의 흐름에 따라 총 8단계로 상세하게 구분하고, 각 단계의 업무에 대한 정부와 5가지 분야 전문가들의 역할을 정리하였다. 분석 결과를 보면 5개 분야의 전문가들은 보통 1단계 혹은 2단계의 업무를 담당하고 있으나, 공인중개사의 경우 현장에서는 매도자의 매도 의사 결정이나 매수자의 이사와 같은 업무에 정보를 제공하는 등 총 6단계의 업무를 다양한 영역에서 수행하고 있다.

 'AI가 부동산 시장에 참여하는 각종 전문가들보다 더 똑똑하게 일을 할 수 있을까?' 하는 질문에 대한 해답을 얻기 위해 우선 [그림 2]에서 열거된 각 전문가의 업무를 그 내용에 따라 분류하였다. 전문가의 업무는 [표 2]와 같이 총 10가지로 분류되며 세금 신고나 등기 신청 등 단순한 절차 업무는 포함하지 않았다.

[그림 2] 부동산 시장 참여자별 주요 업무[2]

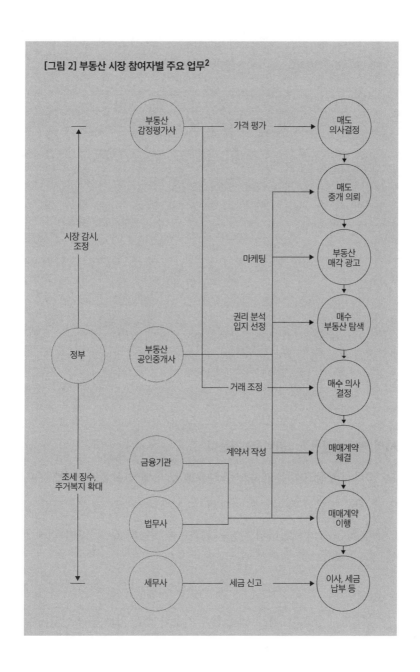

[표 2] 10가지 전문가의 업무

전문가 업무	설명
부동산 가격 평가	거래 가능한 부동산 가격 산정
마케팅	부동산 매도 광고 및 매수자 유인
부동산 권리 분석	부동산 구매에 대한 리스크 분석
부동산 입지 선정	매수자 목적에 부합하는 부동산 선정
매매 및 임대차 거래 조정	매도자와 매수자 사이의 거래 조건 조정
매매 및 임대차 계약서 작성	거래 조건에 적합한 계약서 작성
부동산 담보 대출 의사 결정	안전한 대출 가능성과 조건 판단으로 개인의 신용평가와 담보물의 가격에 따라 대출 여부 결정
부동산 등기 신청서면 작성	매수자 이름의 소유권을 넘겨받기 위한 등기 신청 서류 작성
부동산 세금 계산	매도자의 양도소득세 계산
부동산 시장 감시	부동산 시장의 정상적 운영에 대한 정부의 시장 상태 관찰 및 적정 대응 방안 마련 등

AI의 부동산 전문가 업무 대체 가능성

'총 10가지 부동산 전문가의 업무 분류를 AI가 얼마나 효율적으로 대체할 수 있을 것인가'를 분석하기 위해 [표 3]에서 각 업무를 분석하였다. 업무 분석은 AI의 머신러닝 기능을 감안하여 다음과 같은 3가지 측면에서 분석하였다.

· 정형 정보 중요도 : 해당 업무 중 등기부나 공간 정보 등 정형화되어 분석이 용이한 정보가 차지하는 비중
· 비정형 정보 중요도 : 해당 업무 중 현장 조사를 통해 수집하고 분석

해야 하는 정형화되지 않은 정보가 차지하는 비중

· 인적 업무 중요도 : 해당 업무 중 사람의 생각이나 감정, 취향 등 인
간 고유 정보가 차지하는 비중

[표 3] AI의 부동산 전문가 업무 대체 가능성 분석표

| 관련 전문가 | 업무 내용 | 업무 성격 | 업무 특성 | | | AI 대체성 |
			정형 정보 중요도	비정형 정보 중요도	인적 업무 중요도	
감정평가사	부동산 가격 평가	분석	상	하	-	중
공인중개사	마케팅	절차	상	-	-	-
	부동산 권리 분석	분석	상	하	-	중
	부동상 입지 선정	분석	상	하	-	중
	매매 및 임대차 거래 조정	교섭	하	하	상	하
	매매 및 임대차 계약서 작성	절차	상	-	-	-
금융기관	부동산 담보 대출 의사 결정	분석	상	-	-	상
법무사	부동산 등기 신청 서면 작성	절차	상	-	-	-
세무사	부동산 세금 계산	분석	상	-	-	상
정부	부동산 시장 감시	분석	상	-	-	상

주1) 정형 정보 : 등기부 등 각종 공부 정보, 지역 정보, 공간 정보 등
주2) 비정형 정보 : 현장 조사가 필요한 정보

해당 업무를 AI가 얼마나 잘 수행할 수 있는지를 판단하기 위해서 다음과 같은 3가지 가정을 적용하였다. 첫째, AI는 머신러닝을 통해 정형 정보를 분석하는 업무를 사람보다 더 잘 할 수 있을 것이다. 둘째, AI가 머신러닝을 통해 비정형 정보를 분석하기 위해서는 상대적으로 높은 비용을 지불해야 할 것이다. 셋째, AI가 발달하더라도 개인정보 보호는 지속될 것이므로 사람의 감정이나 취향 등을 AI가 즉시 분석하는 것은 어려울 것이다.

[표 3]에서는 이와 같은 가정에 따라 AI 대체 가능성 여부는 업무 특성 중 정형 정보 중요도에 비례하고, 비정형 정보 중요도나 인적 업무 중요도와는 반비례하는 것으로 보고 판단하였다. 기타 판단 과정에서 마케팅 등 3가지 절차 업무는 AI보다 단순한 거래 시스템으로 대체가 가능하므로 AI 대체성을 검토하지 않았다.

분석 결과, 나머지 7개 업무 중 AI로 완전한 대체가 가능한 업무(상급)는 부동산 담보 대출 의사 결정, 부동산 세금 계산, 그리고 부동산 시장 감시의 3개 업무로 판단된다. 그러나 공인중개사가 담당하고 있는 거래(매매, 임대차) 조정 업무는 개인의 심리적 변수가 포함된 개인정보 영역이므로 AI로 대체가 불가능할 것으로 판단되어 전체 항목 중 유일하게 하급으로 표시하였다.

감정평가사의 부동산 가격 평가 업무, 공인중개사의 부동산 권리 분석과 입지 선정의 3가지 업무는 실시간 현장 업무를 대거 포함하여 분석해야 하기 때문에(임장활동 필수) AI로 완전하게 대체하기 위해서는 상당한 시간과 비용이 소요될 것이므로 중급으로 표시하였다. 다만 중급으로 분류된 업무 중에서 감정평가사의 가격 평가 업무 중 정밀성이 낮은 대량 가격 평가(3,400만 필지에 대한 공시지가 평가 등) 업무는 AI의 대체 가능성이 높을 것이며, AI의 경제성 또한 높을 것으로 판단된다. 이런 의미에서 현재 공인중개사가 제공하는 낮은 수준의 가격 평가, 권리 분석, 입지 선정 서비스 업무 역시 AI의 대체 가능성이 높은 것으로 판단된다.

[표 3]에서의 분석 결과를 종합해볼 때 부동산 감정평가사의 업무 중 정밀한 현장 조사가 필요한 가격 평가 업무는 AI로 대체하기 어렵지만, 전국 3,400만 필지에 대한 공시지가 평가 등 대량 평가 업무는 AI의 대체가 가능할 것으로 판단된다. 공인중개사 업무의 경우 거래 조정 등 알선 업무는 AI로 대체가 어려우나 현재 이와 더불어 무상으로 제공되고 있는 권리 분석이나 입지 선정 등의 업무는 대부분 AI로 대체가 가능할 것이다. 기타 정부의 부동산 시장 감시, 금융기관의 대출 의사결정, 세무사의 부동산 거래 관련 세금 계산은 AI의 대체성이 매우 높을 것으로 예측된다.

우리나라 부동산 시장에서의 국가공인 3대 전문가 중 감정평가사와 공인중개사의 업무에 대한 AI의 대체 가능성을 분석해보았다. 기타 국가공인 공동주택관리사의 업무는 일부 사무 처리 업무와 청소나 수선 등의 용역 업무로 구성되어 있으며, 업무의 대부분을 차지하는 용역 업무의 경우 AI보다는 로봇의 대체 가능성을 논의하는 것이 더 적합하므로 분석에서 제외하였다.

분석 결과, 현장 조사 업무나 대인 업무가 중시되는 부동산 전문가의 업무 특성으로 인해 부동산 전문가의 업무에 대한 AI의 대체 가능성은 높지 않은 것으로 나타났다. 하지만 이들 업무를 위한 부수적인 정보 처리 업무는 AI 의존 가능성이 매우 높을 것으로 판단된다. 따라서 AI 기술이 기반이 되는 4차 산업혁명 시대에 부동산 전문가들이 잘 적응하기 위해서는 자신의 업무 중 AI 대체 가능성이 높은 부분 업무에 AI를 활용하여 업무 효율성을 높이되, 현장 조사나 거래 교섭 등 AI 대체 가능성이 낮은 업무에 대해서는 스스로의 업무 능력을 제고하는 노력을 기울여야 할 것이다.

강병기 _세계사이버대 부동산 금융자산학과장

주석

1. 참고 | 강병기. 부동산투자분석론. 법문사, 2017

2. 참고 | 강병기. 부동산중개론. 형설출판사, 2010

AI를 활용한
미세먼지 측정

──● "기후변화 대응 실패는 단 한번으로도 전 세계에 막대한 영향을 끼칠 수 있습니다."

2016년 다보스포럼에서 발표한 상위 10대 글로벌 리스크 중 단 한 번의 실패로도 가장 큰 영향을 줄 수 있는 것으로 기후변화 대응 실패가 꼽혔다. 이듬해인 2017년 다보스포럼에서도 기후변화 대응 문제는 가장 시급한 화두로 꼽혔다. 그렇다면 기후변화에 어떻게 대응해야 할까? 유럽연합UN의 기후변화 정부간위원회Intergovernmental Panel on Climate Change, IPCC 는 기후변화 대응에 대한 해결 방안으로 인공지능, 빅데이터, 사물인터넷 기술을 제시했다. 이러한 기술은 기후변화 대응의 기초라 할 수 있는 기상 예보의 정확도를 높여 보다 정밀한 기후변화를 예측하게 했다. 미세먼지에 대한 정확한 예보를 통해 앞서 언급된 기술이 기상 예보에 적용될 때 어떤 효과를 보여줄 수 있는지를 확인할 수 있다.

4차 산업혁명 기술 적용 이전의 기상 예측

기상 예보의 생산 과정은 크게 관측, 자료 처리, 현재 일기도 작성, 예상 일기도 작성, 통보의 순서로 이루어진다. 먼저 지표면 근처에서 관측할 수 있는 공기의 온도, 습도, 기압, 바람의 방향 및 속도, 구름의 형태 및 양, 황사나 안개 등을 관측한다. 지표면 근처의 관측은 37개소의 공식적인 기상 관측소에서만 이뤄진다. 500대의 무인자동기상관측장비 자료는 참고로 활용된다. 전국에 8곳이 있는 고층기상관측소에서 하늘 높은 곳의 공기 움직임을 측정한다. 이렇게 수집된 기상 관측 자료들은 기상청의 중앙 서버로 취합된다.

표준화 및 보정 작업을 마친 관측 자료와 세계기상기구를 통해 받은 외국 관측 자료를 이용해 슈퍼컴퓨터로 현재 기상 상태를 나타내는 일기도를 작성한다. 이때 작성된 일기도는 표준 등압면 일기도와 여러 기상 요소를 볼 수 있는 보조 일기도들이다. 그 후 일기도와 함께 기상위성 자료, 레이더 자료 등을 취합해 수치 모델을 이용한 미래 예측 일기도를 만든다. 예보관들은 수치 예측 모델 자료를 참고하여 날씨 예보를 하게 된다. 결정된 예보는 예보문으로 작성돼 언론 기관이나 인터넷, 유선 등을 통해 일반에 제공된다.

현재까지 우리나라에서 수행하는 기상 정보 제공 프로세스에서는 AI나 빅데이터를 활용하지 않고 있다. 관측에서 일기도 작성, 미래 예측, 생산된 예보 전파까지 4차 산업혁명 기술과는 동떨어져 있는 것이다.

이는 기상 예측의 낮은 정확도와 낮은 속도, 기상 정보 서비스의 다양성 부족으로 연결된다.

이를 해결하기 위해서 기상청에서도 4차 산업혁명에 관련된 연구를 시작했다. AI 날씨 예보 연구회를 활성화하고 드론 활용 기술 테스트를 진행 중이다. 기상 관측 자료에 대한 정확성 및 관측 조밀성 확보를 위해 사물인터넷IoT을 활용하여 온도, 습도, 조도 등의 정보를 수집한다. 이 외에 컴퓨터 그래픽과 같은 디지털 기술을 활용하여 기존의 날씨 콘텐츠를 표현의 한계를 극복한 실감형 콘텐츠로 발전시킨 새로운 부가가치를 만들어내고 있다.

"단기 예보가 정확해지기 위해서는 관측 정확도 향상과 관측소 증가가 필수적입니다. 그러나 인력과 예산 등의 문제로 기상 관측소 확장은 매우 어렵습니다." 전 기상청장의 말이다. 이에 대한 해결책으로 그는 IoT를 이용한 관측 자료 확장 방법을 말한다. 서울에서 기온, 강수를 실시간으로 측정할 수 있는 기상 관측소는 30개소뿐이다. 이 정도의 관측소로는 정확한 국지기상을 예측하는 데 한계가 있다. 대안으로 서울에서 운행 중인 택시를 활용해보자는 것이다. 택시에 탑재한 '운행기록 자기진단장치On Board Diagnostics, OBD'의 센서를 통해 기온과 기압, 강수 등 외부 기상 정보를 실시간으로 획득할 수 있다.

정확한 관측을 통해 다량의 자료가 확보되면 이를 이용하여 예보를 생산하게 된다. 현재는 슈퍼컴퓨터를 활용하여 생산된 수치 예보 자료가 기상 예보의 원재료다. 이제는 AI를 활용한 날씨 예보로 가야만 한다. AI는 오랜 기간 동안 축적된 기압 배치와 날씨 현황의 빅데이터 속에서 오늘과 유사한 기압계를 찾아낸다. AI 분석 자료, 수치 예보 자료

[그림 1-1] 슈퍼컴퓨터로 그린 지상 예상 일기도

[그림 1-2] 슈퍼컴퓨터로 그린 상층 예상 일기도

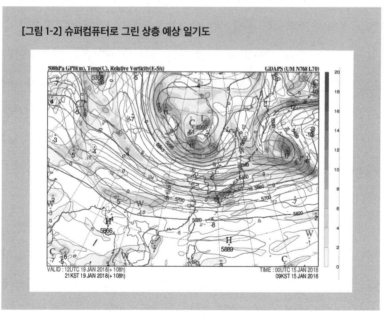

와 인간 예보관이 상호 보완하는 예보는 획기적인 예보 정확도 향상을 가져올 것이다. CNN_{convolutional neural networks}은 빅데이터와 AI를 결합해 기상 영상 분석 능력을 15% 정도 향상시킨 것으로 알려져 있다. 이는 정말 엄청난 수준이라고 할 수 있다. 이러한 기술을 우리나라 기상 예보에 적용한다면 예보의 정확도를 향상할 수 있다. AI를 활용한 예측은 단기 예보 뿐만 아니라 산업계에 많은 도움을 주는 중장기 예보의 정확도도 향상할 것이다.

AI를 기상 예측에 결합한 일본과 IBM의 선진 사례

정확한 기상 정보의 첫 단계는 위험 기상에 대한 영향력 분석이다. 위험 기상(폭염, 한파, 태풍, 집중 호우, 폭설 등)이 사람과 산업에 미치는 최악의 시나리오를 AI와 빅데이터를 이용해 분석할 수 있다. 산출된 분석 정보들을 정확하고 빠르게 전달하는 데에는 IoT와 표시 기술을 활용할 수 있다. 지금은 지진, 산사태, 홍수 등 자연 재난 때마다 전화 문의나 인터넷 검색, 기상 안내 시스템이 마비되고 있다. AI를 활용해 이를 개선해 나간다면 통보뿐 아니라 상담 서비스까지 가능해질 것이다. 일본 기상청의 지진 예측 및 감지, 전파 시스템이 그 좋은 예다. 이들은 빅데이터와 AI, IoT, 그리고 최고의 통신 기술을 결합해 지진 피해를 최소화하고 있다.

장기적인 기후변화 대응에 4차 산업혁명 기술은 다양하게 활용될 수 있다. IoT 및 빅데이터 기술을 활용하여 획득한 기후 재난 데이터 및 지리·기후 정보 등의 상호연계분석을 수행한다. 이를 통해 특정 지역에 취약한 재난 유형을 미리 예측하여 조기 재난 경보에 활용할 수 있다.

또한 일사량, 강수량, 농작물 경작 현황 등을 종합적으로 분석하여 곡물 생산 계획에 반영한다. 이는 기후의 영향을 받는 임업, 수산업, 해양 등의 다양한 분야에 활용될 수 있다.

이처럼 4차 산업혁명 기술과 날씨를 잘 결합한 기업이 바로 IBM이다. IBM은 AI, 드론, 클라우드 플랫폼을 통해 기상 정보를 수집하고 예보 기반을 구축하고 있다. 또한 최단 시간에 최상의 정보를 제공해주는 기상 정보 서비스 시스템이 구축되어 있다.

세계적인 전자 가전 회사인 일본의 파나소닉Panasonic도 기상 정보 서비스에 4차 산업혁명 기술을 적극적으로 활용하고 있다. "Tropical 4D를 활용한 파나소닉의 Global 4D 일기 예보 제품군을 통해 항공, 해운, 해상, 재생 가능 및 탐사 에너지 시장, 보험 및 필수품 등 정부 및 날씨에 민감한 산업 내에서 파트너의 작업을 지속적으로 지원할 것입니다." 파나소닉 날씨 솔루션Panasonic Weather Solutions 관계자의 말이다. 파나소닉은 전 세계의 항공, 해운, 탐사 에너지 시장 등에서 날씨 예보가 부정확하여 매년 수십 억 달러의 비용이 사라지고 있다고 분석했다. 이들은 빅데이터, 사물인터넷, 드론을 포함한 로봇 기술, 슈퍼 컴퓨터를 활용한 모델과 인공지능을 활용하여 실시간으로 기상 정보를 제공하는 파나소닉 날씨 솔루션을 만들었다. 이 솔루션이 보유한 기상 모델링 플랫폼은 세계에서 유일하게 분야별 맞춤형으로 개발되었다. 기상 예측 기능은 4차원(경도, 위도, 고도 및 시간)의 상세한 대류권 데이터를 연속적으로 공급하는 등 파나소닉의 독점 대기 데이터 세트를 최대한 활용하고 있다. 파나소닉은 4차 산업혁명 기술을 활용하여 기상정보서비스를 획기적으로 발전시킨 대표적 사례다.

실외 미세먼지와 AI : 대만의 사례

기후변화와 날씨는 미세먼지의 증가와 깊은 연관이 있다. "정작 미세먼지 비상대책이 발표된 날은 미세먼지 농도가 좋았습니다." 2017년 1월 14일 서울시는 미세먼지 비상대책을 발표했다. 바로 차량 2부제와 대중교통 수단인 버스와 지하철의 무료 탑승이다. 그런데 미세먼지 농도가 나쁠 것으로 예상해 대중교통을 무료로 제공했지만 정작 1월 15일 오전의 서울시 미세먼지 농도는 '보통' 단계였다. 이는 아직도 우리나라 미세먼지 예측 기술이 낮다는 사실을 시사한다.

미세먼지에 대한 정확한 처방과 대책이 나오기 위해서 가장 시급한 것은 정확한 미세먼지 예측 능력이다. 이를 위해서는 관측 정확도의 향상과 관측소 증가가 필수적이다. 그런데 현행 환경부의 미세먼지 관측망의 숫자는 매우 적다. 초미세먼지 측정소는 2016년 4월에 152개소에 불가했다. 정부는 측정소의 개수를 2018년에는 287개소, 2020년에는 293개소로 늘리겠다고 한다. 측정 장비의 대폭 확장이 어려운 것은 장비가 고가이기 때문이다. 측정소의 개수가 절대적으로 부족한 것도 문제지만 측정소 가운데 높이 기준(1.5~10m)을 충족한 것은 전체의 26.9% 뿐이다. 높이 기준을 충족하지 않은 관측소의 관측값이 포함되었기 때문에, 정확한 미세먼지 관측값을 얻기 어렵다. 여기에 공원(서울 성동구, 송파구)이나 정수 시설(서울 광진구, 김포시 고촌면)처럼 지역 대표성이 없는 곳에 설치된 측정소도 많다. 그렇다보니 관측값이 국민들이 체감하는 미세먼지 농도값과 달라 불신감을 키우게 된다.

미세먼지는 한 지역의 좁은 곳에서도 농도 차이가 크다는 특성이 있다. 길 옆인지, 지하철 입구인지, 공장 옆인지, 아니면 공원인지 말이다.

따라서 현재 국가의 미세먼지 관측망으로는 내가 사는 지역의 미세먼지 정보를 정확하게 알 수 없다. 이런 문제를 해결하기 위한 방법에는 무엇이 있을까? IoT를 이용한 관측 자료 확장 방법이 있다. 간이 미세먼지 실외 측정기를 도시 곳곳에 설치하는 것이다. 미국 UC버클리 대학의 커크 스미스Kirk Smith 박사는 미세먼지 간이 측정기 이용에 적극적으로 찬성한다. "간이 측정기의 데이터를 통계에 활용하거나 정교한 수치를 필요로 하는 곳에서 사용하기는 어렵습니다. 그러나 저렴한 미세먼지 간이 측정기는 농도의 흐름을 정확하게 짚어낼 수 있습니다." 스미스 박사는 실외 미세먼지 간이 측정기들이 국가의 미세먼지 정책에 변화를 가져올 수 있다고 말한다.

이런 방법을 도시에 활용한 나라가 대만이다. 대만의 기난국제대학이 외부용 미세먼지 간이 측정기를 곳곳에 설치하였다. 이들은 관측 데이터를 대만 미세먼지 사이트를 통해 정부와 국민들에게 실시간으로 제공한다. 이를 통해 정부나 지자체는 각각의 다른 영역에 대해 초미세먼지의 저감 대책을 수립하고 실천하는 것이다. 이 덕분에 국민들은 최상의 미세먼지 정보를 제공받을 뿐만 아니라 정부가 미세먼지 저감을 위해 어떤 대책을 시행하는지에 대해서도 알 수 있다. IoT나 통신망을 활용한 대만의 수준은 아직은 초기 단계다. 그러나 대만은 데이터가 쌓이면 AI를 활용한 예측 단계로 나갈 계획이라고 한다.

미세먼지 측정에 AI가 적용된 국내 사례

국내에서도 케이웨더에서 실외용 미세먼지 간이 측정기를 만들어 현재 전국적인 관측망을 구성해나가고 있다. 케이웨더는 대만의 사례와 유사한 간이측정기 관측망을 제주시에 구축했다. 62대의 실외 미세먼지 간이측정기를 설치하여 IoT 기반의 공기질 모니터링 서비스를 제공했다. 이 서비스를 통해 상세 공기질 측정값을 제공하여 시민 건강 증진을 추구할 수 있게 되었다. 또한 실내 공기 측정값과 연계한 입체적 공기질 관리가 가능해졌고 지자체는 미세먼지에 즉시 대응이 가능해졌다. 케이웨더에서는 관측 자료의 데이터베이스 구축을 통해 대기오염과 건강의 상관성을 정량적으로 분석하여 빅데이터와 인공지능을 결합한 예보 체계로 나갈 계획이다.

교육 현장에서도 미세먼지를 스마트하게 파악, 예측하는 시도를 벌이고 있다. 기실, 악화되고 있는 미세먼지에 피해를 많이 입는 곳이 학교다. 학교에는 고농도 미세먼지 대응 매뉴얼이 보급되어 있지만 적극적인 대응 조치가 미흡하다. 따라서 미세먼지 대응 교육을 체계적, 전문적으로 수행하는 선도학교 운영이 필요하다.

부산시 교육청에서는 IoT 기반 스마트 공기질 관리 체계를 구축하여 운영하고 있다. 부산시 교육청은 미세먼지의 유해성에 대한 경각심을 고취하고 학교 현장에 적합한 미세먼지 대응 매뉴얼을 마련함으로써 미세먼지 피해를 최소화하려고 한다. 부산시 교육청은 초등학교 5곳, 중학교 3곳, 고등학교 2곳 등 총 10개교를 미세먼지 대응교육 선도학교로 지정하여 운영하고 있다. 실내·외 공기 간이측정기를 학교 운동장, 교실, 체육관 등 실내/외 각 1대씩 설치하여 운영한다. 측정된 실내외 데이터를 종합적으로 분석하여 학습 능률 지수를 제공한다. 실외 미세먼지 간이 측정기를 활용하여 학교 체육이나 야외 활동 가능 여부와 야외 활동 지속 시간을 알려준다.

실내 미세먼지 농도가 높아지면 자동으로 공기청정기가 작동하도록 하였다. 이들 학교에서는 교육과정과 연계하여 학생과 교사를 대상으로 한 미세먼지 대응 교육을 추진 중이다. 미세먼지 국가관측망과 민간 기업의 실외 공기 간이 측정기의 데이터를 연계하여 빅데이터화 하면 더 정확한 예측이 가능하다. 빅데이터와 AI가 결합되면 환기 장치나 공기청정기가 자동으로 작동하고 학생은 물론 교사에게도 정보 서비스가 실시간으로 전달될 것이다. 학생들이 최적의 공기 속에서 공부하고 생활하게 될 날이 멀지 않았다는 말이다.

김동식 _한국기상협회 이사. 기상산업연합회 회장

지하철 내 미세먼지와의 싸움, 그리고 AI

—● 미세먼지 문제를 똑똑한 기술로 해결하기 위해서는 먼저 미세먼지가 무엇인지 정확히 이해할 필요가 있다. 최근 언론 보도를 통해 자주 언급되는 용어는 미세먼지주의보, 황사 발생, 초미세먼지 발생, 2차 생성먼지 등 매우 다양하다. 이와 더불어 대기오염 외에 우리가 생활하는 공간의 실내 공기질에 대한 언급이 자주 등장하고 있다. 특히 하루 800만 명 이상이 이용하는 대중교통 시설인 지하철과 전국 590만 초중고생이 다니고 있는 학교, 유치원, 어린이집 등 생활 밀착형 공간에서의 미세먼지 문제가 중요한 화두가 되고 있다.

미세먼지란 무엇인가?

크기가 $10\,\mu m$(마이크로미터, 1/1,000,000m)보다 작은 경우에 한하여 미세먼지(particulate matter less than $10\,\mu m$, PM10)라 칭한다. 우리가 흔히 말하는 미세먼지는 공기 중에 부유하는 직경 $10\,\mu m$ 이하의 모든 액체 또는 고체인 물질(또는 티끌)이라 할 수 있다. PM2.5란 직경 $2.5\,\mu m$ 이하의 모든 공기 중 부유 입자를 말하는 것이다. 우리는 이를 미세먼지와 구분하여 초미세먼지라고 칭한다. $10\,\mu m$보다 큰 먼지는 입안의 점액, 콧털, 상기도에서 충분히 걸러지지만, $10\,\mu m$ 이하의 입자는 우리의 호흡기에 깊숙이 침투하여 폐까지 도달할 수 있다. 미세먼지가 기관지에 쌓이면 가래가 생기고 기침이 잦아지며 기관지 점막이 건조해지면서 세균이 쉽게 침투한다. 만성 폐질환이 있는 사람은 감염성 질환에 더욱 취약해지기도 한다. 특히, 초미세먼지는 폐포를 통해 혈관에 침투해 염증을 일으킬 수 있다. 이 과정에서 혈관이 손상되면서 협심증, 뇌졸중 등 심혈관 질환이 발생할 수도 있는 것이다.

최근 발표된 연구 결과에 따르면 초미세먼지로 인한 사망 인구는 1999년 350만 명에서 2015년 420만 명으로 증가한 것으로 추정된다.[1] 미세먼지의 직경에 대한 연구와 인체 유해성 연구가 활발해지면서 학계에서는 폐의 더 깊은 부분(허파꽈리)까지 먼지가 침투하여 혈액과 산소 교환 시 인체에 해를 가하는 결정적 크기를 $2.5\,\mu m$로 한정했다. 이때부터 초미세먼지가 위험을 일으키는 먼지로 등극하게 됐다.

미세먼지의 크기보다는 성분이 더 중요하지 않을까라는 의문에 대해서는, 크기가 조금 더 중요하다고 이해하면 좋을 것 같다. 앞서 언급했듯이, 크기에 따라 인체에 침투 여부가 결정되기 때문이다. 최근 몇 년 동안 대기 미세먼지 고농도 현상이 빈번하게 발생하면서 미세먼지에 대한 다양한 대책이 쏟아지고 있다. 특히 현대인이 대부분의 시간을 보내는 실내 공간의 공기질 관리 중요성이 증대되고 있으며, 이용자 수가 많은 지하 역사 등의 다중 이용 시설과 민감 계층이 이용하는 공공시설 및 학교 등의 미세먼지 저감이 시급하다.

지하철 공간의 미세먼지

이 글에서는 실질적으로 국민들의 삶의 질을 높이기 위해 많은 사람들이 이용하는 지하철 미세먼지 문제를 인공지능을 통해 해결하는 방법에 대해 얘기를 풀어보고자 한다. 통상 지하철은 차량, 지하철역, 터널의 세 공간적 요소를 포함한다. 이 가운데 우리가 접하는 공간은 차량 내부나 지하철역 내부 공간인 대합실, 승강장, 환승 통로로 국한된다. 지하 공간은 기본적으로 부족한 일사와 높은 습도로 인해 공기질이 지상보다 전반적으로 좋지 않으며, 지속적인 환기ventilation를 통해 지상과 유사한 수준을 유지하는 것을 기본으로 하고 있다.

그러나, 환기만으로는 지하철 실내 공기질 문제를 해결할 수 없다. 왜냐하면, 지하철 공기질이 외기와 밀접하게 연관되어 있어 오염된 외기의 유입이 실내 공기를 더욱 악화시킬 수 있기 때문이다.[2] 특히, 지하철은 교통이 복잡한 도심의 지하 공간에서 운행되기 때문에 도로에서 발생하는 매연 등 자동차 배출 오염 물질에서 자유로울 수 없다. 환기구와 출입구를 통해서 언제든지 도로 오염물질이 지하로 유입될 수 있다. 물론 외부에서 유입되는 공기 중 오염물질을 제거할 수 있는 저감장치가 일부 설치되어 운영되고 있지만, 고성능 사양이 적용되기는 어려운

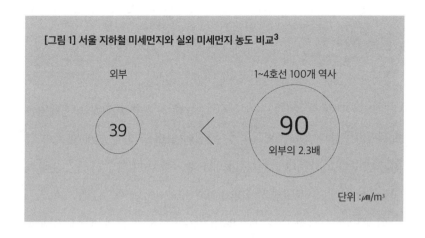

[그림 1] 서울 지하철 미세먼지와 실외 미세먼지 농도 비교[3]

외부

1~4호선 100개 역사

39

90

외부의 2.3배

단위 : ㎍/㎥

실정이다.

지하철에서의 미세먼지 발생원은 차량 운행으로 발생하는 마모 입자, 열차풍에 의한 재비산再飛散과 외부에서 유입되는 미세먼지라고 볼 수 있다. 차량 운행으로 발생하는 마모 현상은 차륜wheel과 선로rail 간 마찰, 전력선과 집전부pantograph 간 마찰, 브레이크 마찰로 구분되며 이 모든 마찰은 다양한 크기의 먼지 또는 초미세먼지의 발생원이 되고 있다.[4]

지하철 미세먼지에 대해 기본적인 이해가 되었다면, 지하철 미세먼지 문제 해결에 AI를 활용하는 시도를 해보자. 우선 지금까지의 내용을 정리해보자. 첫째, 지하철 먼지는 외부에서 유입되거나 터널 안에서 차량 운행에 따라 발생하고 있다. 둘째, 미세먼지를 포함한 나쁜 공기를 정화하려면 환기가 필요하지만 환기량이 증가하면 운영 비용이 증가한다. 셋째, 환기량을 증가시켜도 바깥 공기가 좋지 않을 경우 지하철 공기질은 개선되지 않는다. 이 세 가지 문제를 해결할 수 있는 간단한 방법은 아래와 같다.

그러나 이 해결 방안에는 외부 공기 상태가 계속 좋지 않으면 환기를 할 수 없는 상황에 처하게 된다는 약점이 있다. 지하철 안에는 계속 먼지가 발생하고 있는데 말이다. 따라서, 환기를 하지 않고도 공기질을 개선할 수 있는 공기정화장치가 필요하다.

이제 앞선 간단한 답에 조건을 추가하여 다음과 같은 방법을 적용할 수 있다.

여기에 기계 설비(환기 장치, 정화 장치 등) 운영의 문제를 덧붙이자면, 공기를 처리하여 효과가 나타나기까지는 일정 시간이 소요된다. 즉, 공기에 먼지가 많을 때는 기계 설비를 가동시켜도 효과가 나타나기까지 시간이 제법 소요되고 처리 공간이 커질수록 더 많은 시간이 걸린다는 것이다. 따라서 기계 설비의 성능이 제대로 구현되려면 사전에 설비를 가동할 필요가 있다. 미세먼지 오염 상태를 미리 파악할 수 있다면 말이다. 위의 사항을 반영하여 지하철 미세먼지 문제를 아래와 같은 방법으로 해결할 수 있다.

지하철 미세먼지 문제를 해결하기 위한 AI

지하철 미세먼지 문제를 해결할 수 있는 방법의 핵심은 여러 데이터를 분석하여 미세먼지를 사전에 예측하는 것이다. 이때 AI를 활용하면 가장 정확한 예측이 가능할 것이다. 그렇다면 어떤 데이터를 통해 지하철 미세먼지를 예측할 수 있을까? 가장 좋은 방법은 바깥 공기 상태와 실내 공기 상태를 직접 측정하여 데이터를 얻는 것이다. 그러나 정확한 측정을 위해 많은 비용과 노력이 요구되기 때문에 보다 효율적인 데이터 수집 방안을 고민할 필요가 있다. 정부에서 제공하는 다양한 공공 데이터는 가장 효율적인 데이터 중 하나이다. 에어코리아_{AirKorea}는 전국 97개 시군에 설치된 323개의 측정망에서 1시간 단위로 미세먼지를 포함한 다양한 오염 물질의 농도값을 측정하여 공공 데이터를 제공한다.

 미세먼지 농도에 영향을 주는 또 다른 요소는 기상 조건이다. 기상정보에 대한 공공데이터는 기상청에서 제공하고 있으며 그 항목에는 기압, 기온, 풍향, 풍속, 습도, 강수량 등이 있다. 이 외에 추가로 활용할 수 있는 데이터는 도로 교통량 정보다. 도심 지역에 위치한 지하 역사는 환기구 주변 도로 교통 오염원에서 자유로울 수 없기 때문에 교통량이 많은 곳 또는 정체가 심한 곳에서 매연 등의 오염 물질이 많이 발생할 것으로 추측할 수 있다. 따라서 해당 역사 인근 교통량 정보는 중요한 데이터가 될 수 있다. 외부 공기의 정보를 유추할 수 있는 공공 데이터는 이렇게 세 가지 요소 정도로 요약할 수 있다.

그렇다면 지하 역사 안에서의 실내 공기질 상태는 어떻게 파악할 수 있을까? 앞서 언급했듯이 지하철에서 미세먼지를 발생시키는 원인은 차량의 운행이다. 따라서 차량의 운행 횟수와 실내 공기질과는 상관관계가 존재할 것이다. 한편, 기계 설비 운영 상태 데이터를 활용하여 실외 공기와 실내 공기가 교환되는 환기 정도를 파악할 수 있다. 우리는 오랜 기간 지하철 역사에서 실내 공기질을 측정해오고 있으며 지금도 미세먼지 농도와 실내 오염도 등을 꾸준히 모니터링하고 있다. 이러한 데이터를 기계학습을 위한 참값 데이터로 활용할 수 있다.

> Features : 대기오염 정보, 기상 정보, 교통량 정보, 차량 운행 횟수, 공조 환기 설비 운영 정보 등
> Labels : 지하 역사 미세먼지 농도, 지하 역사 초미세먼지 농도

미세먼지 또는 초미세먼지의 농도를 상기 특징features을 통해 학습시키는 인공지능 알고리즘은 영상 처리나 자연어 처리 등의 알고리즘에 비하여 비교적 단순하여, 복잡한 연산 과정 없이 단층 신경망single-layer neural network 또는 층layer 몇 개를 추가한 다층 신경망multi-layer neural network으로 약 70% 이상의 정확도를 달성할 수 있다. 실제로 저자가 ANNartificial neural network을 이용해 외부 공기 환경 데이터로 지하철 실내 미세먼지를 예측하는 모델을 구축해보았고, 이 모델이 67~80%의 정확도를 나타낸다는 연구 결과를 발표한 바 있다.[5]

지하철 미세먼지 예측을 위한 가장 심플한 ANN 모델은 외기 미세먼

지$_{PM10\_out}$, 환기량$_{ventilation\ rate,\ VR}$, 지하철 차량 운행 스케줄$_{subway\ frequency,\ SF}$의 세 가지 변수를 통해 지하철 역사 승강장에서의 미세먼지 농도$_{PM10\_in}$를 예측하는 모델이다. [그림2]는 ANN 모델 구조와 시간당 지하철 차량 운행 스케줄 데이터 패턴이다.

모델에 적용된 학습 알고리즘$_{learning\ algorithm}$은 모멘텀 역전파$_{momentum\ backpropagation}$가 적용된 경사하강법$_{gradient\ descent}$ 방식이며, 패턴 검색$_{pattern\ search}$을 통해 학습 속도$_{learning\ rate,\ Lr}$ 및 노드$_{node}$의 최적 개수를 도출하였다. 전체 데이터의 80%를 학습$_{training}$에 사용하였고, 나머지 20%의 데이터를 검증$_{validation}$에 사용하는 교차 검증$_{cross\ validation}$ 방식을 적용하였다.

6개 지하 역사(A1, A2, B1, B2, C1, C2)에 대해 역사별로 분석을 수행하였으며, 실제 측정값과 예측값의 상관관계를 [그림 3]에 제시하였다. 예측값의 정확성은 각기 다른 특성을 가진 6개 역사별로 다소 차이가 발생하는데, 예측값과 실측값 간 상관성(R^2)은 약 0.67~0.80 수준으로 나타났으며 해당 역사의 심도(깊이)가 깊어질수록 상관성이 낮아지는 것으로 분석되었다.

앞서 이야기한 지하철 미세먼지 농도 예측 결과는 간단한 입력 변수만을 통해서도 승강장 미세먼지 농도를 예측할 수 있다는 것을 보여준다. 다양한 입력 변수를 사용하거나 개선된 알고리즘을 적용한다면 실제 미세먼지 예측 결과의 정확도를 향상시킬 수 있을 것이다. 또한 실제 지하철 미세먼지 문제를 해결하려면 단순한 공기질 개선 문제 외에도 운영 비용 최소화, 이용객 온열 쾌적성 향상, 여름철 피크타임 전력컨트롤 등 다양한 문제에 대한 해답이 필요하다. 이를 위해서는 외부 공기 데이터, 실내 환경 데이터, 설비 운영 데이터 등 현재 지하 역사의 다양

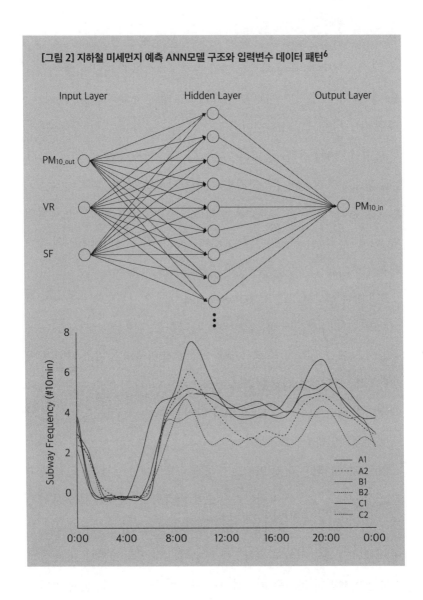

[그림 2] 지하철 미세먼지 예측 ANN모델 구조와 입력변수 데이터 패턴[6]

한 정보를 활용하여 향후 미세먼지 농도를 예측할 수 있는 인공지능 기술의 개발이 필요하다. 또한 미세먼지가 기준값을 초과할 것으로 예상되면 미세먼지 농도를 저감할 수 있는 기계 설비의 운영 방식을 제시하

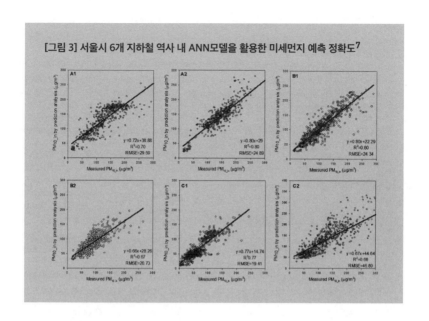

[그림 3] 서울시 6개 지하철 역사 내 ANN모델을 활용한 미세먼지 예측 정확도[7]

고 저감된 농도를 다시 예측하는 AI기술 적용이 필요하다. 이러한 두 단계의 인공지능 분석을 통해 지하 역사의 미세먼지 농도를 예측하고 필요에 따라 스스로 판단하여 역사 공조설비 및 정화장치를 가동하는 기술은 현재 지하철 역사의 단순한 스케줄 제어로는 대응할 수 없는 혁신적인 스마트 제어를 가능하게 할 것이다. 이를 통해 지하철 미세먼지에 대한 효율적 관리는 물론 설비 운영 에너지도 절감할 수 있을 것이다. 향후 AI 기반의 지하 역사 공조설비 운영기술은 미세먼지 문제에 대응하는 핵심 기술로 활용될 것이며, 더 나아가 다양한 공공 시설물에도 확산될 것이 자명하다.

권순박 _디에이피(DAP) 창립자

주석

1. 논문 | Cohen, J., et al. (2017). Estimates and 25-year trends of the global burden of disease attributable to ambient air pollution: an analysis of data from the Global Burden of Diseases Study 2015, The Lancet 389.10082, pp. 1907-1918.

2. 논문 | Kwon, S.B., et al. (2015). A multivariate study for characterizing particulate matter (PM10, PM2. 5, and PM1) in Seoul metropolitan subway stations, Korea, Journal of hazardous materials 297, pp. 295-303.

3. 참고 | 연합뉴스 http://www.yonhapnews.co.kr/digital/2017/07/05/4905000000AKR201707 0507530O797.HTML

4. 논문 | Namgung, H.G., et al. (2016). Generation of nanoparticles from friction between railway brake disks and pads, Environmental science & technology 50.7, pp. 3453-3461.

5. 논문 | Park,S., et al. (2018). Predicting PM10 concentration in Seoul metropolitan subway stations using artificial neural network (ANN), Journal of hazardous materials 341, pp. 75-82.

6. 논문 | Park,S., et al. (2018). Predicting PM10 concentration in Seoul metropolitan subway stations using artificial neural network (ANN), Journal of hazardous materials 341, pp. 75-82.

7. 논문 | Park,S., et al. (2018). Predicting PM10 concentration in Seoul metropolitan subway stations using artificial neural network (ANN), Journal of hazardous materials 341, pp. 75-82.

AI, 대중교통을
새로 쓰다

──● 필자는 교통 빅데이터 플랫폼 기반의 대중교통 연구를 수행하고 있는 한국철도기술연구원에 입사하여, 4년 남짓 교통카드를 소지한 대중교통 이용자가 어디서-어디로, 언제, 어떤 수단을 이용하는지, 통행 시간은 얼마나 걸리고, 그에 따른 요금은 얼마인지, 다른 수단으로 갈아타는 곳은 주로 어디인지 등 시시콜콜한 대중교통 자료 분석에 관심을 기울여왔다. 최근, 그 관심을 '사람의 관점'에서 한 발자국 더 들어가 깊이 있게 살펴보고 있다. 그 첫 단계는 복합환승역사 내에서 보행자의 이동 궤적에 대해 고민하는 것이며, 이를 위해 라이다LiDAR 센서를 활용하여 데이터를 수집하고 분석하기 시작했다.

이세돌과 알파고의 대결 이전부터 필자가 속해 있는 연구팀은 다양

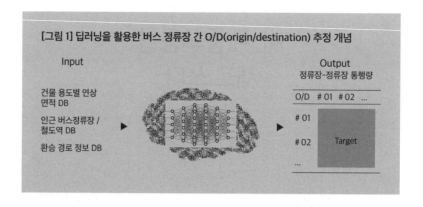

[그림 1] 딥러닝을 활용한 버스 정류장 간 O/D(origin/destination) 추정 개념

한 대중교통 데이터를 가지고, 버스 정류장에서 정류장 간 대중교통 이용자 수요를 AI기술과 접목하여 예측하고자 시도하였다. 이를 통해, 대중교통 수요 예측에 있어 큰 획을 그을 수 있을 것으로 기대했지만, 결과는 기대했던 만큼 만족스럽지는 못했다. 그렇다고 우리의 도전에 실망만 남은 것은 아니다. 그 도전은 현재진행형이다. 그렇기에 무엇이 문제였는지 파악하고, 대중교통과 빅데이터에 대해 더 고민해볼 필요가 있다.

대중교통과 빅데이터

지금을 살아가고 있는 우리는 스마트폰을 통해 카카오, 네이버, 구글에서 제공하는 대중교통 정보를 손쉽게 얻고 이용한다. 이러한 정보 없이 살았던 시대가 언제였는지 정확히 기억나지 않지만, 필자는 2005년 국가대중교통정보센터 TAGO transport advice on going anywhere[1]의 탄생과 함께 대중교통 정보의 시대가 본격적으로 시작했다고 본다. 교통수단, 시설 운영 주체와 교통 정보 연계 협력 체계를 구축하여 교통 정보 통합 DB 구축의 기반을 마련하였으며, 이후 BIS$_{bus information system}$를 도입하고 확대 설치하여, 정적 정보 수집에서 실시간 정보 수집으로 영역을 넓혔다. 더불어, 모바일 서비스의 고도화 및 포털 사이트 기반의 정보 공개를 통해 민간 분야의 서비스와 접목되고, 다양한 형태로 우리 생활 깊숙이 자리잡으며 진화 중에 있다.

도시 철도, 일반 철도, 고속 철도 및 철도 관련 시설에 대한 이용객 정보는 운영 기관별로 생산, 구축되는 방식으로, 운영 기관의 자체적인 시스템을 통해 제공해주지 않으면 자료 구득이 용이하지 않았거나 서로 다른 운영기관의 자료를 융합하는 데도 한계가 있었다. 국토교통부 R&D 사업의 일환으로, 최근 통합적 DB 구축과 이용자 맞춤형 실시간 정보 제공을 위한 '철도 이용객 정보 표준화 및 실용화 기반구축 사업'[2] 이 진행되고 있으며, 연구 성과품인 '철도 데이터 포털'[3]을 통해 실시간 철도 통합 정보, 파일 데이터 오픈 API$_{application programing interface}$를 제공하고 있다.

여기까지가 대중교통 수단을 중심으로 수집되는 빅데이터라고 본다면, 대중교통 이용자에 대한 통행 정보를 수집하는 시스템의 핵심은 '스마트 카드$_{smart card}$'라 불리는 교통카드이다. 1996년 서울시 시내버스를 시작으로 우리는 카드를 사용해 대중교통 요금을 지불했고, 1997년부터 수도권 도시 철도에도 후불식 교통카드가 도입됐다. 수도권의 교통카드는 버스와 도시 철도가 서로 다른 방식의 충전 시스템을 사용하였기 때문에, 버스-도시 철도 간 통합 교통카드는 1998년 부산이 시초라 할 수 있다. 이후 교통카드 사용이 여러 지방자치단체로 확산되고, 진화를 거듭하면서, 2014년 한 장의 카드로 전국 버스·도시 철도·고속도로 통행료 지불이 가능한 '전국 호환 교통카드' 시대가 도래하였다.

이러한 교통카드의 진화는 단순했던 요금 체계를 대중교통 이용자에게 보다 많은 혜택을 줄 수 있는 복잡한 요금 체계로 변화시켰다.[4] 특히 2004년 서울특별시의 버스 체계가 개선되면서 그동안 수단별로 지불되던 요금이 통합거리비례제로 변경되었다. 이에 따라, 이용자가 이동한 거리를 측정해야 했기 때문에 이용자는 승하차 시 항상 단말기에 카드를 태그해야 했다. 이 덕분에 매우 정확한 대중교통 이용자의 자료가 축적되기 시작하였다. 이러한 교통카드 기반의 개인별 통행 기록 자료는 이용자 식별 코드를 삭제한 후, 대중교통 노선 분석, 행태 분석 등 다양한 분석에 사용되고 있으며, 한국철도기술연구원에서 개발한 TRIPStravel record based integrated public transport operation planning system, 대중교통 운영계획 지원시스템, 2010-2014가 교통카드 빅데이터를 활용한 분석 플랫폼의 시초라 할 수 있다.[5, 6]

최근에는 다양한 도시 철도 노선을 환승할 수 있는 복합환승역사에서 물리적인 개찰구를 통과하지 않고, 환승 정보를 수집하고 요금을 정산할 수 있는 'Smart Gate-free' 기술 개발에 대해 활발히 논의되고 있다. 이를 통해 MaaSMobility as a Service로 일컬어지는 다양한 통합 모빌리티 Integrated Mobility 서비스 구현과 빅데이터의 확장, 그리고 AI기술의 유기적인 접목을 통한 활용성 제고가 가능할 것으로 보인다.

그리고 한 걸음 더 나아가 카카오택시와 우버Uber로 널리 알려진 교통 O2Oonline-to-offline 서비스를 통해서, 개인정보수집 동의를 얻은 통행자가 교통 서비스 요청 시에 요청한 장소, 실제 탑승 및 도착 장소, 이동 경로, 경로상 혼잡 여부와 요금 정보가 축적되기 시작했다. 이를 통해 대중교

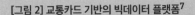

[그림 2] 교통카드 기반의 빅데이터 플랫폼[7]

1. 통행실적기반 복합대중교통 운영계획 수립 시스템
   · 대중교통 현황 및 서비스 수준 분석
   · 복합대중교통 통행량 추정
   · 교통카드 데이터 활용
   · GIS 기반의 데이터 분석
2. 범용성을 위한 자체 GIS엔진 탑재
3. 시스템 안정화를 위한 기능 개선

현황 분석 ▶	노선 분석 ▶	데이터 관리 ▶	통행 배정
노선 및 정류장 현황	노선 현황	프로젝트 생성	실적 기반
승하차량	승하차량(시간대별)	DB Import/Export	모형 기반
수단별 분담률	승하차량(일별)	정류장 편집	
경로 굴곡도	통행속도	노선 편집	
환승 분석	노선 중복 현황		
평균요금, 통행속도			

수요처(1)   수요처(2)

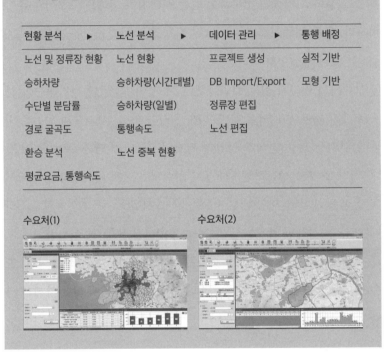

통 노선은 없지만 실제 이용자들이 이동하고 있는 구간 정보를 파악할
수 있는 '또 다른 형태의 빅데이터'가 출현하게 된 것이다. 카카오택시의
빅데이터에 대한 일부 분석 결과는 「카카오모빌리티 리포트 2017」[8]를

통해 살펴볼 수 있다. 그러나 이러한 가치 있는 데이터가 대중교통과 연계하여 서비스를 구현하거나, 대중교통 이용자의 잠재 요구 분석 등에 활용되기에는 여전히 법·제도 등 규제의 문턱이 높은 실정이다.

대중교통 빅데이터와 AI 적용… 그리고 한계

대중교통 빅데이터에 대해 이야기했으니, 이 활용을 AI와 함께 생각해보자. 교통은 AI기술과 접목하여 높은 시너지가 기대되는 분야로 손꼽히지만, 유독 대중교통과 AI기술은 특별한 이야깃거리를 만들어내지 못하는 것이 현실이다.

이쯤에서 필자가 화두로 언급했던 "무엇이 문제였을까?"라는 질문으로 다시 돌아오자. 답을 찾기 위해, 우리는 우선 "AI기술의 원천은 빅데이터이다."라는 명제가 참인지 거짓인지부터 대답을 해야 할 것 같다. 일단 필자가 생각하는 답은 '거짓'이다. 그 이유는 해당 명제에서 '진정한 빅데이터'가 포함해야 하는 세 가지 요소, 즉, (1) 양질_quality의 데이터, (2) 상세한 차원에서 이종異種 데이터 간 융합 (3) 이용자의 요구 needs 파악이 가능한 데이터적 요소를 설명해주지 못하기 때문이다. 좋은 데이터의 중요성은 이 책 5장의 의료와 AI[9] 섹션에서 더욱 자세히 다룰 예정이라 이번 글에서는 나머지 두 가지 요인에 대한 상세한 논의를 하고자 한다.

첫째, 상세한 차원의 이종 데이터 융합이 필요하다. 버스 정류장-정류장 간 수요를 예측한다고 하면, 개별 정류장의 영향권보다 더 상세한 수준으로 자료가 수집되고 생성되어야 한다. 동일한 차원의 데이터 융합은 자료 간 복잡한 상관관계를 설명해줄 수 있는 샘플 수가 부족하여,

심층 신경망deep neural network 혹은 순환 신경망recurrent neural network, RNN 구조 상에서 제대로 학습하고 진화하기 어렵다. 간단히 말하자면, AI기술은 학습을 통해 스스로 특징을 분류하는 작업을 반복적으로 진행한 후, 그로부터 얻어낸 특징을 찾아내고 식별하는 방식으로 진화한다. 특징점이 많을수록 정확도는 높다. 더 많은 데이터로 더 많이 훈련함으로써 똑똑해지기 때문이다. 예를 들어, 정류장과 잠재적인 대중교통 이용자가 있는 건물들 간의 입체적 거리(거리, 경사도 등)가 파악되어야 하며, 건물별로 혹은 건물의 층별 잠재 대중교통 이용자 수는 어떻게 되고 어떤 목적으로 어떤 도착지를 선택할지 등 다양한 정보를 필요로 한다.

공간적 관점을 도시 철도 역사로 본다면, 지상에서 승강장까지 도시철도 역사 내 통행 시간, 통행 거리, 계단과 에스컬레이터, 엘리베이터 등 이동·환승 시설을 거쳐 이동해야 하는 복잡성, 불편성 등 수평-수직의 공간 이동에 대한 물리적 정보와 심리적 정보를 포함하는 다양한 정보가 추가적으로 필요하고 적절히 융합될 수 있어야 한다. VW LAB[10]은 정부공개 3.0으로 제공되는 다양한 수치지도를 융합하고 부족한 자료는 직접 수집하여 "지하철 승강장에서 우리집까지 얼마나 걸릴까?"에 대한 구체적이고 상세한 공간 정보 DB를 구축하고 이를 시각화하였다. 이렇듯 상세한 물리적 건축 공간에 대한 다양한 환경적 요인을 통해, 사회 현상을 분석하고 문제점을 도출하여 해결해나가고자 하는 분석 체계에서 AI는 사람, 교통, 도시를 공존 가능하게 하는 훌륭한 지렛대가 될 것이다.

물론 상세한 정보 수집 노력이 아예 없는 것은 아니다. 하지만 AI기술이 진화하였고, 다른 분야에서 괄목할 만한 성과가 나오고 있는데, 우리는 그러지 못한다면 그동안 분석에 활용해왔던 대중교통 빅데이터의 한계를 직시하고 데이터베이스 구조 혹은 구축 방식에 대해 다시 생각할 필요가 있다. 혹자가 말했듯이, 국책연구 기관들이 사명을 가지고 각자 분야에서 상세한 빅데이터를 구축하며 데이터 품질을 관리할 필요가 있다. 더 나아가 전담 인력을 배치하여, 다양한 이종 빅데이터를 지속적으로 구축하고 연계·확장을 통해 서로 다른 영역의 데이터를 융합할 수 있는 구조를 구축해야 한다.

더불어 다양한 민간사업 영역에서 이종 빅데이터를 활발히 활용하도록 하여, 독립적인 방식이 아닌 공동적인 데이터 품질 관리 등 노력이 시도되어야 할 것이다. 실제 정부공개 3.0으로 제공되는 데이터 중에는 null값으로 가득한 껍질 뿐인 데이터도 있다는 점을 직시해야 한다. 필자는 감히 말하고 싶다. 제대로 된 '빅데이터 구축 및 품질 관리 정책'만으로도 우리는 어쩌면 명실상부 AI기술의 원천인 '진정한 빅데이터'를 보유한 국가 경쟁력을 가질 수 있다.

둘째, 대중교통 이용자의 요구를 파악하라. 대중교통을 이용하여 출발지 A에서 목적지 B로 이동한다고 가정하자. 운이 좋으면 한 번에 가는 버스 노선이 있거나 지하철을 탈 수 있을 것이다. 하지만 그렇지 못한 경우가 훨씬 많다. 아주 다양한 수단과 경로 조합, 그리고 다양한 비용 조건이 존재하고, 이를 선택하는 이용자의 선호도가 다르다는 것이다. 대중교통 이용자의 개별 선택은 각자가 처한 환경적 요인, 편의성, 쾌적성에 대한 개인 성향에 따라 극명하게 달라질 수 있다. 현재로서는 시시각각 변하는 다양한 사람들의 다채로운 일상 욕구를 담아낼 수 있는 척도를 가늠하기 힘들다는 것이 가장 큰 문제이다.

대중교통 이용자의 수단 환승이 발생할 때마다 이러한 의사결정 과정이 반복적으로 진행되고 그에 대한 수단 및 경로 선택의 결과로 복잡한 통행 사슬이 구성된다는 점이 대중교통 수요 예측을 보다 어렵게 만든다. 어쩌면 빅데이터와 AI시대는 이 문제를 훨씬 쉽게 풀어낼 수도 있지 않을까 싶기도 하다. 차곡차곡 쌓여진 교통카드 DB와 TRIPS 등 분석 플랫폼 기반의 반복적 심층적 분석을 통해, 새로운 대중교통 수단과 신규 노선 도입 전후 대중교통 이용자가 어떤 의사결정을 했고 무엇이 개선되었는지 찾아가는 방식은 그토록 우리가 바라던 사람 중심의 대중교통 구현이 무엇인지에 대한 실마리가 될 수 있지 않을까? 파나소닉 Panasonic은 자동으로 주어진 데이터의 크기와 복잡성에 따라 최적의 학습을 하는 '자율기계학습 unsupervised machine learning that automatically learns optimally tuned model according to size and complexity of given data' 기술 개발에 성공하였다고 발표하였는데, 인위적인 데이터 튜닝을 최소화한 자동 튜닝 방식을 접목하여 해법을 찾아볼 수 있지 않을까 조심스레 기대해본다.[11]

대중교통, AI 함께 하기 위한 길

대중교통과 AI기술을 통한 시너지 창출은 정녕 먼 이야기일까? 다행히도 대답은 'No'이다. 필자가 그 근거로 제시할 수 있는 세 가지는 다음과 같다.

첫째, 대중교통 수요를 바라보는 관점의 진화.
일반적으로 의료 분야의 진단은 동일한 조건의 정보를 제공하면, 전문의 그룹이 정답이라고 믿는 하나의 결과로 귀결이 가능하다. 반면에 소위 교통 계획 전문가, 더 나아가 수요 예측 전문가라고 불리는 그룹에게 동일한 조건의 수요 예측 질문을 던졌을 때, 수요 예측은 하나의 결과로 귀결될 확률이 높지 않은 분야다. 그렇다면 여기서 우리는 대중교통 혹은 교통 수요를 바라보는 관점의 진화가 필요할지도 모른다.

정확한 수요 예측이라는 것은 어쩌면 어불성설인듯 하다. 필자 스스로도 당장 내일, 한 달 뒤, 혹은 몇 년 뒤 나의 통행 기록을 100% 정확하게 예측할 수 없는데, 모든 사람의 이동에 대해 예측하고 그 결과가 정확하리라 생각하는 건 무리다. 애초에 교통 수요예측은 왜 필요했을까? 교통이란 학문이 속한 계열이 어딘지 찾으면 조금 더 쉽게 이해할 수 있을 것이다. 교통은 토목공학 계열의 세부 전공이다. 교통 인프라, 즉 도로, 교량, 철도, 구조물의 수명과 수용 능력을 고려해서 어느 정도 규모로 지어야 할 것인지에 대한 합리적인 답을 제시하는 것이 교통 수요 예측이다. 최근 불거진 수요의 문제는 민자 사업이라는 특수성으로 인해 수익을 창출해야 하는 금전적인 문제와 얽혀 있다는 점에서 논란을 야기하고 있다.

그렇다면 우리는 대중교통 수요를 바라보는 관점을 어떻게 진화시켜야 할까? 이슈의 시작이 민간 사업 영역과 관련이 있듯이 해결책도 민간 사업을 통해 해결할 수 있지 않을까? 교통의 대전제는 파생 수요派生需要이다. 쉽게 말해서 나를 둘러싼 수많은 환경 요인과 불확실성을 포함하는 그 어떤 요인에 의해 통행이 발생한다는 것이다. 거꾸로 보면 수많은 환경 요인 중 하나만 변경하여도 수요는 줄어들 수도 늘어날 수도 있다는 것이다. 즉 나조차도 잘 알지 못했던 나의 선호도를 대상으로 AI 기술을 이용해 신경망이 스스로 특징을 찾아내고 식별하도록 학습시킴으로써 수요를 예측하는 것이 아니라 '수요를 변화시킬 수 있는 기회'를 만드는 것이다.

예를 들어 필자가 대중교통을 이용하여 세미나에 참석하고자 하는데, 환승이 가능한 지점이 여러 곳이면, AI기술은 필자가 커피 마니아인 성향을 파악하고 최단 통행 경로가 아닌 다른 경로를 제안하는 것이다. 혹은 필자의 장바구니 목록에 있는 상품 리스트를 체크하고 저렴하게 구입이 가능한 곳을 파악한 후, 이동 경로에서 크게 벗어나지 않는 쇼핑을 제안할 수 있다. 개별 대중교통 이용자의 요구를 만족할 수 있는 서비스를 제공한다면, 우리는 기꺼이 다른 수단이나 다른 노선으로 여정을 변경할 수도 있다는 점을 활용하는 것이다.

AI는 우리가 그동안 해오던 각종 규제 중심의 불쾌한 수요 관리와는 차원이 다른 지능형 솔루션이라는 점을 주목해야 한다. 이용자가 가진 다양한 선호도와 만족의 기준을 분석하고 민간 사업 영역에서 차별화된 서비스가 제공되면, 대중교통 이용자의 자발적인 의사결정 결과에 따른 효율적인 수요 배분이 일어나고, 시스템적 관점에서 수요 관리 혹은 운영 예측이 이루어진다는 점이 핵심이다. 이는 데이터 플랫폼의 수평-수직적 연계 없이는 불가능하다. 민간 사업자와 정부의 역할이 제 위치를 찾고, 강제가 아닌 필요에 의해 모두가 윈윈win-win 할 수 있는 플랫폼 인터페이스 구축으로 해법을 찾아보자.

둘째, 우리가 이해해야 하는 대상은 사람이다.

우리가 이해해야 하는 대상은 개인의 의사 결정의 결과가 아닌 의사 결정 주체인 사람과 그들이 만들어내는 이동 궤적이다. 이에 서두에 잠시 언급했던 라이다 센서를 이용한 보행 궤적에 대한 연구를 조금 더 이야기하고자 한다. 필자는 한국철도기술연구원 R&D사업으로 '복합환승역사 통합 모빌리티 분석 시스템 개발(2017-2019)'이라는 연구를 진행 중이며, 이 연구에서 삼성역 개찰구 부근에 라이다 센서와 영상 장비를 설치하여 역사 이용객들의 이동 동선을 조사하였다. 이를 바탕으로 유사한 궤적으로 그룹화하였고 일부 그룹화되지 않는 보행 궤적을 영상 자료로 추적해보니 나름의 원인 행동이 있었다.[12] 앞으로는 조사대상 범위를 확대하여 '예측'의 영역에 도전해보고자 한다.

보행 궤적 예측에 대한 '도전'에 대해 생각해보게 된 계기는 캘리포니아 공과대학의 피에트로 페로나Pietro Perona 교수의 초파리를 대상으로 한 원인 요인과 행동 결과에 대한 기초 인공지능 연구이다.[13, 14] 다수의 초파리를 페트리 접시petri dish에 넣고, 영상 데이터를 통해 개별 초파리 주변 환경 요인과 초파리 이동 궤적에 대해 충분히 학습시켜 개별 초파리의 향후 이동 궤적을 성공적으로 예측하였다. 훨씬 복잡하겠지만 같은 맥락에서 AI기술과 연계하여 다양한 대중교통 이용자의 목적에 따른 보행 궤적을 예측할 수 있을 것이라 조심스레 기대해본다. 이는 이전에 시도해보지 못했던 복합환승센터 내 다양한 통행 목적(이동·환승 목적, 상업시설 이용 목적, 기다림 등 목적)을 분류하고 그 특징을 반영하여 조금 더 효율적인 교통 시설을 설계하고 운영할 수 있는 기틀이 되기를 희망한다.

셋째, 소유所有가 아닌 공유共有 시대!
미래 교통에 대해서 이야기할 때, 공유의 시대가 도래하였다고 말한

[그림 3] 라이다 센서와 영상 조사를 통한 보행 궤적 분석 결과[15]

1. 궤적 간 유클리디안 거리 평균과 표준편차 기반 분석 수행

	보행자 수(인)	역사 내 머문 시간(초)	역사 내 보행거리(m)	평균 속도(m/s)
그룹 1	749	38.6	79.41	1.59
그룹 2	627	43.6	98.3	1.82
그룹 3	452	50.0	117.0	1.94
그룹 4	245	61.4	148.7	2.15
불규칙 그룹	21	103.4	208.9	1.48

보행 동선 조사

보행 궤적 분류

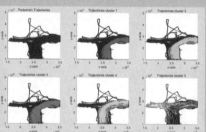

2. 보행자가 가진 행태를 말하다!

· 나는 휴대폰 사용 중입니다!

· 나는 이 공간이 익숙하지 않네요!

(1) 쇼핑몰 등 보행 집중 X

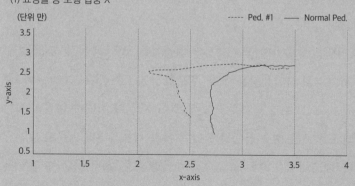

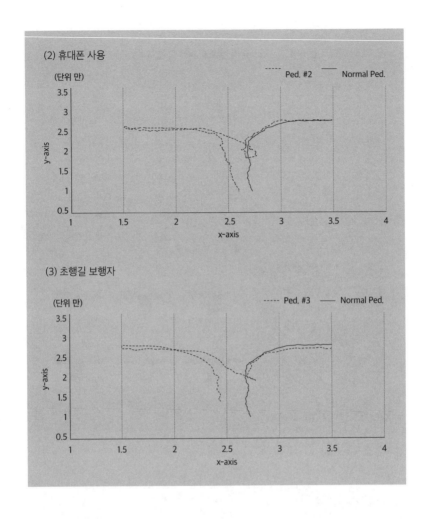

(2) 휴대폰 사용

(3) 초행길 보행자

다. 엄밀히 말하자면 공유 교통은 대중교통이란 이름으로 우리 곁에 있어 왔고, 4차 산업혁명을 빌려 '주문형 교통시스템(car-sharing+자율주행+on-demand)'으로 진화하고 있을 뿐이다. 실제 이러한 변화의 시작이 개인 교통 시스템을 담당하고 있는 차량 제조사부터라는 사실은 흥미롭다. 메르세데스 벤츠Mercedes-Benz는 차량 공유 서비스car2go + 택시 예약

mytaxi + 결제moovel + 개인 차량 공유 서비스Croove의 조합을 통해 주문형 교통시스템을 곧 선보일 예정이다.

원조 공유 교통인 대중교통의 장점은 차량 감소로 인한 교통 체증 개선, 주차장 감소로 인한 도시공간 활용도 증가, 친환경 지속 가능한 시스템으로 압축될 수 있고, 주문형 교통 시스템은 이러한 장점에, 이용자 요구에 따른 접근 편의성 향상, 맞춤형 배차 및 최적 경로 운행을 추가하여 진화하고 있다. 여기서 우리는 AI기술이 적용될 수 있는 중요한 포인트를 찾을 수 있다.

'주문형 교통시스템'은 수요 응답형 서비스로, 단일 승차뿐만 아니라 합승 시 최적 경로 선택, 첨두시간peak time 혹은 연계 대중교통 출도착 스케줄을 고려하여 즉시 이용자를 픽업할 수 있도록 적정 위치에 차량을 배치하는 최적화 연구가 필요하다. 이는 AI기술 접목을 통해 충분히 시너지를 얻을 수 있는 연구 영역이다.[16, 17] 버스 전용 차로제, 궤도 기반의 도시 철도는 대중교통의 정시성을 향상하는 특성이 있고, 촘촘히 구성된 대중교통 네트워크를 기반으로 이동이 가능한 수도권은 대중교통의 수단 분담율이 높은 편이다. 여기에 주차장 서비스, 택시 서비스를 추가하여 단일 수단 혹은 대중교통 수단만을 이용하는 것을 전제로 하는 경로 서비스의 한계를 넘어서, 통합 모빌리티 기반의 네트워크 상에서 AI는 효율적인 경로를 제시할 수 있다. 아울러 통행자의 선호도를 바탕으로 다양한 경로 안내가 가능하다. 효율적이고 지속 가능하며, 끊김 없는 통합 모빌리티는 유럽 연합을 중심으로 구성된 국제교통포럼international transportation forum, ITF에서 지향하고 있으며, BMW i-navigation 시스템은 통합 모빌리티 기반의 내비게이션이다. 즉 도로 혼잡 시 대중교통으로 갈아타고 차량은 주차할 수 있는 우회 수단-경로 대안을 제시한다. 주차장처럼 꽉 막힌 도로를 보면서 차를 버리고 가면 좋겠다고 상상하는데 그런 생각을 실현할 수 있는 방법 중 하나가 바로 이것이다. 개별 운전자의 경로 선택 특성이 차곡차곡 쌓일 수 있는 BMW i-navigation은 AI기술을 접목하여, 나만의 운전 비서를 만날 수 있는 날이 멀지 않았으리라 본다.

BMW의 사례를 승용차에서 대중교통으로의 연계로 본다면, 대중교통 빅데이터로 언급되었던 국가대중교통센터TAGO[18]와 철도 데이터 포털Railportal[19]의 실시간 대중교통 정보와 카카오 T(택시+주차+드라이버+맵) 플랫폼과 같은 형태의 융합은 대중교통에서 모빌리티로 이어지는 연계로 바라볼 수 있으며, 강력한 시장을 형성할 수 있을 것으로 본다. 그 이유는 후자의 경우 다양한 차원의 현저히 많은 샘플 수를 확보할 수 있는 통합 모빌리티 정보를 보유할 것이며, AI를 활용하여 이용자 특성을 반영한 선택에 대한 명확한 규명과 예측이 가능할 것으로 예상되기 때문이다.

AI로 새로 태어난 대중교통, 필요한 것 그리고 잊지 말아야 할 것

AI기술과 접목하여 새로 태어난 대중교통은 이용자에게 한 발 더 가까이 다가가는 서비스를 시작할 것이라는 점을 부정하는 이는 아무도 없을 것이다. 공유의 시대가 안착되고 대중교통 이용자 요구를 충족하는 서비스의 출현은 결국 대중교통, 준대중교통, 개인교통의 경계를 모호하게 만들 것이고, 용어의 재정립이 불가피해질 것이다. "얼마나 멀리 갈 수 있는가?"에 대한 통행mile의 문제에서 "얼마나 편리하고 쾌적하게 이동할 수 있는가?"에 대한 이동mobility의 문제로 진화하고 있는 교통은 결국 "얼마나 나의 이동에 대한 욕구를 충족시켜 줄 수 있는가?"에 대한 연결interface의 문제로 귀결되지 않을까 조심스레 예견해본다. 이러한 진화에서 AI는 사람과 사람을 둘러싼 의사 결정에 영향을 미치는 다양한 환경 요소를 체계적으로 정리해주는 훌륭한 도구가 될 것이다. 이러한 도구가 제대로 활용되기 위해 지금 이 시점에서 우리가 필요한 것 그리고 잊지 말아야 할 것에 대해 제시하며 이 글을 마무리하고자 한다.

앞서 그린 청사진들이 실현되기 위해서 빅데이터가 얼마나 중요한지에 대해서는 충분히 언급했다. 포지티브 규제를 근간으로 하는 우리나라의 현실로 인해 상세한 차원의 이종異種 데이터 융합의 문제는 연구 이외에 서비스 제공으로까지 이어지지 못하고 있다. 서비스 제공으로 이어지지 못한 다양한 아이디어의 사장死藏은 융합을 대전제로 하는 4차 산업혁명, 인공지능의 시대에 급변하는 국제 사회 경쟁에서의 낙오를 의미한다. 그래서 우리에게는 네거티브 규제의 도입 혹은 규제 완화 정책이 절실하다. 또한 민간에게 데이터 사용의 자율권을 보장하고, 동시에 민간 영역에서 각자 허가 받은 목적 이외의 데이터 융합 등으로 발생하는 민감한 정보 유출에 대한 강력한 규제와 책임이 수반되는 방식을 통해 성숙된 4차 산업혁명의 시대를 준비해야 할 것이라 믿는다.

여기서 앞서 언급한 교통 빅데이터는 대부분 실적實績 자료, 즉 누군가 통행한 기록이 있어야 분석 대상이 된다는 점을 잊어서는 안 된다. 다시 말해서, '한 번도 가보지는 않았지만 한 번쯤 가보고 싶은' 잠재적 통행과 소수의 통행은 빅데이터에서 '분석의 가치가 없는' 이상치로 분류된다. 또한 승용차를 이용하던 우리가 운전대를 잡을 수 없는 나이가 되

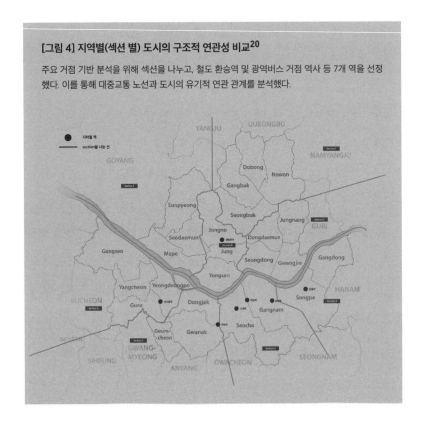

[그림 4] 지역별(섹션 별) 도시의 구조적 연관성 비교[20]

주요 거점 기반 분석을 위해 섹션을 나누고, 철도 환승역 및 광역버스 거점 역사 등 7개 역을 선정했다. 이를 통해 대중교통 노선과 도시의 유기적 연관 관계를 분석했다.

었을 때 지금의 통행 기록이 그때의 우리를 설명해줄 수도 없다. 그래서 우리는 우리의 과거, 현재 그리고 미래의 이동을 설명해줄 수 있는 다양한 데이터를 찾는 데 매진할 필요가 있다.

　더불어 빅데이터 기반 교통 분석을 통해 교통 서비스 모델은 더 다양해지고 구체화될 것이다. 고급화, 차별화 전략은 물론 경제적 옵션까지 다양할 것으로 본다. 특히 빅데이터의 아웃라이어outliers, 즉 가치가 떨어진다고 판단되거나 수집할 수 있는 데이터가 부족한 영역에 대한 교통 서비스는 기업 이윤을 최우선으로 하는 민간 영역에서 감당할 수 없다.

그렇기 때문에 교통 서비스 소외 지역은 점점 어려워지는 악순환이 거듭될 것이다.

정부를 포함한 공공의 영역에서 서비스 격차를 줄이기 위한 노력을 지속적으로 해야 할 것이다. 대중교통과 직업 선택의 기회에 대한 상관관계 연구를 통해 대중교통 소외 지역은 직장 선택에 있어 제한적이며, 이로 인해 삶의 질이 낮아지는 관계를 규명하기도 했다. 사이버 세상에서 다양한 지식을 얻는 우리에게 대중교통이라는 연결고리는 일상을 더 멀리 보고 더 많이 느끼게 해주는 역할을 하고 있다. 우리가 그동안 연결하지 않은 길을 연결할 수 있다면, 더 많은 사람에게 기회라는 선물을 할 수 있을 것이라는 점을 마음속 깊이 새기며 우리가 걸어가야 할 길을 함께 걸어갔으면 한다.

유소영 _한국철도기술연구원 교통체계분석연구단 선임연구원

주석

1. 참고 | https://www.tago.go.kr/

2. 참고 | 한국철도기술연구원 주관으로 2014년부터 2018년까지 진행된다.

3. 참고 | www.railportal.kr

4. 참고 | 국토교통부, 한국철도기술연구원, TS교통안전공단. (2014). 교통카드 이용 데이터의 공공성 확보 및 이용 활성화 방안 연구.

5. 참고 | 한국철도기술연구원. (2010~2014). 철도중심 교통체계로의 개편을 위한 차세대 교통정보 시스템 개발.

6. 참고 | 한국철도기술연구원 보고서. (2015-2016). 대중교통 계획·운영 효율화 기술 개발.

7. 참고 | 한국철도기술연구원 보고서. (2015-2016). 대중교통 계획·운영 효율화 기술 개발.

8. 참고 | https://brunch.co.kr/@kakao-it/167

9. 참고 | Kakao AI Report, vol. 5

10. 참고 | http://www.vw-lab.com/41

11. 참고 | 파나소닉 자율기계학습 개발 관련 보도자료, http://news.panasonic.com/global/press/data/2017/11/en171127-1/en171127-1.html

12. 논문 | 정은비·유소영. (2017). LiDAR 센서를 활용한 배회 동선 검출 알고리즘 개발, 한국ITS학회, 16(6).

13. 참고 | EBS 〈과학다큐 비욘드〉, 인공지능(1부) 지능 만들기 http://home.ebs.co.kr/beyond_ebs/main

14. 참고 | Pietro Perona, Allen E. Puckett Professor at California Institute of Technology(CALTECH), http://www.vision.caltech.edu/Perona.html

15. 논문 | 정은비·유소영. (2017). LiDAR 센서를 활용한 배회 동선 검출 알고리즘 개발, 한국ITS학회, 16(6).

16. 참고 | https://www.uber.com/newsroom/seim-automated-sccience-using-an-ai-simulation-framework/

17. 논문 | HR Sayarshad and JYJ Chow. (2017). Non-myopic relcoation of idle mobility-on-demand vehicle as a dynamic location-allocation-queueing problem. Transportation Research Part E: Logistics and Transportation Review 106.

18. 참고 | https://www.tago.go.kr/

19. 참고 | www.railportal.kr

20. 논문 | You, SY., Kim, KT., Jeong, EB. & Lee, J. (2017). Methodology for assessing an integrated mobility of the passenger passing through intermodal transit center. 한국ITS학회논문지 제 16권 vol5.

AI를 만나면 교통은
어떻게 똑똑해질까?

──● 이 글을 쓰면서 과거 필자의 이동 패턴이 최근 어떻게 변화했는지 곰곰히 생각해보았다. 승용차, 버스, 지하철 등 이용하는 교통수단에는 큰 차이가 없었다. 그러나 교통수단의 이용 방식에는 큰 차이가 생겼다. 예전에는 잘 모르는 목적지를 찾아가는 경우, 이정표가 될 만한 것을 기준으로 운전을 했던 것 같다. 예를 들어 ○○백화점 사거리에서 좌회전, 육교 지나서 몇 번째 교차로에서 ○○주유소를 지나서 우회전 등으로 특정 경로를 주요 이정표 중심으로 기억했다. 아는 길을 최대한 많이 이용했고, 큰 길 위주로 운전을 했다. 물론 차 안에는 전국 도로지도가 비치되어 있었다. 이제는 카카오내비가 안내하는 대로만 운전하고 있다.

대중 교통을 이용하는 패턴도 바뀌었다. 과거에는 처음 가는 장소로 이동할 때 지하철을 주로 이용했다. 버스 정류장 위치와 버스 노선 정보는 얻기가 어려운 데 비해, 지하철 노선도가 상대적으로 단순해서 낯선 장소를 찾아가는 데는 지하철 위주의 이동이 수월했기 때문이다.

하지만 이제는 위성항법장치global positioning system, GPS와 앱app을 활용하면 버스를 타기 위해 어느 방향으로 얼마나 가야 하는지를 알 수 있고, 타야하는 버스가 몇 분 후에 해당 정거장에 도착하는지도 파악이 가능하다. 모르는 곳을 찾아갈 때 웬만하면 지하철 중심으로 이동하던 과거에 비해 이제는 버스 이용에 큰 불편이 없다.

이처럼 IT의 발전으로 사람의 이동은 더욱 편리해졌다. 인공지능은 이러한 일상의 변화를 가속화할 것으로 기대된다. 2016년 9월 미국의 스탠퍼드 대학Stanford University에서 발간한 「인공지능과 2030년의 삶Artificial intelligence and life in 2030」이라는 보고서를 살펴보자.[1] 이 보고서에는 교통공학, 의료, 교육, 사회 복지, 도시 계획, 노동, 컴퓨터공학, 기계공학 등 나양한 분야의 교수와 전문가가 현재까지 연구되어 왔던 인공지능에 대하여 뒤돌아보는 내용과, 2030년 AI가 우리의 삶에 어떠한 영향을 미칠 것인지에 대한 논의가 담겨 있다.

보고서의 내용 중 흥미로운 점은 교통 분야가 여러 분야 중에서 AI를 가장 빠르게 활용하리라는 전망이다. 이로 인해 일반인이 교통을 통해 AI에 대한 신뢰성과 안전성을 가장 먼저 접할 것이라고 보고서는 예측하고 있다. 현재 교통 분야에서 AI가 가장 활발하게 사용되는 영역은 자율주행 자동차일 것이다. 물론 아직 해결되어야 할 문제들이 여럿 있지만 기업들이 적극적으로 자율주행 자동차를 준비하고 있어, 예상보다 빠른 시간 안에 자율주행 자동차가 우리 삶의 일부가 될 가능성이 크다.

자율주행 자동차와 함께하는 똑똑한 교통 환경을 만들기 위해서는 교통인프라(도로 시설, 교통 정보, 물류 시스템, 교통 계획 등)의 발전이 병행되어야 한다. 우리는 이에 대한 실마리를 캐나다 온타리오Ontario 주의 토론토Toronto 시와 구글 사이드워크 랩스Google Sidewalk Labs가 함께 계획하는 미래 지향적 스마트 도시 프로젝트[2]에서 찾을 수 있다.

이 개발 계획은 주거, 교통, 환경 등의 다양한 도시 구성 요소를 포함한다. 그 중에서도 AI와 교통을 접목하여 편리하고 친환경적인 교통 환경을 만들겠다는 계획은 주목할 만하다. 이 계획과 지금까지 진행된 관련 연구들을 종합해보면 미래 도시에 부합하는 똑똑한 교통 환경에 대한 청사진을 다음처럼 유추할 수 있다.

도시 각처에는 교통 정보를 효과적으로 수집하고 제공하기 위한 센서가 설치되며 각 센서는 서로 통신하며 정보를 주고받는다. AI는 센서로 수집한 정보를 활용하여 교통시설의 효율성과 시민의 이동성을 향상시키기 위한 정책을 교통시설 운영자에게 제안한다.

예를 들면 AI가 수요응답형 자율주행 셔틀을 시공간적으로 배치하는 방안을 설계할 수 있다. 자율주행 자동차를 이용하여 출퇴근하는 사람들도 더 흔하게 볼 수 있을 것이다. 또 출퇴근 시 이동 경로는 AI가 결정해준다. 덜 막히는 길을 찾기 위해 교통방송을 들으며 운전자가 내비게이션을 확인하는 노력을 들일 필요가 없을 것이다. 또한 AI는 도시의 이동 효율을 높이고 시민의 통행 만족도를 높이기 위해 여러 가지 서비스를 제공하는 가운데, 이를 통해 도시의 혼잡은 최소화되고 시민들은 편리하고 재미있는 교통 환경을 누리게 될 것이다.

교통에서는 데이터 분석과 교통 시스템의 효율을 향상시키기 위해 1990년대부터 AI를 적용하여 왔으며 최근에는 많은 연구에서 AI의 핵심 분야인 딥러닝을 적용하여 그 우수성을 확인하고 있다. 본 글에서는 현재까지의 AI에 대한 연구 및 사례를 살펴봄으로써 교통 정보, 도시 최적화, 경로 안내의 관점에서 AI가 가까운 미래의 교통에 미칠 영향에 대해 전망해보고자 한다.

AI와 교통 정보의 만남

실시간 교통량, 속도, 밀도 등의 교통 정보는 자동차 내비게이션, 온라인 지도에서뿐만 아니라 교통 운영전략에서도 사용되는 중요한 정보이다. 향후 자율주행 자동차가 활성화되는 시대가 되면 사람들이 효율적으로 이동하는 데 있어서 교통 정보는 더욱 중요한 역할을 차지할 것이다.

전통적으로 교통 소통 정보는 도로에 설치된 지점 검지 센서, 감시카메라cctv, 그리고 위성항법장치를 장착한 프로브라고 불리는 일부 차량, 택시를 통해서 추정되어 왔다. 센서가 장착된 첨단 교통 시설물과 차량 및 스마트폰 등 더 다양한 장치를 통하여 도로의 데이터를 수집하고 이를 통해 교통 상황을 예측하는 연구들이 발표되고 있다. 국내외 완성차 업계의 대다수 차량에 적용되어 있는 어댑티브 크루즈 컨트롤 adaptive cruise control, ACC은 레이더 장비를 이용하여 주변의 교통 상황을 측정하고 자동으로 감가속을 수행한다. 이러한 레이더 센서는 앞, 뒤 차량과의 간격뿐만 아니라, 주변 차량의 위치, 차량 대수 등의 다양한 정보를 수집한다. 이렇게 레이더 센서에서 수집된 정보들은 교통량, 통행 속도,

[그림 1] 차세대 인프라와 차대차 통신을 통한 교통 상황 정보 수집[3]

교통 밀도 등의 교통 정보를 실시간으로 보다 정확히 추정하는 데 사용될 수도 있다. 한 예로 한국건설기술연구원에서는 미국 캘리포니아 주립 대학교 어바인University of California, Irvine과 함께 차량 레이더를 통해 수집된 정보와 딥러닝을 이용하여 교통 정보의 정확도를 높이기 위한 연구를 진행하고 있다. 특히 단계의 차이가 있겠지만, 자율주행 자동차 기능을 탑재한 차량들이 점점 늘어남에 따라, 이 차량들을 통해 수집되는 정보를 활용하여 정체 상황을 보다 정확히 측정하고, 교통 관리 센터에서는 이를 바탕으로 예측한 장래 교통 상황을 차량 및 이용자에게 전파하거나 교통 제어 전략을 수립할 수 있을 것이다.[4]

교통관리센터는 차량으로부터 수집된 정보를 바탕으로 교통 상황을 예측하고 이를 다시 차량 및 사람들에게 전파하거나 교통 제어 전략을 수행할 것이다.

특히 최근에는 이러한 다양한 교통 데이터를 효과적으로 활용하고 교통 상황에 대한 예측의 정확도를 높이기 위해 인공신경망artificial neural network을 적용하는 연구가 증가하는 추세다. 교통 분야에서는 1990년대부터 AI의 한 종류인 인공신경망을 적용하여 교통 상황을 예측하고자 하는 연구가 있었다.[5] 이후 지속적으로 인공신경망을 적용한 연구들이 발표되었으나 한편으로는 그 성능에 대한 의문도 학자들에 의해 제기되었다.[6] 인공신경망 모형이 수학적이나 통계학적인 예측 방법론에 비해 그 효과가 월등히 뛰어나지 않았을 뿐더러, 예측을 위한 학습에 드는 시간도 길었기 때문이다. 또한 결과에 대한 원인을 체계적으로 분석할 수 없는 인공신경망의 블랙박스 속성 또한 많은 도전을 받아왔다.

하지만 컴퓨터공학에서 딥러닝을 활발히 연구하기 시작한 2000년대 후반부터 인공신경망에 딥러닝 기법을 적용하여 교통 흐름을 보다 정확하게 추정하는 연구가 꾸준히 발표되고 있다. 이는 딥러닝에서 제시하는 정확도 향상을 위해 제시된 여러 기법의 적용과 훈련 시간 단축을 가능하게 한 그래픽 카드의 기술 발전 및 활용이 있었기 때문이다. 이러한 흐름을 가능케 한 또 다른 요인은 딥러닝이 가진 장점이다. 딥러닝의 장점은 다양한 인공신경망의 구조 설계를 통해 복잡하게 연결되어 있다는 점과 통계적으로 상관관계가 높은 변수들도 입력 자료로 사용할 수 있다는 점이다.

이러한 특성은 교통 정보 추정 및 예측에 있어 여러 센서로부터 수집된 데이터를 융합하여 사용할 수 있기 때문에 큰 장점으로 작용한다. 도로의 차로 수, 차로 폭, 도로 선형, 날씨뿐만 아니라 도로 위 차량 대수,

차량 구성, 검지 센서의 정확도, 주변 도로의 교통 상황 등 다양한 요소를 복합적으로 고려해야 한다. 딥러닝의 한 분야인 심층 신경망deep neural network은 이러한 다차원의 복잡한 관계를 다수의 은닉층hidden layer과 각 신경망 내 신경의 갯수 그리고 과추정을 방지하기 위한 다양한 방법[7, 8]을 통해 교통 상황을 보다 정확히 예측할 수 있다. 예를 들어 축구경기, 폭우 등과 같은 비일상적인 상황에서는 교통 상황의 변화가 더욱 크게 발생하는데 주변 교통 상황과 깊은 신경망의 적용이 예측 정확도를 높여준다.[9]

딥러닝이 강점을 가질 수 있는 교통 상황의 또 다른 특성은 시간적 연속성이다. 예를 들어 경부고속도로 양재-한남 구간의 현재 교통 상황은 몇 분전의 교통 상황에서부터 연속적으로 이어진 것이다. 이러한 교통의 패턴을 분석하여 교통 상황을 정확하게 측정하고자 RNNrecurrent neural network 혹은 LSTMlong short-term memory neural network를 활용하는 연구가 최근에 활발히 진행되고 있다.

AI와 시스템 최적화

교통 시스템의 수요와 공급은 시공간적으로 특정 시간, 특정 지역에 집중되는 특성을 지닌다. 이러한 특성은 교통 서비스 공급의 효율성을 저하시키며 이용자의 이동성을 제약한다. 강남역 같이 모임이 많은 장소에서 연말 밤 시간에 택시를 잡기 어려운 것이 대표적인 예라고 할 수 있다. 택시를 잡기 어려운 상황은 지하철이나 버스의 운행이 종료된 이후 시간대에는 택시의 수요가 급증하는 반면에 택시의 공급이 그 수요를 충분히 처리하지 못하기 때문이다.

만약 모든 택시가 수요가 많은 지역으로만 이동하여 승객을 태우고자 한다면 다른 지역의 승객이 불편을 겪을 것이다. 카카오택시, 우버, 디디추싱Didi Chuxing과 같은 수요 응답형 서비스의 경우 어느 지역에서 어느 시간대에 고객이 집중되는지를 정확히 예측하고자 한다. 차량이 적절한 시공간에 배치되어야 운전자와 고객의 만족도가 높아지기 때문이다. 쉽게 말하면 승객은 언제 어디서나 최소의 대기시간 안에 택시에 탑승할 수 있어야 하고, 운전자는 공차율을 줄여 최소의 비용으로 최대의 수입을 얻을 수 있어야 한다. 미국 및 세계의 여러 도시에서 수요응답형 승객운송 서비스를 운영 중인 우버는 수요와 공급의 불균형이 야기하는 문제를 AI를 접목한 시뮬레이션을 통해서 분석하였다.[10] 2017년 11월에 우버 AI연구소Uber AI Labs는 시공간적으로 불확실성을 갖는 차량 위치와 고객의 호출 패턴을 예측하고, 승객과 운전자를 최적으로 중개하고자 확률적 프로그래밍 언어Pyro를 개발하고 이를 대중에게 공개하였다.[11]

물류 시설에서도 마찬가지로 물류 차량의 효율적인 배치가 이슈가 된다. 이는 물류 서비스의 안전성과 수송 비용 최소화가 차량의 배차 및 이동과 직접적인 관련이 있기 때문이다. 글로벌 물류 운송회사인 DHL은 AI와 그동안 축적된 물류 이동 데이터를 활용하여 물류 시설의 자율공급사슬autonomous supply chain의 비전을 제시하고 향후 물류 이동에 있어 머신러닝, 자율주행 자동차, 드론, 사물인터넷의 적용 가능성을 발표하였다.[12] 그중 무조건적인 빠른 배송 시스템이 아닌 고객 맞춤형 최적 배송 시간 추정을 통해 물류 시설의 효율적인 활용을 꾀하는 'logistics slowdowns' 전략이 눈에 띈다. 이는 AI가 머신러닝을 통해 고객의 니즈를 분석하여 느린 배송도 기꺼이 받아들일 수 있는 고객을 분류하고 고객의 필요에 맞추어 서비스 정책을 수립하여 운영자에게 제안하는 것이다.

최근에 교통 분야에서 시스템 최적화 및 의사결정지원시스템을 위해 AI의 한 분야인 강화학습reinforce learning을 적용한 연구들을 발견할 수 있다. 강화학습은 운영자가 시스템의 목적함수를 정의하고 학습 대상자agent에게 규칙을 부여한다. 목적함수의 성과를 극대화하기 위하여 정해진 규칙 내에서 다양한 행동action을 시행한다. 그 중 목표를 극대화한 행동에 대해 보상reward을 수행함으로 학습 대상은 학습이 진행됨에 따라 성과를 높여나간다. 이러한 강화학습은 개별 학습 대상자별로 각기 다른 규칙을 부여할 수 있으므로 미시적인 행태를 다룰 수 있으며, 미시적 모형을 통한 집단의 행태를 추정하는 모형으로도 발전 가능한 장점이 있다.

강화학습은 물류 시설의 공급사슬 관리supply chain management, SCM의 최적화 연구에도 적용되었다. 국가 간 물류의 수출입과 물동량 수송의 최적화를 위해 화물 가격, 환율, 수송 비용, 관세, 생산 시간, 수송 시간 등의 다양한 변수와 창고 용량, 재고 수준, 주문 취소 등의 상태 변수를 정의하여 강화학습을 SCM에 적용한 결과 불확실한 시장 상황에서도 물류 비용과 시간 관리의 우수한 성능을 확인할 수 있었다.[13] 물류의 이동을 연속적으로 이루어지는 의사결정 과정이라 간주한다면 강화학습을 일련의 의사 결정 과정이라고 고려하는 마르코프 연쇄Markov chain 속성을 이에 활용할 수 있다.[14]

교통 계획의 관점에서 교통의 흐름을 시뮬레이션 하고 최적의 도로 패턴을 분석하기 위해 강화학습을 적용한 연구도 있다. 도로 운전자를 학습 대상자$_{agent}$로 정의하고 학습 대상자의 경로 선택을 행동으로 정의한다. 다양한 경로 중 최단 경로를 이용한 행동에 대해 포상을 수행한다면 이 시스템 내 가상의 운전자는 자신의 경로가 최단 경로가 될 때까지, 즉 더 이상 빠른 길을 찾을 수 없을 때까지 경로를 변경해나간다.

이를 교통에서는 출발지, 목적지가 같은 운전자들의 경로 통행 시간이 같게 되는 이용자 균형$_{user\ equilibrium}$이라 부른다. 교통 시스템의 효율을 높이기 위해서는 운전자에게 최단 경로뿐만 아닌 다양한 경로를 안내해야 하는데 정해진 수요 내에서 교통 효율성이 가장 좋은 상황을 시스템 최적$_{system\ optimum}$이라 한다. 강화학습의 목적함수를 시스템 최적화로 설정하고 운전자는 최단 경로보다 너무 돌아가지 않도록 행동을 정의하여 사회적으로 바람직한 최적의 차량 경로 배치 패턴을 찾을 수 있다. 수학적인 방법론을 통해서는 반복적인 계산 과정을 통해 그 값을 찾아내는데 그 계산은 오랜 시간이 걸리는 단점이 있다. 또한 운전자 그룹이 다양한 경우에는 그 연산의 복잡성이 더욱 증가한다. 유전자 알고리즘과 결합한 강화학습 적용 결과 기존 수학적 풀이 과정보다 빠르게 최적값을 찾는다는 연구 결과도 있다.[15]

AI를 활용한 미래 첨단 경로 안내 전략

자동차 내비게이션이 2000년대 초반에 처음 보급되었을 때, 내비게이션의 주된 목적은 모르는 길을 잘 안내해주는 것이었다. 물론 우리는 현재도 내비게이션을 모르는 길을 찾는 용도로도 쓰고 있지만 조금 더 빠른 길을 찾고자 내비게이션을 이용한다. 이제는 스마트폰을 통해 누구나 빠른 길을 찾을 수 있다. 여기서 모두가 빠른 길을 선택하여 이동한다면 어떠한 일이 일어날 것인가에 대한 생각을 잠시 해보고자 한다.

아무리 빠른 길이라도 많은 차량이 집중하게 되면 그 길은 다시 정체가 발생하게 된다. 이러한 패턴은 도로 시설 전체에 정체를 야기하고 환경적, 시간적으로 부정적 상황을 초래할 수 있다. 새로운 도로를 건설한다고 해서 항상 운전자가 목적지까지 더욱 빠르게 이동할 수 있는 것은 아니다. 차량들이 새로 지어진 빠른 길로 집중하게 되어 교통 시스템 전체의 상황이 도로 개통 이전보다 더욱 악화되는 경우가 있는데 교통에서는 이를 '브라에스의 역설Braess's paradox' 이라고 한다. 교통 시설을 효율적으로 활용하려면 차량이 시공간적으로 적절히 분포되어야 한다. 이러한 상황을 달성하기 위해서는 차량이 출발지-목적지 간에 최단 경로만이 아닌 다수의 우회 경로로 분포되어야 할 수도 있다. 시스템 최적을 위하여 이용자에게 개인으로서는 최적이 아닌 경로를 강제할 수 있는가에 대한 논란이 있을 수 있다.

현재 미국의 몇몇 대도시에서는 교통 혼잡을 줄이기 위해 운전자에게 출발시간을 변경하도록 추천하고 경로를 안내하는 시스템을 만들어 모바일 앱을 통해 제공하고 있다.([그림 2]) 이 모바일 앱은 차량 운전자로부터 출발지, 목적지, 출발시간을 입력받고 그 경로가 교통 혼잡을 발생시킬 가능성이 있을 경우 운전자에게 인센티브를 제공하면서 출발시간의 변경을 유도한다. 앱 이용자는 이 인센티브를 가지고 스타벅스, 아마존, 대형마트의 기프트 카드gift card를 구매할 수 있다. 이러한 전략은 운전자의 행태를 변화시키는 데 긍정적인 역할을 하는 것으로 알려져 있다.[16]

[그림 2] 미국 주요 대도시에서 시행 중인 인센티브 제공을 통한 출발시간 변경 안내 모바일 앱[17]

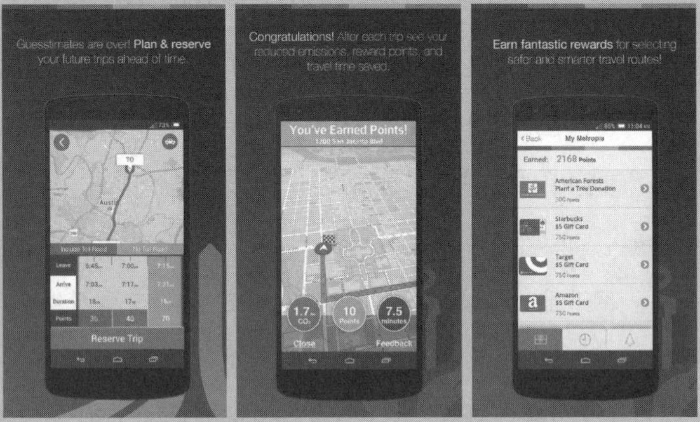

[그림 3] 인포테인먼트 환경에서의 다양한 즐길거리[18]

AI와 미래 자동차 기술은 우리가 생각하는 경로 안내 및 선택에 대한 정의를 바꿀 것이다. 스마트 폰이 모바일 앱의 활성화를 이끌었다면, 자율주행 차량 시대에는 차량 내에서 즐길 수 있는 다양한 서비스 산업이 활성화될 것이다. 다양한 정보information와 오락entertainment이 융합된 인포테인먼트infotainment 시스템을 갖춘 자율주행 차량 이용자는 운전으로 인한 스트레스로부터 자유로워지는 동시에 운전 대신 다양한 활동을 수행할 수 있다.

예를 들어 원하는 목적지와 도착 시간을 입력하면 차량은 도착 시간에 맞추어 목적지에 도착한다. 이용자는 차량 내에서 게임, 업무, TV 시청, 주변 경관 감상 등 다양한 활동을 즐기는 것이 가능하다. 이는 자율주행이 활성화되는 시점에는 가장 빠른 길 통행이 경로 안내의 우선적인 전략이 아닐 수도 있음을 시사한다. 즉 자율주행 자동차에 탑재된 AI가 탑승자의 선호도, 성격, 기분을 파악하고 날씨와 실시간, 예측 교통 정보를 이용해 경로를 추천하고 운전자가 선택하는 경로를 따라 주행하는 첨단 경로 안내 전략이 이루어지는 것이다. 더욱이 도로 시스템 운영자가 차량의 시공간적 배치를 유도하기 위해 운전자가 우회 경로를 선택하거나 출발시간을 변경할 경우 우회 경로 내 커피 전문점 쿠폰, 가상화폐, 대중교통 이용권 등의 인센티브를 통해 보상하는 정책을 수립할 수도 있다. 또한 커피 전문점, 마트, 백화점 등의 상업 시설 등은 자율주행 자동차가 자기 영업점 주변을 이동하도록 유도하는 마케팅 전략을 수립할 수도 있다.

현재의 내비게이션이나 포털에서 제공하는 경로 안내는 차량, 대중교통 등 단일 수단에 초점이 맞추어져 있다. 예를 들어 대중교통 경로 안내는 대중교통만을 이용하여 목적지에 도착할 수 있는 경로를 안내해준다. 가까운 미래의 경로 안내에 있어서 AI는 차량, 대중교통, 도보, 택시, 자전거, 카풀 등 다양한 수단에 대한 정보를 통합하여 다양한 수단을 통해 빠르게 목적지 도착 경로를 안내할 것으로 생각된다.[19]

대중교통은 많은 승객을 동시에 이동할 수 있게 해주는 고효율 교통수단인 동시에 혼잡한 도심에서는 자동차보다 빠른 교통수단이다. 하지만 출발지에서 대중교통 정거장까지 접근하거나 대중교통 정거장에서 목적지까지 이동은 번거롭다. 자율주행 자동차 시대에는 자율주행 차량이 승객을 가까운 지하철역까지 데려다주고 승객은 지하철을 통해서 목적지로 이동할 수 있을 것이다. 이는 대중교통과 자율주행 차량의 협력으로 사람들의 이동성을 향상시키고 교통 시스템의 효율 또한 높일 수 있음을 시사한다. 미래에는 자율주행 차량과 더불어 초고속의 교통 서비스가 도입될 수도 있다. 예를 들어, 지하에 터널을 뚫어서 교통 문제를 해결하겠다는 일론 머스크Elon Musk의 시도와, 하이퍼루프hyperloop 등 통행시간을 단축하는 새로운 시도들이 연구되고 있다. AI를 통한 미래의 첨단 경로 안내 시스템은 다양한 수단의 장점을 최대한 활용하고 자율주행 차량을 통해 이러한 초고속 교통시스템과 연계되는 다수단 통합 연계 길찾기 경로를 안내할 것이다.

다시 앞에서 소개한 필자의 과거 이동 패턴과 현재의 이동 패턴으로 돌아가보자. 카카오내비는 최단 경로 제공뿐 아니라 이용자에게 다양한 옵션을 제공한다. 동일한 목적지로 운전할 때, 운전자가 '무료 도로', '최단 거리', '자동차 전용 제외', '큰길 우선' 등을 선택할 수 있다. 카카오맵/다음 길찾기에서도 목적지에 도달하는 데 '버스', '지하철', '버스+지하철'의 대안을 제시하고 있어서, 이용자가 원하는 경로를 선택할 수 있다. 삼성역에서 충무로역을 갈 때, 2호선을 타고 사당에서 4호선으로 갈아탈지, 2호선을 타고 동대문역사문화공원에서 4호선으로 갈아탈지, 2호선을 타고 교대에서 3호선으로 갈아탈지 지하철 노선도를 보면서 경로별 정거장 수를 열심히 세지 않아도 된다. 또한, 조금 더 시간이 걸리더라도, 버스를 타고 밖을 보면서 가는 경로를 선택할 수 있다.

개인의 선호가 중요한 여행의 경우는 어떨까. 여행하는 사람의 관심, 시간, 예산에 따라 다양한 여행 경로가 가능할 것이다. 역사, 문화, 음악, 미술, 자연경관, 스포츠, 쇼핑뿐만 아니라, 음식에서도 해산물, 육류, 면요리 등등 개인 취향이 고려될 사항들이 많다. 여행 책자나 블로그에서는 몇 개의 선별적인 유형에 따른 경로를 제시하고 이를 여행자가 참고하여 본인의 여행 경로를 계획하는 형식이 대부분이다. 만약 AI가 여행자 한 사람 한 사람의 여행 시간/교통수단/예산/여행 취향 등을 반영하여 맞춤형 여행 계획을 제공하면 어떨까. 유트립Utrip[20]에서 제시하고 있는 것처럼 말이다. 여행을 계획하는 즐거움이 없어지게 되는 것은 아닐까?

남대식 _캘리포니아주립대학교 어바인, 교통공학 박사과정

서원호 _한양대학교 ERICA캠퍼스 교통물류공학과 조교수

주석

1. 논문 | Stone et al. (2016). Artificial Intelligence and Life in 2030. One Hundred Year Study on Artificial Intelligence: Report of the 2015-2016 Study Panel, Stanford University, Stanford, CA, https://ai100. stanford.edu/2016-report

2. 참고 | https://sidewalktoronto.ca/wp-content/uploads/2017/10/Sidewalk-Labs-Vision-Sections-of-RFP-Submission.pdf

3. 참고 | U.S Department of Transportation. (2016). "Environmental Justice Considerations for Connected and Automated Vehicles"

4. 참고 | U.S Department of Transportation. (2016). "Environmental Justice Considerations for Connected and Automated Vehicles"

5. 논문 | Hua, J., and Faghri, A. (1994). Applications of artificial neural networks to intelligent vehicle-highway systems. Transportation Research Record, 1453, 83.90.

6. 논문 | Nam, D., H. Kim, J. Cho, and R. Jayakrishnan. (2017). A Model Based on Deep Learning for Predicting Travel Mode Choice. Transportation Research Board 94th Annual Meeting Compendium of Papers. No. 17-06512.

7. 논문 | Nair, V., & Hinton, G. E. (2010). Rectified Linear Units Improve Restricted Boltzmann Machines. Proceedings of the 27th International Conference on Machine Learning, (3), pp. 807.814. http://doi.org/10.1.1.165.6419

8. 논문 | Srivastava, N., Hinton, G. Krizhevsky, A., Sutskever, I., & Salakhutdinov, R., (2014). Dropout: A Simple Way to Prevent Neural Networks from Overfitting. Journal of Machine Learning Research, 15, 1929.1958. https://doi.org/10.1214/12-AOS1000

9. 논문 | Polson, N.G. and Sokolov, V.O. (2017). Deep learning for short-term traffic flow prediction. Transportation Research Part C: Emerging Technologies, 79, pp.1-17. https://doi.org/10.1016/j.trc.2017.02.024

10. 참고 | UBER . Optimizing a dispatch system using an AI simulation framework. https://www.uber.com/newsroom/semi-automated-science-using-an-ai-simulation-framework/

11. 참고 | UBER. Uber AI Labs Open Sources Pyro, a Deep Probabilistic Programming Language. http://eng.uber.com/pyro/

12. 참고 | DHL. http://www.dhl.com/en/about_us/logistics_insights/dhl_trend_research/trendradar.html#

13. 논문 | Pontrandolfo, Pierpaolo, Abhijit Gosavi, O. Geoffrey Okogbaa, and Tapas K. Das. (2002). Global supply chain management: a reinforcement learning approach. International Journal of Production Research 40, no. 6, pp. 1299-1317.

14. 논문 | Rabe, Markus, and Felix Dross. A reinforcement learning approach for a decision support system for logistics networks. In Proceedings of the 2015 Winter Simulation Conference, pp. 2020-2032. IEEE Press, 2015.

15. 논문 | Bazzan, A.L. and Chira, C. (2015). Integrating System Optimum and User Equilibrium

in Traffic Assignment via Evolutionary Search and Multiagent Reinforcement Learning.

16. 논문 | Tillema, T., Ben-Elia, E. and Ettema, D. (2010). Road pricing vs. peak-avoidance rewards: A comparison of two Dutch studies. In Proceedings of the 12th World Conference on Transportation Research (Vol. 6).

17. 참고 | Metropia, http://www.metropia.com/blog/metropia-drives-architecture-nrels-dept-energy-connected-traveler-project

18. 참고 | Qualcomm Developer Network, https://www.slideshare.net/Qualcomm DeveloperNetwork/93-developingfor-connectedcarparekhsundarpoliak918plazaa

19. 논문 | D. Nam, D. Yang, S. An, J. Yu, R. Jayakrishnan, and N, Masoud. (2018). Designing a Transit-Feeder System Using Multiple Sustainable Modes: P2P Ridesharing, Bike sharing, and Walking. Transportation Research Board 97th Annual Meeting Compendium of Papers. No. 18-06518.

20. 참고 | Utrip. https://youtu.be/PTVIVARQ8BY

5장

현장에서의
AI 활용

산업 현장
속으로 들어간 AI

──● 4차 산업혁명이라는 단어를 처음으로 사용한 세계경제포럼World Economic Forum의 창립자이자 회장인, 클라우스 슈밥Klaus Schwab 교수는 그의 저서 『클라우스 슈밥의 제4차 산업혁명The Fourth Industrial Revolution』에서 4차 산업혁명을 인간이라는 존재의 의미까지도 다시 생각해보게 할 변화라고 서술하며 중요성을 강조했다.[1] 본 글에서는 4차 산업혁명에서 인공지능의 역할을 살펴보고, 대표적인 사례로 스마트제조에 대해 소개한다. 그리고 인공지능이 이끄는 4차 산업혁명 대한 우려와 기대를 이야기하고자 한다.

4차 산업혁명과 인공지능

2016년 1월, 스위스 다보스Davos에서 열린 세계경제포럼에서 클라우스 슈밥 교수가 처음으로 4차 산업혁명을 언급했다. 4차 산업혁명은 3차 산업혁명을 기반으로 디지털과 바이오산업, 물리학 등을 융합하는 차세대 기술 혁명을 의미하며, 대표적인 구동 요인driven factor으로 유비쿼터스(연결성)와 AI를 꼽는다. 약 1만 년 전 인류는 농업혁명을 통해 수렵·채집 활동을 마감하고 정착, 농경생활로 진입했다. 18세기 중반 증기기관의 발명으로 인한 1차 산업혁명과 19세기 말 전기의 발명으로 인한 2차 산업혁명은 기계를 이용한 생산, 대량 생산을 가능하게 했다. 20세기 중반 컴퓨터와 인터넷의 발명으로 디지털 혁명으로 불리는 3차 산업혁명이 일어나 자동화를 통한 생산성 향상에 기틀을 마련했으며, 21세기 초 연결성, AI와 머신러닝machine learning으로 대표되는 4차 산업혁명이 시작되고 있다.

3차 산업혁명과 4차 산업혁명의 핵심은 자동화·연결성으로 둘의 구분이 모호해 4차 산업혁명은 3차 산업혁명의 연장선이며 버즈워드buzzword에 지나지 않는다는 의견도 존재한다. 4차 산업혁명을 3차 산업혁명으로부터 구분 짓는 특징은 오랜 기간 산업을 구성하던 기존의 기준과 법칙들을 뒤집는 파괴적disruptive 변화라는 점이다. 저장·운송·복제에 비용이 없는 정보 재화information goods가 생산품에서 차지하는 비중이 높아지면서 기존 산업에서 당연하게 받아들여진 수확 체감의 법칙이 무너졌고, 한계비용이 사라져 과거의 생산성은 산업을 평가하는 지표로 더 이상 유효하지 않게 되었다. 예를 들어, 카카오택시와 같은 서비스는 지불 의사 금액과 실제 지불 금액의 차이를 의미하는 소비자

잉여를 발생시켜 소비자가 편리함을 느끼지만 직접적인 수익을 창출하지는 않아 생산성의 관점에서 평가될 수 없다. 또한, 단순 생산을 위한 노동의 가치가 하락하고 있다. IBM의 CEO 지니 로메티Ginni Rometty는 2016년 11월 미국의 대통령 당선자 도널드 트럼프Donald Trump에게 쓴 편지에서 블루컬러나 화이트컬러가 아닌 새로운 직업의 출현을 이야기했다. 앞으로의 노동자 계급은 대학과 같은 장기 직업교육이 아닌 단기교육으로 업무역량을 획득하여 빠르게 변화하는 흐름을 따라갈 수 있어야 한다.

4차 산업혁명을 가능하게 하는 요인으로 언급되는 AI는 기계를 인간과 유사하거나 더 뛰어난 지능을 갖게 하기 위한 기술로 다양한 방식으로 구현되어 왔다. 최근에는 머신러닝, 특히 딥러닝deep learning의 발전과 함께 데이터 분석 방식에 기반을 둔 AI가 가능성을 인정받고 있다. 예를 들어, 자율주행 또는 무인이동체 분야에서는 수집된 센서 데이터를 분석하여 상황을 판단하거나 행위를 예측하기 위한 AI 기법이 도입되고 있으며, 로봇공학 분야에서는 이미지 기반의 사람/사물 인식, 음성인식을 위한 기법이 사용되고 있다. 특히, 오랜 기간 정체되어 있던 제조업에 AI기술이 융합된 스마트제조smart manufacturing 분야가 주목받고 있다.

스마트제조 분야

수업시간에 학생들이 진행하고 있는 과제를 하나 소개할까 한다. 고객의 주문 취소로 인한 위험을 최소화하기 위해 MTO(make to order, 미리 생산하여 재고를 저장하지 않고 주문이 들어오면 생산하는 방식) 생산 방식을 취하고 있는 작은 규모의 공장이 있다. 그런데 매달 월말에 주문이 몰려 lead time(상품의 생산 시작부터 완성까지 걸리는 시간)이 지연되는 문제가 발생하고 있다. 학생들은 이 문제를 해결하고자 다양한 전통적인 방식을 떠올리며 고심하고 있다. 만약 AI의 발달로 월말 주문량을 미리 정확하게 예측할 수 있다면 MTO 방식 사용 시 초과되는 주문량에 대해 MTS_{make to stock, 미리 생산하여 재고를 저장해 두는 방식} 방식을 도입하여 잉여시간에 미리 생산함으로써 문제가 쉽게 해소될 수 있다. 이와 같은 제조업에서 발생하는 생산성을 저하시키는 다수의 문제는 고도화된 AI 기술로 손쉽게 해결할 수 있다.

4차 산업혁명과 종종 혼용되는 단어 중에 '인더스트리 4.0'이 있다. 2011년 독일 하노버박람회_{Hannover Fair}에서 처음 등장한 용어로 4차 산업혁명이 다양한 산업을 아우르는 개념이라면 인더스트리 4.0은 제조업에 국한되어 스마트제조의 활성화를 목적으로 한다. 국내에서는 2020년까지 스마트공장 1만 개 구축을 목표로 하는 제조혁신 3.0이 진행되고 있으며, 해외에서는 독일 외에도 미국의 첨단제조시스템, 일본의 제조업 중흥 프로그램, 중국제조 2025 등이 진행되고 있다.

스마트제조는 밸류체인_{value chain} 상의 모든 구성요소(원자재, 제품, 기계, 사람 등)들이 정보기술을 통해 실시간으로 연결되고 데이터 기반의 시스템 제어를 이용하여 고객 맞춤형 제품 및 서비스를 창출하는 플랫폼으로, 스마트제조에 기반한 지능형 공장을 스마트 공장이라고 부른다. 고객 맞춤성_{customization}, 연결성_{connectivity}, 협업성_{collaboration}을 의미하는 3C로 스마트제조의 속성을 나타낼 수 있다.[2] 이상적인 스마트 공장은 로봇에 의한 자동화와 데이터 기반 AI에 의한 지능화를 지향한다. 스마트제조를 가능하게 하는 8대 기술에는 빅데이터, CPS_{cyber-physical system}, 사

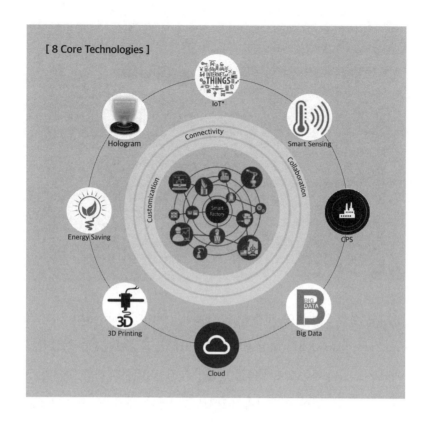

[8 Core Technologies]

물인터넷internet of things, 스마트센싱, 클라우드, 3D 프린팅, 에너지 절약, 홀로그램이 있다. 이 중 CPS는 가상의 공간에서 수행되는 작업들이 결국은 실제 물리적 공장 내에서 수행되도록 하는 개념을 의미하고, 빅데이터는 수집된 데이터로부터 유의미한 지식을 추출하는 기법으로 향후에 널리 적용될 수 있는 가능성이 있다.[3]

스마트제조 분야에서 가장 눈에 띄는 국내 스타트업은 딥러닝 기반의 스마트 공장 솔루션 업체인 수아랩SUALAB이다.[4] 실제 제조업 현장에 딥러닝 기술을 적용하여 머신비전machine vision 기반의 표면 불량 검출 기능을 높은 정확도로 제공한다. 딥러닝 기술을 스마트제조 분야에 상

[수아랩의 머신비전 기반 표면 불량 검사 솔루션]

용화한 점을 인정받아 세계 최대 자동화 컨퍼런스 Automate 2017의 Innovators Award에서 대상을 수상했다. 또한, 신성이앤지는 생산라인에서 기계들이 자동으로 제품을 만들어 포장·적재까지 하는 수준의 스마트 공장으로 변화 후 생산량이 2배로 증가했다. 대기업들도 스마트공장 솔루션 사업에 뛰어들고 있다. SK는 산업용 빅데이터 분석 플랫폼을 개발 중에 있으며, 현대위아는 장비원격모니터링 및 진단시스템을 개발했고, 삼성SDS와 LG CNS는 각각 스마트공장 솔루션을 개발 중이다.

우려되는 점들

AI, 특히 딥러닝이 이끄는 4차 산업혁명에 대해 방법론적인 측면과 사회 규범적 측면에서 일부 우려들이 존재하고 있다.

딥러닝이 각광받기 이전 'shallow learning' 방법론을 이용하는 연구를 수행하던 시절에는 주위 사람들의 머신러닝이 실제 세계에 적용 가능하다고 생각하냐는 물음에 (우선 머신러닝이 러닝머신과는 다르다고 설명해야 했다.) 확신을 갖고 불가능하다고 이야기하곤 했었다. 그 당시 실험을 통해 얻은 정확도는 실제 적용이 불가능한 수준이었고, 답이 있는 데이터를 수집하는 것은 매우 어려웠다. 사용하던 방법론은 데이터의 세밀한 특징까지 잡아내지 못하고 대략적인 특성만 반영했다. 이후 딥러닝이 빅데이터의 출현, 학습 기법의 개선, 컴퓨팅 파워의 증진으로 ANN_{artificial neural network}이 갖고 있던 기존의 한계를 풀어나가며 다양한 문제들에 대해 획기적인 성능 향상을 이뤄내고, 관련 분야 연구자 모두가 딥러닝으로 수렴하는 분위기를 지켜보면서 머신러닝이 세상을 바꿀 수 있겠다는 생각을 갖게 됐다. 이처럼 강력한 딥러닝을 기반으로 한 인공지능을 통해 4차 산업혁명이 일어나고 있다.

하지만 딥러닝 또한 머신러닝이 갖는 약점을 그대로 갖고 있다. 머신러닝을 간단하게 설명하자면, 데이터의 관계를 설명할 수 있는 수학적 모델을 미리 구성해 두고 이 모델의 파라미터를 데이터로부터 추정(학습)하는 방식을 의미한다. 따라서 데이터의 양과 질이 머신러닝 방법의 성능을 좌우하고, 답이 있는 데이터를 이용하여 학습하는 것(지도 학습 supervised learning)이 답이 없는 데이터를 이용하여 학습하는 것(비지도 학습 unsupervised learning)보다 좋은 성능을 제공한다.

지도 학습은 사용을 위해 답이 있는 데이터를 구해야 한다는 치명적인 한계를 갖고 있다. 예를 들어, 스마트 공장에서 머신비전 기술을 도입하여 생산품 표면의 오류를 높은 정확도로 검출하기 위해서는 오류의 여부와 위치가 정확하게 명시된 생산품 표면 이미지 데이터가 (그것도 매우 많이) 있어야 한다. 특히, 양이 많을수록 정확도가 향상될 뿐만 아니라, 복잡한 구조의 딥러닝 모델을 사용하기 위해서는 더욱 많은 데이터가 필요하다. 장기간 지속적인 수집을 통해 데이터를 확보한다고 해도 인간의 실수human error로 인해 데이터의 편향bias이 발생하면 그 데이터를 이용해 학습한 모델의 성능에도 문제가 발생한다. 따라서 머신러닝과 딥러닝 분야의 권위자 중 한 명인 앤드류 응교수는 이제는 비지도 학습 방식을 발전시켜나가야 한다고 주장한다. 실제로 강화학습 reinforcement learning, one-shot learning, GANgenerative adversarial network 등 새로운 학습 방식을 이용하는 기법들이 속속 출현하고 있다.

또한, 데이터 기반 인공지능 방법론의 성능 불안정성, 낮은 설명력 때문에 연구나 위험이 비교적 적은 예제 문제가 아닌 실제 산업에의 적용 가능성은 떨어진다는 의견이 많다. 그만큼 실제 문제를 해결하기 위해 인공지능 기법을 도입하는 것은 까다롭다. 알파고 역시 단순히 딥러닝 모델만을 사용한 것이 아니라, 기본적으로는 시뮬레이션 기반의 검색 기법인 몬테카를로 트리 탐색monte carlo tree search[5] 알고리즘을 사용했다. 앞서 언급한 수아랩에서도 제조 이미지 처리 전문가들의 지식을 불량검사 모델에 반영하여 실제 적용 가능한 수준의 성능을 확보했다. 아직 모두가 상상하는 완전한 지능형 자동화까지는 지속적인 연구와 투자가 요구된다.

4차 산업혁명의 대표적인 키워드는 지능형 자동화이다. 즉, AI는 데이터 기반의 제어를 통해 고객-생산 간의 관계를 밀접하게 연결하고 다품종 소량 생산을 가능하게 하여 제조에서 인간의 개입을 감소시킨다. 예를 들어, 제조업에서 생산량 예측이나 오류 검토 등 기존에는 인간의 개입이 반드시 필요했던 작업에서 인간의 참여가 불필요하게 된다. 따라서 고용이 줄어들고 직업이 사라지게 된다.

자연스럽게 자동화로 인한 AI의 인력 대체를 걱정하는 목소리가 크다. 실제로 옥스퍼드대 마틴스쿨Oxford Martin School에서 진행한 '컴퓨터화에 민감한 직업 조사 연구'에서 10년에서 20년 사이에 2010년 미국에 존재했던 직업의 47%가 자동화될 것이라고 예측했다.[6] 반복적인 일들은 이미 더 이상 인간이 할 필요가 없어졌고 고급 숙련도를 요구하는 일들조차도 AI가 대체하게 될 것이다. 우리나라에서도 콜센터 및 은행의 창구는 시스템으로 대체되고 있으며, IBM이 개발한 AI 왓슨은 변호사나 의사의 업무도 대체하기 시작했다. 또한, 플랫폼 효과를 우려하는 목소리도 있다. 플랫폼 효과란 시장을 지배하는 강력한 소수의 플랫폼으로 집중되는 현상을 의미한다. 예를 들어, 구글은 웹에서의 검색 플랫폼, 이메일 플랫폼, 스마트기기 OS의 플랫폼으로써 막대한 양의 데이터를 수집하고 있다. 결국 이 데이터는 더 나은 성능의 AI 개발 원동력이 되어다른 소규모 기업과의 격차를 점차 늘린다.

앞서 언급한 우려들에 대해서는 긍정과 부정 의견이 모두 존재한다. 스스로를 실용적 긍정론자라고 이야기하는 슈밥 교수는 결과적으로는 소비자가 받는 혜택이 제일 크다고 주장한다. 하지만 자본이 노동자를 대체하여 막대한 양의 부를 축적함에 따라 노동자와 자본가 사이의 격차가 점점 커질 수밖에 없고 이를 보정할 수 있는 사회적 제도가 필요하다. 빌 게이츠는 로봇을 소유한 사람에게 세금을 부과하는 방식의 로봇세를 제안했고, 유럽연합에서는 이 세금을 기본소득의 재원으로 활용해야 한다는 주장도 나왔다. 이처럼 가치와 힘이 소수에게 집중되는 것을 막기 위해 제도를 정비하고 데이터의 개방성과 다양한 기회를 보장해야 한다.

그리고 앞으로의 기대

클라우스 슈밥 교수는 4차 산업혁명이 이전의 산업혁명들과 다른 양상으로 사회를 탈바꿈하고 있다고 설명한다. 같은 맥락에서 AI가 인류에 미치는 영향은 본질적으로 인간의 존재 가치에 대한 진보이며, 우리가 알고 있는 '산업혁명' 수준을 넘어선다고 생각한다. 따라서 4차 산업혁명보다는 'AI 혁명'이라고 부르는 것이 적절해 보인다.

초기 인류의 목적은 모든 동물들이 그러하듯 생명 유지에 있었다. 도구의 발명과 진보를 통해 인류는 다른 동물들과는 다른 한 차원 위의 존재가 될 수 있었다. 이후 지금까지의 인류의 목표는 노동을 통한 생산에 있어 왔다. 학습과 노동을 통해 사회를 위한 가치를 창출해야만 생존할 수 있었으며, 학생들도 이 목표를 달성하기 위한 교육을 받고 있다. 하지만 AI의 발달과 함께 앞으로의 인류는 노동·학습·생산이라는 개념에서 탈피하게 될 것이며, 지금보다 한 차원 더 높은 가치를 추구하게 될 것이다.

물론, 우리가 살고 있는 시대는 그 변화의 가장 초기로 직접적인 변화를 느끼게 되기까지는 긴 세월이 필요할 것이다. 하지만 이 엄청난 변화와 진보의 과정에서 인류가 길을 잃지 않기 위해서는 다가오는 변화를 받아들이고 이해하여 정책·교육·복지 측면에서 함께 준비하는 과정이 필요하다.

최예림 _경기대학교 산업경영공학과, Information Management

주석

1. 참고 | Schwab, K. (2017). The Fourth Industrial Revolution. Crown Publishing Group.

2. 참고 | 신동민·정봉주·조현보. (2017). 스마트제조(제4차 산업혁명의 예술). 이프레스.

3. 참고 | 정재윤·장태우·최예림·이정철. (2017). 스마트공장을 고려한 제조혁신방법론(KPS) 발전방안, 한국전자거래학회 춘계학술대회.

4. 참고 | http://www.sualab.com/

5. 참고 | AlphaGo의 알고리즘과 모델, http://sanghyukchun.github.io/97/

6. 참고 | Frey, C., & vOsborne, M. (2017). The future of employment: How susceptible are jobs to computerisation?. Technological Forecasting and Social Change, 114, pp. 254-280.

인공지능이
법률 문서를 검토한다면?

— • 1993년에 개봉한 영화 〈야망의 함정The Firm〉에는 산더미 같은 서류 더미를 검토하는 미치 맥디르(톰 크루즈)의 모습이 나온다. 그는 FBI와 회사, 그리고 마피아 사이에서 살아남을 방도를 모색하고자 사건과 관련된 서류를 꼼꼼히 들여다본다. 모든 곤경에서 빠져나갈 단서를 찾은 미치는 정의에 맞서는 세력으로부터 자신을 지키는 데 성공한다.

2015년에 방영된 SBS 드라마 〈풍문으로 들었소〉[1]에서도 산더미처럼 쌓인 서류를 검토하는 장면이 자주 등장한다. 대를 이은 법조인 집안의 가장이자 한송법률사무소의 대표 변호사인 한인상(유준상 분)은 다른 변호사들과 밤새도록 서류를 들여다보며 청문회에서 나올 만한 예상 질문지를 뽑는다. 이는 국무총리 인선까지 좌지우지할 정도의 권력을 가지고 있다는 것을 간접적으로 드러내는 연출 중 하나였다.

변호사가 검토하는 서류가 넘치는 이유

대중문화에서 흔히 볼 수 있듯이 로펌 변호사의 보통 일과는 수만 가지의 종이 서류를 검토하는 일이다. 다행히 오늘날의 서류 보관 방식이 점차 아날로그에서 디지털로 변환됨에 따라 변호사가 특정 문서를 찾아보거나 관리하기가 한결 수월해졌다. 계약서를 효과적으로 검토하거나 보관하는 기능을 갖춘 계약 문서 관리 소프트웨어[2]가 생겨난 덕분이다. 이런 편리성을 이유로 일부 대형 로펌에서는 관련 소프트웨어를 도입하기도 한다.

계약 문서 한 건을 검토하는 데 1주일에서 최대 한 달가량의 시간이 걸린다는 점[3]을 고려한다면 법무 팀에서 감당해야 할 업무 부하는 절대적으로 클 수밖에 없는 구조다. 중견 기업의 사내 법무 팀은 근무 시간의 50%를 계약서를 검토하는 데 소비한다.[4] 전략적인 의사 결정을 위해 투자할 시간이 절대적으로 모자란 상황이다. 이런 이유로 외부 로펌에 의뢰하는 문서가 늘어나면서 서류 검토에 따르는 비용 부담이 기하급수적으로 늘어나게 된다.

2017년 알트만 웨일 서베이Altman Weil Survey[5]는 최고 법률 책임자chief legal officers, CLO에게 질문을 하나 던졌다. 법무 팀에 충분한 자원이 없어서 해결하지 못하는 가장 중요한 내부 업무나 프로젝트, 이니셔티브에 대해서 말이다. 가장 응답률이 높았던 항목은 바로 '계약 관리'와 '인력 개발'이었다.

계약 문서를 효율적으로 검토하기 어려운 가장 큰 이유는 표준화되지 않은 문서 때문이다. 같은 목적의 계약서라도 작성자에 따라 다르게 작성된다는 의미다. 사람마다 문서를 검토하는 방식이 서로 다른 점도 일관성을 저해하는 요소 중 하나다. 이에 대해 마이크로소프트 전前 수석 법률 고문인 루시 바슬리Lucy Bassli는 다섯 명의 법률 보조원이 서로 다른 5가지 방식으로 계약서를 검토한다고 지적하기도 했다.[6]

계약서 검토에 필요한 모든 정보를 담은 데이터베이스의 부재 또한 서류 검토를 어렵게 만든다. 이로 인해 변호사는 계약이 이뤄지게 된 배경, 계약 당사자, 계약 대상물, 계약 목적, 계약과 관련된 사업 내용, 사업상 관행 등 계약에 관한 기초 사실 관계를 제대로 파악하기란 쉽지 않다.[7] 일부 정보라도 담고 있는 데이터베이스조차 없다는 점도 문제다. 최대한 사실 관계를 파악하기 위해 도움이 될 만한 과거 자료를 재검색하는 데 상당한 시간을 소비하게 되는 이유도 이 때문이다.

이런 비효율적인 계약 체결로 인해 기업 환경에 따라서 적게는 5%, 많게는 40% 가량의 손실이 발생하는 것으로 추산되고 있다. 또 기업의 83%는 자사의 계약서 처리 방식에 만족하지 못한 것으로 나타났다.[8]

따라서 인공지능은 계약 서류를 검토하는 업무 프로세스 일부를 자동화해 변호사의 업무 부하를 줄이는 한편, 변호사의 업무 스킬을 익히기 위한 시간 투자에 있어 도움을 줄 것으로 기대된다. 컨설팅 회사 맥킨지McKinsey는 변호사 업무의 22%와 35%의 변호사 보조원의 업무가 자동화될 것이라고 분석했다.[9]

그러나 변호사나 대중들은 여전히 기계보다는 인간이 법률 사무를 더 잘 수행한다고 인식하는 경향이 짙다. 엄격한 훈련을 받은 법률 전문가만이 할 수 있는 영역이라고 생각하기도 한다. 결국 6,000억 달러 규모의 법률 시장만큼은 인공지능이 영영 정복하지 못한 분야로 남게 될까?

AI vs. 인간 변호사, 대결의 승자는?

하지만 서류를 검토하는 업무만큼은 인공지능이 인간을 넘어선 성과를 낸다는 연구들이 속속들이 나오고 있다. 로긱스LawGeex[10]라는 스타트업은 자사 인공지능 서비스와 미국 최고 변호사 중 누가 더 정확하게 계약서를 검토했는지 비교하는 실험[11]을 진행했다. 실험에 참여한 로긱스 AI는 소프트웨어 계약에서 서비스 계약, 구매 주문에 사용하는 수만 건의 문서를 학습했다. 인간 변호사는 골드만삭스Goldman Sachs, 시스코Cisco와 같은 글로벌 기업이나 앨스턴 앤 버드Alston & Bird, 케이 앤드 엘 게이츠K&L Gates와 같은 로펌에서 수십 년간 계약서 검토 업무 경험을 쌓아온 전문가들로 구성됐다. 인간 변호사와 로긱스 AI는 실험 환경을 통제한다

[표 1] NDA 5건에 대한 인간 변호사 20명과 로긱스 인공지능의 정확도 비교

	NDA1	NDA2	NDA3	NDA4	NDA5	AVG
변호사 1	83%	92%	88%	79%	88%	86%
변호사 2	85%	92%	86%	81%	93%	87%
변호사 3	85%	72%	80%	79%	81%	79%
변호사 4	61%	58%	74%	76%	65%	67%
변호사 5	93%	90%	93%	94%	93%	92%
변호사 6	89%	90%	94%	97%	90%	92%
변호사 7	74%	81%	86%	84%	91%	83%
변호사 8	93%	84%	90%	90%	95%	91%
변호사 9	62%	80%	81%	73%	57%	70%
변호사 10	84%	94%	82%	88%	89%	88%
변호사 11	87%	82%	83%	87%	82%	84%
변호사 12	65%	67%	70%	69%	55%	65%
변호사 13	76%	67%	72%	71%	73%	72%
변호사 14	95%	92%	91%	97%	91%	93%
변호사 15	92%	94%	95%	97%	89%	94%
변호사 16	95%	97%	94%	97%	92%	95%
변호사 17	88%	92%	81%	89%	91%	88%
변호사 18	81%	86%	85%	88%	78%	84%
변호사 19	97%	94%	95%	97%	91%	95%
변호사 20	97%	93%	90%	94%	81%	91%
평균	84%	85%	86%	86%	83%	85%
로긱스	92%	95%	95%	100%	91%	94%

는 조건을 전제로, 지금까지 한 번도 들여다보지 않은 5건의 NDAnon-disclosure agreement, 비밀 유지 계약서, 총 153개의 단락을 분석했다. 여기서 분석은 NDA에서 오류를 찾거나 수정할 만한 조항 제시를 말한다.

실험 결과, 인공지능이 월등히 높은 정확도로 계약서를 분석해냈다. 이는 인간 변호사가 인공지능에 패배했음을 의미한다. 로긱스 인공지능은 94%의 정확도를 확보했다. 평균 85%의 정확도를 달성한 인간 변호사보다 높은 수치다. 아울러 로긱스 인공지능은 단 26초 만에 도전 과

제를 해냈지만, 인간 변호사는 같은 과제를 해결하는 데 평균 92분을 소비했다. 가장 짧은 인간 변호사의 기록(51분)조차 인공지능에 대적할 수 있는 수준이 아니었다.

로긱스는 왜 NDA를 학습했나?

NDA[12]는 비즈니스 관계를 맺는 회사 간 자사의 영업 활동에 유용한 기술상 또는 경영상의 정보를 어떻게 다룰 것인지를 명시한 법적 계약서다. 기밀 협약confidentiality agreement, 기밀 유지 협약confidential disclosure agreement, 비밀 유지 약정서, 비밀 유지 계약서로 풀어서 부르기도 한다.

> **비밀 유지 계약서 조항 항목**
>
> 1) 정보의 범위 (당사자 간에 비밀로 정하는 대상)
> 2) 정보의 용도
> 3) 정보의 공개, 누설, 유출, 복제, 부정사용 등 각종 금지 의무
> 4) 정보의 권리 귀속
> 5) 비밀 유지 기간
> 6) 위반 시 손해배상

NDA는 표준화된 양식을 따르지 않는다. 문서를 구성하는 방식이나 그 내용은 계약 당사자 간의 합의에 따라 달라진다. 다만 영업비밀을 보호하기 위한 명확한 수단인 만큼 3~4쪽 이내의 적은 분량에도 다음과 같은 규격 및 조항을 갖추는 편이다. 짧은 분량과 업계 표준화된 문서라는 특징을 갖춘 NDA는 인공지능이 학습하기 적합한 데이터였을 것으로 추측된다.

비밀 유지 계약서 예시[13]

'대한기업'(이하 '갑'이라 한다)과 '민국전자'(이하 '을'이라 한다)는 '을'의 자산매각과 관련해 다음과 같이 비밀 유지 계약서(이하 '약정서'라 한다)를 작성한 뒤 비밀을 유지하기로 약속한다.

제1조(정보의 범위)
본 '약정서'에서 규정하는 정보는 본 거래와 관련하여 다루어지는 문서, 전산 및 광학 매체 등의 물리적 자료와 교섭 및 합의 내용 등을 모두 포함한다.

제2조(정보의 용도 및 취급)
본 거래에서 제공되는 정보는 동거래 추진 목적으로만 활용되어야 하며 동정보의 취급자는 본 거래에 관련된 담당자로 한정하고 정보가 외부로 유출되지 않도록 유의한다.
본 거래의 정보를 제3자 또는 기관에게 제공해야 할 경우 '갑'은 '을'에게 해당 사실을 통보하고 '을'이 조치를 취할 수 있도록 해야 한다.

제3조(정보의 반환 및 폐기)
본 거래가 일방의 요청 또는 외부적 요인으로 중단될 경우 '갑'은 제공받은 정보를 '을'에게 모두 반환해야 한다.
또한, 본 거래 진행을 위해 작성된 각종 문서 및 자료는 모두 폐기하고 이를 '을'에게 알려야 한다.

제4조(비밀 유지 기간)
본 '약정서'는 기명날인한 직후부터 효력이 발생하며 본 거래와 관련된 모든 정보의 비밀 유지 의무는 거래가 중단된 날로부터 1년간 유효하다.

제5조(손해배상)
'갑' 또는 본 거래와 관련된 자가 본 '약정서'에 기재된 비밀 유지 사항을 위반해 '을' 또는 선의의 제3자에게 손해를 입힌 경우 '갑' 또는 관련자는 손해배상 책임을 진다.
위와 같은 손해배상 사유로 인해 소송이 발생할 경우 관할법원은 '을'의 소재지 관할지방법원으로 한다.

년   월   일

'갑' 주 소:
      회 사 명:

'을' 주 소:
      회 사 명:

로긱스 AI의 학습방식

로긱스 AI가 학습하는 방식은 새로운 변호사가 훈련하는 것과 유사하다. 여러 사례를 익히게 해 법률 관행을 따르도록 한다는 점에서 말이다. 하지만 법률 용어로 작성된 문서로 훈련하는 작업은 쉽지 않았다. 법률 용어는 일상생활에서 사용되는 단어보다 복잡하고 개념적이다.[14] 법률 문서라는 맥락에선 일상적으로 사용되는 것과는 다른 쓰임새일 수도 있다. 그 법률이 적용되는 분야에 따라 같은 용어라도 서로 다르게 정의될 수 있음은 물론이다. 일상적인 대화나 문서에서 사용되는 자연어 처리natural language processing, NLP 솔루션이 제대로 작동하지 않는 이유다.

고도의 정확성을 요구하는 작업이라는 점도 기계학습을 어렵게 만들었다. 변호사는 회사나 고객에게 닥칠 위험을 통제하거나 이를 줄이는 역할을 담당한다. 서류 검토는 그 어느 때보다 정확한 분석과 판단을 요구하는 작업임은 말할 것도 없다. 잘못된 판단이야말로 기업에 큰 손실을 안길 수 있기 때문이다. 로긱스 팀에게는 서류 검토 정확도를 최상위 수준으로 올리는 것 자체가 난관이었을 것이다.

마케팅 부사장인 슈물리 골드버그Shmuli Goldberg의 설명에 따르면,[15] 로긱스는 법률언어처리legal language processing, LLP와 법률언어이해legal language understanding, LLU라는 인공지능 알고리즘을 자체 개발했다. '법률언어처리'는 가능한 한 많은 계약서로 신경망을 훈련한다. 이 과정에서 인공지능은 계약서상의 '공개disclosure'나 '경쟁 금지non-compete'와 같은 법률 용어를 이해하고 관련 조항을 구분한다.

이런 '법률언어처리LLP'를 기반으로 동작하는 '법률언어이해LLU'는 법률 용어를 개념으로 변환해 인공지능이 아직 학습하지 않은 조항을 이해하도록 돕는다. 즉, 특정 법률 용어가 표시되지 않더라도 의미상 관련성이 높은 조항을 학습하는 것이다. 이는 로긱스 알고리즘이 단순한 키워드 매칭으로 동작하지 않음을 의미한다.

인공지능이 법무 부서에 가져다 줄 긍정적인 효과들

변호사가 NDA와 같은 문서를 작성하거나 검토하는 데 보내는 시간은 곧 고객이 부담해야 하는 비용으로 이어진다. 하지만 이 작업 일부를 인공지능이 대체하게 된다면 변호사는 더 적은 시간을 들여 문서 검토를 더 정확하게 할 수 있을 것이다. 이는 곧 비용 절감으로 이어질 수 있음은 물론이다.[16] 로긱스 사례에서 보듯이 인공지능은 법률 서류를 검토하는 데 있어서 인간보다 뛰어난 세 가지 능력을 지니고 있기 때문이다.

첫 번째는 인간보다 집중력이 높다는 점이다. 잠을 자기나 커피를 마시지 않고도 24시간 내내 일할 수 있다. 서던 캘리포니아 대학교의 법학 및 경제학 교수인 질리언 해드필드 Gillian K.Hadfield 는 "이 실험에 참여한 인간 변호사가 통제된 실험 환경에서 문서를 검토한 사실에 주목할 필요가 있다"며 "실제 업무 환경에서 같은 실험을 진행했다면, 인공지능 변호사가 상대적으로 더 짧은 시간 내에 더 효율적인 성과를 냈을 것"이라고 말했다. 인터넷 서핑, 가족과 관련된 업무 처리(전화, 문자, 시간 확인) 등 인간 변호사의 집중력을 분산시키는 요소까지 감안한다면 인공지능의 업무 집중도가 훨씬 더 높다는 설명이다.

또한, 인공지능은 더 높은 일관성을 유지한다. 모든 계약 검토 과정에서 늘 동일한 규칙과 동일한 처리 방식을 적용한다. 용어나 어법에도 통일성을 유지하는 것 또한 장점이다. 이는 계약서 작성 및 해석에 있어서 추후 발생할 수 있는 논쟁 가능성을 감소시키는 데 효과적이다. 결과적으로는 같은 시간 내 체결하는 계약의 수를 대폭 늘리는 효과를 거둘 수 있음은 물론이다. 아울러 인공지능은 인간이 저지를 수 있는 크고 작은 실수를 줄여주는 데도 큰 도움이 된다.

세 번째로는 많은 양의 계약서를 효율적으로 관리할 수 있도록 해준다는 점이다. 아무리 많은 계약 문서가 있더라도 인공지능은 인간 변호사보다 계약서 용어를 검토하고 날짜를 갱신하는 작업을 빠르게 수행한다. 또한, 신속하게 계약서를 분류해내기도 한다. 차선의 용어나 조항을 신속하게 찾아내 서류 작업에 들이는 시간을 효과적으로 줄여주기 때문이다.

그 덕분에 변호사는 계약 검토보다는 상담 및 전략 탐색에 역량을 더욱 집중할 수 있게 된다. 인공지능을 활용하면 변호사는 더 빠르게 업무를 처리할 수 있고, 여전히 사람의 두뇌가 필요한 업무에 더 많은 시간을 투자할 수 있게 된다.

전前 골드만 삭스 기업 변호사인 슌 아데비이Seun Adebiyi는 "법률 문서를 작성하는 데 필요한 원칙을 정확하게 찾는 일은 자동화가 가능한 영역 중 하나"라며 "NDA에서 흔히 발생할 수 있는 이슈를 인공지능으로 찾아낸다면 시간과 비용을 효과적으로 절약할 수 있을 것"이라고 부연했다.

시대적 변혁을 맞이한 인간 변호사가 나아갈 방향은?

컴퓨터가 항상 인간보다 뛰어나다는 사실을 부인하기란 쉽지 않다. 실례로 오사카 대학교의 지능형 로봇 연구실 과학자들이 만든 여성 로봇은 100달러짜리 캐시미어 스웨터를 판매하는 실험에서 인간보다 2배 더 많은 고객을 응대했다.[17] 인간과는 달리 컴퓨터는 잠을 자지도 않고 한눈을 팔지도 않기 때문이다. 소프트뱅크SoftBank 손정의 회장은 "휴머노이드 로봇 '페퍼Pepper'의 경우 하루 24시간 근무 속에서도 불평불만을 늘어놓지 않고 제시간에 출근해 성실하게 일한다"는 점을 강조하기도 했다. 이런 기술 동향은 변호사에게 좋지 못한 소식이 될 수 있다.

그렇지만 인공지능의 지적 수준이 문서 검토를 넘어 변호사가 하는 모든 일을 대신하지는 않으리라는 전망 또한 우세하다. 비행 자동 조종 장치가 있더라도 여전히 비행기 조종사가 필요하듯, 인공지능이 많은 것을 처리하지만 모든 것을 처리해주지 않는다는 관점에서 말이다. 매우 간단한 수준으로 작성된 계약서라도 인간 변호사의 검토는 필수가 될 것이다. 아울러 판사나 배심원을 설득할 전략을 세우거나 고객에게 조언할 때 설득과 공감, 직관으로 승부를 걸 수 있는 쪽은 인공지능이 아니라 오히려 인간이다.

때문에 어떻게 보면 인공지능과 같은 최첨단 기술을 활용해 경쟁력을 갖추는 것이 강력한 생존 방식 중 하나가 될 수 있다. 인공지능을 활용하면 훨씬 더 정확하면서도 일관성 있게 계약서를 검토할 수 있게 된다. 인간 변호사는 아직 인공지능의 성능이 검증되지 않은 작업 중심으로 집중하면 된다. 판단이나 전략 수립, 인간관계 구축 같은 고차원적인 업무 등이 바로 여기에 해당한다.

듀크대학교 로스쿨 교수 에리카 뷰엘Erika Buell은 "인공지능으로 NDA를 초벌 검토하는 것은 법률 보조원이 수행하는 역할과 유사한 것으로, 변호사가 고객 상담 및 기타 고부가가치 창출 업무에 집중할 수 있는 소중한 시간을 갖게 해줄 것"이라며 "계약 전에 서류를 검토하는 데 큰 팀을 꾸리는 대신에 소프트웨어가 중요 표시를 해둔 서류를 검토하고 이를 바탕으로 조언을 제공하는 이합집산이 빠른 소규모의 팀을 꾸리게 될 것"이라고 말했다.

아울러 법원의 재판, 국가기관의 결정과 같이 공적으로 판단을 내리는 업무에서도 인공지능이 진입하기는 어렵다는 분석도 있다. 유영무 변호사는 "인공지능이 인간의 삶을 심판한다는 거부감도 적지 않을 것"이라며 "또한 이 시스템이 과연 공정하게 설계가 되었는지 혹은 공정하게 운영되고 있는지에 관한 의문을 해소하기도 쉽지 않을 것"이라고 분석했다.

하지만 강점이 없는 변호사는 자연적으로 도태하리라는 시각이 전반적으로 우세하다. 점점 더 치열해지는 직업 시장에서 전문적인 지식을 배우고 자신이 전문성을 내세울 분야의 개발은 현대인이라면 누구나 마주하는 과제이기도 하다. 이미 수백만 건의 전자 문서를 분석해 관련 문서를 찾아주는 자동화 프로그램이 수많은 변호사와 법무사들을 대체해왔다.[18] 법무법인에서 로스쿨 수료자를 고용한 전문 기업에 문서 검색 작업을 위탁하는 방식도 보편화됐다. 이처럼 많은 법무 문서와 로펌들이 인공지능 도입을 추진한다는 것은 오늘날의 변호사들이 최신 기술을 습득해 전략적으로 행동해야 한다는 점을 시사한다고 볼 수 있다.

이수경 _카카오브레인

유영무 _법률사무소 조인, IT 전문 변호사

주석

1. 참고 | http://program.sbs.co.kr/builder/endPage.do?pgm_id=22000006730&pgm_mnu_id=30010&contNo=10000380155

2. 참고 | The Long Nine: Essential Software for the Modern Law Practice. https://www.attorneyatwork.com/long-nine-essential-software-modern-law-practice/

3. 참고 | https://apttus.com/blog/contract-management-statistics-from-the-general-counsels-technology-report/

4. 참고 | https://www.cebglobal.com/compliance-legal/smb-legal/contract-management-midsized.html

5. 참조 | http://www.altmanweil.com//dir_docs/resource/90D6291D-AB28-4DFD-AC15-DBDEA6C31BE9_document.pdf

6. 참고 | http://suffolklawreview.org/the-abcs-and-ppts-of-contracting-for-todays-lawyers/

7. 참고 | 계약서 작성 또는 검토를 의뢰할 때 Tip. https://www.lawtalk.co.kr/posts/10084-계약서-작성-또는-검토를-의뢰할-때-tip

8. 참고 | https://commitmentmatters.com/2016/08/30/what-does-good-look-like/

9. 참고 | Four fundamentals of workplace automation. https://www.mckinsey.com/business-functions/digital-mckinsey/our-insights/four-fundamentals-of-workplace-automation

10. 참고 | https://www.lawgeex.com/AIvsLawyer

11. 참고 | https://www.israel21c.org/study-artificial-intelligence-outperforms-top-lawyers/

12. 참고 | NDA(비밀유지계약서: Non-Disclosure Agreement) 통한 영업 비밀 부호 https://bit.ly/2IscCus

13. 참고 | http://www.mna.go.kr/front/informService/contract/contract_view.do

14. 참고 | 박상용, 「경찰 출신 변호사의 격정 토로… 법은 도대체 누구를 위해 존재하는가?」 〈조선펍〉.

15. 참고 | "My Other Lawyer is a Robot", LawGeex Automates Contract Review.

16. 참조 | The One Hour Contract Revolution. https://blog.lawgeex.com/the-one-hour-contract-revolution/

17. 참조 | https://www.pcworld.idg.com.au/article/573472/what-happens-when-computer-science-conferences-go-gangnam-style/

18. 참조 | 마틴 포드. 「로봇의 부상」. 세종서적, 2016

인공지능 자율주행차가
교통체증을 없애줄까?

——● 2015년 기준으로 우리나라의 연간 교통혼잡비용이 33조 원을 넘어섰다. 도로가 막히기 때문에 사회적으로 손해 보는 금액, 우리가 도로 위에서 낭비하는 금전적 피해가 국가 예산의 10% 수준인 시대에 우리는 살고 있는 것이다. 많은 사람들이 도로를 이용하면 도로는 막힐 수밖에 없다. 도로가 막히면 도로를 더 건설하면 되지 않을까 하고 단순히 생각할 수 있겠지만, 브라에스 역설Braess' paradox[1]에 따르면 도로의 건설로 인해 오히려 도로망 전체의 혼잡이 가중되기도 한다. 또한 통행은 유도된 수요, 즉 도로가 있기 때문에 발생하는 수요이기 때문에 도로가 많아지면 그만큼 사람들의 통행도 증가하게 되어 교통 혼잡이 줄어들지는 않는다. 그렇다면 우리는 항상 막힐 줄 뻔히 알면서 그냥 도로 위에

서 시간과 돈을 허비해야 할까? 이 문제를 해결하기 위한 돌파구는 정녕 없는 것일까?

4차 산업혁명 속으로

요즘은 어딜 가나 4차 산업혁명이 큰 이슈다. 업무와 관련해서 만나는 모든 사람들이 4차 산업혁명 시대에 어떤 대책을 가지고 있는지 묻고 답하기 바쁘다. 여느 혁명기와 마찬가지로 우리에게 새롭게 다가오는 4차 산업혁명의 파고를 따라 수많은 키워드들이 나타났다 사라지길 반복하지만, 그 중에서 유독 강하게 존재감을 드러내고 끝까지 살아남을 것 같은 키워드를 꼽으라면 단연코 인공지능, 그리고 이를 이용한 자율주행차라고 답할 것이다.

많은 사람들이 로봇 개발의 패러다임이 변하고 있다는 데 동의한다. 전제로부터 결론을 논리적으로 도출하는 연역적 추론의 시대는 저물고, 개별 사실들로부터 일반 원리를 도출하는 귀납적 추론의 시대가 오고 있는 것이다. 그리고 그 중심에는 인공지능이 있다. 인공지능은 전혀 새롭지 않은 키워드다. 그 개념이 제안된 지 이미 반백년이 지났음에도 불구하고 최근 들어서야 최고의 전성기를 구가하고 있는 이유는 역전파, 제프리 힌튼Geoffrey Hinton, 알파고, GPUgraphic processing unit, 빅데이터, 센서와 같은 키워드 덕분이다. 이 글을 읽고 있는 독자라면 인공지능에 대해 어느 정도 지식이 있을 거라 생각하기 때문에 인공지능의 일반론에 대한 내용은 생략하기로 한다.

자율주행차는 필자와 같이 도로교통을 연구하는 사람이라면 누구나 발 하나 정도는 담그고 있을 정도로 인기 있는 분야이다. 자율주행차에 대한 정의는 다양하나, 국내 자동차관리법에 따르면 "운전자 또는 승객의 조작 없이 자동차 스스로 운행이 가능한 자동차"라고 정의하고 있다. 이 정의와 같이 자율주행차는 스스로 주변 주행 환경을 인지하고 판단하고 제어함으로써 주어진 임무, 즉 목적지까지의 주행을 완료하는 자동차다. 미국 자동차공학회SAE에 따르면 자율주행차는 그 완성도에 따라 6단계로 구분할 수 있는데, 그 구분은 [그림1]과 같다.

자율주행차의 눈과 귀

운전에 있어서 인지 영역은 본디 사람의 눈과 귀의 것이었으나 자율주행차는 이를 다양한 센서로 대체한다. 레이더Radar, 라이다Lidar, 카메라, 초음파 등이 주로 활용되는 센서다.[2]

레이더는 가장 먼 거리의 물체를 인식할 수 있는 센서로, 앞 차와의 간격 유지 기능인 ACCadaptive cruise control를 갖춘 차량에서 많이 활용되고 있다. 라이다는 레이저를 이용해서 차량 주변의 물체를 수백만 개의 점으로 표현해주는 장치로, 현실적인 3차원 표현을 가능케 하고 자연광에 영향을 받지 않기 때문에 밤낮에 무관하게 활용이 가능하다. 하지만 아직까지는 가격이 높고, 해상도는 카메라보다 낮으며 탐색 범위는 레이더보다 제한적인 단점을 갖는다. 카메라는 피사체의 깊이를 인지할 수 있는 3D카메라가 주로 이용되는데, 다른 센서에 비해 해상도가 높기 때문에 물체에 대한 인식이 정확하다. 특히 인공지능(그 중 머신러닝) 기술의 발전으로 신호등, 브레이크 등, 표지판, 보행자, 자전거 인식 기술 등이 가능해서 다른 센서를 대체하고 있다. 하지만 여전히 카메라 고유의 특성으로 인해 빛에 영향을 많이 받기 때문에 어두운 장소에서나 밤 시

[그림 1] 완성도에 따른 자율주행차 구분[3]

자동화 정도

자동화 단계		내용
0	비자동 (No automation)	운전자가 전적으로 모든 조작을 제어하고, 모든 동적 주행을 조작하는 단계
1	운전자 지원 (Driver assistance)	자동차가 조향 지원시스템 또는 가속/감속 지원시스템에 의해 실행되지만 사람이 자동차의 동적 주행에 대한 모든 기능을 수행하는 단계
2	부분 자동화 (Partial automation)	자동차가 조향 지원시스템 또는 가속/감속 지원시스템에 의해 실행되지만 주행 환경의 모니터링은 사람이 하며 안전운전 책임도 운전자가 부담
3	조건부 자동화 (Conditional automation)	시스템이 운전 조작의 모든 측면을 제어하지만, 시스템이 운전자의 개입을 요청하면 운전자가 적절하게 자동차를 제어해야 하며, 그에 따른 책임도 운전자가 보유
4	고도 자동화 (High automation)	주행에 대한 핵심제어, 주행 환경 모니터링 및 비상시의 대처 등을 모두 시스템이 수행하지만 시스템이 전적으로 항상 제어하는 것은 아님
5	완전 자동화 (Full automation)	모든 도로 조건과 환경에서 시스템이 항상 주행 담당

SAE(J3016)	비자동 (No automation)	운전자 지원 (Driver assistance)	부분 자동화 (Partial automation)	조건부 자동화 (Conditional automation)	고도 자동화 (High automation)	완전 자동화 (Full automation)
VDA	Driver only	Assisted	Partly automated	Highly automated	Fully automated	Driverless
BASt	Driver only	Assisted	Partially automated	Highly automated	Fully automated	-
NHTSA	0	1	2	3	3/4	

* Society of automotive engineers 미국 자동차기술자협회

* Verband der automobilindustrie 독일 자동차산업협회

* Die Bundesanstalt für Straßenwesen (BASt) 독일 연방도로공단

* National highway traffic safety administration 미국 도로교통안전국

간에 피사체를 인식하는 데 어려움이 있다.

자율주행차의 인기 요인

자율주행차는 왜 이렇게 큰 관심을 받는 것일까? 그 원인은 주체(생산자와 소비자)에 따라 다를 것이다. 생산자인 산업계는 자율주행차를 차세대 먹거리로 생각하고 있기 때문에 관련 기술을 선점하려고 총력을 기울이는 추세다. 앞서 기술한 것과 같이 자율주행차는 센서를 이용해서 주행 환경을 센싱하고, 중앙처리장치가 이렇게 수집된 정보를 가공 및 분석해, 상황을 판단한 후 조향, 가감속, 브레이크 등의 제어를 수행한다. 그렇기 때문에 자동차뿐만 아니라, 전자, 전산, 항공 등 다양한 분야의 전문가들이 필요하다. 이렇듯 여러 분야의 기술이 융합되어 하나의 제품이 만들어지다 보니 경제적 파급 효과가 매우 크다.

이 분야에 집중하는 산업계는 크게 둘로 구분할 수 있는데, 첫 번째는 전통적인 자동차 업계이고, 다른 하나는 IT 업계다. 두 산업계가 자율주행차를 바라보는 관점은 뚜렷하게 구분되는데, 우선 자동차 업계는 자율주행차를 자동차와 컴퓨터의 결합으로 본다. 즉, 기존 자동차 하드웨어에 첨단 소프트웨어 기술을 적용한 결과물이 자율주행차이기 때문에 기존의 일반 차량에 ADAS_{advanced driving assistance system} 기능을 단계적으로 개선하고 적용하여 종국에 자율주행차를 완성하는 것으로 생각한다.

반면 IT 업계는 컴퓨터와 자동차 결합의 산물이 자율주행차이며, 컴퓨터화된 운송 수단 또는 도시 데이터를 수집하는 단말기이며 완전히 새로운 IT 기반의 기술 혁신이라고 생각한다.[4] 태생이 다른 두 산업계가 이처럼 다른 관점으로 자율주행차를 바라보는 건 당연할 것이다. 하지만 덩치만으로 치면 둘째가면 서러울 두 산업계가 이토록 큰 관심을 기울이는 걸 보면 이 기술이 가져올 미래가 장밋빛이라는 사실을 부인하기는 어렵다.

일반 소비자 입장에서는 조금 더 안전하게 이동이 가능한 점이 가장 큰 매력이라 할 수 있다. 많은 연구에 따르면 교통사고 중 90% 이상이 인적 요인이기 때문에 사람보다 빠르고 정확한 기계가 운전을 하게 되면 교통사고가 상당히 감소할 것으로 기대하고 있다. 실제로 자율주행차의 인공지능은 교통법규를 잘 지키도록 프로그래밍이 될 것이기 때문에 법규 위반에 따른 사고는 거의 발생하지 않을 것이다. 또 돌발 상황 시에도 사람의 일반적인 인지 반응 시간보다 빠르게 대응하기 때문에 사고를 피할 가능성이 높고, 설혹 사고가 발생하더라도 피해를 최소화할 수 있다.

또한 운전이라는 정신적, 육체적 노동으로부터 자유로워진 사람들은 차량 이동 중에 휴식을 취하거나 여가 활동을 즐기고, 또는 급한 업무를 처리할 수 있게 되어 향상된 삶의 질을 경험하게 될 것이다. 그리고 어린이, 장애인, 고령자 같은 교통약자들의 이동성이 증가하게 될 것이며 차량이 급격하게 가속하거나 감속하는 경우가 줄어들어 환경오염도 크게 감소할 것이다. 이러한 장점과 더불어 도로교통 전문가들에게 무엇보다도 관심이 높고 흥미로운 점은 자율주행차 덕분에 교통 혼잡이 크게 완화될 것이라는 점이다. 도로를 주행하는 대부분의 차량이 자율주행차로 바뀌면 지금보다 도로의 효율성이 두 배로 증가할 것이라고 예상하는 전문가들도 있다. 그렇다면 과연 자율주행차 덕분에 교통 혼잡이 감소하게 될까?

유령체증

유령체증phantom jam. 납량특집 드라마에 나오는 말이 아니다. 도로에서 사고나 공사, 여타 뚜렷한 혼잡 요인이 없는데도 불구하고 도로가 막히는 현상을 유령체증이라고 한다. 우리는 마치 하수구가 막힌 정화조처럼 도로가 막혀 오도 가도 못하는 상황을 종종 경험하게 된다. 이렇게 도로가 제 구실을 못하고 꽉 막혀서 운전자와 동승자들의 시간만 허비하게 되는 현상을 우리는 음식이 잘 소화되지 않는 증상을 나타내는 말인 체증을 이용해 교통체증이라 부른다. 교통체증의 원인은 크게 네 가지로 분류할 수 있다.

첫 번째는 사고다. 사고가 나면 당연히 도로가 막힌다. 사고가 발생한 지점에서부터 상류부[5] 방향으로 심각한 혼잡이 발생한다. 이 혼잡을 해소하는 유일한 방법은 사고를 빠르게 수습하고 도로를 원래의 상태로 되돌리는 것이다. 그래서 교통 전문가들은 어떻게 하면 사고를 빨리 인지하고 수습할지, 그리고 접근 차량을 어떻게 우회시킬지에 대한 연구를 많이 한다. 참고로 사고가 발생했을 때는 사고 지점의 차로뿐만 아니라 반대편 차로도 막히는 경우가 있는데, 이러한 현상을 고무목rubbernecking 현상이라고 한다. 반대편 차로를 진행하는 운전자들이 사고를 구경하기 위해 속도를 줄이기 때문에 발생하는 교통체증이다.

두 번째는 공사다. 도로 유지 관리를 위해 공사가 진행되면 해당 차로를 차단하기 때문에 그만큼 도로용량[6]이 감소하게 되고, 평소와 같은 수준의 교통량이 몰리더라도 교통체증이 발생한다.

세 번째는 병목현상이다. 병에 담긴 음료수를 컵에 따르다 보면 마음껏 시원하게 나오지 않는 현상을 목격하게 된다. 이는 병의 몸통보다 목이 좁아서 발생하는 자연스러운 현상으로, 도로에서도 이와 같이 넓은 도로가 좁아지는 경우에 동일한 현상이 발생한다.

마지막 네 번째 원인이 바로 유령체증이다. 도로를 주행 중에 체증이 발생하면 그 원인이 궁금해진다. 사고가 났나? 공사를 하나? 초행길에서는 병목현상을 의심해볼 수도 있을 것이다. 하지만 조금 후에 아무런 이유도 없이 체증이 해소되고 차들이 빠르게 주행하게 되면 허무한 느낌을 지울 수가 없다. 정말 심술궂은 유령이 괜스레 교통체증을 유발한 게 아닐까 하는 엉뚱한 상상도 하게 된다.

이렇게 원인을 알 수 없는 유령체증은 왜 발생하는 것일까? 잠시 머릿속에 도로를 하나 그려보자. 3차로 정도의 도로면 좋을 거 같다. 도로에는 차로마다 많은 차들이 빠른 속도로 주행하고 있다. 그러던 중 1차로를 달리던 차가 갑자기 차로를 변경하며 2차로로 끼어들었다. 2차로를 달리는 차는 충돌을 피하기 위해 속도를 낮추게 될 것이다. 그리고 동일 차로에서 뒤따르던 차량은 속도를 낮춘 앞 차와의 안전거리를 확보하기 위해 속도를 더 낮추고, 그 다음 차량은 앞 차의 브레이크 등을 확인하고 속도를 더 큰 폭으로 낮추게 된다. 이렇게 브레이크를 밟는 행위가 상류부로 전파되는 현상을 충격파라 하는데, 충격파가 전파될수록 상류부 차량의 속도는 점점 더 큰 폭으로 감소하고 결국엔 상류부 끝에 위치한 차량은 아무런 이유도 모른 채 체증을 경험하게 된다. 이렇게 발생한 유령체증은 접근 차량 수요가 줄어들거나 하류부의 체증이 빠르게 해소되기 전까지는 사라지지 않은 채 운전자들을 괴롭힌다.

유령체증과 관련한 유명한 실험이 하나 있다. 2008년에 일본 나고야 대학의 스기야마 유키 교수가 이끄는 복잡계 연구팀은 250m 길이의 원형 도로에서 22대의 차를 이용해서 주행 실험을 수행했다. 차량 운전자들은 정지 상태에서 앞 차와 동일한 간격을 유지하고 있다가 실험자의 신호에 따라 주행을 시작하고 일정한 속도를 유지하며 계속 주행하도록 주문을 받았다. 이를 영상으로 녹화하면서 실험을 진행한 결과, 시작한 지 얼마 되지 않아 차량 정체, 즉 유령체증이 발생하는 것을 확인할 수 있었다.[7] 운전자들의 노력에도 불구하고 차량별로 미세한 속도 차이가 발생했고 이는 차량 간 거리의 변화를 가져왔다. 운전자들은 앞 차와의 충돌을 피하기 위해 감속을 했고 이러한 행위는 곧 유령체증으로 이어졌다.

그렇다면 이러한 유령체증을 어떻게 피할 수 있을까? 우리가 상상할 수 있는 유일한 해법은 운전자들의 운전 실력이 월등히 향상하여 급격한 가감속 없이 충돌을 회피하며 속도를 유지하게 되는 것이다. 하지만 이는 현실적으로 불가능하기 때문에 애석하게도 현재로서는 묘수가 없다. 그렇다면 미래 기술의 발전이 우리를 유령체증으로부터 해방시켜줄 수 있지 않을까?

자율주행차 기능

유령체증에 대한 얘기를 이어나가기 전에 자율주행차의 중요한 기능에 대해 소개하고자 한다. 그것은 바로 크루즈 콘트롤cruise control, CC 기능인데, 이는 많은 차에 탑재되어 있는 오래된 기술이다. 운전자가 원하는 속도를 설정해놓으면 자동차가 알아서 그 속도를 유지하면서 달린다.[8]

이 기술이 진보되어 어댑티브 크루즈 콘트롤adaptive cruise control, ACC 기능이 되었다. ACC는 속도를 유지하되 앞 차와의 거리를 함께 고려한다. 설정된 속도가 100km/h이더라도 앞 차와의 간격이 너무 짧으면 속도를 낮춘다. 주행 환경을 알아서 인지하고 적응adapt하는 것이다. 진보된 ACC 기술의 최종 종착지는 협력-조정형 크루즈 콘트롤cooperative adaptive cruise control, CACC이다. 주변 차량과의 통신을 통해 서로의 정보를 주고받으며 ACC 기능을 수행하는 것이다. 통신이 허용하는 범위 내의 모든 차량의 정보를 실시간으로 갱신하기 때문에 몇 초 후의 상황을 예측할 수 있고, 이를 기반으로 내 차의 속도를 미리 조절할 수 있다.

이탈리아 나폴리 페데리코 2세 대학교의 연구팀은 머신러닝 기술을 이용하여 사람과 같이 주행하는 ACC 기술에 대해 연구를 수행하였다.[9] 기존의 ACC 기술이 획일화된 모형에 기반하여 개발되었기 때문에 운전자에 따라 이를 불편하게 느낄 수 있다는 점에 착안하였다. 앞 차의 속도 변화에 반응하는 시간과 행태가 운전자마다 다르고, 또한 동일한 운전자도 시간과 장소에 따라 반응이 다르기 때문에 이를 ACC가 학습하고 기술에 반영해야 한다는 것이다.

연구팀이 제안한 ACC 기술은 교통 분야에서 오랫동안 연구되어 온 차량추종모형car following model을 구현한 것이다. 차량추종모형은 어떤 차량이 앞 차와의 안전거리를 유지하며 주행하기 위해 적절한 속도를 결정하는 방법이다. 연구팀은 다양한 모형들을 제안하고 연구했는데, 자극-반응 모형gazis-herman-rothery, GHR, 안전거리 또는 충돌회피 모형Gipps, 정신물리학 또는 행동방침 모형이 가장 유명하다. 그 중에서도 Gipps 모형이 차량 단위로 교통 현상을 모사하는 미시교통시뮬레이션 모형에 가장 많이 사용되기 때문에 연구팀도 이를 이용하였다. 앞서 설명한 바와 같이 운전자가 직접 훈련시키는 ACC 기술을 위해 인공신경망ANN 기반의 모형 2개를 제안하였다.

첫 번째 방법은 은닉층이 한 개(뉴런 10개)인 FNNfeed-forward network으로, Levenberg-Marquardt 알고리즘을 이용하여 역전파 기술로 훈련시켰다. 두 번째 모형은 RNN 중 하나인 Elman network을 사용하였다. 신경망 모형의 입력값은 차간 거리와 뒷 차의 속도이고, 출력값은 다음 시간의 뒷 차 속도다. 학습된 두 개의 모형과 Gipps 모형을 이용해서 성능 검증을 수행하였고, 결과적으로 FFN 모형이 가장 우수하게 나타났다. 획일적으로 모형을 적용하는 Gipps 모형이 머신러닝에 비해 결과가 좋지 않게 나타난 것은 어쩌면 당연한 결과일 것이고, Elman network는 과적합over-fitting 문제가 있었다고 한다. 실제로 학습 단계에서는 Elman network의 성능이 좋게 나타났다.

자율주행차에는 ACC 이외에도 매우 많은 기능이 탑재된다. 안전사고 예방을 위한 전후방 모니터링FRMS, 가변전조등AFLS, 차선이탈경보LDW, 후측방경보BSD, 나이트비전 기술night vision, 자동주차보조PAS, 차선유지지원LKAS 기술, 또한 사고 회피를 위한 pre-safe, 졸음운전방지, 충돌회피FCW, 그리고 도로 인프라 연계를 통한 위험 속도 방지, 긴급 제동 통보, 교차로 충돌 경보 기술이 있다. 이 중 많은 기술이 딥러닝 기반의 인공지능 기술을 이용하여 개발되고 있다. 센싱 분야에서는 기존에 라이다와 IMUinertial measurement unit[10] 같은 고가의 센서가 담당하던 역할을 영상 정보기반의 알고리즘이 대체하고 있으며, 인지 분야에서는 보행자와 차량, 차선, 표지판을 검출하는 기술, 차량과 보행자, 자전거를 추

적하는 기술, 추적된 정보를 이용하여 충돌을 예측하는 기술 등이 개발되고 있다.[11]

자율주행차의 미래

다시 유령체증 얘기로 돌아가 보자. 자율주행차의 ACC와 CACC 기능은 확실히 인간보다 월등한 성능을 갖는다. 주행 중인 차로 전방에 옆 차로를 달리던 차가 갑자기 끼어들더라도 인간보다 먼저 적절한 감속을 할 수 있다. 이는 뒷 차도 마찬가지이다. 유령체증을 유발하는 후방 충격파의 크기가 인간 운전자에 비해 훨씬 작기 때문에 종국에 유령체증이 발생하지 않거나 발생하더라도 빠르게 사라진다. 실제로 국내의 한 연구팀에서 도로 상의 자율주행차 비율에 따른 교통 상황의 변화를 실험하였는데, 도로에 모든 차량이 자율주행차일 때 도로용량이 두 배 이상 증가하는 것으로 나타났다. 이는 실험실 시뮬레이션이기 때문에 현실과의 괴리감이 있겠으나 실제로는 두 배는 아니더라도 도로용량이 크게 증가할 것임은 분명하다. 또한 자율주행차의 시장점유율이 100%가 되면 고속도로의 정체가 확연히 줄어들 것이라는 독일 뮌헨공대Technische Universitat Munchen, TUM 연구팀의 흥미로운 연구도 자율주행차가 가져올 밝은 미래를 약속하고 있다.[12] 자율주행차는 우리를 그토록 오랜 시간 동안 괴롭히던 도로 위의 유령을 몰아내어 줄 미래의 고스트버스터즈 ghostbusters가 아닐까 하는 기쁜 기대감을 갖게 한다.

우리는 대개 아침에 일하러 가고 저녁이면 집으로 온다. 그리고 그때마다 교통 혼잡을 경험한다. 국가에서 추산하는 교통혼잡비용은 복잡한 계산을 통해 나오는 결과이겠으나 그 비용 안에는 도로에서 낭비되는 개개인의 시간과 그로 인해 발생하는 스트레스가 금전화되어 담겨 있다. 10년 전 스티브 잡스가 들고 나온 스마트폰은 우리의 일상을 많은 측면에서 긍정적으로 변화시켰다. 마찬가지로 앞으로 다가올 신기술의 행렬은 우리의 삶을 보다 윤택하고 풍요롭게 할 것이며, 인공지능을 탑재한 자율주행차는 그 선두에 있을 것이 분명하다. 하지만 아직은 많은 문제점을 안고 있다. 학습되지 않은 상황에 대한 대처가 어렵고, 학습에 필요한 데이터 또한 충분하지 않은 상태다. 더구나 생명과 관련된 복잡한 윤리적 판단이 요구되는 상황에 대한 객관적인 판단 기준이 없는 문제는 여전히 논쟁거리다. 그럼에도 불구하고 이 기술이 도로에서 발생하는 여러 문제들에 대한 해법으로 제시될 수 있는 것은 인간보다 훌륭한 정보 수집 능력과 빠른 판단, 정확한 제어, 그리고 절대 지치지 않는 체력 때문이 아닐까 하는 생각을 끝으로 글을 마무리한다.

양인철 _한국건설기술연구원 수석연구원

주석

1. 참고 | 1968년에 독일의 수학자 디트리히 브라에스(Dietrich Braess)가 주장한 가설이다. 도로망의 교통 흐름은 모든 운전자들이 개인의 이익을 위해 가장 빠른 길을 선택하기 때문에 발생하는 평형 상태이다. 브라에스 역설에 따르면 이러한 평형 상태에서 신규 도로 건설로 인해 발생하는 추가 이익(통행시간 감소)이 많은 운전자를 해당 도로로 유인하게 되면 결과적으로 주변 도로의 극심한 혼잡을 야기하여 오히려 모든 운전자의 통행 시간이 증가하게 되는 역설적인 현상이 발생한다.

2. 참고 | https://e2e.ti.com/blogs_/b/behind_the_wheel/archive/2014/02/04/advanced-safety-and-driver-assistance-systems-paves-the-way-to-autonomous-driving

3. 참고 | https://www.2025ad.com

4. 참고 | ETRI 경제분석 연구실, 2015. 3.

5. 참고 | 도로에서는 차량이 주행하는 방향을 하류부라 하고, 그 반대 방향을 상류부라고 한다. 이는 도로에서 주행하는 차량군을 유체로 가정하는 교통류이론에서 기인한 개념으로, 물의 상류부와 하류부를 도로에 빌려와 사용하는 용어이다.

6. 참고 | 도로용량(capacity)은 도로가 일정 시간 동안 처리할 수 있는 차량의 대수를 의미하며, 일반적으로 고속도로의 한 차로는 시간당 약 1,800~2,200대의 승용차를 처리할 수 있다.

7. 참고 | https://www.youtube.com/watch?v=7wm-pZp_mi0

8. 참고 | http://www.eurofot-ip.eu/en/intelligent_vehicle_systems/acc/

9. 논문 | Simonelli, F., Bifulco, G., De Martinis, V., & Punzo, V. (2009). Human-like adaptive cruise control systems through a learning machine approach. Applications of Soft Computing, pp. 240-249.

10. 참고 | 관성측정장치(IMU)는 물체의 속도와 방향, 중력, 가속도를 측정하는 전자기기이다. 3차원 공간에서 특정 물체가 어떤 방향으로 이동하고 있는지, 어떤 방향으로 기울어져 있는지 파악할 수 있기 때문에 자율주행차에서는 GPS 음영지역(터널, 빌딩숲 등)에서 차량의 위치를 파악하는 데 주로 사용된다.

11. 참고 | 한국산업기술평가원(KETI), 자율주행을 위한 인공지능 기술 동향, 2016. 12. 7.

12. 논문 | Hartmann, M., et al. (2017). Impact of automated vehicles on capacity of the german freeway network. https://www.researchgate.net/publication/320868890_Impact_of_Automated_Vehicles_on_Capacity_of_the_German_Freeway_Network

데이터 기반
정밀의료와 AI

── ● 썬 마이크로시스템즈는 "네트워크가 컴퓨터"라는 슬로건과 인터넷의 기반 언어라 할 수 있는 자바로 유명하다. 2009년 오라클에 합병되기 전까지 30년 가까이 IT 업계의 강자로 군림한 이 회사는 4명의 창업자에 의해 1982년 설립되었다. 그 중 한 명이자 썬 마이크로시스템즈의 초대 CEO, 지금도 실리콘 밸리의 IT 구루 중 한 명으로 꼽이는 비노드 코슬라는 2013년 다음과 같은 말을 남겼다. "앞으로 10년간은 의학에서 데이터 과학과 소프트웨어의 기여가 생물학 분야 전체의 기여보다 더 클 것이다(In the next 10 years, data science and software will do more for medicine than all of the biological sciences together)."[1] 이 말을 이해하려면 정밀의료precision medicine로 대표되는 의학의 큰 변화 및 이와 함께 등장하는

인공지능과의 관계에 대해 파악해볼 필요가 있다.

오바마 전 대통령은 2015년 2월 정밀의료 추진계획을 전격적으로 발표했고, 미국 국립보건원NIH은 이에 맞추어 정밀의료의 개념을 다음과 같이 정의했다. "정밀의료란 유전자, 환경, 생활습관 등의 개인적 차이를 고려하여 질병을 예방하고 치료 기술을 개발하기 위한 새로운 의학적 접근 방법을 말한다".[2]

위의 정의는 포괄적이고 모호하다. 정밀의료를 이해하기 위해서는 NIH가 내세운 시기적 타당성에 초점을 맞출 필요가 있다. NIH는 정밀의료의 시기적 타당성으로 유전체 해독 기술의 발전, 빅데이터 사용 기술의 발전, 의생명 분석 기술의 발전을 들었다. 진단 및 영상검사와 같은 의생명 분석 기술의 발전은 지난 수십 년간 지속적으로 이루어져왔기 때문에 사실상 정밀의료를 견인하는 두 개의 수레바퀴는 유전체 기술과 빅데이터 기술이다.

이런 관점에서 볼 때 정밀의료란 데이터 기반 의료이다. 데이터 분석은 히포크라테스 이후 모든 의사에게 필수적인 요소이다. 의사는 환자가 진료실에 들어오는 순간부터 데이터를 수집하고 분석한 뒤 치료를 위한 의사결정을 내린다. 지난 1세기 동안 질병에 관한 치료법이 눈부시게 발전했지만 보다 더 비약적으로 발전한 것은 환자에 관한 데이터를 수집하는 방법과 데이터의 양이다. 데이터 수집 관점에서 볼 때 의학은 지난 1세기 동안 청진기의 시대에서 진단 및 영상의학의 시대를 거쳐 유전체와 빅데이터의 시대에 진입했다. IBM의 분석에 의하면 한 사람은 평생 동안 0.4테라바이트TB의 임상데이터(병원에서 생산된)와 6TB의 유전체데이터, 1100TB의 라이프스타일 데이터를 생산한다.[3] 이제

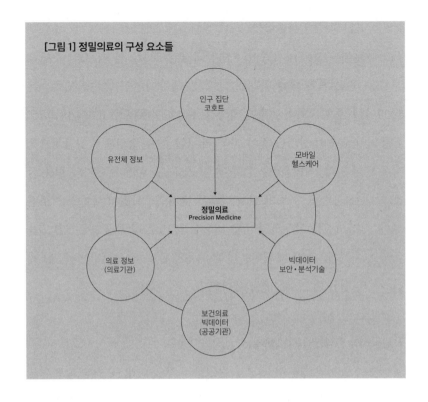

[그림 1] 정밀의료의 구성 요소들

인구 집단
코호트

모바일
헬스케어

유전체 정보

정밀의료
Precision Medicine

빅데이터
보안·분석기술

의료 정보
(의료기관)

보건의료
빅데이터
(공공기관)

의사들은 병원 안에서 생산되는 데이터뿐만 아니라 모바일 기기 등에서 생산되는 다양한 라이프스타일 데이터를 환자 치료에 활용해야 하는 새로운 도전에 직면하고 있다. 요컨대 의학은 데이터 과학이고, 정밀의료는 데이터 기반 의료이다.

의학이 데이터 과학이라면, 데이터 과학의 도구인 인공지능과 의학의 결합은 필연적이다. 몇 가지 예를 들어보자.

1. 인공지능 내시경 마취 솔루션

우리나라에서도 위내시경이나 대장내시경검사를 할 때 소위 수면내시경을 선호한다. 세계 최대의 바이오-제약기업인 존슨앤드존슨은 2009년 수면유도 마취로봇인 세더시스Sedasys를 개발했고 2013년 미국 식품의약국FDA의 허가를 받아 미국, 캐나다, 호주 병원에서 성공적으로 사용한 바 있다. 세더시스는 내장된 인공지능을 이용해 환자의 혈중 산소 함량, 심장박동 수 등의 신체 징후를 모니터링하면서 투약량을 조절한다. 세더시스를 이용하면 마취 비용을 1/10로 대폭 줄일 수 있다. 불행히도 존슨앤존슨은 마취전문의협회 등의 반발 때문에 2016년 3월 세더시스의 생산 및 판매를 중단했다.[4]

2. 인공지능 영상판독 지원 솔루션

영상의학 발전의 역사적 배경을 고려하지 않고 현대 IT 기술 측면으로만 볼 때 가장 납득하기 어려운 분야가 바로 영상판독이다. 현대 병원에서 다루어지는 영상이미지는 모두 디지털 이미지이다. 그리고, 영상의학과 전문의는 디지털 이미지를 눈으로 들여다보면서 아날로그적으로 분석한다. 물론, 여기에는 의사의 지식과 경험, 통찰력이 종합적으로 가미된다. 인공지능이 본격적으로 도입되면서 영상판독에는 완전히 새로운 장이 열리고 있다. 유방 엑스선 검사는 유방암 조기 진단을 위해 널리 사용되고 있다. 미국에서는 두 명의 영상의학전문의가 유방엑스선 사진을 검토하도록 정해져 있지만, 이미 오래전부터 인공지능 솔루션이 영상의학 전문의 한 명을 대치할 수 있다. 실리콘 밸리의 투자전문가인 앤디 케슬러가 10년 전에 출판한 『의사가 사라진다The End of Medicine』라는 책에 이와 관련한 내용이 생생하게 소개되어 있다.[5] 우리나라에서도 다양한 노력들이 있다. 서울아산병원 영상의학과 의료진은 뷰노코리아와 함께 골 연령 판독 인공지능 소프트웨어를 만들었다. 뼈의 엑스선 영상을 가지고 소아과 환자의 뼈 나이를 판독하는 것이다. 평균 5분 걸리는 판독 시간을 20초로 줄일 수 있다.[6]

3. 인공지능 중환자실 솔루션

중환자실은 병원에서 가장 데이터가 많이 생산되는 곳이다. 중환자실에서는 환자에게 다양한 센서를 부착한 뒤 각종 징후를 지속적으로 모니터링한다. 지금까지는 이러한 데이터를 효율적으로 사용하지 못했고 따라서 어떤 사건이 발생할 경우 의료진이 신속하게 대처하는 일에 초점이 맞추어졌다. 인공지능의 도입이 이러한 풍경을 완전히 바꾸어 놓고 있다.

아주대 의대와 아주대병원은 응급, 중환자 생체 정보를 통합 저장 및 분석하는 인프라 구축을 2016년 11월 완료했고, 인공지능 기반의 통합 모니터링 시스템을 구축할 계획이다. 이렇게 되면 환자의 응급 상황을 최대 3시간 전에 예측하고 선제적으로 대응할 수 있는 새로운 개념의 환자 관리가 가능하다. 또한 하나의 인공지능 기반 모니터링 센터가 다수의 중환자실을 효율적으로 관리하는 것이 가능하다.[7]

4. 인공지능 암진료 지원 솔루션IBM Watson for Oncology, WfO

의료계에서는 2016년 가천대 길병원에 처음 도입된 IBM 왓슨포온콜로지라는 인공지능 솔루션이 화제를 모으고 있다. IBM 왓슨은 IBM이 개발한 인지컴퓨팅cognitive computing 플랫폼을 말한다. 왓슨은 IBM 창업자의 이름이다. WfO를 개발하기 위해 IBM은 인지컴퓨팅 플랫폼에 암치료와 관련한 방대한 자료를 학습시켰고, 최종적으로는 메모리얼 슬로언 케터링 암센터MSKCC의 암치료 데이터에 최적화시켰다. 요컨대, WfO는 MSKCC에서 내리는 치료의사결정과 동일한 결정을 내리도록 훈련된 인공지능 솔루션이며, 새로운 연구 결과와 약물, 치료 방침 도입에 따라 지속적으로 업그레이드되고 있다. 물론, 여기에는 MSKCC의 암치료가 전 세계에서 가장 모범적인 수준이라는 전제가 깔려 있다.

국내 여러 신문에 WfO에 관해 '인공지능과 의사' 간의 차이를 부각한 글들이 실린 바 있다. 이는 근본적으로 이 WfO가 작동하는 방식과 암치료에 대한 잘못된 이해에서 기인한 것이다. WfO는 특정 암환자가 MSKCC에 갔을 때 그곳에서 받을 수 있는 치료 옵션을 추천한다. IBM에 따르면 WfO의 추천 옵션과 MSKCC에서 이루어지고 있는 치료는 99.9% 일치한다. 2017년 4월 6일 〈중앙일보〉에 실린 것처럼 인도 마니팔 병원과 WfO의 일치율 비교 데이터를 '실력'의 간접적 평가로 접근하는 것은 큰 오해의 소지가 있다.[8] 인도 마니팔 병원에서 이루어지고 있는 암치료 옵션과 WfO의 추천을 비교하는 것은 '의사 대 인공지능'의 비교가 아니라 마니팔 병원의 특이 치료 패턴과 MSKCC의 치료 패턴을 비교하는 것이다. 예를 들어, 폐암의 경우 미국은 물론 우리나라도 고가의 표적치료제가 다수 사용되고 있지만, 이를 경제적으로 감당하기 어려운 나라에서는 효과는 떨어지지만 기존의 세포독성항암제를 사용하고 있다. 이런 경우 당연히 WfO의 추천 옵션과 해당 병원 암치료 옵션의 일치율은 떨어질 수 밖에 없다(마니팔 병원에서는 폐암의 경우 WfO와 일치율 17.8%). 가천대 길병원도 다양한 암종에서 이러한 일치율 분석을 진행하고 있으며 이 결과를 바탕으로 WfO의 길병원 내 사용을 최적화하고 있다. 일치율은 WfO의 실력 기준이 될 수 없을 뿐더러 WfO의 사용에 장애가 되지 않는다.

인공지능의 본격적인 도입은 의학에 어떤 영향을 미칠 것인가? 병원에도 소위 4차 산업혁명이 일어날 수 있을까? 이 질문에 답하기 위해서는 현대의학과 전문성, 인공지능의 관계를 파악해야 한다. 현대의학과 병원은 지난 한 세기 동안 모더니즘적인 발전을 통해 현재의 체제로 분화해왔다. 예를 들어, 외과와 내과로, 다시 내과가 신장내과, 류마티스내과, 종양내과, 심장내과, 소화기내과, 호흡기내과 등으로. 이러한 모더니즘적 분화의 중심에는 '전문성'이 자리 잡고 있다. 즉, 종양내과와 심장내과 사이에는 차별화된 전문성이 존재하며, 전문성을 확보하기 위해서는 일정 기간의 수련이 필요하다는 개념이다. 현대병원은 차별화된 전문성을 바탕으로 각 분과가 개별 환자를 보면서 동시에 협업하는 모더니즘적 건축물이다.

인공지능은 전문성을 제공한다. 전문성을 설명하는 모델만 7가지 이상이 되고, 전문성을 구성하는 여러 요소가 있지만 가장 중요한 것은 결국 전문지식이다. 전문지식은 이론적 지식뿐만 아니라 적용 가능한 실용적 지식과 능력을 포함한다.[9] 예를 들어, 외과의사는 특정 수술에 관한 이론적 지식을 완벽하게 갖추어야 하는 것은 물론이지만 이를 구현할 수 있는 실용적 지식과 능력이 없다면 전문성을 인정받을 수 없다. 따라서, 의학에서는 인공지능이 인간의 전문성을 완벽하게 대치하는 것은 어려우며 인공지능과 인간의 적극적인 협업모델이 주류를 이루게 될 것이다.

아직도 많은 사람이 인공지능이 나은가 인간이 나은가를 질문하고 있다. 분야에 따라 진행 속도는 다르겠지만 이미 이런 질문 자체에 큰 가치는 없으며, 알파고의 바둑 은퇴가 이를 상징적으로 보여준다. 적어도 의학에서 우리가 해야 하는 질문은 다음과 같다. "인공지능이 의사의 전문성을 적어도 부분적으로 제공할 수 있다면, 반대로, 의사가 인공지능을 통해 추가적인 전문성을 확보할 수 있다면 전문성에 기초한 현대의학의 구조는 어떻게 바뀔 것인가?"

지금까지 설명한 내용을 바탕으로 이 질문에 답을 시도해보면 다음과 같다. 모더니즘적으로 분화해온 의학 분과의 전문성을 인공지능을 통해 적어도 부분적으로 확보할 수 있다면(분과마다 정도의 차이가 있지만), 분과 역할의 재조정이 이루어질 것이며, 개별 의사의 역량은 확대될 것이다(추가적 전문성 확보를 통해). 그리고, 이를 바탕으로 새로운 구조의 병원 및 서비스가 출현하면서 현대의학의 포스트모더니즘 시대가 열리고 이는 헬스케어의 4차 산업혁명과 연결될 것이다.

안성민 _가천대 길병원 종양내과, 의과대학 유전체의과학교실

주석

1. 참고 | TechCrunch Disrupt SF 2013. https://techcrunch.com/2013/09/11/vinod-khosla-in-the-next-10-years-data-science-will-do-more-for-medicine-than-all-biological-sciences-combined/

2. 참고 | Precision Medicine Initiative. https://obamawhitehouse.archives.gov/blog/2015/01/30/precision-medicine-initiative-data-driven-treatments-unique-your-own-body

3. 참고 | 2014 IBM Health and Social Programs Summit

4. 참고 | 「'절대甲' 일자리는 로봇에 뺏기지 않는다」, 〈매일경제〉 2016년 3월 30일자.

5. 참고 | 앤디 케슬러. 『의사가 사라진다』. 프로네시스, 2006.

6. 참고 | 「"5분 걸리던 영상판독 20초로 줄였죠"… 딥러닝 기반 X-레이 판독 공동연구 서울아산병원을 가다」, 〈조선비즈〉 1월 1일자.

7. 참고 | Science Times 2017.7.14. http://www.sciencetimes.co.kr/?news=%EC%A4%91%ED%99%98%EC%9E%90-%EC%83%81%ED%83%9C-%EC%98%88%EC%B8%A1%EB%8F%84-ai%EB%A1%9C

8. 참고 | 「중환자 상태 예측도 AI로」, 〈중앙일보〉 2017년 4월 6일자.

9. 참고 | 리처드 서스킨드 · 대니얼 서스킨드. 『4차 산업혁명 시대, 전문직의 미래』. 와이즈베리, 2016.

딥러닝 기반
의료영상 기술의 진화

컴퓨터를 이용하여 의료영상을 분석하고 진단하고자 하는 시도는 꽤 긴 역사를 가지고 있다. 컴퓨터 보조 진단computer-aided diagnosis, CAD 개념은 지금으로부터 약 50년 전 미국의 Gwilym S. Lodwick이라는 의사가 처음 제안했다.[1] 이 연구에서 그는 흉부 X선 촬영 영상을 기반으로 어떤 폐암 환자의 일 년 후 생존 여부를 예측하는 시스템을 개발했다. 하지만 당시에는 영상을 스캔하여 디지털화하는 기술이 없었고 자연스럽게 이러한 영상을 처리할 수 있는 컴퓨팅 기술도 없었기 때문에 영상으로부터 중요하다고 판단되는 예측 변수들을 손수 추출했다.

실제로 의료영상을 스캔하고 이렇게 디지털화된 영상을 컴퓨터를 이용하여 처리하기 시작한 연구는 1970년대에 등장했다. 이때부터 여러 영상처리 기법들을 이용하여 추출한 객체의 가장자리, 선분 등의 영상 특징들을 활용하기 시작했다. 이러한 특징들에 기반한 수학적 모델링을 통해 규칙 기반rule-based 시스템이 만들어지는데 이는 비슷한 시기에 인공지능 분야에서 유행했던 전문가 시스템expert system과 유사하다.

1980년대에 들어서 CAD 시스템의 발전을 가속화하는 여러 요인들이 등장했다. 그중 가장 중요한 요인은 바로 의료영상 저장 및 전송시스템picture archiving and communication system, PACS의 도입이다([그림1] 참고). 디지털화된 영상이 의사들의 판독 능력에 미치는 영향이 검증된 이후 이 PACS는 가장 효율적이고 경제적으로 의료영상을 저장하고 전송할 수 있는 시스템으로 자리 잡았다. 다른 한 가지는 CAD를 바라보는 패러다임의 변화이다. 이전에는 CAD의 개념이 모호하여 주로 컴퓨터를 이용한 진단 자동화에 초점이 맞춰져 있었다면 이 시기부터 CAD의 개념이 보조진단으로 확실하게 자리 잡게 된다. 즉, CAD 시스템을 의사의 판독 이후 보조 기구로 활용했을 때 원래의 판독 능력보다 나아지기만 하면 충분히 가치가 있다는 것이다. 이는 CAD 시스템의 판독 능력이 전문가의 그것과 비슷하거나 상회하지 않아도 상호 보완적인 역할을 할 수만 있다면 활용 가치가 있다는 것인데 그렇다고 해서 이러한 개념이 CAD 시스템 개발 과정에 직접 반영되지는 않았다. 단지 가치를 평가하는 방식과 기준만 변화한 것이다.

CAD라는 개념의 대중화에 가장 큰 역할을 한 곳은 미국 시카고 대학의 Kurt Rossmann Laboratories for Radiologic Image Research 그룹이다.[2] 이곳에서는 의료 현장에서의 효과가 가장 클 것으로 판단된 혈관영상vascular imaging, 흉부 X선 촬영 영상, 유방촬영영상 분석을 주요 연구

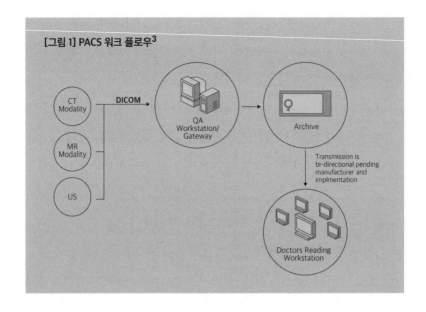

[그림 1] PACS 워크 플로우[3]

과제로 선정하여 선도적인 연구를 진행했다. 이 연구 그룹은 1993년 북미영상의학회Radiological Society of North America, RSNA에서 자신들이 개발한 CAD 시스템을 시연하기 위해 직접 118명의 영상의학전문의를 초청하여 검증하기도 했다.

이 시기에 활용된 영상 분석 기법은 기술적인 관점에서 패턴 인식 혹은 기계학습으로 분류할 수 있다. 영상으로부터 주요 특징들을 추출하여 이 추출된 특징들로 영상을 벡터화한 후 다양한 기계학습 분류기법들을 활용한다. 이런 방식의 기술이 주류를 이뤄 개발되어 오다가 최근 들어 딥러닝에 기반을 둔 인공지능 기술의 혁신적인 발전으로 접근 방법이 급격히 바뀌게 된다. 다루는 문제에 따라 중요한 특징들을 직접 디자인하고 추출하던 이전의 방식들이 데이터로부터 문제의 해결에 최적화된 특징들을 학습하는 방식으로 변화한 것이다. 이러한 주류 접근 방식의 변화는 일반적인 컴퓨터 비전 연구에서의 변화와 그 맥락을 같이 한다. 규칙 기반의 전문가 시스템에서 시작하여 추출된 특징 벡터를 기반으로 분류기를 학습하는 방식이 주류를 이루어오다가 최근 들어 딥러닝으로 수렴하는 추세다.

딥러닝 기반의 의료영상 분석

의료영상 분석의 세부적인 주요 과제들은 일반 영상의 경우와 상당히 유사하다. 영상을 분류classification하는 것을 시작으로 객체의 검출detection, 객체 경계의 추출segmentation, 서로 다른 영상의 정합registration 등이 의료영상 분석에서 중요한 과제들이라고 볼 수 있다. 기본적으로 영상을 입력으로 하기 때문에 영상에서 특징을 추출하는 데 특화된 컨볼루션 신경망(convolutional neural networks, CNN)이 가장 많이 활용된다.

[그림 2]의 도표는 연도별로 딥러닝 관련 기술을 활용한 의료영상 분석 연구들의 수를 나타낸다. 2015년 이후로 딥러닝, 특히 CNN을 이용한 연구 논문들의 수가 가파르게 증가하는 것을 확인할 수 있다. 아래 도표는 딥러닝을 활용한 의료영상 분석 연구들에서 다루고 있는 과제의 빈도수를 나타내고 있다. 가장 많은 연구 결과가 발표된 과제는 장기 혹은 특정 구조의 경계 검출이었고, 그 뒤를 이어 병변의 검출과 검사 단위의 분류 연구가 활발했다. 상대적으로 영상의 정합 연구는 그 수가 적었는데 의료영상 분석에서는 시차를 두고 촬영된 영상 사이의 변화가 진단에 있어 중요한 정보이기 때문에 앞으로 많은 연구 결과들이 나올 걸로 생각된다.

CNN을 활용한 의료영상 분석 연구들 중 가장 화제가 되었던 연구는

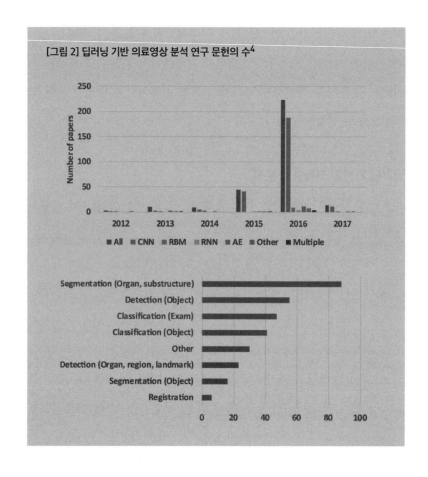

[그림 2] 딥러닝 기반 의료영상 분석 연구 문헌의 수[4]

구글에서 2016년 발표한 당뇨병성 망막증의 진단[5]과 올해 스탠퍼드 대학에서 발표한 피부암 진단이다.[6] 두 연구 모두 모델을 개발하는 데 활용한 학습 데이터의 수와 학습된 모델의 성능으로 주목을 받았다. 공통적으로 약 10만 건 이상의 영상을 학습에 활용했는데 이는 기존의 딥러닝을 활용한 의료영상 분석 연구에 비해 훨씬 큰 규모의 학습 데이터이다. 그리고 모두 숙련된 전문의 수준에 뒤지지 않는 분류 성능을 보였다. 특히 스탠퍼드 대학의 연구는 모바일 기기에 쉽게 탑재되어 활용될 수 있기 때문에 그 활용 가치는 굉장히 크다고 평가받는다. 구글의 연구에서 주목할 만한 점은 약 6만 장 이상의 학습 데이터에서는 성능 향상이 없었다는 것이다. 일정 수준 이상의 예측 능력을 확보하기 위해 필요한 학습 데이터의 수는 일반화하여 결론 내릴 수 없는 어려운 문제이다. 하지만 의료영상은 대부분 통제된 상황하에서 획득되는 만큼 일반적인 영상에 비해 데이터 간의 산포가 예측 가능하고, 그래서 이미지넷에 비해 상대적으로 적은 수의 학습 데이터로도 좋은 일반화 성능을 보일 수 있다.

[그림 3]에 보이는 다양한 의료영상 분야에서 현재 딥러닝 기반 모델링 방식이 가장 좋은 성능을 내는 것으로 알려져 있다.[7] X선 영상에서 CT, MRI, 나아가 병리 조직 영상까지 거의 대부분의 영역에서 딥러닝 기술의 도입이 아주 빠르게 진행되고 있고 좋은 예측 성능들이 보고되고 있다. 이렇게 빠르게 확산될 수 있는 이유는 앞에서 언급한 바와 같이 딥러닝 방식이 데이터로부터 주요 특징들을 스스로 학습하기 때문에 주어진 과제와 영상에 최적화된 특징을 직접 디자인할 필요가 없기 때문이다. 즉, 충분한 양의 학습 데이터만 확보되면 바로 학습을 시작할 수 있고 꽤 높은 확률로 좋은 성능을 얻을 수 있다.

지금까지의 의료영상 분석 관련 연구들 대부분은 기술적인 관점에서 봤을 때 기본적인 지도학습의 범주에 속한다. 다시 말해서 학습 데이터는 입력과 정답, 이렇게 쌍으로 주어지고 입력과 정답 간의 함수관계를 CNN이 학습하는 방식이다. 앞서 살펴본 바와 같이 의료영상 분석 분야에서 다루고 있는 과제들이 일반적인 영상의 분석 과제들과 공통되기 때문에 전반적인 기술 발전의 흐름이 컴퓨터 비전 분야의 흐름과 매우 유사하다. 그렇지만 연도별 연구의 수에서 알 수 있듯이 컴퓨터 비

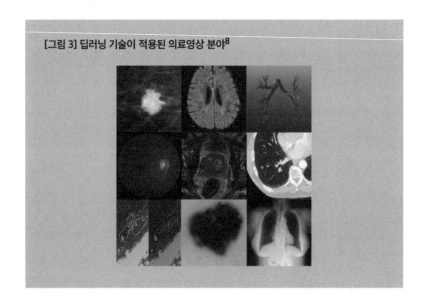

[그림 3] 딥러닝 기술이 적용된 의료영상 분야[8]

전 분야의 연구와 약간의 시간차를 두고 기술 개발이 이뤄지고 있는데, 이는 딥러닝 기반의 기술을 연구할 만한 공개된 대규모 데이터를 의료영상 분야에서는 찾기 어렵기 때문이다.

딥러닝을 위한 의료영상 데이터

딥러닝 기반의 인공지능 기술은 많은 수의 학습 데이터를 필요로 한다. 그리고 기술 개발의 가속화를 위해서는 이러한 데이터가 연구자들에게 공개되어 쉽게 접근 가능해야 한다. 현재 하루가 멀다 하고 새로운 시도와 기술이 쏟아지고 있는 컴퓨터 비전 영역의 연구 결과들은 이미지넷 데이터가 없었다면 그 속도가 매우 더뎠을 것이다. 하지만 지금까지 의료영상 분석의 연구 대부분은 많아야 수천 개의 데이터를 활용했음에도 불구하고 상대적으로 좋은 성능을 보일 수 있었는데 이는 전이학습

transfer learning이라는 방식의 효과 덕분이었다.[9] 여기서의 전이학습의 의미는 이미 이미지넷 데이터 등으로 학습되어 있는 모델을 시작점으로 의료영상의 학습을 시작하는 것을 말한다. 전이학습이 효과적인 이유는 이미지넷 데이터와 같은 일반적인 영상과 의료영상이 어느 정도 공통된 특징을 가지고 있기 때문이다. 특히 모서리, 선분 등과 같은 낮은 차원의 특징들을 공유하기 때문에 이미 학습된 모델 전체를 시작점으로 삼지 않고 하위 레이어들만 가져와도 큰 효과를 얻을 수 있다.[10] 그렇다고 하더라도 역시 학습 데이터는 많으면 많을수록 좋다.

의료영상은 그 특성상 대규모의 학습 데이터를 개인 혹은 하나의 기관에서 확보하는 것이 일반적인 영상에 비해 더 어렵다. 이런 이유로 인해 인공지능 기반 의료영상 분석 기술의 개발에 필수적인 대규모의 의료영상 데이터를 공개하는 시도들이 의료영상 분석 대회라는 형태로 이루어지고 있다. 이렇게 의료영상 데이터가 연구를 위해 공개되는 흐름에는 역시 영상의 분석에 있어 딥러닝이 탁월한 효과를 보이고 있기 때문이다.

이 흐름의 대표적인 예가 2016년에 시작된 The Digital Mammography DREAM Challenge[11]와 2017년 열린 Data Science Bowl 2017[12]이다. DREAM Challenge는 총 8만 4,000명 이상의 수검자들로부터 모은 64만 개 이상의 유방촬영영상을 학습하여 특정 유방촬영영상에 유방암으로 의심되는 조직이 존재할 가능성을 예측하는 대회이다. 이전까지의 의료영상 관련 대회에서는 찾아보기 힘들었던 대규모의 데이터를 제공했고 이에 많은 연구자들의 관심을 끌었지만, 막상 뚜껑을 열어보니 실제 악성 병변을 가지고 있는 검사의 수는 수백 건에 불과했고 제공된 데이터를 직접 다운로드하여 사용하는 방식이 아니라 아쉬움이 남는다. 이 대회는 1차 경쟁 단계competitive phase 및 2차 협업 단계collaborative phase로 나뉘어 있는데 현재 루닛은 1차 단계 결과 상위 8개 팀만을 초청하여 진행되는 2차 단계에 참여하여 과제를 수행하고 있다. Data Science Bowl 2017은 약 1,400건의 흉부 CT 촬영 영상을 이용하여 그 영상에 암조직으로 의심되는 병변이 존재하는지 여부를 예측하는 대회이다. 제공된 데이터 중 실제 악성 종양이 포함된 케이스는 약 360건 정도로 앞서 유방촬영영상 데이터와 같이 정상 데이터에 비해 그 수가 적다.

공개데이터 관점에서 2017년 가장 흥미로웠던 소식은 NVIDIA의 GPU 기술 학회GPU technology conference, GTC에서 스탠퍼드 대학이 발표한 Medical ImageNet 프로젝트다.[13] 프로젝트의 이름에서 알 수 있듯이 의료영상으로 이미지넷과 같은 대규모 공개 데이터 세트를 만들겠다는 내용이다. 이 데이터 세트는 의료영상뿐 아니라 연관된 유전체 데이터, 환자의 전자의무기록 등 상당히 넓은 범위를 모두 포함한다. 데이터 세트의 크기는 대략 0.5페타바이트, 총 영상의 수는 약 10억 건 정도로 예상되고 있다. 아직 구체적인 공개 시기는 알려진 바 없지만 공개되면 관련 연구의 발전에 상당한 기여를 할 수 있을 걸로 기대된다.

위와 같이 우리에게 어느 정도 익숙한 방사선영상 이외의 또 다른 형태의 의료영상으로는 병리 조직 슬라이드를 스캔한 병리 영상이 있다. 병리 영상의 판독은 조직의 악성 유무와 전이 여부를 판단하고 이러한 진단 결과가 향후 환자의 치료 계획에 영향을 미치는 아주 중요한 행위다. CAMELYON 대회[14]는 이 병리 영상을 이용하여 유방암 전이를 검출하는 것을 목표로 2016년부터 개최되고 있다. 2017년 대회에서는 1,000장의 슬라이드 영상이 참가자들에게 제공되었다. 2016년에 열린 유방암의 진행 정도를 예측하는 Tumor Proliferation Assessment Challenge$_{TUPAC}$[15]에서는 약 800장의 슬라이드 영상을 제공했고 이 대회의 총 세 가지 세부 과제에서 루닛은 모두 1위를 기록하기도 했다.

위에 언급된 대회들에서 상위 성적을 얻은 참가팀들은 모두 딥러닝, 특히 CNN 기반의 모델을 이용한다. 일반적인 영상 분석과 마찬가지로 의료영상에서도 대부분의 영역에서 현재 가장 좋은 성능을 보이는 기술은 딥러닝임을 다시 한번 확인할 수 있다.

의료영상 데이터의 특징과 향후 과제

의료영상은 일반적인 영상과 데이터 측면에서 확연히 다른 몇 가지 특징들을 가지고 있는데 이러한 특징들을 모델링 과정에 반영한 기술 개발이 앞으로 활발해질 것으로 예상된다. 이러한 기술은 새로운 알고리즘의 개발, 최적화된 네트워크 모형의 수립 등을 필요로 할 수 있다. 예를 들어, 2015년에 소개된 U-Net[16]은 적은 수의 영상을 이용하여 세포 경계를 검출하는 데 효과적인 새로운 네트워크 모형이라고 알려져 있고, 이 연구에서 현미경 영상의 특징을 고려한 탄성 변형elastic deformation 방식으로 데이터를 생성하여 좋은 검출 성능을 얻었다.

의료영상에서 공통적으로 찾아볼 수 있는 몇 가지 특징들은 아래와 같다.

먼저, 대량의 데이터를 얻기 힘들고 게다가 지도학습에 필요한 레이블 정보를 얻는 건 더욱 어렵다. PACS가 도입된 이래 병원 내에서 촬영되는 의료영상들은 모두 저장되어 왔기 때문에 데이터 수는 굉장히 많다. 하지만 여러 제도적, 사회적 이슈들로 인해 이러한 데이터를 손쉽게 외부에서 접근하기 어렵고 실제 활용하기 위해서는 축적된 데이터를 학습에 활용할 수 있도록 정제하는 작업이 선행되어야 한다. 이 부분이 많은 시간과 노력을 요한다. 또한 숙련된 전문가만이 영상을 판독할 수 있기 때문에 지도학습에 필요한 레이블 정보를 얻는 것 또한 많은 시간과 노력이 필요하다. 예를 들어, 객체 검출 방식을 통해 의료영상에서의 병변 위치를 알아내고자 한다면 기본적으로 학습 데이터에 병변의 위치가 모두 표기되어 있어야 하는데 PACS에 있는 의료영상들은 이러한 정보를 담고 있는 경우가 거의 없기 때문에 새롭게 병변의 위치를 표시해야 한다. 데이터를 마련하는 데 있어 필요한 자원을 최소화하면서도 좋은 성능을 기대할 수 있는 방법론의 개발이 중요하다.

다른 특징은 영상의 크기다. 2015년 이미지넷 대회의 모든 과제에서 압도적인 성능으로 1위를 차지한 Residual Network[17]는 영상을 분류할 때 짧은 변 기준으로 최대 640 픽셀 크기의 영상을 입력으로 받는다. 반면 흉부 X선 영상은 한 변의 크기가 2000픽셀 이상이고 유방촬영영상의 경우 4000픽셀이 넘는다. 또한 병리 조직 세포를 스캔한 병리 영상의 경우는 한 변의 크기가 10만 픽셀보다 큰 경우가 대부분이다. 만약 영상 단위로 분류를 하고자 한다면 상당히 많은 계산 자원이 필요해진다. 정보의 손실 없이 주어진 데이터를 활용하기 위하여 이러한 엄청난 크기의 입력 영상을 효율적으로 처리할 수 있는 알고리즘의 개발이 필요하다.

또 다른 특징은 영상에 존재하는 객체의 크기다. 일반적인 영상에서 그 영상의 클래스는 특정 객체의 유무로 판단하게 된다. 예를 들어, 고양이 클래스에 속한 영상은 고양이라는 객체를 가지고 있다. 의료영상에서는 보통 정상과 비정상 영상을 구분하는 것이 목적이기 때문에 비정상 병변이 영상의 클래스를 결정하는 객체라고 볼 수 있다. 의료영상은 이 객체의 크기가 일반적인 영상에 비해 상대적으로 굉장히 작은 경우가 많다. 물론 주어진 데이터 안에 존재하는 모든 객체들의 위치를 알고 있다면 문제없겠지만 실제로 그런 데이터를 수집하는 것은 현실적으로 많은 자원을 요구하기 때문에 한정된 정보를 활용하면서도 이렇게 작은 객체를 잘 검출할 수 있는 기술을 필요로 한다.

언급된 것들 이외에 주어진 의료영상의 고유한 특징을 학습 과정에 반영하는 방향으로 기술 개발이 이루어진다면 데이터 관점에서 경제적이면서 좋은 성능을 보이는 모델을 얻을 수 있을 것이다.

현재까지 보고되고 있는 인공지능 기술을 활용한 의료영상 분석에 관한 연구들을 보면 그 결과가 놀랍다. 소개드린 바와 같이 수년간 수련한 전문의 수준의 진단 성능을 데이터로부터 학습된 모델이 보여주고 있으니 말이다. 하지만 실제로 널리 활용되기까지는 더 광범위하고 다양한 검증을 거쳐야 한다. 의료라는 산업의 특성상 실제로 활용되기 위해서는 인공지능 시스템이 좀더 예측 가능해야 하고, 다양한 상황하에서도 일관된 성능을 보여야 하며, 예측한 결과에 대한 최소한의 해석이 가능해야 한다. 앞으로 이런 관점에서의 기술 개발과 함께, 개발된 시스템에 대한 많은 임상 연구들이 발표되기를 기대한다.

황상흠 _루닛(Lunit) 대표

주석

1. 논문 | Lodwick, G. S. (1966). Computer-aided diagnosis in radiology: A research plan. Investigative Radiology, 1, pp. 72-80.

2. 논문 | Doi, K. (2007). Computer-aided diagnosis in medical imaging: Historical review, current status and future potential. Computerized Medical Imaging and Graphics, 31, pp. 198-211.

3. 참고 | https://en.wikipedia.org/wiki/Picture_archiving_and_communication_system

4. 논문 | Litjens, G. et al. (2017). A survey on deep learning in medical image analysis. arXiv:1702.05747v2.

5. 논문 | Gulshan, V. et al. (2016). Development and validation of a deep learning algorithm for detection of diabetic retinopathy in retinal fundus photographs. The Journal of the American Medical Association (JAMA), 316, pp. 2402-2410.

6. 논문 | Esteva, A. et al. (2017). Dermatologist-level classication of skin cancer with deep neural networks. Nature, 542, pp. 115-118.

7, 8. 주석 4와 동일

9. 논문 | Shin, H.-C. et al. (2016). Deep convolutional neural networks for computer-aided detection: CNN architectures, dataset characteristics and transfer learning. IEEE Transactions on Medical Imaging, 35(5), pp. 1285-1298.

10. 논문 | Hwang, S. and Kim, H.-E. (2016). A novel approach for tuberculosis screening based on deep convolutional neural networks. In Proceedings of SPIE Medical Imaging, 9785, 97852W-1.

11. 참고 | https://www.synapse.org/Digital_Mammography_DREAM_Challenge

12. 참고 | https://www.kaggle.com/c/data-science-bowl-2017

13. 참고 | https://gputechconf2017.smarteventscloud.com/connect/sessionDetail. ww?SESSION_ID=110157

14. 참고 | https://camelyon17.grand-challenge.org/

15. 참고 | http://tupac.tue-image.nl/

16. 논문 | Ronneberger, O., Fischer, P. and Brox, T. (2015). U-Net: convolutional networks for biomedical image segmentation. Medical Image Computing and Computer-Assisted Intervention (MICCAI), 9351, pp. 234-241.

17. 논문 | He, K. et al. (2015). Deep residual learning for image recognition. arXiv:1512.03385.

의료와 AI 신기술의 융합:
과제와 전망

───● 의학은 본질적으로 윤리적이며 보수적이다. 질병에 대한 불완전한 이해와 제한된 치료법으로 인간의 생명을 다루기 때문이다. 이러한 한계로 인해 의료 산업은 규제 산업의 성격을 가진다. 이는 신기술이 의료에 적용되는 진입 장벽으로 작용했다. 윤리적 문제와 부작용을 무시한 채 섣부르게 신기술을 적용하는 행위는 의료의 영역에서는 납득되기 어렵다. 줄기세포가 대표적인 사례다.

줄기세포 외에도 기존의 미충족수요unmet needs를 해결하는 방법으로 적극적으로 도입이 고려됐던 신기술들이 알려지지 않은 부작용이나 불완전성instability 등으로 인해 의료 산업에서 퇴출된 예는 셀 수 없이 많다. 일례로 설측 교정을 들 수 있다. 설측 교정은 치아의 안쪽 면에 교정 장치를 붙여서 교정 장치가 보이지 않게 교정하는 방법이다. 웃을 때 교정 장치가 보이는 것 때문에 치아 교정에 거부감을 갖고 있던 환자들(주로 10대)을 겨냥해 1980년대 고안됐다. 개발 당시에는 기대치에 못 미치는 효과 때문에 설측 교정은 의료 현장에서 배제되었다. 1990년대에 초탄 성을 가진 니틴올nitinol이 도입되기 전까지는 의료 산업에 적용되지 못하다가, 일반 교정의 효과와 유사해지면서 설측 교정은 가격이 비싼 단점을 지녔음에도 임상 현장에서 적극적으로 채택되고 있다.

이처럼 의료와 신기술의 융합은 많은 난제를 갖고 있지만, 수많은 임상 현장의 미충족수요를 해결하기 위해 더욱 적극적으로 활용되어야 한다.

의료영상의 역사

의료영상은 빌헬름 뢴트겐Wilhelm Conrad Rontgen이 1895년 엑스레이x-ray를 발견할 때부터 시작되었다고 할 수 있다. 뢴트겐은 엑스레이를 발견한 공로로 1901년(노벨상 원년)에 노벨물리학상을 수상했다. 처음에는 기술의 미비로 인하여 병원에서 X선관x-ray tube과 필름 등을 의료 현장에 적용하기 어려웠다. 하지만, 뢴트겐이 엑스레이를 발견한 지 6개월도 채 안 되는 시점에, 한 정형외과 의사가 뼈가 부러진 환자를 엑스레이로 촬영했다.[1] 엑스레이의 '보급'은 다른 문제였다. 의료 현장에서 엑스레이를 활용하는 데 필요한 X선관과 필름 등을 구입하는 것이 녹록찮았기 때문이다. 이런 어려움은 한 현장의 의사가 자신의 친구인 지멘스Siemens에게 전하면서 상황은 바뀐다. 지멘스는 세계에서 최초로 의료용 X선관을 상업화했다. 이는 엑스레이가 의료현장에 널리 퍼지는 계기가

되는 동시에, 지멘스가 의료영상 산업 1위, 의료기기 전체에서 2위로 부상하는 시발점이 된다.[2]

엑스레이 외 현재 대표적 의료영상 기술은 물리학적 이론에 기반을 두고 있다. 초음파 영상장비는 2차 세계대전 때 잠수함을 찾기 위한 목적에서 개발됐던 초음파를 사람 몸에 적용한 기술이며, CT로 불리는 전산단층촬영 장비computed tomography는 엑스레이의 조직 흡수율 차이를 활용한 것이다. 자기공명영상magnetic resonance imaging, MRI은 몸 안의 수소 원자핵을 공명화시켜 그 원자핵 스핀의 고유한 특성을 컴퓨터를 활용하여 영상화하는 것이다. 앞선 일련의 의료영상 장비들은 1970년대에 개발됐다.

CT와 MRI는 10여 개의 노벨물리학상, 화학상을 받은 원천 기술을 기반으로 하고 있다. 이들 의료기기를 개발한 연구자들도 노벨생리의학상을 받았다. CT는 1971년에 개발됐는데, 개발된 지 8년 후인 1979년 노벨상 수상의 근거가 될 정도로 의료현장에서는 혁명적인 발명으로 인식됐다. 이러한 높은 평가는 CT가 의학에서 공간의 문제를 해결한 결과로 풀이된다.

CT와 MRI와 같은 단층촬영 영상장비는 고유한 대조contrast 매커니즘에 따라 영상을 생성한다. 최근에는 환자의 해부학적인 구조뿐만 아니라, 혈류의 흐름을 볼 수 있는 관류강조영상perfusion weighted image, 조직의 미세구조를 볼 수 있는 확산강조영상diffusion weighted image, 폐의 공기 흐름을 볼 수 있는 대류영상ventilation image, 4D 유동강조 MR영상4D flow MRI 등과 같이 다양한 기능적 의료영상 기법이 의료 현장에 적용되고 있다. 이러한 장비를 통해 확보된 영상의 정확한 분석을 위해서는 물리학과 의학적

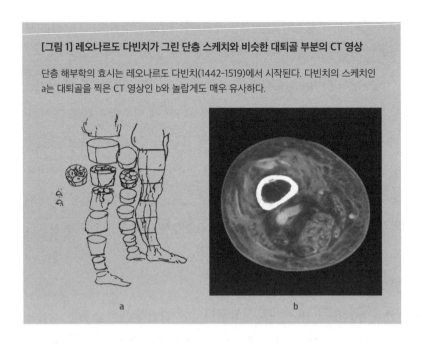

[그림 1] 레오나르도 다빈치가 그린 단층 스케치와 비슷한 대퇴골 부분의 CT 영상

단층 해부학의 효시는 레오나르도 다빈치(1442-1519)에서 시작된다. 다빈치의 스케치인 a는 대퇴골을 찍은 CT 영상인 b와 놀랍게도 매우 유사하다.

a   b

관점이 수반된다. 단층촬영 영상장비의 보급은 단층 해부학의 발생으로 연결된다.

의료영상 분석기술의 역사

초기에 필름을 사용하던 엑스레이 촬영 장치를 제외하고, 컴퓨터 방사선computed radiography, CR, 디지털 방사선 촬영술digital radiography, CT, MRI, 양전자단층촬영proton emission tomography, PET 등 대부분의 의료기기는 디지털로 영상을 처리하고 있다.

하지만, 이전에는 병원 내에 영상들을 효율적으로 유통할 수 있는 인프라가 없어서, 필름을 이용하여 병원 내에서 사용하였다. 1990년대에 들어오면서 상황은 바뀌었다.[3] 컴퓨터 통신을 이용하여 의료영상을 병원내에서 공유할 수 있게 하는 영상저장통신장치picture archive and communication system, PACS가 개발되면서, 병원 내에서 누구나 디지털 의료영상을 사용할 수 있게 되었다. 이때부터 본격적인 의료영상 분석기술이 개발되고 적용되기 시작했다. 1990년대에 들어와서 시카고 대학 등이 유방 엑스레이 영상mammography 분야에서 컴퓨터보조진단computer aided diagnosis, CAD기술을 개발하였다. 이를 기술 이전하여 상업화한 R2라는 프로그램[4]이 미국 식약처food and drug administration, FDA에서 유방 엑스레이 영상 판독 시에 두 번째 판독 의사second opinion reader로 사용될 수 있다는 인정을 받게 된다. 이는 세계 최초로 컴퓨터프로그램이 영상의학과 의사 대신 판독을 하고, 그 대가로 보험 수가를 받을 수 있게 된 사례이다.

의료 영상에는 해부학적 다양성뿐만 아니라, 질환의 다양성까지 포함하고 있다. 이런 자연적인 다양성을 극복할 수 있는 결정론적deterministic인 알고리즘을 개발하는 것은 매우 많은 가정, 뛰어난 개발자, 그리고 기술을 이해하는 의료진과의 협업 등이 필요하다. 추가적으로 생각해 볼 수 있는 방법은 통계학적인 방법이다. 통계적 방법은 (해부학적 및 질환의) 다양성 등을 통계적으로는 정확하게 모델링하기가 어렵고, 모델의 변이standard deviation가 커서 개별 환자의 임상진료에 쓰이기에는 부적합하다.

또 다른 해결 방법은 의사가 해부학을 기반으로 다양한 변이를 이해하듯이, 여러 변이를 가지고 있는 장기를 미리 분할해놓고, 새로운 데이터가 오면 이를 정합registration해서 가장 잘 정합되는 것을 찾아서 분할하는 기법multi-atlas registration이다. 이는 다양한 변이를 반영할 수 있다는 장점이 있지만, 계산해야 할 양이 많아 시간이 매우 오래 걸린다. 결과적으

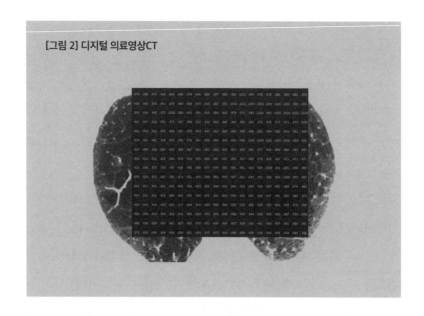

[그림 2] 디지털 의료영상CT

로 정합 알고리즘의 정확도에 기반을 두고 있어서 일반적으로 적용되기 어렵다.

　최근 딥러닝이 보여주는 성능과 속도는 실제 의료에 쓰일 만큼 강인하고, 정확하다고 사료된다. 영상의 분류뿐 아니라, 검출detection, 분할segmentation, 정규화normalization, 내용 기반 질의content based image retrieval 등 다양한 분야에 좋은 성과를 내고 있다. 하지만, 지금도 의사들이 처음 보는 희귀하고 다양한 질환이 의학저널에서 사례발표case report 형식으로 출간되고 있다.

　이렇듯 의료영상에 있는 질환의 다양성과 희소성을 극복해야 한다. 또한, 영상의학 의사가 임상에서 하는 작업을 분류해보면, 약 5만 가지 정도로 구분된다고 한다. 데이터 자체가 희소하거나, 구하기 힘든 점을 차치하고라도, 지도학습 방법으로 하나하나 잘 만드는 것도 쉽지 않을 것이다. 오히려, 의학의 근본 원리인 해부학, 생리학, 병인학Etiology, 병리생리학Pathophysiology 등을 기반으로 뼈대를 세우고, 이런 의료영상의 다양한 현상을 보지 않으면, 다양한 질환의 변이에 잘 대응하기 어려울 것이다. 최근 딥러닝에 다양한 기존 방법이나 복잡한 네트워크가 적용되는 것이나 원샷 학습one-shot learning 등이 개발되는 것은 이런 특성을 반영하는 것이라 할 수 있다.

플랫폼과 인공지능

의료 인공지능 과정에서 95%는 고전 영상처리기법 및 다양한 수작업을 통해서 데이터 클리닝cleaning, 5%는 인공지능이 담당한다. 이중 95%를 차지하는 의료영상 전·후 처리의 질을 높이고, 효율적으로 만드는 데 매우 큰 영향을 준다. 그런데, 인공지능이 학습할 의료 데이터를 전처리하거나, 정답을 만드는 것은 전문적 영역의 일이다. 따라서, 이 과정에 의학 지식을 가지고 있는 의료진의 협력은 필수적이다.

어떤 문제는 정답을 인간이 수작업으로 만드는 것이 현실적으로 불가능하기도 하다. 대표적인 것이, CT영상에서 기도airway 분할이다. 기도 벽의 두께는 폐의 염증 반응을 알 수 있는 대표적인 표지자biomarker이기 때문에, 기도 벽의 두께를 정량화하는 것이 의료에서는 매우 중요하다. 하지만, 기도는 폐 안에 프랙털 형태로 분화되어서 실제 CT 영상에 무수히 많은 폐기도가 보이지만, 계속 가늘어져서tapering CT영상에서 부분용적효과partial volume effect를 만들고, 호흡이나 심장의 움직임 때문에 영상에서 연속성이 유지되지 않는 문제motion artifact가 발생한다.

이 문제를 해결하는 것은 고전적인 영상처리 기법으로는 가장 어려

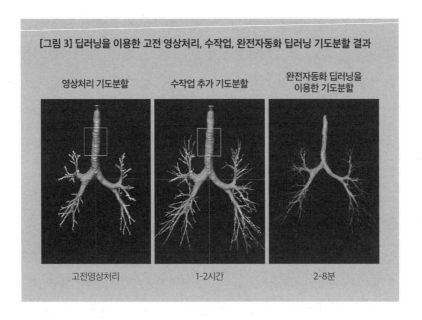

[그림 3] 딥러닝을 이용한 고전 영상처리, 수작업, 완전자동화 딥러닝 기도분할 결과

영상처리 기도분할	수작업 추가 기도분할	완전자동화 딥러닝을 이용한 기도분할
고전영상처리	1-2시간	2-8분

운 난제 중에 하나였다. 환자 1명의 CT에서 기도의 통로lumen를 전문가가 수작업으로 그리면 대략 1주일 정도 걸린다. 수작업으로 진행되기 때문에, 완벽하게 통로만 그리지 못할 뿐더러, 기도 벽을 조금씩 침범할 수밖에 없고, 이를 완벽하게 고치기도 매우 어렵다. 고전영상처리기법으로 모든 기도의 통로를 분할하고, 손으로 점을 찍으면 끊어진 기도들을 연결하는 프로그램이 수년에 걸쳐 개발됐다. 이제는 어느 정도 시간 (1~2시간)만 들이면, 반자동으로 거의 모든 기도 통로를 일관적으로 분할할 수 있게 되었다. 높은 수준의 분할 결과mask를 정답으로 학습하여, 전자동으로 기도를 2~8분 정도의 짧은 시간 안에 분할할 수 있게 된 것이다. [그림 3]에서 볼 수 있듯이, 학습이 잘되면, 인공지능이 자동으로 만든 기도 분할 결과가 사람이 만든 정답보다 더 좋은 것을 알 수 있다. 이런 성과는 여러 가지 요소가 결합되어서 가능한 것이다. 그러나 기도

분할 프로그램을 개발해서, 이전에 비해 질적으로 다른 수준의 정답을 만들었다는 것이 가장 중요하다.

이런 좋은 정답을 만들 수 있는 플랫폼을 장악한 회사가 중요하기 때문에 다빈치와 같은 수술로봇을 인공지능으로 자동화하고 싶다고 하면, 인공지능 회사가 로봇을 만드는 것보다는, 의료로봇 회사가 인공지능을 배우는 것이 더 빠르고 쉬울 것이다. 인공지능 기술을 의료에 적용하기 위해서는 이미 수준 높은 제품을 가지고 있는 의료 업체와 협력하여, 그 제품을 지능화 또는 강화augmentation하는 것이 보다 실효적일 것이다. 동일한 맥락에서, 인공지능 회사와 기존의 플랫폼을 가지고 있는 회사들 간의 협력이나 인수합병M&A이 향후에 보다 활발하게 일어나야 할 것이다.

인공지능, 환상을 넘어 혁명이 되려면

인공지능의 의료영상 적용이 혁명적이라는 것에는 이견이 없다. 하지만, 영상image이라는 말이 환상imagery이라는 말과 어원이 같다는 점을 명심해야 한다. 영상장비의 기계적 오류 외 인공지능 자체의 메커니즘적 한계도 상존하는 것이 현실이다. 인공지능을 임상에 적용해서 가치 있는 지능형 의료장비를 개발하기 위해서는, 인공지능 기술 이외에도 다양한 기술을 융합해야 한다.

지능형 의료영상처리가 본격적으로 도입되기 시작하면, 의료의 많은 것이 바뀔 것이다. 내가 어렸을 때는 많은 사람들이 계산능력과 수학을 동일시해서, 계산 능력을 키울 요량으로 주산이나 부기학원을 다녔다. 하지만, 엑셀excel이나 계산기가 나온 후에는 누구도 엑셀보다 계산을 잘

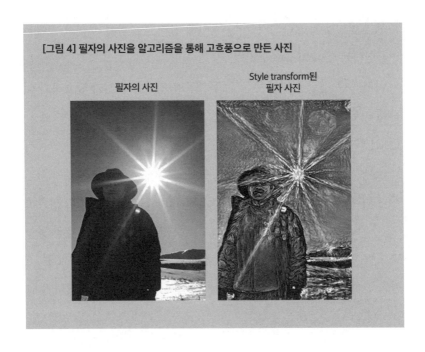

[그림 4] 필자의 사진을 알고리즘을 통해 고흐풍으로 만든 사진

필자의 사진

Style transform된
필자 사진

할 수 없고, 지금은 누구도 계산 능력과 수학을 동일시하지 않는다. 즉, 수학은 계산 능력과는 다른 어떤 것이 되었다. 마찬가지로, 의료에서도 단순하고 귀찮지만 의사들만이 할 수 있는 수많은 잡일이 있다. 인공지능이 이런 귀찮고 단순한 일을 대체할 수 있다면(의사와 동일한 수준에서), 의사들은 단순 노동에서 해방되고, 보다 수준 높은 의료에 집중할 수 있게 될 것이다. 결과적으로, 의학은 지금과는 다른 어떤 것이 될 것이다. 인공지능 혁명은 단지 의사의 대치가 아니라, 새로운 의료에 대한 필요성과 이를 이룰 수 있는 도구를 줄 것이다.

내가 좋아하는 화가 반 고흐는 여러 가지 질병을 앓았지만, 특히 측두엽 이상으로 인한 하이퍼그라피아hypergraphia라는 글쓰기 중독병에 시달렸다. 그는 자살하기 전 10여 년(1880-1890) 동안, 2,000점 이상의 그림과 스케치와, 동생 테오에게 보낸 1,700페이지의 서신을 남겼다. 그가 10년 동안 추구한 것은 자기만의 스타일이었고, 누구나 고흐 그림을 구분할 수 있을 정도의 독자적인 화풍을 만들었다. 하지만, 구글의 '딥드림deep dream' 프로젝트는 고흐의 〈별이 빛나는 밤the starry night〉 작품의 스타일 모사style transform를 통해, 어떤 사진이라도 '고흐풍'으로 바꿀 수 있다.

예술의 본질은 사람에게 감동을 주는 것이다. 나는 이런 것이 새로운 예술이 아닐까 한다. 지금은 대부분의 사람들이 예술에 소외되어 있다. 앞으로 인공지능 기술에 힘입어 더 많은 사람들에게 맞춤형 감동을 줄 수 있을 것이다. 역시, 고흐 그림에는 태양이 있어야 한다!

김남국 _울산대 의대 교수, 의료영상 전문

주석

1. 설명 | 기술 도입의 측면에서 의료를 보수적인 영역으로 간주하지만, 사람의 생명을 살리기 위한 목적에서 충분한 검증을 거치지 않은 새로운 기술이라도 가치가 있을 것이라 생각되면, 매우 빨리 적용되기도 한다. 생명을 살리는 데 유용하다고 판단되는 신기술을 도외시하는 것 역시 비윤리적 이라는 평가를 받을 수 있다.

2. 설명 | 의료 기기는 대개 최초로 제품을 만드는 회사가 해당 분야의 시장 대부분을 차지한다.

3. 설명 | 이보다 훨씬 전인 컴퓨터와 의료영상 도입의 초창기인 70년대에, 시카고 대학에서 X-ray 필름을 스캔해서 폐결절을 찾는 프로그램을 개발한 것 등의 시도들이 있었다.

4. 설명 | 이 프로그램은 위양성(false positive rate, FPR)이 많아서, 실제 판독 시간을 길게 할 뿐더러, 재검사율(recall rate)을 증가시키고, 의료 비용을 증가시키는 등, 의료의 질적 향상이 없다는 학술 적 평가를 받기도 한다. 이 제품은 보험 수가 책정 측면에서도 성공했다고 보긴 어렵다. 이미 보험 수가가 책정되어 있는데도, 미국 내에서 일상적으로 쓰는 병원이 2%, 가끔 쓰는 병원이 50%, 한 번도 안 써본 병원이 48%가 나오기도 했다. 여기서 알 수 있는 것은 CAD와 같이 의사의 판독을 대체하는 경우는 의학적 정확도와 강건함(robustness)이 매우 중요하고, 동시에 실제 임상현장에 서 생산성과 의료의 질적 향상이 이루어져야 한다는 사실이다.

AI 의료영상 기술
활용 사례

──● 최근 딥러닝을 중심으로 기계학습 기술이 인공지능의 주요 방법론으로 자리 잡으면서 의료영상 분석에서도 기존의 임상적, 경험적 지식이나 규칙에 근거한 특징 추출 및 분석 방법에서 데이터 기반data-driven의 일관적이고 객관적인 특징 학습 및 분석 방법으로의 패러다임 이동이 가속화되고 있다. 특히, 일반 영상natural image에서 연구되는 다양한 기법들이 의료영상 분석에 적용되는 간격이 점차 짧아지면서 단순히 자연 영상에서 개발된 모델을 의료 영상에 그대로 적용하는 수준이 아닌, 의료 영상의 특성을 고려한 새로운 방법론들이 속속 발표되고 있다. 나아가 기존의 임상 지식을 통합하거나 의료에서 반드시 필요한 해석가능성interpretability에 관한 연구들이 진행되면서 실제 임상에서 활용 가능

성이 높은 결과들이 등장하기 시작하였다. 본 글에서는 최근에 개발되고 있는 다양한 인공지능 기술들이나 연구 주제들이 의료영상 분석에 실제로 어떻게 적용되고 있는지 다양한 사례를 통해서 살펴보고 앞으로의 방향성과 남은 과제에 대해 논의해보고자 한다.

인공지능 - 의료영상 분석의 주류로

의료영상 분석에서 기계학습 방법은 특정 병변의 검출 및 분류, 인체 기관의 세부 구조 분할, 영상 간의 정합, 유사 영상 검색 등 다양한 영역에서 활용되어 왔다.[1] 특히 딥러닝 모델 중 영상인식에 주로 사용되어 온 CNNconvolutional neural network은 그 구조가 제안된 지 얼마 지나지 않은 1993년 무렵부터 폐결절 검출이나[2], 유방조직 미세석회화[3] 검출 등 의료영상 분석에 적용된 바 있으나 데이터의 규모나 모델의 크기 및 학습 방법, 그리고 연산 자원의 한계로 실험적인 수준에 머물렀다. 이러한 가운데, 딥러닝이 영상인식에서 새로운 성능적 돌파구를 마련하면서 의료영상에도 다시 딥러닝이 적극적으로 도입되기 시작하였다. 특히 ImageNet 대회에서 2012년 CNN을 사용한 팀이 큰 격차로 우승[4]한 이후 2015년에 이르러 간접적 비교에서 인간의 영상 인식 수준을 넘어서는 결과를 보인 것과 같이 의료영상에서도 2012년 ICPRinternational conference on pattern recognition의 유방 병리 영상 내 유사분열세포 검출에서 CNN 기반의 모델이 우승한 이후[5], 최근 구글이 JAMAthe journal of the American medical association에 발표한 안저영상 기반 당뇨성망막병증diabetic retinopathy, DR 검출[6], 스탠퍼드 대학에서 〈네이처〉에 발표한 피부암 분류[7] 등 전문의의 수준에 준하거나 이를 넘어서는 결과들이 등장하면서 큰 반향을 일으킨 바 있다.

의료영상의 데이터적 특성과 해결방안

이렇게 딥러닝이 의료영상 분석에 본격적으로 적용되어 오면서 일반 영상에 비해 의료영상이 가지는 다양한 특성들을 고려할 필요성이 있었는데, 이 중 가장 중요한 점은 바로 의료영상의 데이터 측면의 특성이다. 특히 의료영상은 입력 영상의 수는 충분하지만 전문가의 판독이나 표식label을 획득하는 데 많은 비용과 시간이 드는 경우가 빈번하여 이를 해결하기 위한 다양한 방법들이 제안되어 왔다. 가장 기본적으로, 비지도 학습unsupervised learning을 통해 병변의 중요한 영상적 특징을 추출하도록 학습하고, 이를 소수의 전문가 판독 결과를 바탕으로 지도 미세조정supervised fine-tuning하는 방법이 있는데, [그림 1]과 같이 유방 초음파와 흉부 CT에서 병변에 대해 양성, 악성에 대한 판단을 위해 SDAEstacked denoising auto encoder로 사전학습을 수행하고 수백 개 수준의 병변에 대한 판독 결과와 병변 영역의 크기 및 비율에 대한 정보를 바탕으로 추가 학습을 한 결과 기존의 컴퓨터 보조 진단computer-aided diagnosis, CADx 시스템 대비 높은 성능을 보임을 발표한 사례[8]가 있다.

딥러닝의 장점 중 하나는 이미 학습된 모델을 재사용하여 다른 영역의 데이터에 대해 추가로 학습하는 전이학습transfer learning이 가능하다는 점인데, 이는 처음부터 새롭게 학습하는 경우에 비해 학습 속도가 빨라지거나 최종 모델의 성능이 높아지는 효과를 가져온다고 알려져 있다. 특히 이러한 방법은 새로운 영역의 데이터가 부족할 때 더욱 유용하며, 의료영상에서도 일반영상에 대해 이미 학습된 모델을 가져와 의

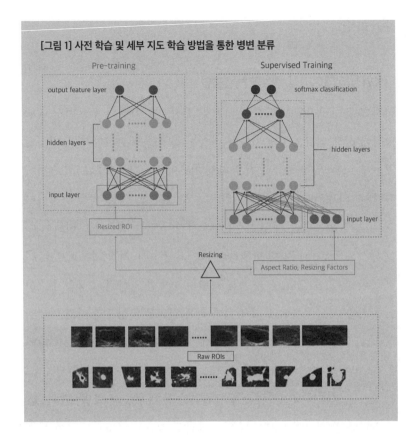

[그림 1] 사전 학습 및 세부 지도 학습 방법을 통한 병변 분류

료영상으로 추가 학습시키는 방법으로 모델의 성능을 개선하는 연구들이 수행되어 왔다. 미국 국립보건원national institute of health, NIH에는 흉복부 림프절thoracoabdominal lymph node을 검출하기 위한 컴퓨터 보조 검출computer-aided detection, CADe 시스템을 개발하기 위해 이미지넷에서 이미 학습된 잘 알려진 네트워크를 가져와 추가 학습함으로써 기존 성능을 넘어서는 결과를 얻었으며[9], 애리조나 주립대와 메이요 클리닉Mayo clinic의 연구팀은 대장내시경 영상에서 용종을 검출하는 CADe 시스템 개발을 위해 다양한 조건에서 전이학습이 최종 성능을 높이는 데 도움이 된다는 점을 확

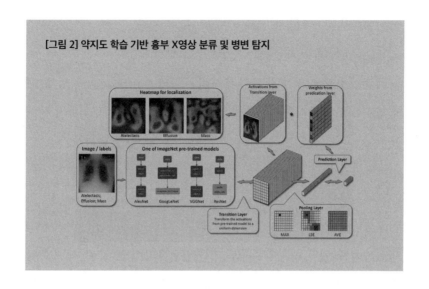

[그림 2] 약지도 학습 기반 흉부 X영상 분류 및 병변 탐지

인[10]하였다. 앞서 언급한 구글의 당뇨성망막병증 판단 모델이나 스탠퍼드 대학의 피부암 분류 모델도 일반영상에서 이미 학습이 된 구글의 Inception v3 모델[11]을 바탕으로 의료 영상에 추가 학습하는 방법을 택하였다는 공통점이 있다.

한편, 의료 영상 판독 시스템 개발을 위해 병변 위치에 대한 표시 정보가 없는 상황에서 영상 전체에 대한 소견만을 바탕으로 병변의 위치를 검출해내야 하는 약지도 학습weakly-supervised learning도 주요 문제 중 하나이다. 대표적인 방법들은 분류 모델이 예측값을 내는 데 가장 큰 영향을 미치는 입력 영상 내 영역을 역추적하는 방법으로서, [그림 2]에 도식화된 NIH의 최근 연구[12]가 이에 속한다. 해당 논문에서는 10만 장가량의 흉부 X-선 영상의 판독문에서 8개 흉부 질환에 대한 분류 결과를 추출하고 해당 영상을 기반으로 이를 예측하도록 학습시키는데, 기존 모델의 활성화activation 값이 공간적인 정보를 가지도록 하는 전이층transition layer

으로 변환하고, 전이층의 여러 특징 지도들을 통합pooling한 이후 가중 합weighted sum하여 최종 예측값을 산출하도록 변경하였다. 이렇게 되면, 최종 예측값 산출에 대한 각 공간적 특징 지도별 기여도를 알 수 있고, 해당 특징 지도의 활성화값을 통해 입력 X-선 영상의 중요 영역을 추적하여 영상에 대한 분류뿐 아니라 병변의 위치도 검출할 수 있다.

위에서 전문가의 판독이나 표식이 부족한 경우에 이를 해결하기 위한 방안들을 소개하였지만, 궁극적으로 딥러닝 모델은 데이터 기반의 접근 방법으로서, 대량의 학습 데이터가 주어진 경우 그 잠재력이 가장 잘 활용될 수 있다. 하지만 데이터 기반 방법론의 특성상 데이터에 품질에 따라 그 성능이 크게 좌우될 수 있다는 점에서 주의를 요하게 되는데, 특히 의료에서 판독의 일관성이나 일치도가 낮은 질환의 경우 이를 고려한 데이터 수집 방법의 수립이 반드시 필요하다. [그림 3]은 안저 영상에 대해서 미국 안과 전문의들의 판독 결과를 비교한 것인데, 특정 환자에 대해서는 의사마다 5가지 중증도 모두에 걸쳐 판독 결과가 존재할 정도로 일치도가 낮다. 따라서 앞서 설명한 구글은 논문에서는 하나의 영상에 대해 다수의 의사가 판독하도록 하고, 이들의 다수결을 정답으로 학습하도록 하여 일관성을 높이는 노력을 하였다. 스탠퍼드 대학의 피부암 분류 논문에서는 피부 질환의 분류 체계taxonomy를 정의하여 의사 간의 세부적인 질환 분류의 불일치가 최종적인 대분류 결과에 영향이 덜 미치도록 하는 방법을 선택하는 방법을 취하기도 하였다.

끝으로 의료영상의 데이터 측면에서 또 하나 고려할 점은, 의료영상에 대한 전문가의 판독이나 병변 표시를 위한 편리한 도구의 유무가 데이터 품질 및 규모에 매우 큰 영향을 미친다는 점이다. 구글이 당뇨성망

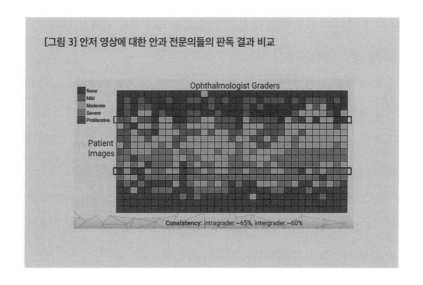

[그림 3] 안저 영상에 대한 안과 전문의들의 판독 결과 비교

막병증[13] 연구를 위해 13만 장가량의 안저 영상을 54명의 전문의에게
판독을 의뢰할 수 있었던 것은, 편리한 인터페이스로 판독에 집중할 수
있는 도구를 제공한 덕분임에 주목해야 한다.

의료영상에서의 GAN

앞서 설명한 바와 같이 의료영상에서 딥러닝을 적용하려는 초기의 시
도는 의료영상의 데이터적 특성과 한계를 극복하려는 노력에 집중되었
다. 하지만 최근 들어 딥러닝 기반 영상 분석의 적용 범위가 확대되면
서, 의료영상에서도 최근 딥러닝 기술들을 적극적으로 도입하거나 혹
은 의료 분야의 특성을 고려한 다양한 연구들이 이루어지고 있다.

　최근에 가장 주목받는 딥러닝 방법 중 하나인 생성적 적대 신경망
generative adversarial network, GAN도 활발하게 의료에 적용되고 있는데, 인공 의
료영상의 생성 측면에서 바라보기보다는 기존 의료영상에서 연구되던

병변 분할이나 영상 변환과 같은 곳에 적용되어 좋은 결과를 보여주고 있다. 먼저, 독일 암센터 연구팀은 자기공명영상magnetic resonance imaging, MRI에서 진행성 전립선암aggressive prostate cancer 병변 검출을 위한 GAN 기반 영상 분할 방법을 제안하였는데[14], [그림 4]와 같이 전문가의 병변 표식과 분할 모델이 생성한 병변 표식을 구분하는 모델을 학습하고 그 결과를 다시 분할 모델 학습에 반영하는 것을 반복하도록 하였다. 이러한 과정을 통해 분할 모델의 병변 표식 결과가 전문가의 병변 표식 수준에 가까워지도록 학습되고 결과적으로 기존의 영상 분할 방법에 비해 유의한 성능 개선을 얻게 되었다.

또한 GAN은 서로 다른 영역의 영상 간 번역translation 혹은 변환에 활용될 수 있는데, 의료영상에는 촬영 장치나 목적에 따라 다양한 모달리티modality의 영상이 존재하므로 이들 간의 변환은 시간과 비용을 단축하거나 판독의 정확도를 향상시키는 데 활용이 가능하다. 미국 노스캐롤라이나 연구팀은 [그림 5]와 같이 GAN을 이용하여 MRI를 CT 영상으로 합성하는 연구 결과를 발표하였는데[15], 이때 단순한 GAN 구조로 합성하도록 하면 일반적인 CT 영상과 다르게 흐릿한blurry 영상이 생성되므로 실제 CT 영상의 특정 화소와 주변 화소 간의 기울기gradient를 모델이 합성한 영상에서도 유지하도록 하는 손실 함수를 추가하여 학습하였다. 그 결과 [그림 5]와 같이 기존의 방법에 비해 보다 선명하고 실제 CT영상과 유사한 합성 영상을 얻을 수 있었는데, 아직까지는 실험적인 수준이지만 이러한 모달리티modality 간 영상 변환이나 저선량 CT를 표준선량 CT로 변환하는 연구 등이 계속되면 방사선 영상 촬영으로 인한 피폭을 줄이면서도 정교한 방사선 치료 계획을 수립하거나 정밀한 판

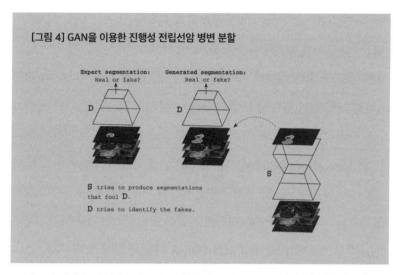

[그림 4] GAN을 이용한 진행성 전립선암 병변 분할

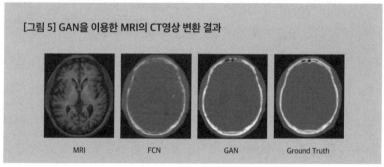

[그림 5] GAN을 이용한 MRI의 CT영상 변환 결과

독을 위해 필요한 정보를 얻는 데 활용할 수 있다. 이러한 연구들이 지니는 한계는 입력과 목표 출력 영상이 쌍$_{pair}$으로 주어져야 한다는 점으로서 의료에서는 특히 이러한 쌍으로 주어진 영상 데이터 확보가 쉽지 않은데, 최근 들어 쌍으로 주어지지 않은 두 영역의 영상 간 변환에 대한 연구들이 등장하면서[16] 이러한 제약도 해소되고 있으므로 앞으로 관련된 다양한 연구 결과들이 발표될 것으로 기대된다.

의료영상 인공지능 모델의 해석 가능성 및 설명력

의료영상 분석에 딥러닝을 적용할 때 또 하나 고려해야 할 점은 바로 모델의 판단에 대한 설명이 가능한지 여부, 즉 해석 가능성이다. 데이터 기반의 접근법인 딥러닝 모델의 특성상 예측 정확도가 높다고 하더라도 질환의 종류나 중증도에 따라 데이터 수집 경로가 달라 발생하는 데이터 편중bias이나 질환과 관련 없는 노이즈를 학습하여 판단을 내릴 가능성이 있다. 따라서 판단의 근거를 시각화하여 모델이 유의미한 특징을 학습하는지 혹은 새로운 영상적 특징을 발견하였는지를 파악해보는 것은 학습 결과에 대한 신뢰도를 높이고 새로운 영상적 표시자biomarker를 발견하는 데 중요한 역할을 한다. 이러한 딥러닝 모델의 판단 근거의 시각화 방법도 꾸준히 발전해왔는데, 가장 단순한 방법은 입력 영상의 관심 영역을 폐색occlusion하여 예측 결과의 변화 정도를 보는 방법으로서 해당 영역의 중요도가 클수록 출력값의 변화가 크다는 점을 가정으로 한다. 이 방법은 하버드 협력병원인 메사추세츠 종합병원이 개발한 수부 골연령hand bone age 판독 시스템[17]에 적용되었는데, [그림 6-a]와 같이 영상이 집중하는 곳일수록 붉은 영역으로 표시되며 실제 연령대별 주요 뼈 구조의 변화를 반영하는 것을 확인할 수 있다. 하지만 폐색 기반의 시각화는 전체 입력 영상 영역을 슬라이딩 윈도우sliding window방식으로 가려가며 반복적으로 모델의 출력값을 확인하여야 하므로 계산 비용이 크고, 폐색 영역의 크기와 모델의 구조에 따라 시각화된 주요 영역이 세밀하지 못한 단점이 있다. 또 다른 시각화 방법으로서는 앞서 NIH의 흉부 X-선에 대한 약지도 학습과 같이 공간적 정보를 가지는 특징 지도의 가중합하는 방법이다. 예를 들면 [그림 6-b]와 같이 뷰노의 골

[그림 6] CT영상 및 판독 시스템 시각화

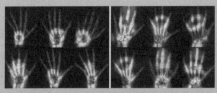

a. MGH의 골연령 판독 시스템의 시각화

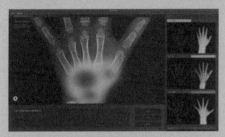

b. 뷰노의 골연령 판독 시스템의 시각화

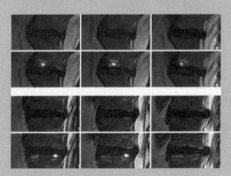

c. 척추 MRI 병변 탐지 시각화

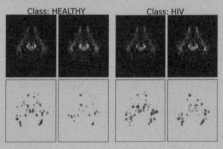

d. HIV 환자 뇌 MRI 병변 시각화

연령 판독 시스템[18]이 이러한 방법을 적용하고 있다. 이 방법의 장점은 전방향 계산forward pass 한 번으로 시각화에 필요한 정보를 모두 얻을 수 있어 가장 빠르다는 점이며, 단점은 역시 사용되는 특징 지도의 크기에 따라 시각화의 세밀도가 낮을 수 있다는 점이다.

또 다른 시각화 방법으로는 입력 영상의 각 화소의 변화에 따른 출력 값의 민감도를 측정하는 방법으로, 역전파back propagation를 통해 입력 영상의 화소별 편미분partial derivative값을 시각화하는 방법이다. 옥스퍼드 대학에서는 [그림 6-c]와 같이 척추 MRI에서 여러 질환을 동시에 찾아내거나 점수화하는 다중 작업 모델[19]의 판단 근거 시각화에 이 방법을 적용하였다. 이 방법은 화소 단위의 매우 세부적인 시각화가 가능하고 역전파를 한 번 계산하여 시각화에 필요한 정보를 얻을 수 있어 비교적 빠르지만, 시각화의 결과가 입력영상의 넓은 영역에 분산되는 경향이 있어 직관성이 떨어지고 해석이 용이하지 않은 단점이 있다. 최근 들어서는 예측 차 분석prediction difference analysis을 통한 시각화 방법[20]이 제안되었는데, 이는 관심 영역의 모델 출력값에 대한 중요도를 평가하기 위해서 원본 영상에 대한 출력값과 관심 영역을 주변화marginalize한 영상의 출력값의 차이를 관련 점수relevance score로 하여 시각화하는 방법이다. 기본적으로 관심 영역을 대치하면서 출력의 변화를 보는 폐색 방법과 유사하지만, 해당 영역을 모두 특정 값으로 대치해버리는 것이 아니라 관심 영역의 주변부로부터 샘플링하여 대치한다는 차이점이 있다.

결과적으로 [그림 6-d]와 같이 뇌 MRI로부터 HIV 환자와 정상환자를 분류하는 모델의 판단 근거를 시각화한 결과, 직관적이고 해석이 용이한 결과를 얻을 수 있다.

의료영상 인공지능의 남은 주제와 미래

이상으로 인공지능 기반의 의료영상 분석 사례들과 고려해야 하는 주제들에 대해서 살펴보았다. 이러한 주제들 외에도, 인공지능 모델의 판단 결과에 대한 불확실성을 추정함으로써 판단의 불확실성이 높은 경우 의사를 개입시키는 방법도 제시되고 있으며[21], 임상적 혹은 의학적 지식을 함께 반영한 모델 학습 방법, 질환적으로 유사한 영상을 검색하는 모델 개발, 조영 증강contrast enhanced 영상이나 추적 관찰follow-up 영상과 같은 3차원 이상의 고차원 영상 데이터에 대한 분석, 마지막으로 인공지능 모델 학습 및 활용 시의 의료영상의 보안과 관련된 연구[22, 23] 등 이제 연구가 시작되었거나 본격적인 연구가 필요한 주제들이 많이 남아 있다.

하지만 세계 최초로 미국 식약청 승인을 받은 딥러닝 기반의 심장 MRI 정량화 소프트웨어 Cardio DL[24]의 사례처럼 현재까지 개발되어 널리 쓰이는 기술도 잘 정의된 문제와 고품질의 데이터와 결합된다면 인공지능 기반 의료영상 분석 기술이 실제 임상에 폭넓게 활용되는 시기의 도래가 가속화될 수 있다. 국내에서도 식품의약품안전처가 빅데이터 및 인공지능 기술이 적용된 의료기기에 대한 허가 심사 가이드라인을 마련하고 여러 인공지능 기업들이 인허가 절차에 돌입한 상황으로 멀지 않은 시점에 국내에서도 인공지능 기반의 의료 영상 분석 소프트웨어들이 활용되기 시작할 것이다.

인공지능 기술은 향후 영상 정보뿐 아니라 다양한 환자 건강 정보나 유전체 정보를 통합하여 분석함으로써 질병의 조기 발견, 예후 및 생존 예측 등을 통해 의료 지출을 감소하고 환자들의 삶의 질을 향상할 수 있는 잠재력을 가지고 있다. 따라서 병원과 기업, 그리고 임상 연구자와 인공지능 연구자들의 보다 적극적인 만남과 협업을 통해 데이터 기반의 정밀의료 구현과 확산 가능성이 보다 높아질 것으로 기대된다.

정규환 _뷰노 CTO

주석

1. 논문 | Litjens, G. et. al. (2017). A Survey of Deep Learning in Medical Image Analysis. arXiv.

2. 논문 | Lo, S-C. et. al. (1993). Computer-assisted diagnosis of lung nodule detection using artificial convolution neural network. SPIE Medical Imaging.

3. 논문 | Chan, H.P. et. al. (1995). Computer-aided detection of mammographic microcalcifications: pattern recognition with an artificial neural network. Medical Physics.

4. 자료 | http://image-net.org/challenges/LSVRC/2012/results.html

5. 논문 | Ciresan, D.C., et. al. (2013). Mitosis detection in breast cancer histology images using deep neural networks. MICCAI.

6. 논문 | Gulshan, V. et. al. (2016). Development and validation of a deep learning algorithm for detection of diabetic retinopathy in retinal fundus photographs. JAMA.

7. 참고 | Esteva, A. et. al. (2017). Dermatologist-level classification of skin cancer with deep neural networks. Nature.

8. 논문 | Cheng, J-Z., et. al. (2016). Computer-aided diagnosis with deep learning architecture: application to breast lesions in US images and pulmonary nodules in CT scans. Scientific Reports.

9. 논문 | Shin, H-C., et. al. (2016). Deep convolutional neural networks for computer-aided detection: CNN architectures, dataset characteristics and transfer learning. IEEE trans. on. Medical Imaging.

10. 논문 | Tajbakhsh, N., et. al. (2016). Convolutional neural networks for medical image analysis: fine tuning or full training?. IEEE trans. on. Medical Imaging.

11. 자료 | https://research.googleblog.com/2016/03/train-your-own-image-classifier-with.html

12. 논문 | Wang, X., et. al. (2017). ChestX-ray8: Hospital-scale chest X-ray database and benchmarks on weakly-supervised classification and localization of common thorax diseases. CVPR

13. 자료 | https://www.youtube.com/watch?v=oOeZ7IgEN4o

14. 논문 | Kohl, S., et. al. (2017). Adversarial networks for the detection of aggressive prostate cancer. arXiv.

15. 논문 | Nie, D., et. al. (2016). Medical image synthesis with context-aware generative adversarial networks. arXiv.

16. 논문 | Zhu, J-Y., et. al. (2017), Unpaired image-to-image translation using cycle-consistent adversarial networks. arXiv.

17. 논문 | Lee, H., et. al. (2017). Fully automated deep learning system for bone age assessment. Journal of Digital Imaging.

18. 논문 | Kim, J. R., et. al. (2017). Computer-assisted program using deep learning technique in determination of bone age: evaluation of the accuracy and efficiency. American Journal of

Roentgenology.

19. 논문 | amaludin, A., et. al. (2016). SpineNet: automatically pinpointing classification evidence in spinal MRIs. MICCAI.

20. 논문 | Zintgraf, L. M., et. al. (2017). Visualizing deep neural network decisions: prediction difference analysis. ICLR.

21. 논문 | Leibig, C., et. al. (2016). Leveraging uncertainty information from deep neural networks for disease detection. bioRxiv.

22. 논문 | Shokri, R., et. al. (2015). Privacy-preserving deep learning. ACM SIGSAC CCS.

23. 논문 | Papernot, N., et. al. (2017) Semi-supervised knowledge transfer for deep learning from private training data. ICLR.

24. 자료 | https://www.forbes.com/sites/bernardmarr/2017/01/20/first-fda-approval-forclinical-cloud-based-deep-learning-in-healthcare/#5520cc62161c

헬스케어 빅데이터 딜레마와
해결 방안

──● '헬스케어'와 전통적인 '의료 서비스'는 그 개념 간의 차이가 있다. 전통적인 의료 서비스가 환자의 질병 치료에 방점을 둔다면, 헬스케어는 '정보통신기술'(ICBM: 사물인터넷, 클라우드, 빅데이터, 모바일)을 기반으로 하여 환자뿐 아니라 일반인의 질병을 예측하고 일상을 관리함으로써 각 개인의 건강 수명을 연장하는 데 관심을 둔다는 점이 다르다.

헬스케어 빅데이터에 집중된 시선 : 2차적 활용의 딜레마

질병을 잘 예측하고 관리하는 데에는 '헬스케어 빅데이터'라는 연료가 필요하다. 고혈압 환자의 예를 들어 보자. WHO에 따르면, 전 세계의 고혈압 환자는 약 50억 명으로 추산된다. 전통적인 임상 현장에서는 고

하여 효율적으로 질병을 연구하거나 신속하게 치료제를 개발하는 데 큰 도움을 줄 수 있다. 실례로, 글로벌 제약회사인 노바티스Novartis 등은 SNS 헬스케어 빅데이터를 활용하여 신약을 개발 중에 있다.

특정인의 질환을 정확하게 예측하는 알고리즘을 개발하기 위해서는 특정인의 정보도 필요하지만, 특정인과 동일한 질환을 갖고 있거나 유사한 질환을 지니고 있거나 지닌 경험이 있는 환자들의 '헬스케어 빅데이터'를 활용하는 것이 절대적으로 중요하다. 헬스케어 데이터가 많이 주어지고 또 데이터끼리 연계될수록 개인에게 맞춤화된 헬스케어 서비스를 보다 많이 제공받을 수 있기 때문이다.

여기서 하나의 딜레마가 있다. 헬스케어 빅데이터 처리에 대한 정보 주체로부터의 동의 문제가 발생하기 때문이다. '헬스케어 빅데이터'의 대부분을 차지하는 건강 정보, 유전 정보는 개인정보에 대한 기본법인 「개인정보보호법」에 따라 '민감 정보'에 해당된다.

> **「개인정보보호법」 제23조(민감 정보의 처리 제한)**
>
> ① 개인정보처리자는 사상·신념, 노동조합·정당의 가입·탈퇴, 정치적 견해, 건강, 성생활 등에 관한 정보, 그 밖에 정보 주체의 사생활을 현저히 침해할 우려가 있는 개인정보로서 대통령령으로 정하는 정보(이하, "민감 정보"라 한다)를 처리해서는 아니된다. 다만, 다만 각 호의 어느 하나에 해당하는 경우에는 그러지 아니한다.
>
> 1. 정보 주체에게 제15조 제2항 각 호 또는 제17조 제2항 각 호의 사항을 알리고 다른 개인 정보의 처리에 대한 동의와 별도로 동의를 받은 경우
> 2. 법령에서 민감 정보의 처리를 요구하거나 허용하는 경우
>
> 「개인정보보호법」 시행령 제18조(민감 정보의 범위)
> (중략) 1. 유전자 검사 등의 결과로 얻어진 유전 정보 (중략)

'건강 정보'에는 키, 몸무게, 진료 기록 등 다양한 층위의 정보가 포함될 수 있으나, 「개인정보보호법」은 이를 구분하지 않고 건강 정보로 규정한다. 건강 정보로 통칭되는 여러 정보들은 이 법에 따라 다른 정보보다 민감한 정보로 분류되며, 건강 정보를 '처리'하려는 경우 법령에서 민감 정보의 처리를 요구하거나 허용하는 경우가 아니라면 정보 주체로부터 별도의 동의를 받아야 한다.

「개인정보보호법」 제2조(정의)

2. "처리"란 개인정보의 수집, 생성, 연계, 연동, 기록, 저장, 보유, 가공, 편집, 검색, 출력, 정정(訂正), 복구, 이용, 제공, 공개, 파기(破棄), 그 밖에 이와 유사한 행위를 말한다.
따라서, 건강 정보를 수집하는 것뿐만 아니라 이미 수집된 진료 정보, 처방 정보 등을 가공하거나 다른 데이터와 연계하기 위해서도 원칙적으로는 해당 목적에 따라 동의를 받아야 한다.

또한, 빅데이터를 구축하기 위한 핵심은 흩어져 있는 여러 헬스케어 데이터(건강 정보 등)를 종단적longitudinal으로 연계 · 결합하는 것이다. 즉, 헬스케어 빅데이터는 다양한 목적으로 이미 축적된 헬스케어 데이터를 2차적 용도[1]로 활용할 수 있을 때, 그리고 고유식별정보(주민등록번호, 외국인등록번호 등)로 한 개인의 다양한 데이터를 연계하여 개인별 건강 상태에 대한 정확한 흐름을 분석할 수 있을 때 그 가치가 발현된다.

예컨대 심전도 기계만 해도 홀로 초당 1,000번의 측정이 이루어지는데, 이 데이터 중 극히 일부만 이용되고 나머지는 대부분은 버려진다. 그 버려진 부분이 오히려 환자의 상태나 진료, 질병 예측 등을 알려줄 수 있는 정보일 수도 있는데 말이다. 데이터를 수집, 저장, 연계, 분석하는 데 기술적, 비용적 어려움이 있던 시절에는 데이터를 버리는 것이 더 효율적이었겠지만 정보통신기술이 보편화된 현재는 그렇지 않다. 이 데이터가 이미 수집된 다른 데이터와 고유식별정보를 통해 종단적으로 연계될 수 있거나 다른 환자들의 데이터와 함께 분석될 수 있다면, 심전도 측정 목적 외의 다른 2차적 목적(예, 심전도 연구, 심전도 기계 개발 등)으로 유용하게 활용될 수 있을 것이다.

그런데 건강 정보와 마찬가지로, 고유식별정보 역시 「개인정보보호법」에 따라 다른 법령에서 특별한 규정이 있지 않다면, 구체적 고유식별정보 처리 목적에 따라 모든 정보 주체로부터 개별적으로 동의를 받는 것이 원칙이다.

「개인정보보호법」 제24조(고유식별정보의 처리 제한)

① 개인정보처리자는 다음 각 호의 경우를 제외하고는 법령에 따라 개인을 고유하게 구별하기 위하여 부여된 식별정보로서 대통령령으로 정하는 정보(이하 "고유식별정보"라 한다)를 처리할 수 없다.
1. 정보 주체에게 (중략) 다른 개인정보 처리에 대한 동의와 별도로 동의를 받은 경우
2. 법령에서 구체적으로 고유식별정보의 처리를 요구하거나 허용하는 경우

그러나 이미 수집된 고유식별정보 마저 구체적 처리 목적별로 모두 다시 동의를 받아야 한다면, 헬스케어 빅데이터는 영원히 구축될 수 없다. '충분한 정보에 근거한 개별 동의informed and specific consent'라는 정형화된 체계는 헬스케어 빅데이터 시대에 더 이상 적합하지 않다.

물론, 「개인정보보호법」 제18조(개인정보의 목적 외 이용 · 제공 제한)에서는 정보 주체 또는 제3자의 이익을 부당하게 침해할 우려가 없으며, 통계 작성 및 학술 연구 등의 목적을 위하여 필요한 경우로서 특정

개인을 알아볼 수 없는 형태로 개인정보를 제공하는 경우일 때는 데이터를 2차적 목적으로 활용할 수 있다고 명시하고 있다. 하지만 이는 어디까지나 개인을 알아볼 수 없도록 비식별 처리된 정보에 한한 것으로, 고유식별정보를 활용하는 경우는 해당되지 않는다.

또한 헬스케어 데이터의 2차적 활용의 중요성을 인지한 일부 개별법(예, 보건의료기술진흥법, 암관리법, 희귀질환관리법 등)에서는 보건복지부 등에서 요청 시 정보 주체의 별도의 동의 없이 고유식별정보를 활용하여 국가나 공공기관에서 보관하고 있는 헬스케어 정보들을 연계 및 결합할 수 있다. 그러나 민간기관의 경우 정보 주체의 동의 없이 고유식별정보를 활용하여 헬스케어 데이터를 연계할 수 있는 법적 근거가 미비하다.[2, 3]

많은 사람들은 동의 제도가 빅데이터 시대에 한계로 작용한다는 것에 대해서는 충분히 공감할 수 있을 것이다. 그렇지만 나를 알아볼 수 있는 데이터가 나의 동의 없이 헬스케어라는 목적 아래 누구에게나 활용되는 것을 쉽게 반기지는 않을 것이다. 특히 나의 민감 정보나 고유식별정보의 2차적 활용에 따라 내가 받는 직접적인 이익은 눈에 보이지 않고 잠재적 이익은 미래의 일이라 가정해본다면 더더욱 그러하다. 이 딜레마(데이터 2차적 활용 필요성 VS. 개인정보의 자기결정권)는 과연 해결될 수 있을까?

딜레마 해결을 위한 세 가지 전략과 한계

이 딜레마 상황을 최소화하기 위한 많은 시도들이 있다. 현재 가장 많은 호응을 얻고 있는 세 가지 전략을 소개하고, 이 제안의 매력 포인트와 한계에 대해 언급하고자 한다.

1) 정직한 중개인Honest Broker : 제3자 세우기 전략

가장 전통적인 제안 중 하나가 '정직한 중개인honest broker, HB' 전략이다. HB는 데이터의 연계 요청자나 요청자의 활용 목적과는 관련 없는 '독립적인 데이터 연계 관리자'이다. HB를 제안하는 많은 이들은 동의받지 않은 고유식별정보가 오직 HB에 의해서만 2차적 목적을 위해 연계·결합되고 요청자는 고유식별정보가 제거된 최종 결합물을 제공받을 수 있다면 우리가 우려했던 개인정보 보안이나 사생활 침해의 문제가 최소화될 수 있다고 말한다.

이 방법은 실제 글로벌 의료기관에서 활용되고 있다.[4] 출판이나 발표 등을 통해 공개된 자료를 분석한 결과, 의료기관 중 HB가 있는 기관은 총 10곳이 있다. HB는 헬스케어 빅데이터 플랫폼에서 개인식별정보를 자동적으로 비식별 처리하는 System Honest Broker와 인간 중개인인 Human Honest Broker로 구분된다. 이 둘은 2차적 목적으로 동의받지 않은 헬스케어 데이터를 익명 처리하거나 고유식별정보를 활용하여 연계한 후 비식별 처리한 결과물만을 데이터 요청자에게 전달함으로써 개인식별정보를 보호하면서도 효율적으로 헬스케어 데이터를 활용하는 데 그 역할을 수행한다.

그러나 여전히 관련 법령상 동의 없이 고유식별정보를 2차적으로 활용할 수 있다는 명시적 조항이 있지 않은 이상, 또는 HB를 활용하여 고유식별정보를 처리할 수 있다는 법적 근거가 있지 않는 이상, 실제 HB를 도입하기에는 한계가 있다. 또한 HB를 활용할 수 있는 법적 근거가 마련될지라도, 여전히 자기결정권 측면에서의 동의 문제나 고유식별정보 제공자가 가질 이익 측면에서는 명료한 답을 내지 못하고 있다.

실제로 2016년 6개 범부처에서 합동으로 마련한 〈개인정보 비식별 조치 가이드라인〉에 따라 보건복지 분야 빅데이터 분석을 위해 서로 다른 사업자가 보유하고 있는 정보집합물을 결합하는 경우 '사회보장정보원'이 국가 HB로 지정되었지만 위와 같은 이유로 민간기관 간의 고유식별정보 연계 기능은 하지 못하고 있다.

2) 헬스케어 블록체인 & 메디토큰 : 화폐로 보상하기 전략

'헬스케어 블록체인'도 이 문제를 해결하기 위한 전략 중 하나로 제안된다. 헬스케어 블록체인은 의료 정보에 대한 접근 권한을 의료 공급자가 아닌 환자에게 부여하여, 환자 본인만이 궁극적으로 자신의 데이터를 복호화할 수 있고 접근 권한을 본인만이 자유롭게 설정할 수 있도록 한다. 이로써, 정보 주체의 데이터에 대한 자기결정권을 최대화하면서도 정보의 투명성 및 보완성을 담보할 수 있다는 것이다.

MEDI BLOC WHITEPAPER[5], 1. 서론 일부 발췌

현재 의료정보시스템은 의료기관 중심으로 운영되고 있다. 그리고 의료기관 밖으로 의료정보를 공유하는 일은 개인 정보 보호를 위해 환자 본인이 자신의 의료기록을 요청하는 경우를 제외하고 허용되지 않는다. 이러한 의료기관 중심의 의료정보 관리체계는 개인의 의료 데이터를 여러 병원에 분산시켰고, 파편화된 의료 데이터로 의료 서비스의 질을 저하시켰다. 의료 연구나 AI를 위한 의료정보에 대한 요구 역시 날로 증가하고 있으나 데이터의 공급은 턱없이 부족한 상황이며, 현재 시스템에서는 데이터의 신뢰성도 충분히 담보하기 힘들다. (중략) 여기 관에 흩어져 있는 의료정보뿐만 아니라 스마트폰을 포함한 여러 기기를 통해 생산되는 모든 의료정보를 안전하게 통합하여 관리할 수 있게 하는 의료정보 플랫폼을 제공한다. (중략) 의료정보 소유권 및 관리권한을 재분배하고 이를 기반으로 의료 전반에 걸친 혁신적인 변화를 만들어낼 수 있을 것으로 확신한다.

특별히 헬스케어 블록체인 플랫폼에서는 메디토큰Medi Token을 발행하여 이를 중심으로 플랫폼 내 경제 생태계를 구축할 계획을 가지고 있다. 이 생태계에 기여하는 참여자들은 그 기여도에 따라 메디토큰을 보상받게 되는데, 의료 소비자뿐 아니라 의료 정보의 생산에 기여한 의료 공급자도 기여 정도에 따라 정당한 보상을 받을 수 있을 것이라 설명한다. 예컨대, 폐암 환자들이나 의료 기관이 폐암 정보를 원하는 제약회사나 연구자에게 폐암 데이터를 제공할 경우, 이에 대한 제공의 정도가 많을수록 많은 금전적 혜택을 받을 수 있다.

MEDI BLOC WHITEPAPER, 3. 메디블록 기술적 세부 사항 일부 발췌

(중략) 타인의 데이터를 얻고자 하는 경우 메디블록 실시간 검색 시스템을 통해 데이터를 찾는 것은 물론, 찾고자 하는 데이터의 조건과 데이터 제공에 대한 보상 요건 등을 명시해 메디블록 네트워크에 알릴 수 있다. 개별 사용자는 본인의 데이터가 이 조건에 부합하는지 여부를 개인 기기에서 판별한 후 푸시 알람 기능 등을 통해 데이터 거래에 참여할 수 있다. 이 모든 기능은 사용자의 능동적인 참여 없이도 수행이 가능하도록 백그라운드에서 이루어진다.

그런데 헬스케어 빅데이터를 구축하기 위해서는 무엇보다 데이터 공유가 필요하다. 그러나 우리가 비트코인 사태에서 유추할 수 있듯이, 만일 더 많은 보상을 받기 위해 정보 주체가 원하는 가격이 제시될 때까지 본인의 데이터를 제공하지 않는다면 어떻게 될까? 이 경우 정보 사용에 대한 자기결정권은 최대 발현될 수 있겠지만 데이터 공유 측면에서는 상당히 위험하다.

3) 규제 샌드박스 : '닭이냐 달걀이냐'의 해소 전략

마지막은 '규제 샌드박스regulatory sandbox' 전략이다. 규제 샌드박스란 어린이들이 자유롭게 노는 모래 놀이터처럼, 제한된 환경(제한된 주제, 제한된 프로젝트)에서 한시적으로 규제를 풀어(탄력 적용), 신산업을 테스트(시범 사업)하도록 하는 것을 의미한다. 정부는 2017년 11월, 신산업 분야에 규제 샌드박스를 도입하겠다고 발표하여 큰 관심을 받기도 하였다.

특별히 헬스케어 분야에서 규제 샌드박스를 반기는 이유가 있다. 헬스케어 분야는 인간의 건강을 다루는 분야로 다른 어떤 분야보다 많은 규제가 부과되어 있다. 문제는 규제가 아직 마련되지 않은 상태에서 혁신적인 헬스케어 산업이 기하급수적인 속도로 발전하고 있다는 점이다. 현재와 같은 상황에서 혁신 제품을 위해 관련 현행 법령을 모두 개정하거나 규제를 마련할 때까지 기다리는 것은 헬스케어 신산업이 성장할 수 있는 골든타임을 놓치게 할 뿐만 아니라 해당 신기술로 혜택을 받을 수 있는 환자에게도 이롭지 못한 결과를 가져온다. 그렇기 때문에 정부에 의한 강력한 탑-다운 식의 선 규제 전략은 더 이상 적합하지 않다는 지적이 힘을 얻고 있다.

만일 헬스케어 규제 샌드박스에서 일부 위험이 낮은 헬스케어 산업 분야에 대해 빅데이터 활용 관련 규제를 일정 기간 면제 또는 유예함으로써 데이터를 활용한 신 헬스케어 상품이 빠르게 출시되고 이에 대한 안전성safety, 안정성stability을 인정받을 수 있다면, 수요자와 공급자에게 모두 이익이 될 수 있다. 이후 이 시범 운영에서 나온 문제점들을 분석하여 사후 모니터링, 사후 규제를 마련하는 형식으로 규제 방식을 변화시키는 것이 규제 샌드박스 도입의 목적이다.

규제 샌드박스는 닭이냐 달걀이냐 하는 문제(헬스케어 빅데이터를 2차적 활용할 수 있어야 신기술이 발전할 수 있다 VS. 신기술이 대중에게 주는 이익이 있어야 헬스케어 빅데이터의 2차적 활용을 허용할 것이다)의 답을 찾을 수도 있다. 규제 샌드박스는 일부 프로젝트에서 빅데이터의 2차적 활용이 일시적으로나마 가능하도록 하는 동시에 이를 통해 어떤 규제 정책을 가지고 갈지를 결정한다는 측면에서는 고무적이다. 그러나 전체 헬스케어 빅데이터 산업에서 규제 샌드박스가 보편적으로 적용되기란 어렵다.

딜레마 해결을 위한 프레임 전환 : UNESCO 「Report on Big Data and Health」

이런 여러 고민 속에 2017년 9월, 유네스코UNESCO 국제생명윤리위원회 International Bioethics Committee, IBC에서 「Report on Big Data and Health」[6]라는 흥미로운 보고서를 발표했다. 이 보고서는 우리에게 몇 가지 프레임 전환을 요청한다.

첫째, '포괄 동의broad consent'에 대한 인식 변화이다. 포괄 동의는 동의하는 현재 시점에서는 구체적이지 않지만 동의한 카테고리가 추후 여러 목적으로 활용될 수 있다는 것에 동의하는 것을 의미한다. 포괄 동의는 데이터 활용 목적이 발생할 때마다 해당 목적에 따른 상세 항목(개인정보의 수집 및 이용 목적, 수집하려는 개인정보 항목, 개인정보의 보유 및 이용 기간 등)에 대해 충분히 설명하고 동의를 받아야 하는 '구체적 동의specific consent' 또는 '충분한 설명에 근거한 동의informed consent'와는 그 동의

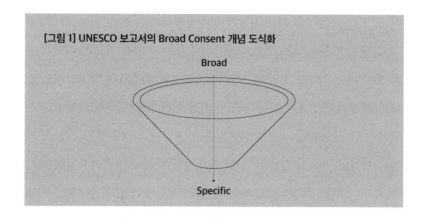

[그림 1] UNESCO 보고서의 Broad Consent 개념 도식화

Broad

Specific

의 질quality이 다른 것으로 인식되어, 헬스케어 분야 법령에서는 보편적으로 포괄 동의를 인정하지 않고 있었다.

그런데 이 보고서는 특별히 보건의료 연구 분야에서, '포괄 동의'가 '충분한 설명에 근거한 동의' 또는 '구체적 동의'와 반대되는 개념이 아닌, 본인의 정보로 수행 가능한 범위의 연구에 동의한 것이라고 지적한다.

즉, 전통적인 동의 모델인 구체적 동의 또는 충분한 설명에 근거한 개별 동의만이 정보의 자기결정권을 보장하는 것이 아니며, 포괄적으로 범주에 대한 동의를 하여 다양한 활용이 가능하도록 한 것 역시 정보 주체의 정보 자기결정권의 발현이라는 것이다. 이렇게 IBC는 헬스케어 빅데이터의 최대 활용 가능성을 검토하는 한편, 동시에 인간의 기본권 역시 존중할 것을 제안하고 있다.

둘째, 이 보고서에서는 '빅데이터 제공에 대한 보상과 데이터의 소유권'에 대해서 이야기한다. 빅데이터의 핵심인 데이터의 실시간 분석, 연계, 대규모 데이터 베이스의 공유 등의 특성으로 인해 더 이상 데이터의 '소유권' 개념으로는 윤리적 · 법적 문제를 해결할 수 없다고 주장한다. 그렇기 때문에 헬스케어 빅데이터의 특징에 따른 새로운 대안적 규범 체계가 필요하다고 제안한다. IBC는 이 시대에서의 빅데이터는 인류의 공공선 관점으로 보아 누구나 사용 가능한 인프라를 구축하고 시민이 공공선을 위해 자신의 데이터를 공유하거나 기부할 수 있는 연대감을 형성할 것을 요청한다. 또한 헬스케어 데이터의 관리자 입장에서는 빅데이터에 기여한 집단과 개인에게 주는 혜택을 고민하도록 하여 데이터 소유권의 관점으로부터 관리자의 책무와 혜택 공유로의 프레임 전환을 촉구하고 있다.

앞으로 가야할 길

여전히 남아 있는 질문이 있다. 헬스케어 빅데이터의 2차적 활용을 위해 프레임을 전환하거나 새로운 규범을 마련하는 것도 중요하지만, 우리 사회가 추구해야 하는 가치가 무엇인지, 또 그것이 왜 필요한지 그 근거를 마련하는 것이 선결되어야 할 중요한 문제다.

첫째, 우리는 IBC가 제안한 바와 같이 사회를 위해 자신의 데이터를 공유하는 공리적인 선택을 할 수 있을까?

이에 대한 답변은 공공선을 위해 자신의 데이터를 공유하거나 기부하게 되는 동력이 될 것으로 보인다.

만일 우리가 공공의 선을 위해 데이터의 공유에 동참할 수 없다고 판단한다면, 이를 거부하는 이유가 무엇일까? 참여를 결정하는 이유보다 거부를 결정한 원인을 아는 것이 문제를 해결하는 데 도움이 될 것이다.

둘째, 포괄 동의가 우리 사회에 일반화되었다고 가정하였을 때, 데이터가 정보 주체가 동의한 범주 내에서 활용된다는 것을 어떻게 보장받을 수 있을까?

포괄 동의 내 정보 활용의 적정성을 담보할 수 있도록 독립적인 검토 기관 또는 위원회의 고려가 필요할 것이다.

이때, 독립적인 기관 또는 위원회는 정보가 관리되지 않아 정보 공유지의 비극이 되지 않도록 추적 검토하며 활용에 승인하는 역할을 담당하면서도 한편으로는 빅데이터의 집합소가 빅브라더가 되지 않도록 고민해야 한다. 이 경우 빅데이터 시대에 포괄 동의 체계로의 전환은 동의권의 축소가 아닌, 정보 주체가 결정한 범주 내의 적정성을 다시 한번 검토받았다는 측면에서 오히려 자기결정권의 연장과 확대로 평가받을 수 있다.

유소영 _서울아산병원 헬스이노베이션 빅데이터센터 및 임상연구보호센터 정책, 기획 담당자

주석

1. 참고 | 데이터의 2차적 사용이란 동의 받은 목적 외의 다른 목적으로 데이터를 활용하는 것 또는 동의 받은 목적 외의 제3자에게 해당 데이터를 제공하여 동의 받은 목적 외의 다른 목적으로 데이터를 활용하도록 하는 것을 말한다.

2. 정책 보고서 | 권순억, 유소영 등. (2016). 「개인정보의 연구 목적 처리를 위한 법, 제도 개선방안 연구」, 개인정보보호위원회 2016 pp. 98-135.

3. 참고 | 정부 또는 국가 기관 간의 고유식별정보를 활용한 데이터 간의 연계를 허용한 것은 해당 기관이 지니고 있는 '공적인' 목적을 고려했기 때문이라고 생각한다. 그러나 '공적' 목적이 늘 항상 공공기관에서만 발현될 수 있는 것이 아니다. 따라서 민간기관이 공적 목적으로 헬스케어 데이터 연계가 필요한 경우에도 이가 허용되지 않는다는 보다 타당한 명분이 있지 않는 한 해당 예외 조항에 대한 논란은 지속적으로 발생할 것이다.

4. 논문 | Choi, H.J., et al. (2015). Establishing the role of honest broker: bridging the gap between protecting personal health data and clinical research efficiency. PeerJ, 3, e1506.

5. 참고 | https://medibloc.org/whitepaper/medibloc_whitepaper_kr.pdf

6. 참고 | http://unesdoc.unesco.org/images/0024/002487/248724E.pdf

AI 의료,
이제 윤리를 고민하다

──● 유발 하라리 작가는 『호모 데우스』를 통해 인공지능의 등장으로 인류가 멸망할 것이라고 예언했다. 하라리는 역사학자로써 『사피엔스』란 책을 통해 세계적인 유명세를 얻은 작가이다. 그는 인간의 역사를 인지혁명, 농업혁명, 과학혁명이라는 틀로 분석한다.

역사적으로 우리의 선조격인 호모 사피엔스는 약 20만 년 전에 등장했다. 그러다가 7만 년 전쯤 도구를 사용하기 시작했다. 이 시기를 인지혁명으로 규정했다. 인류가 똑똑해지기 시작했다는 의미다. 이후 1만 2,000년 전에 수렵생활을 중단하고 농경지에 정착해 생활하기 시작했다. 이를 농업혁명이라고 불렀다. 개인으로 보면 수렵생활보다 편하지 않지도 않고 감염병에도 취약했지만 인류 전체로 봤을 때는 매우 효율적인 시스템으로 해석했다. 과학혁명은 약 5백 년 전에 일어난 자본주의와 에너지 생산과 소비의 확대 등 산업혁명을 전반적으로 일컫는 말로 정의했다.

유발 하라리는 『호모 데우스』에서 "생명공학에 따르면 인간의 행동은 인간의 자유의지가 아닌 일종의 호르몬의 영향에 따라 움직인다"며 인간행동 자체를 일종의 알고리즘으로 봤다. 그렇기에 인간이 특정한 선택을 하기 전에 알고리즘으로 만들어진 인공지능이 그 선택을 대신하도록 할 수 있고, 이런 기술적 발달은 대규모 실직 사태와 최종적으로 인류의 종말로 인도할 가능성도 있다는 것이다.

인공지능에 도덕과 윤리가 필요한가

체스에 이어 인공지능이 바둑에 있어서도 인류를 앞섰다. 구글의 알파고가 이세돌 9단을 꺾으면서 인공지능에 대한 관심이 하늘을 찌르고 있다. 정부도 나서서 인공지능 등을 활용한 4차 산업을 육성하겠다고 말하고 있다. 그러나 이런 관심의 이면에는 불안감도 도사리고 있다. 가장 큰 것은 인공지능이 우리의 일자리를 대체할 가능성이다. 안타깝게도 이 부분은 현실이 될 가능성이 많다. 수많은 연구기관에서 현재의 일자리 중 단순한 업무부터 대체될 것이라고 예측하고 있으니 말이다. 그 다음의 불안감은 영화 〈터미네이터〉나 〈매트릭스〉에 나오는 인공지능처럼 인간을 괴롭히는 나쁜 역할을 하지는 않을까 하는 걱정이다. 이런 사태를 막기 위해서라도 인공지능의 윤리가 필요하다.

2017년 열린 대한의료정보학회 춘계학술대회는 인공지능의 윤리에 대한 심도 깊은 토의가 열렸다. 토의에 참여한 한국정보화진흥원의 이

영주 수석은 여섯 가지 이슈를 대비해야 한다고 했다. 첫째, 과연 안전하게 작동할 것인가, 둘째, 프라이버시 문제, 셋째, 사용자의 오남용 문제, 넷째, 누가 어떻게 책임질 것인가, 다섯째, 인간의 고유성은 어디까지인가, 여섯째, 인공지능에 대한 막연한 공포 등이었다. 그 중에서 가장 크게 당면한 문제는 안전문제다. 이미 상식이 됐듯이 자율주행 자동차는 기술적으로 만들어졌고, 법과 제도만 보완되면 언제든 실제 도로에서 볼 수 있다. 그러나 자율주행 자동차에도 큰 결함이 있는데 바로 트롤리 딜레마trolley problem를 해결할 수 없다는 것이다.

윤리와 철학을 연구하는 사람에게는 익숙한 주제일 것이다. 트롤리 딜레마란 윤리학의 사고 실험으로 기차가 두 선로에 있는 사람을 칠 수밖에 없다면 많은 사람을 칠 것인가, 소수의 사람을 칠 것인가 하는 철학적 문제를 다룬다. 기차 대신에 자율주행 자동차로 치환해둘 경우 인공지능은 어떤 판단을 할 것인가. 좀더 심한 가정도 가능하다. 앞에 갑자기 나타난 유치원생 무리를 칠 것인가, 아니면 탑승자만 다치도록 외벽에 부딪히는 것을 택할 것인가. 혹자는 이런 윤리적 이슈가 '철학자들만 관심 있는 사항'으로 치부하기도 한다. 그러나 가능성이 적을 뿐 언제든지 있을 수 있는 일이다. 2015년 기준으로 우리나라에서 발생한 교통사고는 23만 건이 넘는다. 이 중에 보행자 사고는 40%에 가깝다.

IBM 왓슨은 과연 윤리적일까?

2016년 12월 우리나라 최초로 인공지능 왓슨이 길병원에 도입됐다. 언론 보도에 따르면 진료를 본 대다수의 환자가 의료진의 처방과 왓슨의 처방이 다를 때 왓슨을 따르겠다고 밝히고 있다. 이렇게 왓슨을 절대적으로 신뢰해도 될까?

토론에 참석했던 서울대병원 혈액종양내과 김범석 교수는 국내에 들어온 IBM 왓슨도 윤리적인 측면에 문제가 있다고 봤다. 환자의 사회 경제적인 요건을 고려하지 않고 교과서적인 '최상'의 치료를 권하기 때문이다. 게다가 이런 왓슨이 권한 최상의 처방은 현재 우리나라 의료 시스템에서는 임의비급여 항목으로 '불법'에 해당하는 경우도 심심치 않게 있다고 한다.

알다시피 우리나라 의료시스템은 사회보험의 성격이 짙은 건강보험공단이란 단일보험 시스템이다. 최단 기간에 전국민 의료보험을 시행한 만큼 허점도 많다. 대표적으로 보험료가 싸고, 보험의 보장성도 낮고, 병원에 돌려주는 수가도 낮다. 그러다 보니 의학적으로 효과가 있다는 결론이 나온다고 바로 보험 적용을 해주지는 않는다. 게다가 이를 보험 적용이 되지 않는 '비급여'로 처리하는 것도 애초에 불가능하다. 적발되면 '임의비급여'로 병원이 받은 돈 이상을 뱉어내야 하기 때문이다. 이런 속사정을 알 리가 없는 왓슨은 최선의 논문을 검색해 결과를 알려주고 있다.

왓슨을 이용했을 때 책임의 한계도 여전히 모호하다. 만약 왓슨이 잘못 진단했을 경우 누가 책임질 것인가. 도입한 병원의 책임인가, 아니면 이용하겠다고 결심한 개인의 책임인가, 그것도 아니면 제조사인 IBM의 책임인가. 법인처럼 사람이 아니더라도 책임을 물을 수 있도록 하는 방안도 검토되고는 있다지만 아직 실체화되지는 않고 있다.

더 큰 문제는 이런 인공지능 활용이 보편화됐을 때 생기는 의료진의 '의존증'이다. 지금 추세로 발전해 나간다면 머잖아 모든 병원에서 왓슨과 같은 인공지능을 병원 전산처방시스템과 함께 사용하게 될 것이다. 그렇게 된다면 인공지능이 권하는 처방 순위에 따라 많은 의료진들이 의식하지 않은 채 처방을 내리게 될 것이다. 이미 이와 비슷한 경험을 전산처방시스템을 도입하면서 경험한 바 있다. 인공지능이 특정 치료나 치료제를 우선적으로 추천한다면 관련된 회사의 주식은 폭등하게 될 가능성도 배제할 수 없다.

한편 아직은 인공지능의 윤리를 논하기에는 이르다는 주장도 있다. 예방의학 전문의이자 변호사인 단국대학교 박형욱 교수는 '책임 문제는 재물손괴죄란 형법에 따라 소유주가 책임을 지도록 하면 된다'면서 '아직 (인공지능의 책임을 묻는다는 것은) 요원한 일이다. 이용하는 의사와 소속 병원의 책임을 묻도록 하면 된다'고 주장했다. 그는 만약 왓슨이 더 발전하게 되어 거의 필수적인 도구로 인정받게 될 경우에는 이를 활용하는 방법에 대해 설명하도록 의무화하는 것도 방법이라고 했다. 지금도 작은 뇌종양일 경우 감마나이프로 수술하거나 전통적인 개두술로 수술하는 방법 모두 유효한데, 이런 경우 환자에게 설명하지 않으면 의사가 법적으로 책임을 지게 되어 있다.

하지만 여전히 더 복잡해질 알고리즘에 의해 추천되는 결과물을 검증하는 문제는 여전히 요원했다. 서울아산병원 빅데이터센터의 감혜진 교수는 "인공지능은 매우 복잡한 함수와 같다"며 "겉에서 보는 것과 달리 뒤편에서는 복잡한 알고리즘과 새로 추가된 무수한 정보들이 있기 때문이다"라고 했다. 미래에는 의사들의 새로운 직업으로 '알고리즘 감정사'가 생길 것이란 전망도 가능해보인다.

인공지능에 윤리를 요구해선 안 된다

인공지능에게 윤리를 학습하도록 해서는 안 된다는 주장도 있다. 한국 정보화진흥원의 이은주 수석은 "인간에게도 윤리적 딜레마는 풀기 어려운 문제"라며 "인간이 풀지 못하는 딜레마를 인공지능에게 해결해달라고 해선 안 된다"고 했다. 인간이 윤리적으로 완벽하지 않은데 어떻게 인공지능에게 윤리를 요구할 수 있겠느냐는 뜻이다.

앞서 예를 들었던 단일보험의 문제는 건강보험심사평가원의 기준을 인공지능이 학습하지 못했기 때문에 생긴 일이기 때문에, 소위 '심평의학(심사 기준을 뜻함)'에 대해 학습시키면 해결될 수 있다는 것이다. 하지만 정말 답을 내리기 어려운, 의학적, 윤리적 판단 상황에 있어서는 인공지능의 결론을 기대할 수 없다고 했다. 예를 들어 태아를 살릴 것인가 산모를 살릴 것인가, 부족한 인공호흡기를 50세 환자와 60세 환자 중에 누구에게 적용시킬 것인가, 에이즈 환자를 수술해야 하는데 방호복이 없을 때에는 어떻게 할 것인가 등이다.

인간의 경우에는 개인 의사의 가치판단에 의해 어떻게든 결론이 난다. 중증의 50세 남성보다 경증의 60세 남성이 회복 가능성이 더 높다고 판단해 60세 남성에게 인공호흡기를 적용시키고, 50세 남성은 의료진이 엠부백ambu bag을 시행하도록 할 수도 있다. 반대로 50세 남성이 중요한 사람이라서 인공호흡기를 적용시키고 60세 남성을 수동으로 산소 공급할 수도 있다. 태아와 산모 사이의 딜레마와 에이즈 환자 수술의 문제도 마찬가지다. 개인이 받아온 교육과 가치 체계에 따라 판단이 내려지겠지만 어떤 판단을 하더라도 나름의 이유가 있기 마련이다. 그러나 이런 판단을 기계에게 맡길 수는 없다는 주장이다.

애초부터 인공지능 왓슨이 병원에서 이용되는 것 자체가 윤리적인지 확인해야 한다는 주장도 있었다. 단국대학교 박형욱 교수는 '의료적으로 활용하려면 식약처에서 유효성과 안정성을 인정해야 한다. 그러나 지금 도입된 왓슨은 유효성과 안정성에 대해 공식적으로 인정받지는 않은 것으로 알고 있다'고 했다. 실제로 왓슨을 도입한 길병원 등에서는 환자가 원할 경우 자문을 받을 수 있도록 하지만, 비용은 청구하지 않고 있다. 아니 못하고 있다고 표현해야 더 정확하다.

인간이 먼저 자신을 제대로 아는 것이 선행돼야

감혜진 교수는 트롤리의 딜레마의 예를 들며 인간 윤리를 언급했다. 그는 "대다수의 사람들은 최대다수의 최대행복이란 공리주의에 따르는 원칙을 좋아한다. 트롤리의 딜레마와 같은 상황에서 많은 사람을 살릴 수 있도록 설정하는 것을 공개적으로 지지한다. 자율주행 자동차도 공리주의적 관점에서 다수를 살리는 선택을 하도록 하라는 것이다. 이 원칙에 따르면 다수 사람들이 갑자기 도로에 튀어나왔을 때 자율주행 자동차가 자기 스스로 벽에 부딪히는 선택을 하도록 해야 한다. 그러나 조사를 해보니 이렇듯 공리주의 관점을 지지했던 사람들의 대다수가, 실제 그렇게 세팅한 자율주행 자동차를 구매하겠느냐고 물으니 구매하지 않겠다고 했다. 인간의 모순이 단적으로 드러난 것이다"라고 했다. 인간이 스스로 윤리적이지 않은데 어떻게 인공지능의 윤리를 논할 수 있느냐는 지적이다.

박형욱 교수는 "의료에 있어서 윤리적 측면이 모호한 부분이 있다. 장기이식을 하려면 질병관리본부 장기이식관리센터에 등록을 해야 하는데, 나는 젊고 건강한 이식 대기자인데 내 앞에는 노인 이식 대기자가 있다. 노인인 경우 이식한 장기가 제대로 생착되지 않아 결과적으로 장기를 낭비하는 경우도 생길 수 있다. 하지만 현재는 먼저 신청한 사람부터 제공하고 있다"며 철학적 관점을 법률로 강제할 수도 있음을 언급했다.

어떻게 보면 인공지능이 보편화되지 않아 사회적 합의점이 도출되지 않은 상태이기 때문에 벌어지는 논란일 수도 있다. 언론 보도에서 나 접한 자율주행 자동차나, 특정 병원에 있는 의료용 인공지능을 생각해보면 사실 그렇기도 하다. 모든 자동차가 자율주행으로 움직이고, 모든 병원에서 인공지능을 활용한다면 논의가 조금 더 단순해질 가능성도 있다. 유발 하라리는 『호모 데우스』를 통해 인간이 스스로 판단하는 것을 포기하는 시점에 대해 이야기하고 있다. 나를 나보다도 더 잘 아는 인공지능이, 나를 대신해 대선 후보자를 선택해주고, 나를 대신해 배우자를 선택하는 일도 가능하다는 것이다. 이미 일부 논문에서는 페이스북의 '좋아요'를 분석해 사람의 성향을 상당히 높은 확률로 예측했다고 보고하고 있다.

만약 인공지능에 의존해 주요한 판단을 내리게 된다면 어떻게 될까. 분명 지금과는 다를 것이다. 유발 하라리는 지금의 자유주의 시스템은 붕괴할 것이라고 비관적으로 예측했다. 대중의 시대는 끝나고 일부 엘리트들이 나머지를 지배하는 구조로 갈 것으로 전망했다. 그렇다고 유발 하라리의 말을 너무 마음에 담아둘 필요는 없다. 꽤 신뢰할 만한 역사학자긴 하지만 미래를 예측하는 전문가라고 보기는 부족한 부분도 있기 때문이다.

하지만 인공지능 시대를 맞이해 시사점은 분명히 있다. 인간이 적절하게 개입하지 않으면 좋지 않은 결과로 치달을 수 있다. 이를 사전에 막기 위해서는 인공지능의 윤리에 대해 더 깊은 고민이 필요하다.

양광모 _삼성서울병원 건강의학센터 교수, 대한의료정보학회 홍보이사

6장

AI를 연구하는
사람들

세상을 바꾸고 싶다면,
딥러닝

——● 우리나라의 딥러닝 연구 현황과 바람직한 연구 방향에 대해 전문가로서 글을 써달라는 요청을 받고 고민에 빠졌다. 한 분야의 전문가라면 적어도 10여 년 경력을 가져야 할 텐데 나의 딥러닝 경험은 사실 짧다. 엄밀하게 따져보면 나 역시 딥러닝 전문가라기보다 학생의 입장이다. 물론 10년 경력을 기준으로 한다면 국내에 딥러닝 전문가는 거의 없다고 본다. 세계적으로도 20여 년 보릿고개를 버틴 소수의 연구자들만 딥러닝 전문가라고 불릴 자격이 있다고 생각한다. 이 소수 중에 해외에서 훌륭하게 연구 활동을 하고 있는 한국인도 몇 명 있다.

나는 자몽랩이라는 작은 스타트업에서 딥러닝을 연구했다. 우리나라 딥러닝 연구의 전반적 현황을 얘기하기는 어렵겠지만, 당시 내가 딥러닝을 공부하고 연구하면서 좌절과 희망을 반복했던 이야기를 나누고자한다. 지극히 주관적인 이야기지만, 비슷한 경험을 할 수도 있는 연구자들에게 참고가 됐으면 한다.

내가 자몽랩에서 딥러닝 공부를 시작한 것은 2015년 가을쯤이었다. 그 당시에는 딥러닝을 활용해 무언가 매력적인 서비스를 만들어 보고 싶었다. 즉 기술 자체보다는 기술을 활용해서 사용자에게 가치를 주는 서비스를 만드는 것에 관심이 더 많았다. 20년이 넘게 프로그래밍을 했고 7년간 계량분석가인 퀀트quant로서 일해와 딥러닝이 그다지 어렵지는 않았다.

시작은 감성 챗봇 서비스

딥러닝을 시작하는 여느 기업과 똑같이 나도 챗봇 서비스에 제일 먼저 관심을 가졌었다. 챗봇 중에서도 영화 〈HER〉에 나온 것처럼 사람의 외로움을 달래주고 위로해줄 수 있는 감성 챗봇 서비스를 만들고 싶었다. 사람이 다른 사람을 달래고 위로하는 방식이라는 게 과거의 경험 속에서 배울 수 있다는 점에서 딥러닝에 맞다고 생각했다. 또한 한 가지 정답만 있는 분야가 아니라서 실수해도 괜찮을 거라는 계산까지 더해져 감성 챗봇 서비스야말로 딥러닝이 적용될 최적 분야라고, 무식하고도 용감한 판단을 했다. 마침 자몽랩의 관계사로부터 150만 건이 넘는 데이터도 입수할 수도 있었고 잘되면 관계사를 통해 서비스에 바로 활용될 수도 있었다. 이때부터 연말을 목표로 미친 듯이 개발을 시작했다. 밤늦게까지 코딩하고 퇴근해서 새벽까지 공부하고 잠시 눈 붙이고 그 다음 날을 약간 늦게 시작하는 방식이었다.

처음으로 학습시켰던 모델은 RNN_{Recurrent Neural Network}을 활용한 Q&A 모델이었다. 질문과 답변이 쌍으로 이루어진 데이터를 넣으면 기계가 스스로 질문과 답변의 관계를 학습하고 새로운 질문에 대해 답변을 생성하는 방식이었다. 학습에 사용할 데이터는 네이버 지식인의 꿈 해몽 섹션을 크롤링_{crawling}하여 수집했다. 문법적으로 제법 그럴듯한 문장들이 생성되는 것을 확인했지만, 내용은 만족스럽지 않았다. 예를 들어 질문이 길어지면 대부분 '그냥 개꿈이에요'라는 답변을 뱉어내는 식이었다. 단순히, 데이터에서 가장 많이 볼 수 있는 답변들을 조합해서 흉내낸다는 느낌이 들었다. 그 당시에는 기계가 스스로 학습하여 사람의 언어를 그럴듯하게 생성하는 게 너무 신기해서 부족한 부분은 금방 개선할 수 있을 거라 생각했다. 첫 학습 결과에 고무되어 소설도 학습시켜보았다. 그때 막 소개되었던 'Skip-Thought Vector'[1] 모델을 사용했다. 첫 모델과 같이 소설도 그럴듯하게 뱉어냈다. 얼핏 보거나 짧은 문단만 보면 사람이 쓴 것과 거의 구분하기 힘든 부분도 꽤 있었다. 물론, 스토리, 문맥, 주제, 소재의 일관성은 거의 낙제점 수준이었다. 참고로, 작년에 컴퓨터가 소설을 쓴다는 기사가 많이 나왔는데, 잘된 부분만 발췌한 '체리 피킹_{cherry picking}'으로 결과를 과장 보도한 경우가 대부분이었다.

두 번의 테스트 학습으로 자신감이 충만하여 실전 150만 건의 데이터로 상용 대화형 모델에 도전해보았다. 이용자가 익명으로 고민을 올리면 익명의 이용자가 위로의 답변을 해주는 일본어 서비스의 데이터였다. 나는 일본어를 전혀 몰랐지만 그 당시에는 딥러닝을 성배로 믿고 있을 때였고 150만 건의 데이터가 있어서 크게 걱정하지 않았다. 3주 동안 이런저런 시도를 했지만 모델이 학습되지 않았다. 정확히는 언더

피팅 현상under fitting, 모델이 작아서 데이터를 충분히 설명하지 못하는 현상이 발생하여 내용은 고사하고 형식적으로도 엉망인 답변을 내놓았다. 스타트업에서 사용할 수 있는 컴퓨팅 파워는 뻔하기 때문에 일본인 아르바이트를 고용하여 데이터를 들여다보기 시작했다. 150만 건을 전수 검사를 할 수가 없어 1만 개의 샘플을 추출해서 질문과 답변이 사람이 봐도 관련 있을 만한 데이터를 구분했고, 이를 기준으로 150만 건의 데이터를 자동으로 정리했다. 이 과정도 딥러닝으로 해결했다. 놀랍게도 90%의 데이터가 쓸모없는 것으로 파악됐고 15만 건 정도만 살아남았다. 일본인이 판단한 기준으로도 90% 정도의 데이터가 질문과 답변의 형식이 아니었다.

그리고 거짓말처럼 2015년 마지막 날에 학습에 성공했다. '감기에 걸려서 너무 힘들어…'라는 고민에 '힘내세요…'라는 답변을 생성하거나, '직장 동료 때문에 미치겠어…'라는 고민에 '그런 사람도 있어요. 그냥 신경 쓰지 마세요…'라는 답변을 생성해냈다. 여기에 시스템의 신뢰성을 높이기 위해 버려진 쓰레기 데이터를 활용하여 질문을 필터링할 수 있는 딥러닝 모델을 추가했다. 요새 자주 듣게 되는 '질문을 이해할 수가 없다' 또는 '답변할 수 없는 질문이다'라는 이용자에게 짜증을 유발하는 기능을 추가한 셈이다. 이후, 간단한 웹 데모 시스템을 구축하고 일본으로 출장 가서 프리젠테이션하고 웹을 통해 직접 경험할 수 있게 했다. 예상대로 신기해하고 재미있어했지만, 반응은 참혹했다. 참여자들은 다양한 질문을 테스트했고 '질문을 이해할 수가 없어요'라는 짜증 나는 답변을 받거나 단조롭고 기계적인 답변들을 받았기 때문이다. 다양하고 정확한 답변을 받아도 감동이 느껴지지 않으면 '서비스적으로는 의미가 없는데 이런 것을 어디다 써먹지?' 이런 반응이었다. 나의 철저한 판단착오였다. 마라톤 풀코스를 완주해도 될까 말까 하는 서비스에 이제 막 걷기 시작한 기술을 적용해보고자 했으니까. 참여자 중 한 명이 라인에서 제공하는 시범 챗봇 서비스를 보여주었다. 사람이 면밀하게 하나씩 프로그래밍하기는 했지만 이모티콘과 유행어까지 사용하면서 재치 있게 답변을 만들어냈다. 나로서는 이건 딥러닝이 아니라는 의미 없는 변명밖에 할 말이 없었다.

강화학습reinforcement learning, 가능성의 발견

이후, 딥러닝 만능주의에서 빠져나와 딥러닝이 적용되기 적합한 부분을 고민하기 시작했다. 사용자에 대한 직접적 서비스보다는 백엔드 서비스에서 기회를 찾고자 했다. 그 당시 딥마인드DeepMind사가 강화학습으로 아타리Atari 게임을 인간보다 더 잘 플레이하게 학습하는 데 성공했고 이 기술을 이용하면 현재의 협업 필터 기반의 추천 시스템보다 더 좋은 추천 시스템을 만들 수 있을 거라고 생각했다. 다시 밤을 새우며 딥마인드사의 아타리 게임 논문[2]을 재현해봤다. 수십 차례 실패하고 3주 만에 간신히 성공했다. 지금은 너무도 쉽게 되는데 그 당시에는 어려웠다. 게임 학습에 성공한 후 바둑에 강화학습을 적용해보고 싶었으나, 리소스(데이터, 바둑 에뮬레이터)를 확보할 여력이 없어 포기했다. 추천 시스템도 포기할 수밖에 없었다. 스타트업에서는 이런 종류의 데이터를 구할 수 없기 때문이다. 이렇게 자몽랩 차원에서 강화학습은 포기하던 즈음, 아이러니하게도 강화학습으로 만든 딥마인드사의 알파고가 이세돌을 이기는 역사적 사건이 발생했다.

잠시 동안의 강화학습 외도를 끝내고, 다시 챗봇에 대해 연구를 시작했다. 공개된 보험 상담 Q&A 데이터로 시맨틱 검색을 수행하는 딥러닝 모델을 만들어보았다. 답변을 생성하는 것은 어려웠지만 저장된 답변 중 가장 유사한 것을 찾아주는 기능은 기존의 토픽 모델보다는 유연하고 성능도 좋았다. 하지만, 체감되는 성능 개선보다 필요한 컴퓨팅 비용이 커서 상용화에는 회의적이라는 생각이 들었다. 기소장을 넣으면 판례를 검색해주는 법률 검색 서비스 또는 주가, 스포츠 기사의 자동 생성에 활용될 수는 있어도 그 이상은 어렵다고 느꼈다. 이 분야마저도 이미 최적화된 전통적 자연어 처리 기술보다 성능이 좋다는 보장이 없었다. 아직까지도 AI 분야에서 가장 다루기 어려운 분야가 언어이다. 번역, 검색 등에서 좋은 성과를 내고 있기는 하지만 언어는 인간 두뇌 활동의 결과를 표현하는 수단이기 때문에 기계가 언어를 제대로 구사하기 위해서는 인간 수준의 상식, 현실 세계에 대한 이해, 추론 등 풀어야 할 숙제가 너무도 많다. 여기에다가 감성을 이해하는 챗봇이라면 더욱 어렵다고 생각한다. 이 무렵 딥마인드사의 로드맵에서도 감성 챗봇 서비스가 제일 마지막인 것을 보게 되었고 딥러닝을 활용한 챗봇 서비스는 깨끗하게 포기했다. 여기서 분명히 할 점은 딥러닝 챗봇 서비스가 갈 길이 멀었다는 얘기이지 챗봇 서비스 자체가 당장 필요 없다는 얘기는 아니다. 한정된 영역에서 정교하게 제작된 룰 기반의 챗봇 서비스는 지금 당장이라도 사용자에게 매우 매력적인 인터페이스가 될 거라고 생각하고 있고 카카오도 이런 철학으로 챗봇 서비스를 개발하고 있는 것으로 알고 있다.

GANGenerative Adversarial Networks, 새로운 기회

이때부터 새로운 기회를 모색하기 위해 다양한 시도를 하게 되었다. 영상, 음성부터 VAEVariational Autoencoder, GANGenerative Adversarial Networks과 같은 생성 모델까지 영역을 가리지 않고 새로운 논문이 나올 때마다 테스트를 시도했다. 그때 요새 화두가 되는 GAN을 처음 테스트해 보았는데 학습도 어렵고 생성된 이미지의 품질도 매우 조잡했다. 동료 연구원이 GAN의 매력에 심취해서 폰트를 생성하는 시도를 하고 있었는데 내가 옆에서 조롱하고 말렸던 기억이 난다. 불행히도 불과 3개월도 안 돼서 GAN만 연구하고 있는 나 자신을 발견하게 되었다.

중간에 잠시 CNNConvolutional Neural Network을 이용한 불량 검사 프로젝트도 해보았는데 영상 분야가 딥러닝이 가장 잘 적용되는 분야라는 점을 알았다. 채 이틀도 걸리지 않고 검사의 정확성을 80%대에서 95% 이상으로 올렸으니까. 그 외 타 딥러닝 스타트업처럼 의료 영상 관련 캐글 경진대회Kaggle Competition에도 참여해서 상위 2%의 랭킹도 받아 보았다. 내가 시각 분야vision 전공도 아니고 CNN 프로젝트를 많이 하지도 않았는데 어떻게 이런 랭킹을 받을 수 있었을까, 의아했다. 막연하게 전문가들은 이런 경연대회에 참여하지 않을 것이라는 가정도 해봤는데, 후일 생각이 바뀌었다. 이후, 이런 인연으로 국내 최대 병원과 의료 영상에 관한 공동 연구 프로젝트를 진행하면서 한편으로는 새로 공개되는 GAN 관련 논문을 읽고 구현 코드를 깃허브GitHub에 올려서 공개하기 시작했다. 공개의 힘은 생각보다 컸다. 전 세계 딥러닝 엔지니어들로부터 많은 피드백을 받을 수 있었고, EBGAN[3] 구현 코드는 딥러닝 사대천왕 중 한 명인 뉴욕대 얀 레쿤 교수의 페이스북 타임라인[4]을 통해 소개받기도 했다. 딥마인드사의 웨이브넷WaveNet 모델을 음성인식에 적용한 프로젝트의 경우에는 3일 만에 1,000개가 넘는 별을 받았고 지금도 이슈가 지속되고 있을 만큼 많은 관심을 받고 있다. 역시 사대천왕 중에 한 명인 스탠퍼드대 앤드류 응 교수가 딥러닝 논문 20편 정도 읽고 구현하다 보면 반드시 아이디어가 나온다고 강연에서 얘기한 적이 있었다. 실제로 GAN 분야에서는 다음에 나올 논문이 예측되기 시작했고 심지어 내가 구현해서 GitHub에 공개한 아이디어와 똑같은 연구를 구글에서 한 달 뒤 ACGANAuxiliary Classifier Generative Adversarial Network[5]이라는 제목의 논문으로 발표하기도 했다. 물론, 구글 연구자들은 나의 깃허브 프로젝트를 몰랐을 것이고 논문 작성 시간을 감안한다면 나와 비슷하거나 먼저 연구를 시작했을 거라 생각한다. 그 밖에 GAN을 이용해서 흑백 스케치 이미지를 컬러 이미지로 바꾸는 실험에 성공하고 며칠 뒤 버클리에서 같은 연구에 대한 논문이 나오는 것을 목격했다. 이때부터 이전 가정을 의심하게 됐다. 딥러닝 분야가 전 세계적으로 시작한 지 얼마 안 되었기 때문에 대부분이 뉴비newbie인 분야이고 다 같이 시행착오를 겪는 중이라는 가정을 하게 되었다. 이 가정은 지금도 유지하고 있다.

이상 내가 자몽랩에서 딥러닝을 경험한 과정을 담백하게 나열해보았다. 전반기는 주로 좌절 모드였고 후반기는 희망 모드라고 요약할 수 있다. 전반기에는 딥러닝을 이용해서 당장 국내에서 상용화할 수 있는 것에 집중했고, 후반기에는 상용화가 요원한 분야(국내에서는 의료, 국외에서는 깃허브 활동)에 집중했다. 그때는 몰랐지만 생각해보면 당연한 결론이었을 수도 있을 것 같다. 현재의 모든 비지니스는 AI 없이 설계되었고 AI 없이 잘 돌아가고 있다. AI는 이제 막 눈을 뜬 상태의 기술이라고

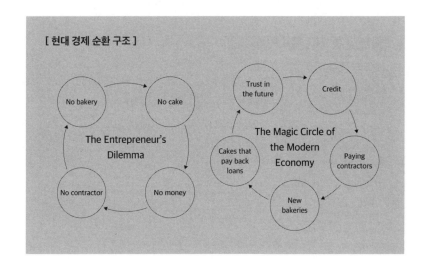

[현대 경제 순환 구조]

The Entrepreneur's Dilemma: No bakery → No cake → No money → No contractor → No bakery

The Magic Circle of the Modern Economy: Trust in the future → Credit → Paying contractors → New bakeries → Cakes that pay back loans → Trust in the future

생각한다. 기술 발전에 집중해도 부족할 텐데 여기에 AI 없이 설계된 기존의 비지니스 세계에 대한 상용화까지 고민했으니 고전할 수밖에 없었다고 생각한다. 가까운 미래에 누군가 아예 AI를 바탕에 깔고 만든 새로운 사업 모델로 수익을 창출하는 모습을 보여줄 거라고 생각한다. 그게 구글이 될지 우버가 될지 아니면 무명의 한국 스타트업이 될지는 아무도 모르는 일일 것이다. 그때 AI기술과 인재를 가지고 있는 회사와 못가진 회사의 성장 속도 차이는 지금으로서는 감히 상상을 할 수가 없다.

후반기의 희망 모드는 유발 하라리의 『사피엔스』라는 책의 한 챕터에서 단초를 찾을 수 있을 것 같다. 16장에 나온 그림을 발췌해서 설명하고 싶다.

위 그림의 왼쪽은 악순환의 과정이고 오른쪽 그림은 선순환의 과정이다. 중간에 희망이 삽입되면서 신용도 창출되고 선순환으로 바뀌게된다. 성장 속도의 관점에서 본 그림은 아래와 같다.

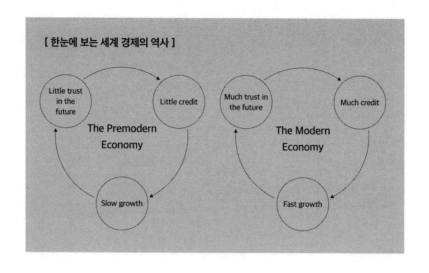

[한눈에 보는 세계 경제의 역사]

Little trust in the future

Little credit

The Premodern Economy

Slow growth

Much trust in the future

Much credit

The Modern Economy

Fast growth

왼쪽은 저성장의 악순환이고 오른쪽은 고성장의 선순환이다. 차이는 희망(미래에 대한 믿음) 하나이지만 악순환 구조에서는 뺏고 뺏기는 제로섬Zero-sum 게임을 피할 수 없고, 선순환 구조에서는 참여자(기업, 직원, 소비자) 모두가 만족할 수 있다. 내가 국내에서 딥러닝을 하면서 가장 아쉬웠던 부분은 AI를 주도하고 있는 글로벌 기업과 정반대로 국내 기업 대부분은 악순환 전략을 취하고 있다는 사실이었다. 사람 몇 명 채용해서 자사 서비스나 제품에 당장 활용할 수 있는 기술에 집중하거나 기술 내재화만 하려고 하고 몇 달 후에는 쓰지도 않을 걸음마 기술을 지킨답시고 보안을 강화한다. 공개 연구는 글로벌 기업처럼 여유 있는 기업들이 할 수 있는 것으로 생각하고 국내에서 이런 방식을 시도하면 안이하다고들 한다. 나의 딥러닝 경험담을 읽으면서 느낀 사람도 있었겠지만 나는 절박함을 쥐어짜고 쥐어짜서 공개 연구만이 살길이라는 결론에 도달했다. 얼마 전 수십 년의 비밀주의 전통을 깨고 AI 분야에 대해서는 공개 연구를 시작한 애플도 결코 돈이 넘쳐나서 안이한 판단을 한 거라고 생각하기는 어렵다. 딥러닝이라는 신생 분야에서 과거의 경험으로 판단을 하는 경영자들의 마음속에는 어쩌면 패러다임이 바뀌지 않아야 현재의 위치를 유지할 수 있다는 바람이 있을 수도 있다. 물론, 모든 기업이 AI 기업이 될 수는 없고 그렇게 되어서도 안 되겠지만, 적어도 AI에서 새로운 기회를 모색하는 기업은 기존의 관점으로 AI를 바라보지 않았으면 한다. AI는 당면 문제를 척척 해결해주는 믿을 만한 직원이라기보다는 이제 막 눈을 뜬 아이와 같기 때문이다. 단, 너무 빠르게 성장하고 있고 잠재력도 가늠이 안 된다는 점이 다를 뿐이다.

공개 연구로 돌파구를 찾다

딥러닝은 전 세계적으로도 시작한 지 4년 정도밖에 되지 않았다. 국내에서도 스타트업과 학교는 2년 전에 시작했으니 미국에 비해 2년 정도밖에 뒤지지 않았다. 자동차가 100년 넘게 뒤져서 시작한 것에 비하면 국내 산업 역사상 이렇게 작은 격차로 시작한 사례도 없을 것이다. 내가 하고 싶은 얘기는 그들도 생각보다 그렇게 앞서 있지 않고 우리와 똑같이 헤매고 있다는 사실이다. 각종 경연대회에서 좋은 성적을 내는 국내 학교와 스타트업도 있고 가장 앞선 연구 성과를 내는 실험실과 스타트업이 제법 있는 것이 이런 사실을 반증한다고 생각한다. (단, 글 앞부분에서 얘기한 극소수의 전문가들은 예외이다. 그들은 적어도 10년은 앞서 있는 것 같다.) 국내 딥러닝 동료 연구자들도 비슷한 얘기를 한다. 우리나라에도 인재들이 제법 숨어 있고 희망과 신뢰에 바탕한 선순환 구조만 만들어지면 충분히 글로벌 선두와도 경쟁할 만하다고 한다. 다행히 이런 환경이 일부 기업에서 조성되고 있는 것으로 알고 있다. 인재들이 굳이 해외로 나가지 않아도 될 수 있는 날이 가까워지고 있는 것 같아 고무적이다.

참고로 AI 분야에서 전 세계적으로 공개 연구가 대세인 이유는 우선 인재 풀이 너무 적고 극소수 선구자들이 대학교에 있었기 때문에 나타난 현상이기도 한다. 다음은 센트럴플로리다대UCF 케네스 오 스탠리 Kenneth O. Stanley[6] 교수의 얘기를 발췌한 것이다.

"과학과 예술은 특별한 목표 없이 새로움을 추구하는 것만으로도 지금처럼 눈부시게 발전해왔다. 새로움을 추구하다 보면 단순한 것은 금방 고갈될 것이고 더 복잡한 조합으로 새로움을 찾을 것이기 때문이다."

공개와 교류가 필요한 이유를 가장 잘 설명한 문구라고 생각한다. 물론 AI 분야에서 공개가 더 필요한 이유는 앞서 밝혔듯이 지금은 희망과 신뢰를 만들어내야 하기 때문이다. 공개하지 않고 희망과 신뢰가 생기기 어렵다. 다행히 AI를 주도하는 글로벌 기업들이 공개 연구를 지향하고 있고, 학교보다 더 많은 논문들이 기업에서 나오고 있다. 데이터와 컴퓨팅 파워에서 학교보다 유리하기 때문이다. 국내 딥러닝 연구자의 풀은 매우 적다. 따라서 미국보다 더 강한 교류와 연대가 필요하다고 생각한다. 소속에 상관없이 수십 명, 수백 명의 공저자가 참여한 AI 연구 논문이 한국에서도 나오기를 희망한다.

마지막으로 앤드류 응 교수의 말을 전하며 마치겠다.

"현재 딥러닝을 하고 있다면 축하한다. 딥러닝을 시작하려고

마음을 먹었다면 축하한다. 만약, 세상을 바꾸고 싶다면, 여기가
바로 그런 곳이다."

김남주 _카카오브레인

주석

1. 논문 | Skip-Thought Vectors. Ryan Kiros, Yukun Zhu, Ruslan Salakhutdinov. NIPS 2015.

2. 논문 | Playing Atari with Deep Reinforcement Learning. DeepMind Technologies. NIPS 2013.

3. 참고 | https://github.com/buriburisuri/ebgan

4. 참고 | https://www.facebook.com/search/top/?q=Yann%20LeCun%20ebgan

5. 참고 | https://github.com/buriburisuri/ac-gan

6. 논문 | Kenneth O. Stanley. Art in the Sciences of the Artificial. MIT Press, 2016.

AI, 지능정보기술 개발 및
활용의 바람직한 방향

—● 2016년 여름 골드만삭스 뉴욕 본사에서 우버와 인공지능AI 기업 켄쇼Kensho 등에 대한 투자를 담당했던 최고책임자와 관련 부서 임원 등을 만났다. 골드만삭스가 켄쇼라는 AI 플랫폼을 주가 분석 및 주식거래에 이용하기 위해 투자한 것은 2014년이다. "예컨대 북한에서 미사일 시험 발사를 했다고 가정합시다. 예전에는 한국시장에 투자한 회사의 펀드매니저가 저희 같은 기업의 영업 부서에 연락해 한국 주식시장 전망을 묻습니다. 저희 담당자는 내부 애널리스트에게 분석을 요청하고, 그 결과를 몇 시간 후 또는 다음날 펀드매니저에게 알려주면서 저희를 통해 거래하도록 지원합니다. 애널리스트는 나름대로 몇 가지 변수를 토대로 예상하지만, 사실 갑자기 분석하려면 시간도 많이 걸리고 정확

한 예측도 쉽지 않습니다. 하지만 이제 영업 담당자는 이런 경우, 곧바로 켄쇼 팀에 연락합니다. 불과 몇 분이면 켄쇼는 '북한의 미사일 시험 발사로 한국 주식시장은 OO%의 확률로 XX% 정도 하락하지만 99%의 확률로 2~3일 사이에 평균 주가를 회복한다'고 알려줍니다. 걱정 말고 주식을 사라는 의미죠. 켄쇼는 사람이 살펴보는 게 불가능할 정도로 많은 변수와 데이터를 훨씬 빠른 속도로 분석합니다. 평소 자가 학습을 통해 어떤 변수가 특정 사안에 더 유의미한 관련성을 갖는지 계속 업데이트합니다."

2016년 1월 스위스 다보스에서 열린 세계경제포럼WEF에서 클라우스 슈밥이 4차 산업혁명을 이야기하며 시작되었고, 3월 알파고와 이세돌 9단의 대결 이후 국내의 AI에 대한 관심이 뜨거워졌다. 하지만 골드만삭스가 켄쇼에 투자한 건 이미 2014년. D.E.Show, Two Sigma 등 퀀트 펀드를 운용하는 다른 헤지펀드들도 AI를 이용해 훨씬 정교한 투자모델로 수익률을 높였고, 펀드 수탁고도 늘리고 있다.

4차 산업혁명과 지능정보기술

최근 흐름을 4차 산업혁명 혹은 뭐라고 부르든 변화는 분명하다. 무엇인가 큰 변화가 발생할 때 그 변화의 원인을 정확히 파악하는 것이 대응의 첫 걸음. 많은 사람들이 AI기술이 4차 산업혁명의 동인인 것으로 이야기한다. 틀린 말은 아니지만, 변화의 동인을 제대로 이해하기 위해서는 AI만 이야기하는 것으로는 부족하다. 골드만삭스와 켄쇼 사례에서 드러나듯 혁명적 변화의 동인은 1950년대부터 연구되기 시작한 AI 알고리즘 기술만은 아니다. 알파고는 3,000만 건 이상의 기보를 자가 학습하고 1,200대의 컴퓨터를 인터넷으로 실시간 연결하여 이세돌 9단과 대결했다. 켄쇼도 엄청난 규모의 시장 및 금융 데이터에 접근, 실시간 학습 자료로 활용할 수 있다. 즉 지금 4차 산업혁명이라는 변화를 일으키는 동인은 '네트워크를 통해 연결되어 생성된 수많은 데이터(정보)를 AI가 스스로 학습하여 판단(지능)을 내리는 기술'이라고 개념화할 수 있다. 우리는 이를 '지능정보기술'이라고 부를 수 있다.

지능정보기술은 거의 모든 산업에 융합되어 기하급수적 생산성 향상을 일으키고 산업 지형 자체의 변화를 가져올 것이다. 지능정보기술이 로봇에 활용되면 기존 산업용 로봇이 스스로 학습하여 제조 공정을 맞춤형으로 제어하는 지능형 로봇으로 탈바꿈한다. 지능정보기술이 의학 분야에 활용되어 방대한 양의 유전체 정보를 인공지능이 분석할 경우에는 개인 맞춤형 진료 및 신약 개발에 혁신적 변화가 가능할 것이다.

지능정보 핵심기술 개발 노력

AI 등 최근 변화를 일으키는 기술들은 범용기술이라고 평가받을 정도로 경제, 사회 전 분야에 걸쳐 광범위하게 영향을 미칠 것으로 평가된다. 시간차는 있을 수 있어도 그 영향에서 벗어날 수 있는 나라와 기업은 찾기 힘들 것이다. 익히 알려진 바와 같이 지능정보기술 분야에 가장 많은 국가적 투자와 민간 생태계 조성에 애를 쓰고 있는 나라들은 미국, 중국, 일본, 독일 등이다. 전 세계 GDP 1~4위 국가들이 새로운 패러다임과 기술이 국가 경쟁력을 결정할 4차 산업혁명 시대를 대비하여 정부 차원에서 노력한다는 사실은 우리에게 경각심을 주기 충분하다.

민간 중심으로 세계 시장을 이끄는 미국의 경우 현재와 같은 기술

[지능정보 기술의 활용]

지능정보 기술

AI

Mobile

Cloud

Big Data

Iot

지능형 로봇 — 청소, 요리, 육아, 간병 등에 특화된 **감성형 가사로봇 보편화**

체내 삽입형 기기 — 스마트 임플란트, 생체공학 안구 등 **신체 일부로 진화**

스마트 공장 — 수요예측과 맞춤형 생산으로 **효율 극대화 및 불량 최소화**

스마트 도시 — 안전, 에너지, 교통, 오염 문제 등을 **스스로 예측·해결하는 도시**

블록체인 — 금융산업을 포함한 서비스 전반에 **고도의 안전성/신뢰성 제공**

자율주행 자동차 — 사고 없이 안전하게 운행하는 **무인버스·택시 및 무인물류 상용화**

웨어러블 — 의류 일체형 웨어러블 기술 등을 통해 **초현실 가상체험 및 증강인간 구현**

3D 프린팅 — 누구나 원하는 제품을 만드는 **1인 제조시대**

커넥티드 홈 — 모든 전자제품의 자율제어로 **가사노동에서 해방**

유전체 분석 — 개인별 유전자 특성을 분석하여 **맞춤형 질병 치료**

경쟁력과 산업 생태계를 확보하기까지 정부가 매우 치밀하고 강력하게 지원 및 규제 정책을 펼쳤다. 핵 개발을 추진한 '맨해튼 프로젝트'나 달 탐사 프로젝트인 'Moon-Shot' 등 수십조 원이 투자된 정부 프로젝트가 미국 기술 및 산업 발전에 끼친 영향은 막대했다. 애플의 아이폰도 찬찬히 뜯어보면 인터넷을 개발한 미국방위고등연구계획국DARPA은 물론, GPS는 국방부DoD와 해군, CDMA는 미 육군, 리튬이온 전지는 환경부DoE, LCD 기술에는 국립보건원NIH, 국가과학재단NSF, 국방부DoD가 각각 기여했고 Siri 알고리즘도 DARPA 프로젝트에서 출발했다. 즉 핵심기술의 경우 정부가 직접 개발했거나 지원, 혹은 사용하면서 발전을 거듭한 사례가 많다고 할 수 있다(혹자는 대부분이라고도 한다). 규제 정책의 경우 시장 경쟁을 통해 기술 개발이 촉진될 수 있도록, 시장에서 독과점이 발생하면 기업 분할까지 서슴지 않았다. 특정 사업자가 편안한 지위를 누려 혁신을 게을리해도 잘 살 수 있는 구조는 절대 만들어지지 않도록 했다.

우리나라의 경우 3차 산업혁명이라 불렸던 정보화 혁명 시대에 민관 협력을 통해 반도체 및 CDMA 시스템 기술 개발, 선도적인 초고속 인터넷망 구축, 적극적인 각 분야 정보화 추진 등을 이뤄냈고 과거 산업화 시대보다 훨씬 높은 국가 경쟁력을 가질 수 있었다. 4차 산업혁명을 통해 구현될 지능정보사회에 우리나라가 더욱 경쟁력을 가지기 위해서는 변화의 동인에 해당하는 지능정보기술 분야에 있어 국제적 경쟁력을 확보하는 것이 매우 중요하다. 어떤 이들은 AI 분야에서 구글, 페이스북 등 미국 기업들이 훨씬 앞선 기술력을 보유하고 있고 그 성능을 계속 향상할 수 있는 글로벌 플랫폼을 구축해놓은 까닭에 이미 경쟁은 끝난 것이 아니냐고 걱정한다. 그러나 구글, 페이스북, 아마존 등이 모든 산업과 서비스 시장을 전부 독과점한 상황은 전혀 아니다. 골드만삭스가 금융분석 및 거래에서 켄쇼를 사용하듯, 상이한 데이터와 서비스가 필요한 분야에서는 각각 다른 AI 플랫폼이 경쟁할 수 있다. 특히 경쟁 관계에 있는 수많은 국가와 기업들이 모두 극소수 지능정보기술 플랫폼에만 의존하는 균일화된 시장 상황은 형성되기 어려울 것이다.

우리나라도 산업이나 서비스 시장별로 다양한 AI 플랫폼을 개발하려는 노력이 본격화되고 있다. 정부도 우리나라가 중장기적으로 기술 경쟁력을 확보하는 데 필수적인 기술들을 중심으로 기술 개발을 적극 추진하고 있다.

두 가지 대표적 사례가 '엑소브레인Exo-brain'과 '딥뷰Deep view'라고 할 수 있다. 엑소브레인은 자연어 분석 및 질의응답 핵심기술 개발 프로젝트로 2013년 5월부터 한국전자통신연구원ETRI과 솔트룩스 등 국내 기업들이 추진하고 있다. 본 과제의 목표는 '자연어를 이해하여 지식을 자가 학습하며, 전문직종에 취업 가능한 수준의 인간과 기계의 지식 소통이 가능한 지식과 지능이 진화하는 SW'를 개발하는 것이다. 기술 개발은 3단계로 2023년까지 추진되며 2017년까지 1단계 기술 개발을 완료할 예정이다. 엑소브레인은 장학퀴즈에 출연하여 역대 우승자를 상대로 승리하며 가능성을 공개 검증하기도 했다. 특히 기술이전 19건, SCI/E급 논문 32건, 특허출원 167건, 국제표준 승인 2건, 국내표준 승인 4건 등 많은 성과를 거두고 있다. 2017년에는 문법 및 의미 분석 기술을 고도화하고 법률, 특허, 금융 등 전문분야 지식 추론 기반 서술형 질의응답 기술 개발을 추진하여 상용화 수준의 전문분야 질의응답 시스템을 만들 계획이다.

딥뷰도 ETRI에서 2014년 4월부터 추진하고 있는 프로젝트로 사진·영상에서 개체와 행동을 인식하고 이해하는 시각지능 원천기술을 개발 중이다. 지금까지 기술이전 17건, SCI/E급 논문 82건, 특허출원 104건 등의 실적을 올렸고 2017년에는 사진·영상에서 80개의 사물과 20종의 행동을 이해하고 도심 영상의 내용을 분석하는 SW 개발을 추진할 계획이다. 앞으로는 기술 수준 검증을 위해 글로벌 대회ImageNet에 참여하고 시각지능기술의 산업화를 위해 도심 영상 등에 대규모 CCTV 내용 분석 기술을 적용하여 성능을 검증하는 등 현실 문제에 적용할 예정이다.

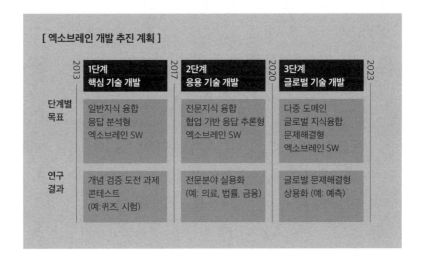

지능정보사회 중장기 종합대책

지능정보기술은 이미 기업의 경쟁력 및 산업 지형 변화에 막대한 영향력을 미치고 있으며 특히 인간의 판단과 추론 능력을 모사할 수 있는 성능으로 인하여 일자리나 소득 변화뿐 아니라 삶의 방식 자체에 근본적인 변화를 초래할 것으로 분석된다. 특히 플랫폼에 기반한 네트워크 효과가 극도로 발휘되기 때문에 시간이 가면 갈수록 변화 속도가 빨라질 가능성이 높다. (자율주행차 상용화 시기에 대한 기업들 계획은 매년 앞당겨지고 있다.) 특히 지능정보기술은 경제뿐 아니라 소득 수준, 일자리에 대한 대우, 일하는 방식 등 삶과 사회 전반에 걸쳐 매우 빠른 속도로 영향을 미칠 수 있기 때문에 과거 1, 2, 3차 산업혁명 시기와 달리 교육, 고용, 복지 등 사회정책 개편도 기술 및 산업정책 개편과 함께 추진해야 한다.

정부는 맥킨지 컨설팅 등 민간 전문가들과 함께 수개월간 작업, 2016년 말 '지능정보사회 중장기 종합대책'을 통해 4차 산업혁명 종합전략을 제시했다. 기술에서 산업, 사회로 이어지는 변화의 모습과 경제·고용 효과를 체계적으로 분석하고 총체적 대응을 위해 기술, 산업, 사회 모두를 포함하여 중장기적인 정책 방향과 과제를 마련했다. 기업과 국민, 정부가 협력해 일자리, 교육, 복지 등 사회 변화에 따른 우려를 미리 충분히 논의하고 사회적 합의를 모으는 방향이다.

특히 지능정보기술 개발 및 산업 활용이 아직 초기인 우리 시장 상황에서 정부는 목적에 맞는 다양한 방식으로 기술 개발을 촉진할 것이다. 차세대 기술은 대학이나 연구소 중심으로 중장기 연구가 가능하도록 지원한다. 정부는 문제만 제시하고 시장에서 자생적으로 기술 개발 경쟁을 통해 해법을 찾도록 할 것이다.

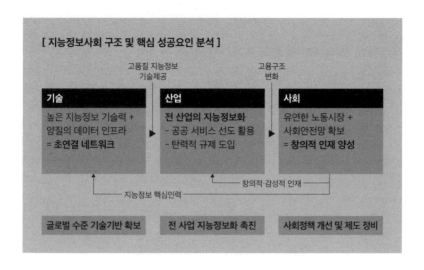

[지능정보사회 구조 및 핵심 성공요인 분석]

고품질 지능정보
기술제공

고용구조
변화

기술
높은 지능정보 기술력 +
양질의 데이터 인프라
= **초연결 네트워크**

산업
전 산업의 지능정보화
- 공공 서비스 선도 활용
- 탄력적 규제 도입

사회
유연한 노동시장 +
사회안전망 확보
= **창의적 인재 양성**

창의적·감성적 인재

지능정보 핵심인력

글로벌 수준 기술기반 확보   전 사업 지능정보화 촉진   사회정책 개선 및 제도 정비

이와 함께 국방, 치안, 행정 등 정부가 직접 기술을 구매/사용하는 공
공분야의 경우 지능정보기술을 보다 적극적으로 활용하도록 하여 공공
서비스의 문제 해결 능력을 향상시킴과 동시에 참여 기업들이 기술개
발과 매출 증대를 동시에 달성, 경쟁력을 높이도록 할 것이다. (규제 재
구성, 경쟁적 생태계 조성, 사회정책 개편 등에 대해서는 기회가 되면 다음에
이야기하도록 하겠다.)

변화는 우리에게 기대와 우려를 동시에 가져다준다. 잡스는 '혁신은
리더와 추종자를 구분 짓는 잣대'라고 말한 바 있다. 정부가 시장을 이
끌고 혁신을 선도하는 것은 아니지만(그럴 수도 없지만) 정부가 역할을
제대로 하지 못하면 기업과 사회의 혁신이 매우 어려워지는 것은 틀림
없다. 정부를 포함한 우리는 4차 산업혁명이라는 혁명적 변화를 정확히
인식하고 그 파고에 맞서 도전해야 한다. 변화를 정확히 인식하지 못하

고 하던 대로 하면서 문제 해결을 망설인다면 경쟁력을 키우기는커녕 추종자의 자격조차 잃을지 모른다. 미래는 우리가 만드는 것이다. 우리 모두의 절실한 노력이 필요한 때이다.

권용현 _과학기술정보통신부 지능화정보사회추진단 부단장

인간의 길,
AI 로봇의 길

──● 로봇을 만드는 현업에 종사하고 있기 때문일까. 인공지능의 시대가 가까워 오고 있음을 직접적이고 빠르게 느끼고 있다. 물론 상용화가되기까지 분야별로 시간표가 다르겠지만 암 진단 서비스, 법률 지원 서비스 등의 AI기술은 상용화를 눈앞에 두고 있다. 더구나 AI기술이 로봇기술과 결합하면 AI는 컴퓨터 안의 세상에서 물리력이 작용하는 실제세상으로 나오게 된다. 그렇게 AI가 로봇과 결합하는 날 우리는 일상에서 전방위적으로 AI와 물리적으로 마주치게 될 것이다. 자율주행자동차와 외골격 로봇은 그 전위대가 될 것이다.

이와 같이 AI기술이 예상보다 빠르게 다가올 것이라는 전망 때문에평범한 일상을 사는 우리들은 기대 반 걱정 반으로 AI기술을 바라볼 수

밖에 없다. 일상에서 반복되는 귀찮은 일, 인간이 하기에는 위험한 일을 더 이상 하지 않아도 된다면 인간의 삶은 어떻게 될까? 보다 인간적인 일을 하며 살아갈 수 있지 않을까? 하지만 그렇게 AI 로봇이 모든 일을 다 할 수 있게 된다면 과연 인간은 일을 하며 돈을 벌 수는 있을까? 나와 내 가족은 생계를 유지할 수 있을까?

최근 들어 유독 AI 로봇에 대한 언급이 눈에 많이 보인다. 그런데 요즘 많이 언급되고 있는 '4차 산업혁명'이 무엇인지 그 실체를 알려주는 곳은 많이 보지 못했다. '혁명'이라는 단어가 주는 무거움에 눌려 새로운 산업에 적응해야 한다는 강박만 더할 뿐이다. 그런데 어쩌면 우리는 손가락으로 달을 가리켰는데 손가락만 바라보고 있는 것은 아닐까? 중요한 것은 '혁명'이라는 말이 아니라 '변화'하고 있는 기술의 본질을 보는 것이라고 생각한다.

기술이란 무엇일까? 기술은 도구로 그 실체가 드러난다. 도구를 쓰는 방법을 기술이라고 부르니까. 인류는 돌도끼를 만든 뒤부터 지금까지 끊임없이 다양한 도구를 발명하고 기술을 발전시키고 있다. 새로운 도구와 발전된 기술로 인류는 달에도 가고 바닷속도 탐험하며 인간의 몸도 들여다보는 초능력을 갖게 되었다. 500년 전 사람들이 지금의 우리를 본다면 아마도 우리를 해리포터에 나오는 마법사로 여길지도 모르겠다. 스마트폰이라는 도구만 가지고 있으면 불을 켜는 '루모스' 주문은 우습게 할 수 있고 지구 반대편에 있는 사람과 영상통화도 할 수 있고 하루 동안에도 동에 번쩍 서에 번쩍 나타날 수 있으니까. 인간이 이렇게 새로운 도구를 계속 만드는 이유는 도구에 의지하여 생존해왔고 기술을 발전시킬수록 생존 가능성이 높아졌기 때문일 것이다. 그런 면에서 인간을 호모 파베르homo faber, 도구의 인간이라고 정의하는 것은 적절한 표현인 것 같다.

인간은 도구에 의존하여 생존하는 존재이기 때문에 새롭고 좋은 도구를 만드는 사람은 다른 사람들보다 많은 혜택을 누려왔다. 정확히 말하면 새로운 기술을 장악한 사람이 부와 권력을 차지했다. 그래서 기술이 급변하는 동안 기술 변화를 주도하는 사람과 그렇지 못한 사람 사이에서 갈등이 생겨왔고 고통받는 사람들과 고통받는 사회가 생겼다. 특히 열강들이 지배했던 19세기와 20세기에는 그 정도가 심하여 우월한 기술을 가진 제국이라는 이름의 국가가 그렇지 못한 국가를 식민지로 만들어서 식민지 사람들을 고통스럽게 만들었다. 결국 두 차례 세계대전의 잔인함을 경험한 인류는 다시는 그런 비극을 반복하지 않도록 UN을 중심으로 여러 안전장치를 만들었고 더 이상은 제국이라는 이름의 폭력은 존재하지 않게 되었다.

그렇게 제국은 사라졌지만 아쉽게도 기술을 통한 지배까지 사라진 것은 아니었다. 우리는 자본이라는 새로운 이름의 지배를 경험하고 있다. 특히 자본을 가진 사람과 가지지 못한 사람의 갈등은 새로운 사회 문제가 되었다. 비단 사람들 사이의 문제뿐 아니라 국가 간에도 그 문제는 확장되어 적용된다. 기술혁신을 주도하는 국가가 그렇지 못한 국가의 자본을 가져가는 새로운 국가 헤게모니가 만들어졌다. 그래서 많은 국가들이 기술 경쟁에서 뒤처지지 않기 위해 과학, 기술자들의 연구 개발을 독려하고 있다. 우리 사회도 일본의 식민 지배를 경험했기 때문에 기술이 뒤처졌을 때의 고통이 얼마나 큰지 잘 알고 있다. 그 아픈 경험 때문에 유독 우리 사회가 국가 기술 경쟁력에 집착하고 있는지도 모르겠다. 내가 자주 받는 질문 중 하나가 '우리나라 로봇 기술이 세계에서 몇 등인가요?' '세계 최고의 로봇 기술과는 격차가 몇 년이나 나는지요?'이다. 이런 질문을 받을 때마다 우리의 처지와 슬픈 역사 때문에 남몰래 슬퍼지곤 한다.

21세기에는 국가 간 기술 싸움의 전위에 AI 로봇이 있는 것 같다. 아직은 상용화된 것이 많지 않지만 AI 로봇 기술이 충분히 발전했을 경우를 상상해보면 그 힘이 너무 강력하기 때문에 강대국일수록 AI 로봇 기술을 더 열심히 개발하고 있다. 군사적으로 의학적으로 그리고 시장 장악 측면에서 AI 로봇 기술이 우월한 국가와 그렇지 못한 국가의 차이는 극복하지 못할 정도의 차이가 날 것이라고 생각한다.

만약 한 국가의 군대는 로봇으로 조직되어 있고 다른 국가의 군대는 인간으로 구성되어 있다면 어떨까? 로봇 군대를 보유한 국가는 전쟁이 일어나면 물자가 없어질 뿐이지만 인간 군대의 국가는 국가의 가장 큰 구성 요소인 국민이 없어진다. 전쟁이 계속될수록 전쟁의 승패는 명확해진다. 로봇 군대를 보유한 국가는 전쟁을 이길 수밖에 없다. 그렇게 되면 그 전쟁은 하나마나이다. 손자병법에서도 최고의 승리는 전쟁을 하지 않고 이기는 것이라 했는데 로봇 군대를 보유하게 되면 전쟁을 하지 않아도 이길 수 있게 된다. 결국 로봇 군대를 보유하고 있다는 것만으로 국가 헤게모니를 장악할 수 있다. 그렇기 때문에 헤게모니를 장악하려는 군사 강국들은 지금도 군용 AI 로봇 기술 개발에 많은 투자를 하고 있다.

군사적인 측면뿐 아니라 경제적인 헤게모니도 비슷한 현상이 벌어질 것이다. AI 로봇으로 제품을 생산한다면, 서비스를 한다면, 사람의 행동 패턴과 마음을 읽고 대응한다면 어떤 일이 벌어질까? AI 로봇 기술을 가진 회사와 그렇지 않은 회사의 승패는 명확해진다. AI 로봇 기술이 뛰어난 회사는 돈을 벌 수밖에 없다. 그렇게 되면 그 경쟁은 하나마나이다. 그렇기 때문에 글로벌 IT 기업들은 AI 로봇을 이용해서 새로운 서비스를 만들려고 많은 투자를 하고 있다.

힘 있고 돈 많은 국가와 회사가 이럴진대 평범한 일상을 사는 우리의 삶은 어떻게 될까? 지금이라도 AI 로봇 기술 개발을 그만두는 게 낫지 않을까? 그러나 국가와 기업이 열심히 뛰고 있기 때문에, 그보다 AI 로봇 기술이 인류를 보다 뛰어난 존재로 진화시킬 가능성이 높기 때문에, AI 로봇 기술은 희망과는 관계없이 점점 발전할 것이다. 그리고 언젠가는 우리 곁으로 다가올 것이다. 그래도 우리만이라도 하지 말자고 말하는 사람이 있을지도 모르겠다. 150년 전 그랬듯이 말이다.

조선 말기 우리 선조들은 서양의 문물에 맞서 유교적 가치를 지키기 위해 나라의 문을 걸어 잠갔다. 반면 일본은 반강제적이긴 했지만 메이지 유신을 통해 서양의 신문물을 받아들이고 근대 국가로 나아갔다. 짧은 시간이었지만 초기에 벌어진 이 기술력의 차이는 극복하지 못할 정도의 차이였다. 우리나라에 처음 전기가 들어온 것이 정확히 130년 전인 1887년이었으니 얼마나 늦었는지 알 수 있다. 개항 후 많은 선조들이 뒤처진 기술을 따라잡기 위해 노력했지만 이미 극복하지 못할 만큼 차이가 난 뒤였다. 역사는 반복된다고 지금 이 순간 역사가 되풀이되고 있는지도 모르겠다. 하지만 이 순간만큼은 150년 전의 반복이 일어나지 않기를 바란다. 국가의 잘못된 선택으로 국민이 당한 고통이 너무나 컸기 때문이다.

결국 중요한 것은 평범한 우리 개개인의 삶이다. 우리 사회 구성원을 지키기 위해 AI 로봇 기술을 적극적으로 개발했는데 그 결과가 우리 개개인 삶의 불행으로 귀결된다면 그 또한 의미 없는 일일 것이다. AI 로봇 기술 개발의 목적은 우리 삶의 행복 추구가 되어야 한다고 생각하는 이유이다.

그래서 AI 로봇 기술이 가져올 유토피아적 상상을 하면 끝도 없다. 상상이 극단으로 가면 모든 인류가 귀족 생활을 누리는 생각에까지 이른다. 힘들고 귀찮으며 어려운 일을 더 이상 할 필요가 없는 세상. 자신이 하고 싶은 일만 하고 원한다면 아무것도 하지 않아도 되는 세상. 더 이상 육체노동을 하지 않아도 생활에 지장을 받지 않는 세상이 된다면 우리 삶과 우리 사회는 어떻게 변할까? 중세 시대의 귀족은 그런 삶을 누렸다. 노예들이 필요한 일을 대신해주었기에 가능한 일이었다. 미래의 AI 로봇이 과거의 노예 역할을 해준다면 미래의 인간은 인간이라는 이유만으로 귀족의 삶을 누릴 수 있을 것이다.

하지만 과연 그런 세상이 가능할까? 지금의 신자유주의 자본주의 경제체제하에서는 성공 확률이 거의 없어 보인다. 자본주의 체제에서 개개인에게 노동은 생활을 지탱해주는 근본이기 때문이다. 그리고 사회는 개개인의 노동을 바탕으로 사회가 필요로 하는 가치를 만들어서 사회를 유지한다. 그래서 노동이 아무리 힘들고 귀찮더라도 개개인의 생계를 위해서 그리고 사회 유지를 위해서 꼭 있어야 한다. 그런데 AI 로봇이 인간의 노동을 대체하는 순간 사회가 필요로 하는 가치는 계속 만들어지지만 개개인의 생계는 막막해진다. AI 로봇이 적당히 있어서 인간의 일자리가 유지되면 괜찮을 텐데 그것 또한 어렵다. AI 로봇을 만들고 사용하는 주체는 주로 기업인데 기업의 막대한 이익을 가져올 AI 로봇의 생산량을 제어할 수 있는 방법이 있을까? 또한 AI 로봇이 만들어낼 막대한 생산력과 부가가치는 어떻게 제어할 수 있을까? 노동의 가치는 점점 떨어질 것이다. 지금의 경제체제하에서는 비관론만 대두될 수밖에 없다. 신자유주의 자본주의 경제체제는 노동력의 수가 일정하다는 가정하에서만 인간에게 행복을 가져다줄 수 있는 시스템이지 AI 로봇으로 인해 노동력이 급격히 늘 수 있다는 가정을 도입하면 인간에게 불행을 가져올 시스템이다. 그래서 현실적으로 AI 로봇 때문에 미래는 디스토피아일 것이라고 예상하는 사람이 많다.

미래는 유토피아가 아니면 디스토피아일까? 정말 두 가지 답안지밖에 없는 것일까?

위의 두 가지 상상에는 빠진 것이 하나 있다. 바로 AI 로봇이 어떤 존재인지 정확히 보지 않고 있다. 위의 상상에는 AI 로봇은 인간과 동일하거나 혹은 우월한 존재라는 가정이 깔려 있다. SF영화나 애니메이션 때문일까? 우리는 AI 로봇이 슈퍼 히어로 또는 엄청난 초능력의 소유자일 것이라고 무의식적으로 상상하고 있는 것 같다. 과연 그럴까? 로봇을 만들고 있는 내 입장에서는 AI 로봇과 인간의 차이가 너무나 명확해 보인다.

AI 로봇이 인간이 하기 어려운 일을 쉽게 하고 있는 것은 맞다. 심지어 인간 최고의 바둑 기사인 이세돌 9단을 이기기도 했으니까. 우리는 자꾸 까먹는 기억을 AI 로봇은 한 번만 입력시켜 놓으면 절대 까먹지 않는다. 우리는 기억할 수 있는 양이 한계가 있는데 AI 로봇은 한계가 없어 보인다. 우리는 2차 방정식만 나와도 절절매는데 AI 로봇은 복잡한 미분방정식도 순식간에 풀어낸다. 그러다 보니 AI 로봇이 우리보다 우월해 보인다.

　그런데 AI 로봇 입장에서 우리 인간을 보면 어떻게 보일까? 어리석은 존재로 보일까? 지구를 좀먹는 기생충 같아 보일까? 내가 AI 로봇이라면 인간은 엄청난 존재로 보일 것 같다. AI 로봇은 구분하기 어려운 것들을 인간은 순식간에 해낸다. AI가 고양이와 개를 구분하기 시작한 것은 얼마 되지 않는다. 비단 개와 고양이를 구분하는 것뿐일까? 인간 세상에 존재하는 복잡 미묘한 것들을 우리는 갈등하지 않고 구분해서 결정해버린다. 또한 로봇의 센서로는 감지하기 어려운 것을 인간은 후각, 청각, 시각, 미각, 촉각을 총동원해서 공감각적으로 느끼고 결정한다. 더구나 아직까지도 존재를 파악하지 못한 육감까지 더한다면 인간은 신비로움 그 자체이다. 우리는 직관이라는 것이 쉽게 쓰인다는 이유만으로 얼마나 위대한 것인지 잘 모른다. AI 로봇에게 직관을 발휘해보라고 명령하면 로봇은 어떻게 대응할까? 아마도 답을 내지 못해서 엄청난 혼란에 빠질 것이다. 수십만 년 동안 진화하며 발전시켜온 인류의 강한 생명의 힘을 AI 로봇으로 실현할 수 있을까? 현재의 기술로는 감히 상상하지 못할 위대한 능력임이 분명한다.

　또한 인간은 타인의 아픔을 자신의 아픔으로 느끼고 타인의 경사를 같이 기뻐해준다. 우리는 공감을 통해 위안을 받는 일련의 행위들이 얼마나 위대한 것인지 쉽게 깨닫지 못하고 일상을 사는 경우가 많다. 물론 공감 능력이 사람마다 다르고 거의 없는 사람도 보이지만 대부분의 인간은 공감 능력을 가지고 있다. 그 공감을 통해 우리는 삶의 원동력을 얻는다. 이 부분은 아무리 AI 로봇을 잘 만든다고 해도 실현하기 쉽지 않다. 우리는 AI 로봇이 인간이 아니라는 것을 알고 있기 때문에 AI 로봇을 통해 진정한 위로를 얻기 어렵다. AI 로봇의 가장 큰 약점은 그것이 인간이 아니라는 것을 우리가 알고 있다는 그 자체이다.

그렇게 AI 로봇과 인간은 서로의 장단점이 극명하다. 장단점이 극명하기에 서로가 살 방법도 극명하게 다를 것이라고 생각한다. AI 로봇에게는 로봇이 존재할 길이 따로 있고, 우리 인간에게는 인간이 살아갈 길이 따로 있을 것이라 생각한다.

인간은 인간의 직관과 공감 능력이 잘 발휘될 수 있는 일을 하고 AI 로봇은 보다 물리적이고 데이터 기반의 일을 하게 된다면, 그렇게 커다란 사회적 분업을 하게 된다면 우리 사회와 우리 삶은 어떻게 될까? 두 존재의 장점이 상호 보완적으로 조합된다면 우리 사회는 보다 효율적이고 합리적이며 강한 사회가 될 수 있을 것이다. 그 두 존재의 장점을 조합하여 시너지를 낼 새로운 산업은 무엇일까? 이 부분을 보면 유토피아나 디스토피아가 아닌 새로운 미래의 길이 보일 것이라고 생각한다. 어쩌면 뛰어난 AI 로봇 기술을 가진 국가 또는 기업이 헤게모니를 완전히 장악하게 될 것이라는 미래 예상은 조금 틀릴지도 모르겠다. 아마도 뛰어난 AI 로봇 기술과 보다 인간적인(?) 사람들이 사는 국가 또는 기업이 헤게모니를 장악하게 되지 않을까 상상해본다. 이것이 4차 산업혁명의 포장지인 '혁명'을 보는 것이 아닌 핵심 내용인 '기술의 변화'를 보는 것 아닐까?

한재권 _한양대학교 로봇공학과 조교수, 『로봇 정신』 저자

수학자는 어떻게 인공지능을 발전시키는가?

——● 내가 머신러닝이란 용어를 처음 접한 건 2013년도 겨울로 기억한다. SNS상으로 종종 인사드리던 고등학교 선배들과 운동 모임을 정기적으로 가졌었는데, 민현석 박사님은 그 중 한 분이었다. 영상처리와 패턴인식 이론을 전혀 모르는 수학과 대학원생이었던 나는 민현석 박사님 덕분에 이 분야의 발전 가능성을 미리 접할 수 있었다. 학계에서 벗어나 산업계로 첫걸음을 내딛게 된 데에는 민현석 박사님의 조언이 매우 큰 영향을 주었다.

딥러닝과 수학의 연결 고리

어느 날 민현석 박사님이 합성곱 연산convolution operation의 수학적인 직관에 대해 물어보셨다. 사실 합성곱 연산은 신호처리 분야뿐만 아니라 편미분방정식, 확률론 등 현대수학의 해석학analysis 분야에서 절대적인 위치를 차지하고 있다. 내가 박사과정 때 주로 연구했던 분야도 조화해석학harmonic analysis과 확률론이었다. 두 이론은 합성곱 연산과 퓨리에 분석Fourier analysis 또는 웨이블릿 분석wavelet analysis 사이의 유기적인 관계를 이용해 시그널의 확률적인 패턴을 분석한다. 민현석 박사님은 장시간에 걸쳐 딥러닝의 등장 배경과 CNNconvolutional neural networks의 구조를 설명해주셨고, 2012년도부터 이미지넷ImageNet[1] 등의 대회를 통해서 본격적으로 알려지게 된 딥러닝의 성능 발전에 대해서도 알려주셨다.

나는 딥러닝 분야에 수학자가 크게 기여할 수 있는 일이 많지 않다고 생각했다. 데이터 기반data-driven이면서 모델 비의존적model-free인 방법론을 추구하는 학문에서는 수학적인 접근보다 오히려 데이터를 잘 축적하기 위한 파이프라인pipeline 설계가 더 중요하다고 생각했기 때문이다. 나의 이러한 방어적 태도에 대해 민현석 박사님은 다음과 같이 답변했다.

"지금으로선 나도 잘 모르겠다. 하지만 딥러닝의 가치가 커질수록 수학이 중요해질 날이 분명 올 것이다."

딥러닝 엔지니어가 수학을 꼭 전공해야 하나?

딥러닝은 수학적으로 어려운 구조는 아니다. 행렬 연산과 비선형 함수activation function를 여러 층으로 합성해 쌓는 것이 기본 구조이다. 1차 미분만 계산하는 역전파back propagation 알고리즘은 학부 대학생 정도면 쉽게 구현할 수 있고, 고등학생도 어렵지 않게 이해할 수 있다. 게다가 자동미분automatic differentiation 라이브러리가 포함된 프레임워크가 오픈소스화되면서부터 구현하는 것 또한 손쉬운 일이 되었다. 텐서플로우코리아 TensorFlow Korea나 파이토치PyTorch 한국 사용자 그룹 같은 SNS 그룹에는 본인이 직접 만든 알고리즘을 깃허브GitHub로 공개하는 중학생도 더러 있을 정도이다. 이런 경향 때문인지 "수학을 전공하는 것이 딥러닝 엔지니어에게 도움이 될까?"라는 질문이 SNS상의 커뮤니티에 올라오곤 한다. 갑론을박이 오고 가는 가운데 전문적인 수학 지식이 왜 필요한가에 대해 대중적인 공감을 얻은 의견은 아직까지 없다. 오히려 딥러닝 논문의 수식들은 현학적인 장벽처럼 느껴지고 코드로 아이디어를 이해하는 것이 더 효율적이라는 의견도 있다.

나 역시 딥러닝을 목적으로 수학을 깊게 공부하는 것은 시간 낭비라고 생각한다. 2~3년의 시간을 투자하여 수학과의 전공 수업을 공부하기에는 그 범위가 너무 넓고, 수학 외에도 공부해야 할 더 중요한 지식들이 산더미이기 때문이다. 게다가 딥러닝의 철학은 기존의 수학적 모델링의 성과를 과감히 포기하고 효율적 연산과 데이터 의존적인 엔드-투-엔드end-to-end를 추구하는 점에 있다. 그래서 나는 모든 딥러닝 연구자가 수학을 깊게 공부해야 한다는 의견에는 선뜻 동의하기 어렵다.

그렇다면 반대 논리로 수학 전공자가 딥러닝 연구에 기여할 가능성은 낮을까? 그렇지는 않다고 생각한다. 모두가 수학을 전공할 필요는 없지만 수학에 능숙한 연구자는 과학, 공학 연구에 언제나 필요하기 마련인데 가령 주어진 문제에 내재된 제약들을 다른 수학적 조건으로 전환하는 방법을 제시할 수 있다. 작년 초에 많이 회자되었던 마틴 아조브스키Martin Arjovsky의 베셔슈타인Wasserstein GANGenerative Adversarial Network 논문이 그 중 하나의 사례로 볼 수 있다. 마틴은 기존의 머신러닝 논문에서 주로 사용하던 쿨벡-라이블러 발산Kullback-Leibler divergence 대신 베셔슈타인 거리함수[2]를 GAN에 적용하는 아이디어를 수학적인 타당성과 함께 제시했다. 그 이후로는 연구자들이 베셔슈타인 거리함수를 쿨벡-라이블러 발산을 대신하여 새롭게 시도할 만한 손실 함수loss function로 인식하기 시작했고, 오토 인코더auto-encoder[3]나 강화학습reinforcement learning[4] 연구에도 도입되기 시작했다.

주어진 문제에 알맞은 정규화regularization 방법을 제시하는 것도 수학을 전공한 연구자가 현업에서 풀어야 할 과제이다. 대개 정규화는 과적합overfitting을 막고 일반화generalization 성능에 도움을 주기 위한 도구로 인식된다. 그러나 정규화 방법들을 어떤 문제에나 동일하게 적용할 수 있는 건 아니다. 예를 들어 데이터가 상대적으로 적거나 노이즈가 적은 상황에선 모델의 복잡도를 제한할 필요가 있으므로 패러미터parameter의 크기를 제한하는 가중치 감소weight decay 기법이 제 역할을 하는 경우가 많다. 반면, 데이터에 노이즈가 크게 내재된 경우에는 확률적 정규화 기법 stochastic regularization technique[5]들을 사용하는 베이지안 신경망Bayesian neural network 이 우수한 성능을 낼 때가 있다. 요컨대 정규화 기법은 주어진 학습 문제의 최적해 공간optimal solution space을 특정하는 역할로 해석할 수 있고, 최적해 공간이 적절하게 상정되었을 때 일반화 성능이 개선되는 것이다. 이처럼 "어떤 해를 찾을 것인가?"라는 질문에 대해 데이터 집합의 특징을 고려하여 적절한 선험적 지식prior knowledge을 반영하는 모델을 찾는 것은 수학적 근거를 필요로 한다.

또한 수학은 지금까지는 시도되지 않은 종류의 데이터에 접근할 수 있는 방법론을 제시할 수 있다. 후자의 대표적인 예시는 지오메트릭 딥러닝geometric deep learning, GDL[6]이다. 지오메트릭 딥러닝은 2017년 NIPSNeural Information Processing Systems 튜토리얼tutorial에 소개될 정도로 그 중요성이 새롭게 인식되는 분야이다. 지오메트릭 딥러닝은 데이터를 그래프나 다양체manifold 같은 비유클리드non-Euclid 공간상의 대상인 경우로 상정하고, 그 위에서의 딥러닝 네트워크를 학습하는 방법을 다룬다.

수학자들의 도전을 기다리는 인공지능 이론

지금까지는 수학 전공 연구자들이 딥러닝 연구에 기여할 수 있는 내용들에 대해 살펴보았다. 그렇다면 학계의 수학자들은 딥러닝을 어떻게 바라보고 있을까? 종종 "딥러닝은 블랙박스라 수학적으로 이해할 수 없지 않나요?"라는 질문을 듣게 되는 경우가 있지만, 역사적으로 보면 수학자들은 오래전부터 신경망 연구를 시도하였고 어느 정도 성공을 거둔 영역도 있다.

　조화해석학은 물리학과 신호처리 이론의 중요한 근간이 되는 학문이다. 딥러닝 연구도 이 조화해석학을 통해 많은 성질들이 규명되었는데 찰스 페퍼먼Charles Fefferman이 그 대표적인 수학자라고 할 수 있다. 페퍼먼은 현대 수학의 다방면에서 활약한 천재 수학자인데 신경망 연구뿐만 아니라 머신러닝 전반에 걸쳐 어려운 문제들을 풀어내고 있다. 그 중 하나가 다양체 가설manifold hypothesis 문제이다. 이는 고차원의 데이터를 차원을 축소하여 저차원의 데이터로 표현하는 다양체의 존재성에 대한 가설이다. 다양체 가설은 머신러닝 연구자들이 대부분의 이미지나 텍스트 데이터에서 참으로 간주한다. 여러 실험 결과들이 이를 뒷받침하고 있지만[7], 이를 수학적으로 증명하는 것은 어려운 일이다. 페퍼먼은

이 다양체 가설이 수학적으로 검증 가능하다는 것을 2016년 Journal of AMS에 게재된 'Testing the Manifold Hypothesis' 논문에서 증명했다.

스테판 말렷Stephane Mallat과 조안 브루나Joan Bruna는 2012년 'Invariant Scattering Convolution Networks'[8]라는 논문에서 웨이블릿 필터wavelet filter를 가진 CNN 구조가 가지는 수학적인 성질들을 밝혀낸 적이 있다. 구체적으로 'CNN은 차원의 저주curse of dimension를 극복하고 이미지 데이터에 내재된 불변량invariant을 찾아낸다'라는 추측을 수학적으로 참인 명제로 증명해낸 것이다. 이 논문의 뒤를 이어서 토마스 와이토스키Thomas Wiatowski와 헬멋 볼스키Helmut Bolcskei는 일반적인 필터들로 이루어진 CNN도 'Invariant Scattering Convolution Networks' 논문에서 말한 CNN 성질과 같은 성질을 만족함을 증명했다.[9] 이 외에도 'Mathematics of Deep Learning'[10] 논문을 보면 딥러닝 연구에 기여한 수학적인 결과들을 개괄적으로 살펴볼 수 있다.

앞에서 소개한 수학자들의 연구 결과들도 놀랍지만 인공지능 분야에서의 수학 연구들은 많은 부분에서 현재 진행형이다. 이 분야에서 수학이 필요한 이유는 재현 가능성reproducibility의 보장, 이론적인 예측과 실험 결과의 일치가 필요조건인 과학 이론을 정당화하는 것이 바로 수학의 역할이기 때문이다. 물론 '모든 과학 이론은 수학적 증명 없이는 이론이 될 수 없다'는 환원주의적인 주장이 항상 옳은 것은 아니다. 그러나 인공지능 이론이 그 범주 밖에 있다고 생각하지 않는다. 다비드 힐베르트David Hilbert, 1862-1943의 제자 중에 리하르트 쿠란트Richard Courant, 1888-1972라는 수학자가 있었다. 쿠란트는 물리학과 현대 응용수학의 발전에 수많은 기여를 했던 사람인데, 생전에 다음과 같은 말을 남긴 적이 있다.

"실험적 증거empirical evidence는 결코 수학적 존재성existence을 의미하지 않으며, 엄밀한 증명에 대한 수학자들의 요구를 쓸데없는 것으로 여기게 하지도 않는다. 현상에 대한 수학적 설명이 의미를 가지게 만드는 건 오로지 수학적인 증명을 통해 가능한 것이다."[11]

2017년도 여름에 열린 제주 머신러닝 캠프에서 뉴욕대학교New York University, NYU의 조경현 교수님이 "딥러닝이 정말 블랙박스인가?"라고 질문을 던진 적이 있다. 현재는 딥러닝을 포함해 인공지능 분야의 연구가 실험적인 결과들에 의해 대부분 진행이 되고 있다만, 언젠가 상당수의 명제들이 수학적으로 증명된 명제들로 논증되는 시점이 올 것이라 생각된다. 그리고 그렇게 이루어진 인공지능 연구가 우리의 삶을 더 윤택하게 만들 수 있다고 나는 확신한다. 어쩌면 오랜 시간이 필요한 작업이 될 수 있을 것이다. 그러나 힐베르트의 명언을 인용하면 우리는 알아야만 하며 언젠가는 알게 될 것이다.

글을 맺으면서

예전에 모 대학의 수학과 교수님께서 나에게 "어떤 수학 전공자를 인공지능 업계에서 선호합니까?"라고 물어보신 적이 있다. 그분께서는 '어떤 전공'이 중요한지에 대한 답을 기대하셨지만, 나는 "특정 전공보다 소통 능력이 더 중요합니다"라고 답한 바 있다.

나는 수학자들의 연구가 비약적인 성공을 거둔 후에도 공학을 포함한 비전공자들의 직관적인 이해를 돕거나 성능 향상에 도움이 되려면 수학자들의 더 많은 노력이 필요하다고 생각한다. 왜냐하면 용어가 지나치게 전문적인 데다 수학자들의 논증이 실체적인 예제로 설명하기가 어려울 정도로 비전공자의 시각에선 추상적이기 때문이다. 사실 수학이 추상화를 추구하게 된 원인은 지난 2세기 동안 과학의 발전에 성공적으로 공헌했던 것이 크다. 이는 학문적 가치관으로서는 옳은 방향이었지만, 공학적 연구에 도움이 되려면 이제는 소통의 관점에서 접근해야 한다. 나는 카카오브레인에서 로보틱스 분야에서의 머신러닝 활용을 연구하고 있다. 막연하게 떠오른 아이디어를 수학적인 언어로 토론하고 코드로 구현하여 실험한다. 그렇게 구체화되는 연구 결과들을 보면서 매일 큰 보람을 느끼고 있다. 그 과정에서 공학자와 수학자 간의 협업에 있어 위에서 말한 소통이 매우 중요하다는 점을 깨닫고 있다.

내가 생각하는 STEM[12] 업계에서의 성공적인 조직 문화 요건들 중 빼놓을 수 없는 것이 '소통'과 '다양성'[13]이다. 소통과 다양성이 왜 필요할까? 『다양성과 복잡성Diversity and Complexity』의 저자인 스콧 페이지Scott Page는 복잡한 과학적 문제의 해결은 단순히 한 분야의 전문성에 의존하기보다는 기존의 접근 방식과 새로운 방식을 접목하고 비틀어보는 '발상의 전환'에서 나온다고 설명한다.[14] 복잡한 문제일수록 변수와 구조가 다차원적이기 때문이다. 새로운 발상이 통찰력 있는 아이디어가 되려면 문제를 바라보는 다양한 시각들이 얼마나 서로 소통하고 적용되는지에 따라 결정된다. 페이지 교수는 이러한 소통과 다양성의 메커니즘을 머신러닝 알고리즘 중 하나인 랜덤 포레스트random forest[15]에 비유했다. 복잡계 문제를 푸는 알고리즘과 팀 조직 구성이 비슷한 면모를 가진다는 점이 흥미롭다.

인공지능 연구는 아직 미완성이며 그 가운데 해결해야 할 많은 난제들이 쌓여 있다. 앞으로 다양한 수학 전공자들이 인공지능 연구 분야에 뛰어들어 기술 발전에 공헌할 날이 오기를 기대해본다.

임성빈 _카카오브레인

주석

1. 설명 | 2010년부터 매년 개최되는 대회로 물체 인식, 물체 검출, 동영상 물체 검출, 장면 분류, 영상 분할 등 인공지능 및 딥러닝 관련 문제를 해결하는 경연대회로 구글, 마이크로소프트, 퀄컴 등 세계적 IT 기업이 출전하는 대회이다.

2. 참고 | 두 거리함수에 대한 구체적인 비교는 Wasserstein GAN 논문 및 링크 자료 (https://www.slideshare.net/ssuser7e10e4/wasserstein-gan-i)

3. 참고 | Wasserstein Auto-Encoders (https://arxiv.org/abs/1711.01558)

4. 참고 | On Wasserstein Reinforcement Learning and the Fokker-Planck equation (https://arxiv.org/abs/1712.07185)

5. 설명 | 패러미터에 사전(prior) 확률분포를 부여해서 노이즈의 성능감소를 감쇄하는 패러미터를 학습하는 기법. 드롭아웃(dropout)이 대표적인 방법이다.

6. 참고 | http://geometricdeeplearning.com/

7. 논문 | Ian Goodfellow et al. Deep Learning, p.161

8. 논문 | Invariant Scattering Convolution Networks (https://arxiv.org/abs/1203.1513)

9. 논문 | A Mathematical Theory of Deep Convolutional Neural Networks for Feature Extraction (https://arxiv.org/abs/1512.06293)

10. 논문 | Mathematics of Deep Learning (https://arxiv.org/abs/1712.04741)

11. 원문 | Empirical evidence can never establish mathematical existence nor can the mathematician's demand for existence be dismissed by the physicist as useless rigor. Only a mathematical existence proof can ensure that the mathematical description of a physical phenomenon is meaningful.

12. 설명 | Science, Technology, Engineering, Mathematics의 약자

13. 참고 | 보통 다양성(diversity)은 성(gender), 인종(race), 사회경제(socioeconomic)적인 배경 등의 문화적 차이를 의미하지만 본 글에서는 전공별 다양성에 초점을 두었다.

14. 참고 | https://steemit.com/writing/@sungyu1223/the-diversity-bonus-how-great-teams-pay-off-in-the-knowledge-economy-our-compelling-interests

15. 설명 | 랜덤 포레스트는 부트스트랩(bootstrap)시킨 훈련 데이터에 랜덤하게 선택된 서로 다른 변수들을 포함하는 나무 모형(tree model)으로 적합시키는 앙상블(ensemble) 기법으로, 성능을 높이면서 동시에 과적합을 방지한다.

내가 의료 AI를
선택한 이유

──● 필자는 2017년 초 3년간의 대기업 연구소 생활을 마치고 AI를 이용해 의료 정보를 분석하는 일을 시작하게 되었다. 마이크로소프트의 창업자인 빌 게이츠는 인터뷰를 통해 자신이 대학생이라면, AI, 에너지, 그리고 생명공학을 공부하겠다며 유망한 분야 세 가지를 꼽았다.[1] 세계 최고 부자인 빌 게이츠의 말대로라면 나는 가장 유망한 세 가지 중, AI와 생명공학 두 가지나 하게 된 것이니 표면적으로는 매우 영리한 선택을 한 것으로 보였다. 대학원 시절 전공은 AI나 생명공학이 아니었고, 회사에서 한 대부분의 일도 AI와는 거리가 있었다. 물론 요즘 같이 AI 인력이 부족한 때에 넓은 시야로 본다면 대부분 AI 관련자로 볼 수 있고, 필자 역시 남들보다 AI 분야를 접하기 용이한 위치에 있었던 것은

사실이다. AI, 그중에서도 의료 AI 분야에 직접 뛰어들면서 느낀 의료 AI의 가능성과 현실적인 어려움, 그리고 앞으로 방향에 대한 생각들을 이 글을 통해 공유하고자 한다.

AI 영상인식 전문가의 의료 AI 도전기

필자가 대기업을 나와 의료 AI 분야에 뛰어든 이유는 어느 정도 모험을 해볼 만한 가치가 있는 분야라고 느꼈기 때문이다. 이렇게 생각할 수 있었던 이유는 필자가 기술 기반 스타트업들을 자문할 때 요구했던 3가지 요건들인 '문제', '고객', '시장' 때문이다.

기술로 풀어야 할 많고 중요한 문제

대부분의 기술 기반 서비스라는 것은 기존 기술의 성능이 비즈니스 모델에서 고객이 바라는 성능과 차이가 있을 때, 간극을 어떻게 메워나가냐에 따라 두 가지로 나눌 수 있다. 〈포켓몬 고〉와 같이 기술이 부족할지라도 재미있는 콘텐츠와 UI_{user interface}로 그 간극을 메울 수 있는 분야가 있고, 그런 콘텐츠가 아니라 정말 기술의 성능을 향상하여서 간극을 메워야 하는 분야가 있다. 의료 서비스나 자율주행 서비스는 고객이 만족할 만한 기술적 성능을 꼭 만족시켜야 시장에 나갈 수 있는 대표적인 서비스이다. 이런 서비스에서의 기술적인 실패는 〈포켓몬 고〉와 같은 게임이나 영화 추천과 같은 서비스와 달리 치명적인 피해를 가져올 수 있다는 점이다. 기존 기술에 비해 압도적인 성능을 보였다고 해서, 바로 돈을 벌 수 있는 게 아니며 많은 문제들을 차근차근 해결하면서 발전해야 한다. 내가 의료 AI를 선택한 이유도 바로 기술로 풀어야 할 중요한 문제가 많은 분야이기 때문이다.

현재 AI기술은 AGI_{artificial general intelligence, 인간이 하는 많은 지적 활동들을 동일한 지능으로} _{할 수 있는 AI를 칭한다}가 아니라 특정 분야 문제를 잘 풀기 위한 좁은 AI_{narrow AI}이 다. 현재 딥러닝_{deep learning} 기술의 발전은 문제를 잘 풀 수 있는 AI가 되었음에는 의심의 여지가 없다. 좋아진 AI는 정말 좋은 도구임에 의심의 여지가 없다. 많은 학생들 및 연구자들이 다양한 온라인 강의들[2]을 통해 딥러닝을 공부하고 문제를 풀 수 있는 도구를 알게 되었다. '이제 어떻게 하지?' 좋은 도구를 가졌으면, 그 도구를 가지고 해결할 수 있는 좋은 문제를 찾아야 한다. 좋은 문제를 찾는 것은 특정 분야에 대한 많은 경험과 지식을 가지고 있어야 가능한데 의료 분야의 경우 기술로 해결할 수 있는 많은 문제들이 이미 존재하고 있다. AI는 그 해결을 도울 수 있는 좋은 도구이기 때문에 의료 AI는 매력적인 분야로 보였다. 그리고 난 한국의 대표적인 공돌이라 〈포켓몬고〉 같은 재밌는 콘텐츠를 만드는 일보다는 확실한 문제를 차근차근 풀어나가는 게 적성에 맞다.

그래 나 재미없다.

어디에도 없는 스승 '의사'라는 고객

두 번째 요건은 '고객'이다. 스타트업 심사를 가거나 상담을 가면 처음부터 끝까지 '고객'에 대해서 질문한다. 기본적으로 모든 서비스의 목적은 고객의 사용자 경험을 극대화하는 것에 있다고 생각한다. 그러기 위해서 고객이 누구인지 명확히 아는 것이 중요하다. 의료 서비스의 최종 고객이 '환자'일 수는 있겠지만, 현재 의료 AI의 고객은 '의사'라고 생각한다. 앞서 설명한 것처럼 분야의 기술 실수는 환자의 생명, 혹은 인생을 좌우할 수 있다. 그리고 아직 AI란 도구는 그 선택에 책임을 질 수 있는 단계는 아니다. 그렇기에 의료 AI의 고객은 그 결정에 책임을 질 수 있는 의사여야 한다. 의사가 좀더 좋은 선택을 할 수 있도록 도와주고, 좀더 편하게 선택할 수 있도록 도와주고, 지금까지 풀지 못한 문제를 풀 때 좋은 도구가 되어 주는 것이 현재 의료 AI의 목적이다. 즉, 의사가 의료 AI의 '고객'이 되는 것이다

서비스를 만드는 데 있어 고객은 좋은 스승이 될 수 있다. 어떤 서비스건 처음부터 완벽할 수 없기에, 좋은 사용자 피드백은 좋은 서비스를 만들 수 있는 밑거름이 된다. AI를 이용한 서비스 분야도 이와 동일하다. 아니 고객의 피드백이 더 중요할 수 있다. 의사들은 자신들의 분야에서 무엇이 필요하고, 어떤 문제가 있는지 정확히 알고 있는 고객이면서 의료 AI가 갈 방향을 정확히 안내할 수 있는 좋은 안내자이다. AI의 딥러닝 기술은 왜 좋은지, 왜 되는지 등이 완벽히 증명되지 않은 블랙박스black box와 같은 측면이 많은 기술이지만 예측의 정확도는 기존 기술을 압도하고 인간 의사 결정과 비등한 결과를 보여주고 있다. 하지만, 그 예측이라는 것이 학습 데이터에 포함된, 이미 의사가 결정낸 정답만을 따라 하는 측면이 있다. 의사가 진찰할 때, 환자의 표정, 이력, 그리고 의사의 다양한 경험을 가지고 환자를 판단하지만, 대부분의 의료 AI는 입력된 영상만을 가지고 판단하고 있기 때문에 환자에 대한 정보가 제한적일 수밖에 없다. 이런 문제를 보완하여 의료 AI기술을 발전하도록 이끌 수 있는 스승 같은 고객이 바로 의사이다. 이런 스승 같은 고객이 있기에, 난 다른 도메인이 아니라 의료 AI란 도메인을 선택할 수 있었다.

우리는 고객들의 직업을 뺏으러 가는 몽상가가 아니다. 단지 고객들이 가지고 있는 문제를 쉽게 해결할 수 있는 기술을 개발하기를 원하고, 이에 기초해 지금껏 해결하지 못했던 의료의 문제들을 풀기를 원한다. 그렇기에 우리의 스승이자 고객인 의사들이 문제를 해결해 나가는 동업자가 되길 희망한다. 도와주세요.

유행을 타지 않지만 꼭 지켜야 하는 시장

세 번째 요건은 '시장'이다. 스타트업들을 상담할 때, 나는 늘 없는 시장을 만들어내는 것은 있는 시장에 들어가 살아남기보다 10배는 더 힘들다고 말해왔다. '의료'라는 시장은 인류 역사상 가장 오래된 시장이고, 가장 큰 시장 중 하나이며, 사라지지 않을 시장이기도 하다. 그렇기 때문에 문제를 잘 해결하는 의료 AI기술을 만든다면, 시장이 없어서 굶어죽을 염려는 비교적 하지 않아도 된다. 또한 시장에 대해 말할 때, 스타트업들에 내가 하는 충고 중 하나는 구글, 아마존, 페이스북이 잘하고 있고, 잘할 거 같은 시장은 피하란 것이다. 딥러닝 기술의 가장 중요한 점 하나가 데이터 기반data-driven 기술이라는 점이다. 각 영역에서 데이터를 가장 많이 확보할 수 있는 플랫폼이 있는 분야는 피하는 것이 좋다. 대학원 시절 마모그램mammogram 영상을 연구해볼 기회가 있었는데, 외국 환자들의 영상 자료에 비해 한국 환자들의 영상 자료에 하얀 무늬가 더 많아서 쉽게 구별할 수 있다는 특징이 있었다. 이는 아시아 여성들의 유방에 섬유질이 더 많기 때문에 나타나는 현상이다. 이처럼 단순히 X-ray 영상 하나만으로도 인종별, 대륙별 차이가 나타나고 있다. 의료 AI기술이 더 발전하면서 영상뿐 아니라 유전자 정보, 생활 습관 등 다양한 정보들이 의료 데이터로 활용될 것이다. 이렇게 되면 같은 병을 다루는 기술일지라도 다른 데이터를 가지고 연구를 해야 한다는 것이다. 100%의 예측 성능을 자랑하는 미국의 기술이라도 한국 의료 시장에서는 100%의 성능을 장담할 수 없다는 것이다. 그렇기 때문에 미국이 의료 AI기술에서 앞서 나가고 있다고 해서, 혹은 중국의 의료 데이터 양을 따라갈 수 없다고 해서 이 시장을 포기하지 말아야 할 이유가 생긴 것이다.

Big data vs. Good data: 풍요속의 빈곤, 의료 AI가 어려운 이유

2016년 11월 구글은 의학저널인 〈JAMA Journal of the American Medical Association〉에 딥러닝 기술로 안저 영상 retinal fundus photographs 을 판독해 당뇨성 망막변증 diabetic retinopathy, DR; 당뇨의 합병증으로 혈관이 좁아지고 막히면서 발생함 을 진단하는 방법에 대한 논문을 개제했다.[3] 안과 전문의 54명과 함께 약 12만 장의 안저 영상 데이터로 구글의 딥러닝 모델인 인셉션V3 Inception-v3 를 학습시켜 유능한 안과의사에 버금가는 진단 예측 결과를 보인 것이다. 이 논문은 중요한 시사점을 우리에게 던져주었는데, 질 좋은 데이터가 많은 경우 일부 의료 진단 영역에서는 의료 AI기술은 의사보다 빠르고 정확한 진단 성능을 보여준다는 것이다. 구글은 이 기술을 다른 병리영상 imaging and pathology 영역으로 확대하려고 하고 있다. 이렇게만 보면 조만간 의료 문제 대부분이 해결될 것 같고, 의료 AI 분야는 곧 구글과 같은 대기업에 밀려 없어질 영역이라고 생각될 수 있다. 단지 깃허브 Github 등에 공개된 좋은 딥러닝 기술 코드를 가져와 대용량 데이터에 적용하면 의사에 버금가는 AI 진단 기술을 쉽게 만들 수 있지 않을까라고 생각할 수 있다.

그리고 한국의 경우도 수많은 대형 병원에서 쌓는 많은 데이터들을 이용하면 곧 문제들이 해결될 것이라고 생각할 수 있다. 그러나 현실로 한 걸음 들어가 보면, 풍요 속에 어떤 빈곤이 있는지 확인하게 된다. 한국의 병원에 충분한 데이터가 있을까? 의료 AI 분야를 시작하면서 놀라게 된 것은 대부분의 한국 대형 병원들은 엄청난 데이터를 보유하고 있다는 것이다. AI가 대세가 되고 나서부터 이들 병원들은 이 빅데이터big data에 AI기술을 적용하기 원하면서 AI 전문가들과 많은 미팅을 갖고 있다. 하지만, AI 전문가들이 하는 말은 '활용할 데이터가 없다'라는 것이다.

의사는 학습 데이터를 만드는 사람이 아니다!

이러한 현상이 발생하는 가장 근본적인 이유는 의료 데이터 생성에서부터 출발한다고 본다. 많은 의료 데이터는 의사가 AI 학습용으로 만든 것이 아니라 환자를 진단하고 그 내용을 기록하기 위한 것이다. 의사들은 의료 영상에 정확한 세그멘테이션segmentation을 하기 위해 병변病變의 위치를 그려놓거나 하지 않는다. 또한 전체 영상에서 병변이 발견된 경우 모든 병변을 꼼꼼히 하나하나 다 찾지 않는다. 아니 찾을 필요도, 찾을 시간도 없다. 영상을 기반으로 진단을 했다면 그 진단 내용과 근거를 기록하고, 전체 영상 내에 존재하는 모든 병변의 위치를 정확히 표시하느라 시간을 낭비하지는 않는다. 또한 모든 의료 영상에 대해 구글의 연구 사례처럼 다수의 의사가 다시 확인하며 살펴볼 이유도 존재하지 않는다. 또 다른 데이터 관련 문제 중 하나는, 동일한 병에 관한 동일한 형태의 데이터일지라도 다른 병원, 다른 기계, 다른 시약을 사용하였을 경우, 동일 환자에 대해서도 영상의 특징은 달라질 수 있다는 점이다. 예를 들어 X-ray 기계도 제조사마다 차이가 다르게 나타난다. 그러나 이런 예외 상황은 의사가 환자를 진단하는 데에는 큰 문제가 되지 않지만, AI기술을 적용하는 데 문제를 어렵게 만드는 장벽인 것이다. 의사들은 '데이터를 만드는 사람'이 아니라 환자를 치료하기 위해 필요한 정보를 기록하는 것이다. 그렇기에 병원들이 차곡차곡 오랜 노력을 들여 쌓은 데이터에 바로 AI기술을 적용하기에는 많은 어려움이 존재하고, 그 문제를 해결하기 위해서는 많은 노력이 필요한 상황이다.

의료 데이터는 바둑 기보와 다르다

알파고는 결국 세계 랭킹 1위인 커제를 눈물짓게 하고 은퇴를 선언했다. 알파고는 많은 기사들의 기보, 많은 기사들과의 대결, 그리고 스스로와의 대결을 통해 성장했다. 한마디로 많은 시뮬레이션 데이터를 통해 학습할 수 있었다는 것이다. 그러나 의료 분야는 시뮬레이션 데이터를 생성하기 아주 어려운 분야이다. 대부분의 의료 데이터는 오랜 관찰에 의해 생성된 실제 데이터이다. 예를 들어, 우리가 10년 후 특정 암의 재발률에 관한 예측 모델을 만든다고 가정해보자. 이를 위해 암에 걸린 사람들의 10년 후 데이터를 확보해야 한다. 그러나 인간의 삶이란, 바둑과는 비교도 안 되는 변수와 노이즈가 존재한다. 그리고 그 많은 변수 중 10년 후 재발 데이터에 무엇이 관련되어 있는지 정확히 아는 사람은 없다. 그렇기에 어떤 정보를 관찰해야 하는지도 정확히 알기 어렵다. 유전자에 의해 달라질 수도 있고, 생활환경에 의해 달라질 수도 있다. 또한 10년 후까지 데이터를 생성하지 못할 수도 있다. 인간의 삶이란 정해진 규칙에 의해 움직이고 평가할 수 있는 바둑판 위의 바둑알이 아니다.

그렇기에, 존재하는 데이터를 잘 활용하는 방법뿐 아니라, 향후 데이터를 어떻게 쌓아가야 할지 충분히 토론해야 하고, 그 데이터를 잘 확보하기 위한 좋은 플랫폼도 필요한 것이다.

병원은 환자의 데이터가 있는 곳이다

병원은 환자의 데이터가 있는 곳이다. 참 당연한 말이다. 그러나 이 말의 뜻을 잘 들여다보면, 왜 병원 데이터가 어려운지 알 수 있다. 환자라는 단어를 사전에서 찾아보면 '병들거나 다쳐서 치료를 받아야 할 사람'이라고 나온다. 어딘가 병들거나 치료를 받아야 하기에 의심이 되는 부분에 대한 의학 데이터가 주로 존재한다. 그렇다는 건 완벽히 정상인 데이터에 비해 어딘가 아픈 사람의 데이터가 많다는 것이다. 또한 병들거나 다쳐서라는 것은 어떤 특정 병이 있을 경우에 병원에 찾게 된다는 것이다. 그러나 모든 병이 똑같은 확률로 똑같은 상황에서 나타나지는 않는다. 그렇기에 어떤 병에 대한 데이터는 많고, 어떤 병에 대한 데이터는 적을 수밖에 없는 표본 수의 차이가 발생하게 된다. 건강한 사람의 데이터와 환자 데이터, 특정 병, 혹은 병의 진행 상황에 따른 데이터의 불균형은 데이터 기반data-driven 기술인 딥러닝deep learning에서는 성능 저하의 한 가지 요인으로 작용하고 있다.

의료 데이터는 일반 데이터와 다르다

마지막으로 말하고 싶은 것은 의료 데이터는 일반 데이터와 그 성질이 다르다는 것이다. 딥러닝이 가장 빠르게 적용되고 발전된 분야 중 하나는 이미지 인식 분야이다. 그래서 의료 영상도 같은 방식으로 쉽게 적용할 수 있을 것이라고 생각할 수 있으나, 의료 영상과 일반 이미지는 그 성격이 다르다. 예를 들면, ImageNet 등에서 공개된 이미지 영상 사이즈$_{pixels}$는 224×224 정도이다. ImageNet에 있는 영상을 그 사이즈로 줄였을 때, 보통의 사람들도 어렵지 않게 이게 고양이인지 개인지 구별할 수 있다. 하지만, X-ray 이미지의 사이즈로 줄이면 의사들도 특수한 경우를 제외하고는 간암인지 위암인지 알기 쉽지 않게 된다. 의료 영상은 그 목적이 다르기 때문에 일반 영상에서 쓰인 기술을 바로 가져다 쓰면 안 되는 경우가 있다. 미국 New York University 조경현 교수팀은 X-ray에서의 유방암 판독을 위한 딥러닝 연구에서 최대한 원본 영상 사이즈를 유지할 때 그 성능이 좋다는 결과를 발표했다.[4] 딥러닝은 기존의 다른 기술에 비해 높은 성능을 보여주고 있지만, 의료 영역의 새로운 문제를 해결하기 위해서는 의료 데이터에 대한 이해를 바탕으로 새로운 기술로 개선되어야 할 필요가 있다.

의료 데이터 문제를 해결하기 위한 노력들

AI 분야에서 가장 각광받고 있는 딥러닝은 좋은 데이터가 많으면 많을수록 결과가 좋아지는 기술이다. MIT 연구 결과에 따르면 최신 딥러닝 기술들은 데이터가 충분할 경우 데이터에 오류가 좀 포함되어 있더라도 좋은 성능을 유지할 수 있다.[5] 하지만, 의료 분야 접근 방식은 부족한 데이터로 안정적인 성능을 내는 기술을 개발하거나, 인위적인 생성, 변형을 통해 부족한 데이터를 보충하는 방식을 취하고 있다.

AI with Data

데이터의 양이 부족한 경우, 딥러닝에서 일반적으로 사용되는 방법은 이미 학습된 모델pre-trained model을 미세조정fine-tuning하는 것이다. 한 연구 결과에서는 이런 방법이 의료 데이터에서도 잘 적용된다고 하였다.[6] 다른 분야에서 잘 학습된 모델이 있을 경우 부족한 양의 의료 데이터 문제를 조금 완화할 수 있다. 학습 데이터 부족 현상을 극복하기 위해 기본적으로 사용하는 기술은 데이터 증강data augmentation 기술이다. 이때 주의할 점은 현실과 너무 동떨어지거나 기존 특징을 왜곡할 수 있는 데이터 증강은 오히려 학습만 어렵게 하거나 학습 성능을 낮추기도 한다. 이런 문제를 극복하기 위한 방법 중 하나로 카카오브레인의 김남주 소장 팀은 펄린 노이즈Perlin noise를 이용한 효과적인 데이터 증강 기법을 이용하였고, 제한적인 의료 데이터 환경에서 의미 있는 결과를 얻은 연구 결과를 발표하였다.[7] 의료 데이터 부족은 학습 데이터가 충분하지 않다는 문제뿐 아니라 적당한 평가 데이터가 없다는 문제도 존재한다. 이런 문제점을 보완하기 위해 역 테스팅reverse testing 방법을 의료 학습 모델의 평가에 적용하는 연구가 발표되었다.[8] 이 연구는 학습 모델의 평가 데이터가 없는 경우, 역분류성확노reverse classification accuracy 기반으로 원래 분류classification 성능을 유추하는 방법에 관한 것이다.

AI for Data

최근에는 존재하는 않는 데이터를 생성하거나 상황에 맞게 변형된 데이터를 생성하는 방법이 많이 연구되고 있다. 딥러닝 분야에서 가장 이슈가 되고 있는 기술인 GANGenerative Adversarial Networks이 바로 그것이다.

GAN은 실제 데이터와 구별하기 힘든 가짜 데이터를 생성하는 기술이다. 최근 GAN 기술을 이용하여 의학 데이터를 생성하거나 수정하는 연구가 많이 이루어지고 있다. 노스캐롤라이나 대학University of North Carolina 은 GAN 기술을 이용하여 MRImagnetic resonance imaging 영상을 기반으로 CTcomputer tomography 영상을 생성하는 연구결과를 발표했다.[9] CT가 MRI 와는 달리 방사선 피폭량이 많기 때문에 CT를 많이 찍는 건 다량의 방사선 노출의 위험이 있다. 이 기술은 MRI의 영상을 기반으로 CT 영상을 생성하여 사용하는 기술로서 비용이나 안전도 면에서 유리한 기술이다. CT는 방사선 노출에 대한 문제가 있어 저선량low-dose으로 촬영하는 경우가 많은데 이럴 경우 기존 방법에 비해 데이터에 잡음이 많아지는 문제가 발생한다. 이때 잡음을 제거한 영상을 생성하기 위해 딥러닝 기술을 활용한 연구가 이루어지고 있다.[10] 부족한 의료 데이터 문제를 해결하기 위한 다양한 AI기술이 연구되고 있다. 이렇게 생성한 데이터는 여러 규제에 자유롭기도 하고, 부족한 의료 데이터를 보완해주기 때문에 좋은 방향으로 각광받고 있다. 하지만, 진짜 의학지식에 기반한 것인지에 대해서는 여러 검증이 필요한 상황이다.

Data 다다익선多多益善

앞서 소개한 의료 데이터 부족 문제를 해결하기 위한 연구들도 여전히 생성된 데이터가 현실을 모두 반영할 수 있냐에 대한 질문에 정확한 답을 하지 못하고 있다. 이런 연구가 진행돼야 하는 것은 맞지만, 본질적인 문제 해결을 위해 어떻게 의료 데이터를 '잘' 확보하는지가 핵심 문제이다. 이렇게 확보한 데이터를 연구자들이 연구에 활용하기 위해서는 좋은 규격을 가지고 있어야 하고, 합리적인 규제 완화가 동반되어야 한다. 아주대학교 박래웅 교수님의 연구[11]에 따르면 2015년 우리나라 3차 의료기관의 포괄적인comprehensive 전자의무기록electronic medical record, EMR 도입률이 11.6%에 불과하다고 한다. 의료 데이터를 체계적으로 확보하기 위한 관련 법령도 필요하다. 미국은 의료정보보호법Health Information Portability and Accountability Act, HIPAA을 제정하여 의료 데이터를 체계적으로 확보할 수 있도록 한 관계 법령을 정비하고 있다. HIPAA에는 랜섬웨어 ransomware에 관련된 사항까지 포함하고 있을 정도로 현실을 잘 반영하고 있다. 이를 참고하여 한국도 의료 데이터를 체계적으로 확보하며 연구할 수 있는 환경을 만들어야 한다. 데이터가 없다면, 아무리 의사와 AI 연구자가 좋은 기술을 만들어도 문제를 해결할 수 없다.

의사 with AI

대학시절 개인과외를 하던 시절을 되돌아보면, 내 수업의 첫 과정은 학생과 앉아서 학생이 무엇을 아는지 확실히 분석하는 것이었다. 학생이 푼 문제를 조목조목 네가지 종류로 분류했다. 1. 알고 맞춘 것, 2. 알고 실수로 틀린 것, 3. 모르고 찍어 맞춘 것, 그리고 4. 몰라서 틀린 것. 해결하기 가장 쉬운 문제는 4번 몰라서 틀린 경우이다. 모르면 알려주면 된다. 그래도 모른다면 또 알려주면 된다. 2번의 '알고도 틀린 경우'는 원인이 무엇인지 더 자세히 분석해야 한다. 문제 스타일인지, 자신의 버릇인지에 대해 원인을 더 자세히 살펴봐야 한다. 가장 분석하기 힘든 것은 3번 '모르고 찍어 맞춘' 문제이다. 채점만 해서는 이 문제를 찾을 수 없다. 여러 번 비슷한 문제를 반복적으로 풀면서 그런 실마리를 찾든가,

아니면 정말 학생을 잘 파악해야 한다.

갑자기 학생의 학업 성향을 이야기하게 된 것은 AI기술의 학습과도 연관이 되어 있기 때문이다. 요즘 AI기술들의 정확도 역시 채점된 점수로서 그 성능을 평가하기 때문이다. AI기술이 해결한 문제들 중에도 학생들이 푼 것처럼 4가지 유형의 결과가 숨어 있을 텐데, 이에 대한 분석이 없는 경우가 많다. AI가 틀렸을 경우, 데이터가 부족해서 틀렸는지, 그 문제에 존재하는 특정 노이즈 때문에 틀렸는지, 아니면 AI기술이 그 문제와 맞지 않는지에 대한 분석 없이 획일화된 정확도라는 잣대로 평가하고 있다.

허세가 아닌 정확한 정보를

딥러닝 예측의 정확도는 흔히 %로 표시가 되지만, 확률을 의미하지는 않는다. 그러다 보니 통계적으로 신뢰구간을 결정하기 힘들어 결과에 대해서 얼마나 신뢰해야 하는지 알 수 없다. 개와 고양이 사진을 구분하는 딥러닝 모델은 개와 고양이가 아닌 다른 사진을 넣어도 개 혹은 고양이로 결정하게 된다. 딥러닝 모델은 모르는 문제에 대해 학습된 결과만을 제시하고 있다. 즉 모르는 걸 모른다고 하지 않는다. 이런 문제를 개선하기 위하여 불확실한 상황의 AI 추론AI reasoning under uncertainty의 연구가 이어져오고 있다.[12] 예를 들어 딥러닝 모델이 의료영상을 보고 암이라고 판단한 경우 신뢰할 수 있는 판단 수준을 제공하는 것이다. AI 결정의 신뢰도가 낮은 경우 의사가 추가적인 판단을 하든지, 추가 검사를 할 수 있게 한다.[13] 의료 분야에서 AI 결정은 치명적일 수 있기 때문에, AI 결정은 최대한의 정보를 의사에게 전달해서 의사의 추가적인 결정에 도움을 주어야 한다. 신뢰도가 낮은 AI 결정이 데이터의 부족 때문인지, 문제가 특수하기 때문인지에 대한 정보의 전달도 필요하다. AI 전문가들이 99%의 예측 성능을 가진다고 하더라도 쉬운 문제를 학습해 달성한 99%의 성능인지 또 예측하지 못한 1%가 얼마나 치명적인 결과일 수 있는지에 대한 정보를 정확하게 전달할 수 있어야 한다.

〈MIT Technology Review〉에 실린 「The Dark Secret at the Heart of AI」 기사[14]는 AI기술의 핵심인 딥러닝의 문제점을 지적하고 있다. 현재 우리는 똑똑한 AI 모델을 만들 수는 있지만 아무도 그것이 어떻게, 왜 동작하는지 완벽하게 모른다는 점이다. 어떤 근거로 판단을 했는지 설명하지 못하면, 고객 입장에서 아무리 좋은 성능을 보인다고 하더라도 판단을 믿기 쉽지 않다. AI 연구자들이 할 수 있는 방법은 고객이 이해할 수 있는 분야의 정보로 표현하는 것이다. 의료 영상에 대한 판단이 이루어진 경우, 영상의 어떤 부분이 판단에 영향을 주었고, 어떤 부분이 바뀌면 판단이 바뀌는지 등에 대한 정보를 고객에게 전달하는 것이다. 의료 AI의 판단을 의사가 분석할 수 있게 해야 하고, 추가적인 분석을 AI 모델에 반영해 의료 AI기술을 발전시켜나가야 한다.

Pictures are not taken in a vacuum

「Pictures are not taken in a vacuum – an overview of exploiting context for semantic scene content understanding」이란 제목의 논문[15]이 있다. 난 늘 이 문장이 좋았다. 논문의 핵심 내용은 사진 바깥에 존재하는 정보에 대한 것이다. 사진이 찍힌 시간, 장소, 사진을 찍을 때 저장되는 메타데이터 그리고 이 사진을 찍기 전후에 찍었던 사진들, 이런 정보가 모두 하나의 사진을 이해하기 위한 상황context 정보가 된다는 내용이다. 논문이 발표된 후 시간이 꽤 지나서 논문에 나왔던 기술들은 현재 쓰이지 않는 경우가 많지만, 상황 정보와 사전 지식prior knowledge을 사용하여 더 나은 성능을 보일 수 있다는 것은 의료 분야에도 시사하는 바가 있다. 의료 데이터는 환자가 살아온 인생, 환경 그리고 유전 정보와 의학적 데이터들을 포함하고 있다. 이 모든 정보들이 분석하고자 하는 의료 데이터를 더 잘 이해하게 해주는 또 다른 정보가 된다. 오랜 기간 동안 의사들이 연구하고 쌓아온 의료 정보는 AI를 학습시킬 수 있는 중요한 교과서인 것이다.

의학의 추가적인 정보를 활용한 논문을 소개하고자 한다. 「Prediction of Kidney Function from Biopsy Images Using Convolutional Neural Networks」 논문에선 콩팥의 병리 영상을 이용하여 콩팥 병을 판단하는 데 사용되는 중요한 수치 중 하나인 eGFRestimated glomerular filtration rate의 12개월 후 값을 예측하는 연구를 소개하였다. 병리 영상만 이용해 학습할 때보다, 현재 eGFR 정보를 모델에 추가했을 때, 학습 속도가 2배 빨라지며 예측 오류도 줄어든다는 것이다. 미래 eGFR값과 현재 eGFR값은 상호관계가 있기 때문에 학습을 위한 추가 정보를 제공해준 것이다. 의사들의 의학 지식을 기존 AI 학습의 데이터와 접목한 경우 좋은 성과가 나오고 있는 것이다. AI 전문가가 단순히 데이터를 많이 가지고 있다고 해서 이런 결과가 나오는 것은 아니다. 데이터의 양으로 본다면 중국과 경쟁이 되지 않는다. 중국에서는 정부 주도로 엄청난 양의 의료 데이터를 수많은 인력을 활용하여 확보하고 있다. 이는 훌륭한 학습 데이터로 활용될 것으로 예상된다. 그러나 앞서 말한 바와 같이 의료 데이터는 기보가 아니다. 환자의 상황에 맞게 좋은 처방을 하고, 상태를 잘 살필 수 있어야 좋은 데이터를 만드는 것이다. 이런 측면에서 한국은 의료 기술과 데이터를 확보하기에 좋은 환경을 갖춘 병원들이 존재한다. 의학적 지식과 경험을 가진 의사와 AI 전문가가 함께한다면 중국과 미국이 주도하고 있는 의료 AI 시장에서 경쟁할 수 있다고 생각한다.

기술은 마케팅이 아니라 고객 질문에 답을 하는 것

〈네이처〉 지에 실린 「Publish houses of brick, not mansions of straw」 제목의 글에서 논문 리뷰는 논문이 사실일 경우의 임팩트를 보는 것이 아니라, 논문이 사실인지를 판단하는 과정이라는 메시지를 전달하고 있다. AI와 관련된 논문은 서로 임팩트 경쟁을 하듯이 기술을 소개하고 있다. 하지만, 기술을 의료 분야에 적용하기 위해서는 임팩트도 중요하지만 다음 두 가지가 먼저 지켜져야 한다. 첫째, 기술이 탄탄한 사실에 근거해야 한다. 둘째, 테스트 데이터에서만 존재하는 결과가 아니라 의료 데이터에도 동일하게 적용되어야 한다. 두 가지 중 하나라도 만족하지 못하면 그 기술은 의료 분야에 적용하기 힘들다. 일반 AI 연구자와 의료 AI 연구자를 한마디로 구분하자면, AI 연구자는 AI의 문제를 해결하는 연구자이고, 의료 AI 연구자는 AI기술을 활용해 의료의 문제를 해결하는 것이다. 의료 AI에서는 기술을 의료 AI에 적용하기 위해서 당연히 가져야 할 기본적인 질문에 답하는 것이 중요하다. 예를 들어, 새로운 영상 인식 기술이 나왔다면, 의료 AI에서는 인종 차이에 따른 변인은 없는지, 병원 장비에 따른 차이가 발생하는지, 데이터가 양이 적을 때 잘 적용되는지 등 사소해 보이는 문제를 고민해야 한다. 이를 해결한다고 해도 유명 저널에 논문을 실을 수는 없지만 우리의 고객인 의사들이 가질 수 있는 기본적인 질문에 답을 해나가야 한다. 다시 한번 강조하지만, 서비스의 목표는 고객이고, 우리의 고객은 의사, 그리고 최종적으론 환자이다. 높은 예측 정확도와 임팩트 있는 논문 같은 마케팅에 좋은 답이 아니라, 고객이 원하는 질문에 답을 하기 위해 노력해야 한다. 그래야 우리는 고객과 함께 성장할 수 있다. 그래야 정말 의사들이 해결하고 싶은 의료 문제들에 AI가 활용될 수 있다.

의료 AI 분야만큼은 많은 분들이 함께해야 많은 문제를 해결할 수 있다고 생각하기에 욕먹을 각오를 하고 글을 적어 봤다. 연구 미팅을 위해 병원 로비에서 약속 시간을 기다리던 중, 어느 할머니 손에 꼭 쥐어진 버스표 한 장을 발견하고 '아! 내가 이 분야에 대해 하나도 아는 게 없구나'를 알게 되었다. 진료를 받기 위해 먼길을 와야만 했던 상황과 현실이 과연 데이터에 반영될 수 있을까? 모델 학습을 위해 제공받은 데이터가 정리가 되지 못해서 불평만 하던 자신을 돌아보면서 내가 의료 AI를 이해하고 있는 것인가 다시 한번 생각하게 되었다. 의료 AI는 AI와 다르다. AI기술에 대한 이해 못지않게 의료 환경을 이해해야 한다. 그런 이해를 위해 조금이나마 도움이 되고자 이 글을 적어 보았다.

민현석 _전 삼성전자 연구원, 의료영상 전문

주석

1. 참고 | http://www.cnbc.com/2017/05/15/billionaire-bill-gates-reveals-his-biggest-regretsand-best-advice.html

2. 참고 | AI 유튜브 강의 소개. http://1boon.kakao.com/kakao-it/aireport_03_youtube

3. 참고 | http://jamanetwork.com/journals/jama/article-abstract/2588763

4. 논문 | Geras, Krzysztof J., et al. (2017). High-Resolution Breast Cancer Screening with Multi-View Deep Convolutional Neural Networks. arXiv preprint arXiv:1703.07047.

5. 논문 | Rolnick, David, et al. (2017). Deep Learning is Robust to Massive Label Noise. arXiv preprint arXiv:1705.10694.

6. 논문 | Tajbakhsh, Nima, et al. (2016). Convolutional neural networks for medical image analysis: Full training or fine tuning?. IEEE transactions on medical imaging 35.5, pp. 1299-1312.

7. 참고 | https://www.slideshare.net/ssuser77ee21/a-pixel-topixel-segmentation-methodof-dild-without-masks-using-cnn-and-perlin-noise?qid=75235b71-85d9-43b8-a6bfffcefeb26953&v&b&from_search=1

8. 논문 | Valindria, Vanya V., et al. (2017). Reverse Classification Accuracy: Predicting Segmentation Performance in the Absence of Ground Truth. IEEE Transactions on Medical Imaging.

9. 논문 | Nie, Dong, et al. (2016). Medical Image Synthesis with Context-Aware Generative Adversarial Networks. arXiv preprint arXiv:1612.05362.

10. 논문 | Wolterink, Jelmer M., et al. (2017). Generative Adversarial Networks for Noise Reduction in Low-Dose CT. IEEE Transactions on Medical Imaging.

11. 논문 | Kim, Young-Gun, et al. (2017). Rate of electronic health record adoption in South Korea: A nation-wide survey. International Journal of Medical Informatics 101, pp. 100-107.

12. 논문 | Gal, Yarin, and Zoubin Ghahramani. (2016). Dropout as a Bayesian approximation: Representing model uncertainty in deep learning. international conference on machine learning.

13. 논문 | Kendall, Alex, and Yarin Gal. (2017). What Uncertainties Do We Need in Bayesian Deep Learning for Computer Vision?. arXiv preprint arXiv:1703.04977.

14. 참고 | https://www.technologyreview.com/s/604087/the-dark-secret-at-the-heart-of-ai/

15. 논문 | Luo, Jiebo, Matthew Boutell, and Christopher Brown. (2006). Pictures are not taken in a vacuum-an overview of exploiting context for semantic scene content understanding." IEEE Signal Processing Magazine 23.2, pp. 101-114.

KAKAO AI REPORT

2018년 9월 10일 1판 1쇄 발행
2020년 4월 10일 1판 3쇄 발행

엮은이	카카오 AI 리포트 편집진
펴낸이	한기호
펴낸곳	북바이북
	출판등록 2009년 5월 12일 제313-2009-100호
	주소 121-839 서울시 마포구 서교동 484-1 삼성빌딩 A동 2층
	전화 02-336-5675 팩스 02-337-5347
	이메일 kpm@kpm21.co.kr
	홈페이지 www.kpm21.co.kr
인쇄	예림인쇄 전화 031-901-6495 팩스 031-901-6479
총판	송인서적 전화 031-950-0900 팩스 031-950-0955

ISBN 979-11-85400-82-2 03500

· 북바이북은 한국출판마케팅연구소의 임프린트입니다.
· 책값은 뒤표지에 있습니다.